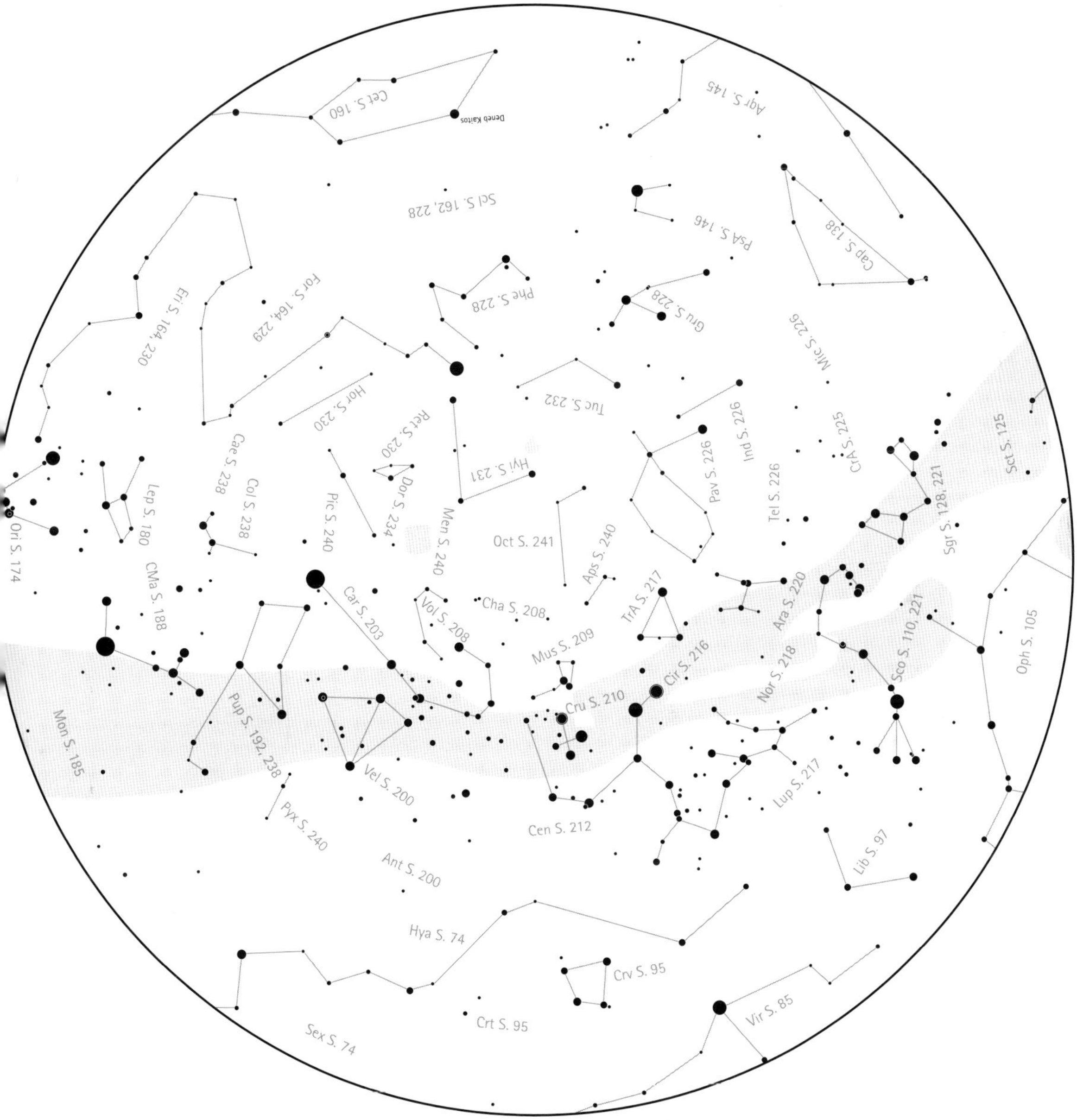
Cet S. 160
Deneb Kaitos
Aqr S. 145
Scl S. 162, 228
PsA S. 146
Cap S. 138
Eri S. 164, 230
For S. 164, 229
Phe S. 228
Gru S. 228
Mic S. 226
Hor S. 230
Tuc S. 232
Ind S. 226
CrA S. 225
Sct S. 125
Ret S. 230
Cae S. 238
Col S. 238
Lep S. 180
Ori S. 174
Pic S. 240
Dor S. 234
Hyi S. 231
Men S. 240
Oct S. 241
Pav S. 226
Tel S. 226
Sgr S. 128, 221
CMa S. 188
Aps S. 240
TrA S. 217
Ara S. 220
Car S. 203
Cha S. 208
Vol S. 208
Mus S. 209
Cir S. 216
Nor S. 218
Sco S. 110, 221
Oph S. 105
Mon S. 185
Pup S. 192, 238
Cru S. 210
Vel S. 200
Lup S. 217
Pyx S. 240
Cen S. 212
Lib S. 97
Ant S. 200
Hya S. 74
Crv S. 95
Crt S. 95
Vir S. 85
Sex S. 74

DEEP SKY
Reiseführer

Hinweis

Dieses Buch ist auf die Benutzung zusammen mit dem Deep Sky Reiseatlas (1. bis 4. Auflage, vgl. Seite 8) konzipiert. Wir empfehlen den Erwerb der aktuellen 5. Auflage des Reiseatlas, die gleichzeitig mit diesem Buch erscheint. Der Stand der Fehlerkorrektur sowie der gegenseitigen Verweise ist hier auf dem neuesten Stand.

Zum Autor

Ronald Stoyan wurde 1972 geboren. Er gründete im Jahr 2000 den Oculum-Verlag, dessen erster Titel dieses Buch wurde. Er ist seit über 20 Jahren aktiver Deep-Sky-Beobachter und hat seitdem über 2000 Objekte visuell beobachtet und viele davon auch gezeichnet. Dafür benutzt er eine Vielzahl von Optiken vom Kleinstfernglas bis zum 20“-Dobson.

Zum Titelbild

Der Kugelsternhaufen M 13 im Sternbild Herkules. Aufnahme von Mario Weigand mit einem 200mm-Cassegrain-Reflektor im Taunus.

6. aktualisierte Auflage

Oculum Verlag, Obere Karlstr. 29, 91054 Erlangen
www.oculum.de, astronomie@oculum.de

ISBN 978-3-949370-02-1

Ronald Stoyan

OCULUM

DEEP SKY
Reiseführer

6. aktualisierte Auflage

Sternhaufen, Nebel und Galaxien
mit eigenen Augen entdecken

zu den Sternen…

meinem Freund Thomas Struckmeyer (1972–1999)

Vorwort

Fünf Auflagen und mehr als 20.000 Exemplare des Deep Sky Reiseführer sind seit dem Jahr 2000 verbreitet worden. Die vorliegende 6. Auflage wurde aktualisiert und korrigiert. Sie ist auf die Benutzung mit dem Schwesterband Deep Sky Reiseatlas abgestimmt, der den gesamten Himmel auf 38 Kartenblättern zeigt und zusätzlich auf 141 Detailkarten kleinere und schwächere Objekte abbildet. Die Objektauswahl ist identisch mit dem Reiseführer, ebenso Farbgebung und Daten. Zugunsten des Atlas wurde auf Karten in diesem Buch verzichtet.

Die Sortierung der Objekte erfolgt nach Sternbildern. Diese sind wiederum in die vier Jahreszeiten eingeteilt sowie in solche Areale, die von Mitteleuropa aus das ganze Jahr über beobachtet werden können (Nordhimmel) oder eine Reise auf die Südhalbkugel der Erde erfordern (Südhimmel). Auch die Farbgebung der Jahreszeiten findet sich im Deep Sky Reiseatlas wieder.

Die Beschreibungen der Deep-Sky-Objekte werden ergänzt durch 320 Zeichnungen des Autors. Diese zeigen die Objekte so, wie sie im Teleskop erscheinen – eine wertvolle Hilfe beim Identifizieren und Vergleich mit eigenen Ergebnissen. Sie sind ganz bewusst mit kleinen Teleskopen erstellt worden, da erfahrene Beobachter deutlich mehr Details wahrnehmen können als Neulinge; die hier gezeigten Ergebnisse entsprechen dem, was nicht zu erfahrene Beobachter auch mit deutlich größeren Instrumenten realistisch erwarten können. Die Zeichnungen entstanden sowohl unter lichtverschmutztem Vorort-Himmel (helle Quadrate) als auch unter dunklen Bedingungen (dunkle Quadrate) und werden damit den zunehmend schlechteren Beobachtungsbedingungen der meisten Nutzer gerecht. Viel besser als Fotografien erlauben sie eine Einschätzung des Bildes, das das eigene Teleskop zeigen wird.

Ob unter hellem oder dunklen Himmel: Der Nachthimmel hält eine große Anzahl von Schätzen für Fernglas und Teleskop bereit. Wenn dieses Buch Ihnen dabei hilft, diese Juwelen selbst zu bergen, hat es seinen Zweck erfüllt.

Erlangen, im Mai 2021
Ronald Stoyan

DEEP SKY Reiseführer

Benutzungshinweise

Thema dieses Buches ist die visuelle Beobachtung des Deep-Sky. Unter diesem Begriff sind alle Objekte außerhalb unseres Planetensystems zu verstehen, also Sterne, Sternhaufen, Gas- und Staubnebel, Galaxien und Quasare. Der Begriff Deep-Sky-Beobachtung bezeichnet das Erleben dieser Objekte mit dem eigenen Auge.

Der Deep Sky Reiseführer widmet sich dieser Faszination. Zunächst werden dafür die theoretischen Grundlagen gelegt. Im Hauptteil des Buches werden 666 Nebel und Sternhaufen vorgestellt, davon sind 345 einzeln beschrieben und über 300 bildlich dargestellt.

Sechs Kategorien, die mit farblichen Registern hervorgehoben sind, bilden das Grundgerüst des Buchs:

- Nordhimmel (für Mitteleuropa zirkumpolare, also immer sichtbare Sternbilder)
- Frühlingshimmel
- Sommerhimmel
- Herbsthimmel
- Winterhimmel
- Südhimmel (von Mitteleuropa nicht sichtbare Sternbilder)

Alle 88 Sternbilder des Himmels sind einem dieser Abschnitte zugeordnet. Besitzt ein Sternbild Teile, die bei uns nicht sichtbar sind (z.B. Puppis, Scorpius), sind diese in einem zweiten Kapitel im Südhimmel-Teil extra aufgeführt.

Innerhalb der Jahreszeiten-Kategorien erfolgt die Reihenfolge der Sternbilder von Nord nach Süd und West nach Ost, also in derselben Anordnung, in der sie am Nachthimmel aufgehen.

Eine Tabelle zu Beginn jedes Sternbildkapitels gibt eine Übersicht über die behandelten Beobachtungsobjekte in der Reihenfolge ihres Meridiandurchgangs. Beschreibungen und Zeichnungen sind im weiteren Verlauf des jeweiligen Kapitels zu finden.

Benutzung mit dem Deep Sky Reiseatlas

Der Deep Sky Reiseführer ist für die Verwendung mit dem Schwesterband Deep Sky Reiseatlas (Michael Feiler, Philip Noack) konzipiert und enthält deshalb keine Sternkarten.

Dieser handliche Atlas zeigt den gesamten Himmel auf 38 Sternkarten im Maßstab 2°/cm. Die schwächsten dargestellten Sterne (Grenzgröße) besitzen $7\overset{m}{,}5$.

Der Atlas ermöglicht das Aufsuchen aller im Reiseführer beschriebenen Objekte per Starhopping oder mittels eines Telrad-Suchers, denn für die meisten Objekte ist dessen Zielmuster eingedruckt. Um schwächere Objekte zu finden, gibt es außerdem 141 Detailkarten im Maßstab 0,5°/cm mit einer Grenzgröße von $9\overset{m}{,}5$.

Neben dem Kartenbild bietet der Atlas auch alle Daten aus den Tabellen dieses Buches sowie die dort gegebenen Kurzbeschreibungen und Bewertungen. Die Objektauswahl stimmt zu 100% überein: Alle Objekte, die im Deep Sky Reiseführer beschrieben und in den Tabellen erwähnt sind, sind im Deep Sky Reiseatlas in den Karten verzeichnet. Die Farbgebung der Objektsymbole und Jahreszeiten-Codierung stimmt in beiden Werken ebenfalls überein. Sie können somit schnell zwischen in beiden Büchern hin- und herwechseln.

Der Deep Sky Reiseatlas besitzt wasserabweisende Kartenoberflächen und eine Ringbindung. Dies macht seine Benutzung besonders praxisnah.

Der Deep Sky Reiseatlas zeigt alle Objekte aus dem Deep Sky Reiseführer auf übersichtlichen Sternkarten.

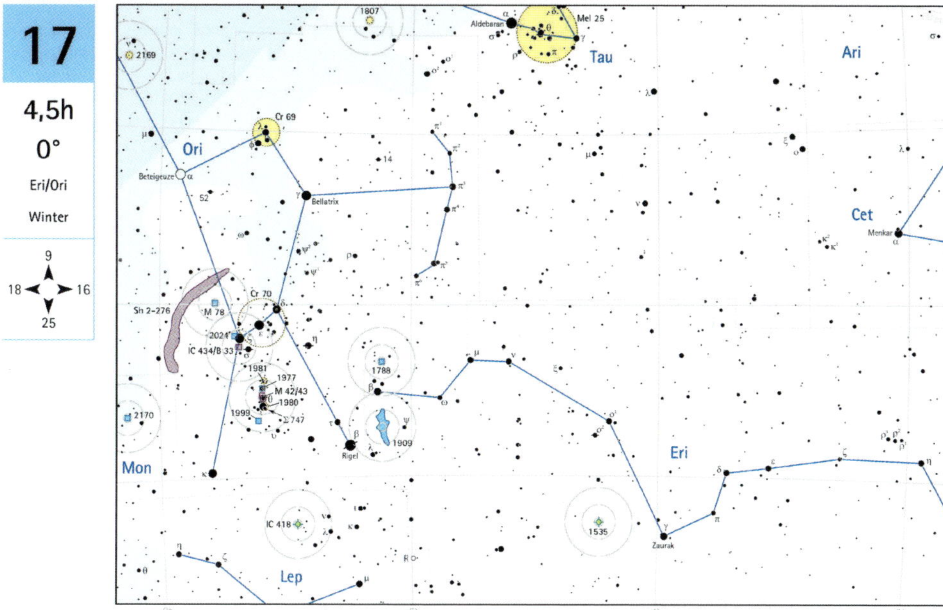

Karte 17 im Deep Sky Reiseatlas: Kartenblatt mit Telrad-Aufsuchmustern (oben) und Datenseite mit Detailkarten (unten). Die Darstellung ist stark verkleinert.

17

Offene Sternhaufen

Cr 69 174
$2^{m}8$ 30' $3^{m}4$ 1400 Lj
Sterne um λ Ori

Mel 25 ★★★ 172
$0^{m}5$ 5°×4° $3^{m}4$ 150 Lj
Hyaden, *Hyades*

NGC 1807 234
$7^{m}0$ 15' $8^{m}6$ 6000 Lj
wenige helle Sterne

NGC 1980 ★★ D17 178
$2^{m}5$ 15' $2^{m}8$ 1300 Lj
südlich M 42

NGC 1981 ★ D17 178
$4^{m}6$ 25' $6^{m}3$ 1300 Lj
nördlich M 42

NGC 2169 174
$5^{m}9$ 5' $6^{m}9$ 3500 Lj
klein, enthält Doppelstern Struve 848

Sternwolke

Cr 70 D17 174
$0^{m}6$ 3°×1° $1^{m}7$ 1300 Lj
Sternwolke um Gürtelsterne

Galaktische Nebel

B 33 ★ D17 178
- 4' - 1300 Lj
Pferdekopfnebel, mit Hβ-Filter, *Horsehead Nebula*

IC 434 ★ D17 179
- 44'×10' - 1300 Lj
südlich von ζ Ori, enthält Barnard 33

NGC 1909 164
- 18'×117' - 800 Lj
Hexenkopfnebel, Nebelfilter hilft nicht, *Witch's Head Nebula*

M 42 ★★★★★ D17 176
$3^{m}5$ 25'×30' $20{:}^{m}$ 1300 Lj
Großer Orionnebel, *Great Orion Nebula*

M 43 ★★ D17 176
$8{:}^{m}$ 6'×3' $22{:}^{m}$ 1300 Lj
Teil von M 42, *De Mairan's Nebula*

M 78 ★ D17 179
$8^{m}0$ 5'×4' $21{:}^{m}$ 1300 Lj
Reflexionsnebel

NGC 1788 ★ 175
$9{:}^{m}$ 4'×2' $21{:}^{m}$ 1300 Lj
kleiner Reflexionsnebel

NGC 1977 ★★ D17 178
$6^{m}5$ 10'×5' $23{:}^{m}$ 1300 Lj
Reflexionebel, *Ghost Nebula*

NGC 1999 D17 174
- 1' - 1300 Lj
Reflexionsnebel, mit dunklem Fleck

NGC 2024 ★★ D17 178
$7^{m}5$ 20'×15' $22{:}^{m}$ 1200 Lj
Reflexionsnebel, *Flame Nebula*

NGC 2170 D18 185
- 1' - 1500 Lj
hellster einer Gruppe von kleinen Reflexionsnebeln

Sh 2-276 ★ 179
- 7,5°×0,7° - 800 Lj
Barnards Loop, mit Hβ-Filter, *Barnard's Loop*

Planetarische Nebel

IC 418 ★ D25 180
$9^{m}5$ 0,2' $10^{m}2$ 1500 Lj
sehr klein, rötlich

NGC 1535 ★★ D25 164
$9^{m}6$ 0,3' $11^{m}6$ 5000 Lj
klein, hell, Doppelringstruktur, *Cleopatra's Eye*

Doppelsterne

14 Ori 174
$5^{m}8/6^{m}6$ 0,8'' 295° 180 Lj
Abstand wird größer

52 Ori 174
$6^{m}0/6^{m}0$ 1,2'' 222° 450 Lj
Testpaar für 100mm

β Ori ★★★ 175
$0^{m}1/6^{m}8$ 9,3'' 204° 800 Lj
Rigel, großer Helligkeitsunterschied

η Ori 174
$3^{m}8/4^{m}8$ 1,8'' 77° 1200 Lj
hellerer Stern spektroskopisch dreifach

ο² Eri 164
$4^{m}4/9^{m}5$ 77'' 117° 15 Lj
$4^{m}4/11^{m}2$ 9,0'' 340° 15 Lj
heller Begleiter ist Weißer Zwerg

θ Ori ★★★★ D17 176
$5^{m}1/6^{m}7$ 12,8'' - 1300 Lj
$5^{m}1/6^{m}7$ 13,4'' - 1300 Lj
$6^{m}7/8^{m}0$ 8,7'' - 1300 Lj
Trapez in M 42, *Trapezium*

θ Tau 172
$3^{m}8/3^{m}4$ 5,7' 350° 150 Lj
in den Hyaden, Augenprüfer

σ Ori D17 174
$3^{m}7/10^{m}3$ 11'' 238° 1200 Lj
$3^{m}7/7^{m}5$ 13'' 84° 1200 Lj
$3^{m}7/6^{m}5$ 43'' 61° 1200 Lj
Mehrfachstern

Σ 747 D17 178
$4^{m}8/5^{m}7$ 35'' 224° 1500 Lj
in NGC 1980

Veränderliche

α Ori 174
$0^{m}0$ $1^{m}3$ 420 Tage 350 Lj
Beteigeuze, hellster Veränderlicher

R Lep ★★★ D25 180
$5^{m}5$ $11^{m}7$ 432 Tage 1000 Lj
Hinds Purpurstern

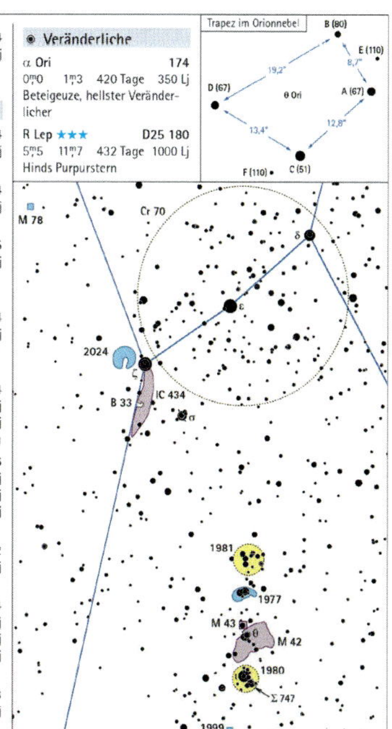

Objektauswahl

345 Deep-Sky-Objekte sind ab Seite 48 einzeln beschrieben, weitere 321 sind in tabellarischer Form als Zusatzempfehlungen aufgeführt, so dass der Deep Sky Reiseführer insgesamt 666 Objekte vorstellt. Es handelt sich um die lohnendsten Beobachtungsziele für Ferngläser und Teleskope bis 150mm Öffnung. Primäre Auswahlkriterien sind Helligkeit und optische Attraktivität. Es wurde darauf geachtet, sowohl möglichst alle bekannten Objekte einzuschließen, als auch verschiedene unbekanntere Ziele vorzustellen.

Die Auswahl umfasst den kompletten Messier-Katalog von 110 Objekten. Zusätzlich wurden Objekte ausgesucht, die an Helligkeit und Detailreichtum mit den Messier-Objekten vergleichbar sind. So haben zahlreiche klassische Objekte für Fernglasbeobachter keine M-Nummer, obwohl sie sehr hell und leicht beobachtbar sind. Hier wurde besonderen Wert darauf gelegt, dass die Objekte in kleinen Optiken lohnende Ziele darstellen. Die Auswahl am Südhimmel wurde so getroffen, dass ein mitteleuropäischer Beobachter bei einem Urlaub in südlichen Gefilden sämtliche der von zu Hause nicht sichtbaren Klassiker beschrieben findet.

Die zusätzlichen, nur in den Tabellen aufgeführten Objekte sollen die Auswahl für erfahrenere Beobachter erweitern. Auch diese Objekte sind allesamt mit Instrumenten bis 150mm zugänglich, doch erfordern einige Ziele besonders dunklen Himmel und ein geübtes Auge. Die erweiterte Auswahl ist als Anregung für diejenigen Sternfreunde gedacht, die die ausführlich beschriebenen Objekte schon beobachtet haben.

Generell sind Offene Sternhaufen für kleine Optiken die einfachsten Ziele, hier hätten noch wesentlich mehr Objekte aufgeführt werden können. Um auch auf andere Objektklassen eingehen zu können, mussten deshalb in manchen Fällen Sternhaufen nicht berücksichtigt werden, die die Kriterien für die Aufnahme durchaus gemeistert hätten, wie etwa weitere Haufen in den Sternbildern Scorpius und Centaurus. Andererseits wurden auch eher ungewöhnliche Objekte wie Dunkelnebel oder Collinder-Sternhaufen beschrieben, um die Gesamtauswahl reicher zu gestalten.

Unter den Doppelsternen und Veränderlichen werden hier nur die hellsten und bekanntesten Vertreter behandelt; in kleinen Optiken sind hunderte weiterer sehenswerter Beispiele sichtbar. Die hier erwähnten Doppelsterne sind allesamt mit kleinen Fernrohren gut aufzulösen, zudem wurden Fernglasobjekte aufgenommen. Sie zeichnen sich alle durch einen wegen ihrer Färbung oder Helligkeit besonders attraktiven Anblick aus. Die Veränderlichen Sterne wurden ebenfalls nach diesem Kriterium ausgewählt, es handelt sich um besonders einfach zu verfolgende Sterne oder solche, die sich durch ihre besondere Farbe auszeichnen. Die hier getroffene Auswahl kann keineswegs als vollständig betrachtet werden, sondern soll Beispiele aufzeigen, die Lust auf mehr machen.

Tab. 1: Objektauswahl im Deep Sky Reiseführer

Objektklasse	textlich beschrieben	tabellarisch aufgelistet
Doppelsterne (DS)	28	124
Veränderliche (Vr)	11	38
Offene Sternhaufen (OC)	91	135
Galaktische Nebel (GN)	47	90
Planetarische Nebel (PN)	34	59
Kugelsternhaufen (GC)	45	66
Galaxien (Gx)	85	139
Quasare (Qs)	1	1
Sterne, Sternmuster, Sternwolken (St, Ast, StC)	3	15
insgesamt	345	666

Bewertungen

Um Einsteigern die Auswahl geeigneter Ziele zu erleichtern, wurden die ausführlich beschriebenen Objekte einem Bewertungsschema unterzogen:

★★★★★ einzigartiges Parade-Objekt
★★★★☆ herausragend eindrucksvolles Objekt
★★★☆☆ besonders lohnendes Objekt
★★☆☆☆ sehenswertes Objekt
★☆☆☆☆ unscheinbares Objekt

Diese Bewertungen basieren auf der Beobachtung mit Teleskopen bis 150mm Durchmesser sowie dunklem Landhimmel. Für größere Teleskope können deshalb Abweichungen auftreten, etwa bei Galaxien, deren Struktur sich meist erst in wesentlich größeren Instrumenten erschließt, während sie in kleineren Geräten unscheinbar bleiben.

Lichtverschmutzung kann dagegen einen zerstörerischen Einfluss auf den Anblick haben und die Wirkung deutlich herabsetzen.

Beschreibungen und Zeichnungen

Die wörtlichen Beschreibungen der einzelnen Deep-Sky-Objekte fußen auf eigenen visuellen Beobachtungen. Sämtliche Objekte wurden vom Verfasser eingehend beobachtet, fast alle mehrmals, einige bei mehr als einem dutzend Gelegenheiten. Besonderes Interesse war dabei auf das Erscheinungsbild und die Beobachtungsmöglichkeiten mit kleineren Optiken sowie unter lichtverschmutzten Bedingungen gerichtet.

Sowohl für die Beobachtungsvorbereitung, das Erkennen des Objekts am Okular als auch den Vergleich mit eigenen Ergebnissen sind Abbildungen unentbehrlich. Primär ist in diesem Buch deshalb nicht das schöne Motiv, sondern die »Realitätsnähe« des Bildes zum visuellen Anblick im Okular. Diese kann nur eine Zeichnung liefern.

Insgesamt 310 Zeichnungen des Autors enthält der Deep Sky Reiseführer. Bei ihrer Beurteilung sollte man wissen, dass es sich um mit menschlichen Fehlern behaftete subjektive Ergebnisse handelt - die aber gerade deshalb dem eigenen visuellen Erlebnis näher kommen als Fotografien. Ein graues Viereck links oben gibt an, ob die Zeichnung unter dunklem Himmel (dunkelgrau) oder unter Einfluss von Lichtverschmutzung (hellgrau) entstanden ist. Um den Unterschied zu verdeutlichen, sind oft zum gleichen Objekt mehrere Ergebnisse nebeneinander abgedruckt. Alle Zeichnungen sind mit Norden oben und Osten links orientiert. Die Randbegrenzung entspricht nicht in jedem Fall dem Gesichtsfeldrand während der Beobachtung.

Die Beobachtungen wurden vom Wohnort des Verfassers unter typischen Vorortbedingungen (Himmelshelligkeit $20\overset{m}{,}0$, vgl. Seite 23), von ländlichen Beobachtungsplätzen ($21\overset{m}{,}3$) sowie von den Alpen aus durchgeführt ($21\overset{m}{,}7$). Die Beobachtung der Südhimmel-Objekte geschah weitgehend auf der Farm Tivoli in Namibia unter exzellentem Wüstenhimmel ($21\overset{m}{,}8$).

Zum Einsatz kamen vor allem Ferngläser 3,5×15 (Zeiss Jena Theatis), 8×30 (Zeiss Jena Deltrintem), 10×50 (Zeiss Jena Dekarem), ein 60mm-Refraktor (Takahashi FS-60), ein 70mm-Refraktor (Vixen FL70S) sowie ein 120mm-Refraktor (Astro-Physics Star 12ED und Takahashi TSA 120).

Teleskopgrößen

Um das benötigte Instrumentarium schnell einschätzen zu können, sind die Objektbeschreibungen in drei Abschnitte untergliedert:

- Erscheinungsbild mit bloßem Auge
- Erscheinungsbild mit dem Fernglas
- Erscheinungsbild mit dem Teleskop

Innerhalb der Texte zum Erscheinungsbild im Teleskop werden verschiedene Teleskopgrößen in drei Leistungs-Kategorien zusammengefasst.

Tab. 2: Teleskopgrößen-Kategorien

Bezeichnung im Text	Öffnung in mm	Öffnung in Zoll
Kleine Teleskope	50mm bis 100mm	2 bis 4 Zoll
Mittlere Teleskope	120mm bis 200mm	5 bis 8 Zoll
Große Teleskope	250mm bis 500mm	10 bis 20 Zoll

Die auf die Sichtbarkeit von Details gegebenen Öffnungsgrößen entsprechen den mit den genannten Geräten gesammelten eigenen visuellen Erfahrungen; sie gelten für geübte Beobachter. Während diese Angaben oft die machbaren Grenzen für bestimmte Optiken angeben, werden nicht so geübte Beobachter und Einsteiger bemerken, dass sie bei weitem nicht so viel erkennen können. Diesen Unterschied macht das Teleskopische Sehen aus (vgl. Seite 31): Die Beobachtungserfahrung bestimmt ganz wesentlich, was im Okular gesehen wird. Die Beschreibungen sind also als Obergrenze des Machbaren zu interpretieren.

Um die Beobachtungsmöglichkeiten realistisch mit den eigenen Bedingungen abzuschätzen, wird der Erwerb von *Eye & Telescope* empfohlen, das abhängig von Himmelsqualität und eigenem Instrumentarium sehr genau die Wahrnehmungserwartung simulieren kann.

Aufsuchtipps

Die Hälfte der Beobachtungszeit am Teleskop gilt dem Aufsuchen des Objekts. Dieses Buch gibt für jedes Objekt knappe Hinweise zum schnellen Finden. Die Aufsuchwege sind selbst am Nachthimmel erprobt und auf den Deep Sky Reiseatlas abgestimmt. Instrumentelle Voraussetzung dafür ist ein Sucherfernrohr mit mindestens 30, besser 50mm Öffnung und über 4° Gesichtsfeld.

Geschichtliche Angaben

Zu jedem besprochenen Himmelsobjekt ist der Erstentdecker genannt. Nur einige wenige Nebel und Sternhaufen waren bis zum Altertum bekannt, das Phänomen der Doppelsterne noch gänzlich unbekannt. Vor allem die Himmelsdurchmusterung von Ptolemäus (etwa 100–170) und die Revision dessen Kataloges durch den persischen Astronomen Al-Sufi (903–986) brachten einige dieser Flecken zutage.

Nach der Erfindung des Fernrohrs erstellte lediglich der unbekannte sizilianische Beobachter Giovanni Batista Hodierna (1597–1660) einen Katalog von 40 Einträgen. 19 der Objekte in seinem Katalog sind auch heute noch anerkannt, die restlichen sind zum großen Teil Sternmuster und keine wahren Sternhaufen und Nebel. Sein Katalog wurde aber an verborgener Stelle veröffentlicht und erst im 20. Jahrhundert wiederentdeckt.

Tab. 3: Vorteleskopische Entdeckungen

Name	Katalognummer	bekannt seit
Plejaden	M 45	Vorzeit
Hyaden	Melotte 25	Vorzeit
Coma-Sternhaufen	Melotte 111	Vorzeit
Kohlensack	-	Vorzeit
Praesepe	M 44	Hipparch, 2. Jh v. Chr.
h und χ	NGC 869/884	Hipparch, Ptolemäus, 2. Jh v. Chr.
Schmetterlingshaufen	M 7	Ptolemäus, 2. Jh
Andromedanebel	M 31	Al Sufi, 10. Jh
Kleiderbügelhaufen	Collinder 399	Al Sufi, 10. Jh
o-Velorum-Haufen	IC 2391	Al Sufi, 10. Jh
Magellansche Wolken	-	Beginn des 16. Jh

Ende des 17. Jahrhunderts stellte der Danziger Patrizier Hevelius (1611–1687) eine Liste von 14 Sternhaufen und Nebeln zusammen. Bis auf zwei Objekte (M 31, M 44) besteht diese Liste jedoch aus nicht existenten Objekten; als Beispiel, das sich in unsere Zeit hinüber gerettet hat, sei M 40 genannt.

Edmond Halley (1656–1742), der berühmte Entdecker der möglichen Peridiozität von Kometen, stellte 1715 eine Liste von 6 Nebelsternen zusammen, die M 11, 13, 22, 31, 42, ω Cen umfasste, davon waren aber lediglich zwei Objekte seine Entdeckungen. Bis zur Mitte des 17. Jahrhunderts kamen nur wenig neue Sternhaufen und Nebel hinzu, der Direktor der Berliner Sternwarte Kirch (1639–1710) fand M 11 und M 5. Kurz vor Messiers Zeit waren es der Schweizer Philippe Loys de Chéseaux (1718–1751) und Guillaume Le Gentil (1725–1792), die systematisch »Nebelsterne« beobachteten. Ersterer fertigte sogar einen Katalog von 20 Objekten an, der aber nie veröffentlicht wurde. Seine Entdeckungen waren Messier also unbekannt.

Der in Dresden beheimatete Johann Gottfried Köhler (1745–1801) stellte 1780 eine Liste von 20 Nebelobjekten zusammen, davon entdeckte er M 59, 60 und 67. Johann Elert Bode (1747–1826) wetteiferte mit Messier nicht nur bei der Suche nach Kometen, sondern auch dem Auffinden von »Nebelsternen«. 1777 veröffentlichte er einen Katalog von 75 »nebligen Sternen und Sternhaufen«, der alle damals bekannten umfassen sollte, dabei wurden aber viele Einträge von Hevelius übernommen, nur 50 seiner Objekte sind daher auch tatsächlich existent.

Der französische Pater Nicolas de Lacaille (1713–1762) führte als erster systematische Beobachtungen des Südhimmels durch. Von 1750–52 am Kap der Guten Hoffnung tätig, schuf er nicht nur 14 neue Sternbilder, sondern entdeckte auch 42 neue Himmelsobjekte, die in einem Katalog zusammengefasst im Jahr 1755 veröffentlicht wurden. Die 32 besten Objekte aus seiner Liste sind gleichzeitig die Höhepunkte des südlichen Sternhimmels für visuelle Beobachter und im Objektteil ausführlich beschrieben.

Zeitgleich zu Bode in Berlin stellte in Paris Charles Messier (1730–1817) seinen berühmten Katalog von Deep-Sky-Objekten auf. Messier wollte lediglich eine Liste von Objekten aufstellen, die mit Kometen verwechselt werden können. Von 1759 bis 1769 kamen dabei 45 Objekte zusammen, wobei auch bereits bekannte aufgenommen wurden. Bis 1780 erweiterte Messier seine Liste auf 68 Einträge und veröffentlichte diese 1781 im französischen Jahrbuch »Connaissance des temps« für 1784. 1784 erschien dort auch im Band für 1787 die letzte auf 103 Objekte erweiterte Version. Nach Notizen von Messier sind noch weitere Beobachtungen bekannt, so dass der Katalog heute mit 110 Einträgen angegeben wird. Viele Objekte aus Messiers Katalog wurden von seinem Kollegen Pierre Méchain (1744–1804) entdeckt.

Eine neue Dimension stieß der Hannoveraner Wilhelm Herschel (1738–1822) auf, der sich ab 1783 vom englischen Bath aus mit einem selbstgebauten 18"-Spiegel auf die systematische Suche nach Nebeln begab. Innerhalb von zwanzig Jahren fand er

knapp 2600 Nebel und Sternhaufen, eine schier unglaubliche beobachterische Leistung. Die meisten Objekte in diesem Buch ohne M-Nummer wurden von ihm entdeckt; auch seine Schwester Karoline (1750–1848) war als Beobachterin erfolgreich.
Am Südhimmel setzte Herschels Sohn John (1782–1871) Akzente, als er von 1834 bis 1838 am Kap der Guten Hoffnung über 1700 Objekte auffand und katalogisierte. Der NGC ist deshalb hauptsächlich ein Produkt von Vater und Sohn Herschel, die weit über die Hälfte seiner 7800 Objekte entdeckten. Am Südhimmel trat in den 1820er Jahren außerdem der umstrittene australische Beobachter James Dunlop (1795–1848) in Erscheinung. Bis 1840 waren damit bis auf einige wenige Ausnahmen alle nicht sternartigen Objekte dieses Buches bekannt und katalogisiert. Bis auf wenige Ausnahmen sind sie alle visuell mit und ohne Fernrohr entdeckt worden.
Die Entdeckung der Doppelsterne verlief anders als die der nebligen Objekte, und wurde meist auch von anderen Beobachtern getragen. Die ersten Beispiele wurden nach der Erfindung des Fernrohrs entdeckt, zu den schon im 17. Jahrhundert bekannten zählen Mizar (ζ UMa), α Cen, α Cru, α Gem, und das Trapez (θ Ori). Der erste systematische Beobachter war Christian Mayer (1719–1783), der 1779 von Mannheim aus beobachtend den ersten Doppelsternkatalog überhaupt vorlegte. Diese Liste mit 89 Einträgen, quasi die Messier-Liste der Doppelsterne, wurde 1781 im Berliner Astronomischen Jahrbuch für 1784 veröffentlicht. Mayer behauptete später, um sehr viel mehr helle Sterne schwache Begleiter zu sehen, auch dort wo andere Beobachter keine finden konnten, seine Beobachtungen gerieten deshalb insgesamt in die Kritik und seine Liste fiel schließlich in Vergessenheit.
Wilhelm Herschel revolutionierte auch die Doppelsternbeobachtung. Bei dem Versuch, die Entfernung der Sterne mittels ihrer scheinbaren Jahresbewegung zu messen (Parallaxe), fand er zahlreiche Begleiter um helle Sterne und legte 1782 den ersten Katalog mit 269 Objekten vor. Nach ihm folgte Friedrich Georg Wilhelm Struve (1793–1864), der mit dem neunzölligen Refraktor von Dorpat (Estland) systematisch nach Doppelsternen suchte und 1837 seinen großen Katalog mit 2343 Einträgen vorlegte.
Ähnlich verlief die Geschichte der Entdeckung der Veränderlichen Sterne. Im Altertum wurden die Sterne für unveränderlich und fix gehalten. Dieses Bild wurde in Europa durch die Beobachtung neuer Sterne 1572 (Tycho) und 1604 (Kepler) erschüttert. Während diese Supernovae nur einmal aufleuchteten, entdeckte David Fabricius 1595, dass der Stern o Ceti einen wiederkehrenden Lichtwechsel zeigt. Neben den Novae wurden im 17. Jahrhundert noch β Per und χ Cyg als veränderlich gefunden. Bis 1800 waren nur elf Veränderliche bekannt, darunter β Lyr, δ Cep, R CrB und R Leo. Erst nach 1844, als Friedrich Wilhelm Argelander (1799–1875) zur systematischen Beobachtung aufrief, stieg die Zahl der Entdeckungen stark an.

Symbole

Ein Symbol in der oberen Linken Ecke der Objektbeschreibung zeigt den Typ an. Ausführliche Erklärungen der Astrophysik hinter diesen Typen enthält das Kapitel Deep-Sky-Objekte (Seite 34).

Tab. 4: Abkürzungen und Symbole der Deep-Sky-Objekttypen

St	★	Stern
DS		Doppelstern
Vr		Veränderlicher Stern
Ast, StC		Sternmuster, Sternwolke
OC		Offener Sternhaufen
GC		Kugelsternhaufen
GN		Galaktischer Nebel, Emissionsnebel
GN		Galaktischer Nebel, Reflexionssnebel
GN		Galaktischer Nebel, Dunkelnebel
PN		Planetarischer Nebel
Gx		Galaxie
Qs		Quasar

Datenangaben

Die Tabellen am Beginn der Sternbilder-Abschnitte enthalten die für den Beobachter wichtigen Informationen zur Auswahl der Beobachtungsobjekte. Folgt ein Doppelpunkt einer Zahl, bedeutet dies eine ungenaue oder ungefähre Angabe.

1. Spalte – Name: Der nach internationaler Nomenklatur übliche Katalogname des Objekts.

Helle *Sterne* werden in zweierlei System eingeordnet:

Bayer-Buchstaben: Die hellsten Sterne jedes Sternbilds sind mit kleinen griechischen Buchstaben bezeichnet, die Johann Bayer 1603 in seinem Sternatlas »Uranometria« festgelegt hat. Meistens trägt der hellste Stern eines Sternbilds den Buchstaben α, der zweithellste β usw. Zur vollständigen Bezeichnung wird an den Buchstaben der Genitiv des lateinischen Sternbildnamens angehängt. So heißt zum Beispiel Sirius im Großen Hund α Canis Majoris. Normalerweise schreibt man den Genitiv aber nicht aus, sondern benutzt die international übliche Sternbild-Abkürzung, also α CMa.

Flamsteed-Nummern: Der englische Astronom John Flamsteed gab allen mit bloßem Auge sichtbaren Sternen eines Sternbilds in der Reihenfolge von Westen nach Osten Nummern. Diese Nummern werden ebenfalls mit dem Genitiv des lateinischen Sternbildnamens oder der Abkürzung versehen. So heißt zum Beispiel Sirius auch 9 CMa. Wenn der Stern aber schon einen Bayer-Buchstaben besitzt, wird dieser vorgezogen.

Bei diesen Himmelsdurchmusterungen mit bloßem Auge wurden einige helle Deep-Sky-Objekte für Sterne gehalten und als solche klassifiziert. Zum Beispiel ist ω Centauri in Wirklichkeit ein Kugelsternhaufen, χ Persei ein Offener Sternhaufen und 47 Doradus ein Emissionsnebel. Diese Himmelsobjekte sind meistens unter diesen – eigentlich falschen – Namen bekannt.

Für *Doppelsterne* gibt es viele verschiedene Kataloge. In diesem Buch finden die Kataloge von **Struve, Burnham, Dunlop** und **Herschel** Erwähnung. Die Namen bezeichnen die Entdecker oder Erstvermesser dieser Systeme und eine Nummer, die von ihnen zugewiesen wurde. Besitzt ein Doppelstern eine Katalognummer, aber auch eine Flamsteed-Nummer oder gar einen Bayer-Buchstaben, so werden letztere vorgezogen.

Für *Veränderliche Sterne* wurde von **Argelander** eine eigene Bezeichnungsweise eingeführt. Danach werden die Sterne in der Reihenfolge ihrer Entdeckung mit Großbuchstaben von R bis Z und dem Sternbildnamen benannt. Reichen diese nicht aus, folgen die Buchstaben von RR bis ZZ, dann vom Beginn des Alphabets. So heißt beispielsweise der zuerst entdeckte Variable im Sternbild Löwe R Leonis. Besitzt der Stern schon einen Bayer-Buchstaben, wird dieser verwendet.

Sternhaufen, *Nebel* und *Galaxien* sind nach folgender Nomenklatur sortiert:

Messier: 1781 veröffentlichte der französische Kometenbeobachter Charles Messier eine Liste von neblig erscheinenden Objekten, die in damals üblichen Fernrohren sichtbar waren. Messiers Ziel war es eigentlich, Verwechslungen mit schwachen unentdeckten Kometen zu vermeiden. Diese Liste, abgekürzt durch den Buchstaben M, umfasst nahezu alle bis dahin bekannten Sternhaufen und Nebel, soweit sie von Paris aus sichtbar waren, sowie viele eigene Entdeckungen von Messier und seinem Kollegen Pierre Méchain. Messiers 110 Objekte umfassen fast alle hellen und lohnenswerten Objekte für mitteleuropäische Beobachter, und eine Beobachtung aller M-Objekte gilt als die »Grand Tour« des Deep-Sky. In diesem Buch sind alle Messier-Objekte ausführlich besprochen.

NGC: Bald nach Messiers Entdeckungen begannen visuelle Beobachter, mit besseren Instrumenten gezielt neue Sternhaufen und Nebel zu suchen. Vor allem der in Hannover geborene und nach England ausgewanderte Wilhelm Herschel und sein Sohn John Herschel haben viele tausend neue Objekte entdeckt, auch am Südhimmel. 1888 fasste der dänische Astronom Johan Dreyer alle bis dahin bekannten 7840 Sternhaufen und Nebelflecke im New General Catalogue of Nebulae and Clusters of Stars, abgekürzt NGC, zusammen. Die Nummern wurden dabei nach der Reihenfolge in Rektaszension vergeben. Auch (fast) alle Messier-Objekte erhielten NGC-Nummern. Wenn aber schon eine M-Nummer vorhanden ist, wird diese der NGC-Bezeichnung in der Literatur und auf Karten vorgezogen.

IC: Schon wenige Jahre nach der Veröffentlichung des NGC waren so viele neue Objekte entdeckt worden, dass Dreyer in zwei Ergänzungskatalogen 1895 und 1908 noch einmal nachlegen musste. Diese beiden Index Catalogues haben also keine

Überschneidungen mit dem NGC; sie enthalten wie dieser Objekte aller Kategorien.

Nach 1908 wurden keine Gesamtkataloge mehr aufgestellt, sondern einzelne Forscher stellten – ähnlich wie bei den Doppelsternen – ihre Entdeckungen zu eigenen Katalogen, benannt mit ihrem Namen nach Vorbild der Messier-Liste, zusammen. Als Beispiele, die in diesem Buch auftauchen, seien der **Stock-** sowie der **Melotte**-Katalog genannt, in dem 1915 alle bis dahin bekannten Offenen Sternhaufen zusammengefasst wurden, und der **Collinder**-Katalog, der dasselbe 1931 durchführt. Es gilt die Reihenfolge (bei Sternhaufen): Messier, NGC/IC, Melotte, Collinder, nach der die Objekte in Karten und in der Literatur bezeichnet werden. Also nur wenn ein Collinder-Haufen keine Messier-, NGC-, IC- oder Melotte-Nummer trägt, erscheint er mit seiner Collinder-Nummer. Für Dunkelnebel gibt es den Katalog von **Barnard**, auch mit B abgekürzt. für Planetarische Nebel viele kleinere Einzelkataloge wie Abell oder Menzel.

Tab. 5: Gängige Katalogkürzel

Kürzel	Katalog	Objekttyp
B	Barnard	Dunkelnebel
β	Burnham	Doppelsterne
Ced	Cederblad	Galaktische Nebel
Cr	Collinder	Offene Sternhaufen
Δ	Dunlop	Doppelsterne
h	John Herschel	Doppelsterne
IC	Index Catalogue	Deep-Sky-Objekte
M	Messier	Deep-Sky-Objekte
Mel	Melotte	Offene Sternhaufen
NGC	New General Catalogue	Deep-Sky-Objekte
Rmk	Rümker	Doppelsterne
Σ	F. W. Struve	Doppelsterne
Tr	Trümpler	Offene Sternhaufen

2. Spalte – Rektaszension: Die »Längenposition« des Objekts im astronomischen Koordinatensystem am Himmel. Die Rektaszension (R. A.) wird angegeben in Stunden und Minuten. Der gesamte Himmel umfasst 24^h Rektaszension, wobei 0^h die Rektaszension des Frühlingspunktes ist (also der Punkt, in dem die Sonne zum astronomischen Frühlingsanfang steht), 6^h die der Sommersonnenwende, 12^h die des Herbstpunktes und 18^h die des Wintersonnenwende. 24^h Rektaszension fällt mit 0^h zusammen. Durch die Drehung der Erde bewegt sich der Sternhimmel scheinbar in einer Minute um 1^{min} Rektaszension weiter. Haben zwei Objekte eine sonst gleiche Position, aber 10^{min} Differenz in Rektaszension, so kann man das Fernrohr auf das Objekt mit der kleineren R. A. einstellen und wartet bei ausgeschalteter Nachführung 10 Minuten: Dann steht das zweite Objekt im Gesichtsfeld. Östlich schwenkt man Richtung größerer Rektaszension, westlich Richtung kleinerer R. A.

3. Spalte – Deklination: Die »Breitenposition« des Objekts im astronomischen Koordinatensystem am Himmel. Die Deklination (Dekl.) wird vom Himmelsnordpol auf +90° mit Pluszeichen bis zum Himmelsäquator bei 0° geführt, zum Himmelssüdpol bei –90° dann wieder ansteigend mit Minuszeichen. Ein Meridian umfasst also 180° – ein Deklinationsgrad entspricht also einem Winkelgrad. Die geographische Breite des Beobachtungsortes ist gleich der Höhe des Himmelsnordpoles über dem Nordhorizont, also für 50° nördlicher geographischer Breite steht der Polarstern ca. 50° hoch am Himmel. Genauso bestimmt die geographische Breite die Deklination der tiefsten gerade noch sichtbaren Sterne am Südhorizont nach der Formel *Deklination = geogr. Breite* –90°. Also kann man (theoretisch) Sterne bis zu einer Deklination von –40° auf 50° nördlicher Breite sehen, tatsächlich muss diese Zahl aber etwa um 5° verringert werden, da Horizontdunst und Atmosphäre die knapp über dem Horizont stehenden Sterne verschlucken.

Die Daten zu Rektaszension und Deklination gelten für das Äquinoktium 2000.0.

4. Spalte – Helligkeit: Die Helligkeit des Objekts in m. Das hochgestellte m steht für Magnitudo oder Größenklasse. Dabei gilt: Je kleiner die Größenklasse, desto heller ist der Stern oder das Objekt. m ist logarithmisch skaliert, genau so wie es das menschliche Auge macht. 1^m Differenz bedeuten 2,5fachen Helligkeitsunterschied (vgl. Tabellen). Ein 13^m-Stern ist also zehntausend mal schwächer als ein 3^m-Stern.

Tab. 6: Skalierung der Helligkeit nach ^{m}

Differenz in ^{m}	Helligkeitsunterschied
$0\overset{m}{,}5$	1,25×
1^m	2,5×
2^m	6,3×
$2\overset{m}{,}5$	10×
5^m	100×
10^m	10000×

Für flächenhafte Objekte wie Sternhaufen, Nebel und Galaxien sind Gesamthelligkeiten gegeben: Wenn man die Helligkeit des gesamten sichtbaren Objekts in einem sternförmigen Punkt konzentrieren würde, wären diese Helligkeitswerte erreicht. Sämtliche gegebenen Helligkeiten sind v-Helligkeiten, also auf die spektrale Empfindlichkeitskurve des nachtsehenden menschlichen Auges abgestimmt.

5. Spalte – Größe: Die Ausdehnung eines Objektes in Bogenminuten. Abstände am Himmel werden in Grad (°), Minuten (') und Sekunden (") gegeben. Ein Großkreis am Himmel umfasst 360°, die Vollmondscheibe misst ½° oder 30' im Durchmesser, während der Planet Jupiter durchschnittlich 40" klein erscheint. Die Größenangaben entsprechen den tatsächlich visuell mit kleinen Fernrohren erkennbaren Dimensionen. Sämtliche Angaben in diesem Buch wurden dazu anhand von eigenen Beobachtungen neu bestimmt, während viele andere Quellen Größen angeben, die auch fotografisch erfassbare Außenbereiche mit einbeziehen und meist um einen Faktor 2 zu groß sind.

6. Spalte – objektspezifische Angabe: Diese Kolumne ist nach den Objektklassen verschieden. Es wurde darauf geachtet, möglichst die für die visuelle Beobachtung interessanteste Größe anzugeben.

7. Spalte – Entfernung: Abstand Erde-Objekt in Lichtjahren (Lj) nach neuesten Bestimmungen. Zum Vergleich: Die Sonne ist 8 Lichtminuten entfernt, der nächste Stern 4,2 Lichtjahre, die Andromedagalaxie 2,5 Millionen Lichtjahre. Das entfernteste in diesem Buch enthaltene Objekt ist der Quasar 3C 273 mit 2,5 Milliarden Lichtjahren.

8. Spalte – Objekttyp: Die Klasse des beschriebenen Objektes. Es gelten die international gebräuchlichen Abkürzungen.

9. Spalte – Bemerkung: Kurzcharakteristik bzw. populärer Name des Objekts.

10. Spalte – Öffnung: Mindestöffnung für die Detektion des Objektes unter guten deutschen Landhimmelbedingungen (Himmelshelligkeit $21^{m}_{,}3$) nach Beobachtungen des Autors. Die Einteilung erfolgt in sieben Kategorien: bloßes Auge, 3,5×15mm-Fernglas, 8×30-Fernglas, 10×50-Fernglas, 50mm (Refraktor, variable Vergrößerung), 63mm (Refraktor), 80mm (Refraktor), 100mm (Refraktor), 120mm (Refraktor) und 150mm (Reflektor). Bei Veränderlichen ist eine zur Verfolgung des Lichtwechsels geeignete Optikgröße genannt, bei Sternen mit interessantem Spektrum oder Farbe zeigt die Angabe, ab welcher Optikgröße die Besonderheit – also nicht der Stern an sich – sichtbar ist.

Tab. 7: Objektspezifische Datenangaben

Offene Sternhaufen (OC)	
Helligkeit des hellsten Haufensterns	erlaubt die Bestimmung, ab welcher Optikgröße der Haufen in Einzelsterne auflösbar ist
Kugelsternhaufen (GC)	
Helligkeit der hellsten Einzelsterne	erlaubt die Bestimmung, ab welcher Optikgröße die Auflösbarkeit des Haufens beginnt
Galaktische Nebel (GN)	
Flächenhelligkeit pro Bogensekunde	lässt abschätzen, wie groß die einzusetzende Austrittspupille sein muss und unter welchen Bedingungen der Nebel noch gesehen werden kann
Planetarische Nebel (PN)	
Helligkeit des Zentralsterns	lässt abschätzen, ab welcher Optikgröße der den Planetarischen Nebel verursachende Stern sichtbar wird. Bei hellen Nebeln ist dies aber oftmals schwieriger, als die Angaben suggerieren, da der Zentralstern im hellen Hintergrundnebel ertrinkt
Galaxien (Gx)	
Flächenhelligkeit pro Bogensekunde	lässt zusammen mit der Gesamthelligkeit die Schwierigkeit des Objekts abschätzen und wird bei sehr großen Galaxien zur wichtigsten Größe

Tab. 8: Abkürzungen des Objekttyps

Kürzel	Englisch	Deutsch
Ast	Asterism	Sternmuster
DS	Double Star	Doppelstern
GC	Globular Cluster	Kugelsternhaufen
GN	Galactic Nebula	Galaktischer Nebel
Gx	Galaxy	Galaxie
OC	Open Cluster	Offener Sternhaufen
PN	Planetary Nebula	Planetarischer Nebel
Qs	Quasar	Quasar
St	Star	Stern
StC	Star Cloud	Sternwolke
Vr	Variable Star	Veränderlicher

Für *Doppelsterne* sind die Angaben ab der vierten Spalte etwas verschieden.

4. Spalte – Helligkeit: Gegeben sind die v-Helligkeiten der einzelnen Komponenten des Doppelsternsystems. Der hellste Stern erhält üblicherweise die Bezeichnung A, die Begleiter nach ihrer Helligkeit B, C,...

5. Spalte – Abstand: Distanz der Begleiter vom hellsten Stern in Bogensekunden. Auch wenn es sich um ein Mehrfachsystem handelt, sind die Abstände immer vom Hauptstern aus gegeben.

6. Spalte – Positionswinkel: Winkel, den der Begleiter zum Hauptstern zur Nordrichtung bildet. Der Positionswinkel (PW) gibt also an, in welcher Richtung vom Hauptstern die schwächeren Komponenten stehen. Der Positionswinkel wird von Norden über Osten gezählt; 0° bedeutet also, der Begleiter steht genau im Norden, 90° gibt die Ostrichtung an, 180° Süden und 270° Westen (vgl. Abbildung Seite 38).

Für *Veränderliche Sterne* ist ab der vierten Spalte angegeben:

4. Spalte – Maximalhelligkeit: Größter Helligkeitswert, den der Stern bisher erreicht hat.

5. Spalte – Minimalhelligkeit: Niedrigster Helligkeitswert, den der Stern bisher erreicht hat.

Die Werte eines üblichen Zyklus (falls die Veränderlichkeit regelmäßig ist) können von diesen Werten erheblich abweichen und sind im Text genannt.

6. Spalte – Periode: Dauer der periodischen Helligkeitsschwankung von Minimum zu Minimum, falls der Stern sein Licht regelmäßig verändert.

Bei allen Datenangaben wurde größten Wert darauf gelegt, für den visuellen Beobachter optimierte Zahlen vorzulegen. Die Werte wurden dafür aus den zuverlässigsten heute erhältlichen Veröffentlichungen entnommen oder selbst ermittelt.

Beobachtungsplanung mit Eye & Telescope

Die benutzung des Reiseführers wird wesentlich unterstützt und erleichrert durch die Software Eye & Telescope (Thomas Pfleger). Dieses Programm ist ein kompletter Beobachtungsplaner für Deep-Sky-Beobachter.

Die auf www.eyeandtelescope.de erhältliche kostenlose Software besitzt eine Planungsdatei enthält alle Objekte aus dem Deep Sky Reiseführer. Das Programm zeigt, welche Objekte für eine bestimmte Uhrzeit sinnvoll zu beobachten sind. Man kann Objekte eines bestimmten Typs oder eines Sternbilds auswählen, in einem Beobachtungsplan für die Nacht zusammenstellen und dafür Aufsuchkarten ausdrucken.

Verfügt man über ein Teleskop mit ASCOM-fähiger Steuerung, können die ausgewählten Objekte direkt angefahren und eingestellt werden.

Nach der Beobachtung können Beobachtungsnotizen und Zeichnungen zu den jeweiligen Objekten erfasst und verwaltet werden. So behält man den Überblick, welche Objekte bereits beobachtet wurden. Eye & Telescope ist zudem in der Lage, für alle Objekte eine Beobachtungssimulation zu erstellen. Für alle zuvor angelegten Teleskope empfiehlt das Programm das ideale Okular und berechnet die Sichtbarkeitswahrscheinlichkeit mittels der Kontrastreserve (vgl. Seite 28).

Eye & Telescope ist außerdem ideal geeignet, um weitere Ziele jenseits der in diesem Buch verzeichneten Objekte zu beobachten. Je nach Teleskop und Himmelsqualität lassen sich gut erreichbare Ziele aus einer Datenbank von über 100.000 Objekten finden.

Tab. 9: Verwendete Datenquellen

Positionen, Helligkeiten, Flächenhelligkeiten für Galaxien, hellste Einzelsterne in Sternhaufen	Eye & Telescope 3.0, Beobachtungsplaner auf DVD, Oculum-Verlag
Größen	eigene Bestimmungen nach visuellen Beobachtungen mit Hilfe des Computerprogramms Megastar von Willmann-Bell
Zentralsterne von Planetarischen Nebeln	Hynes: Planetary Nebulae, Willmann-Bell, Richmond/Virginia, 1991
Entfernungen	Stoyan: Messier Guide, Recherche Jan Hattenbach
Doppelsterne	Sordiglioni: www.stelledoppie.it

Instrumente für Deep-Sky-Beobachter

Generell gilt: Jedes optische System ist prinzipiell für die Deep-Sky-Beobachtung geeignet. Wichtig ist nicht ein möglichst umfachgreiches Instrumentarium, sondern die Herangehensweise beim Betrachten der Objekte. Gerade die visuelle Himmelsbeobachtung jenseits des Sonnensystems ist ein Feld, bei dem schon mit minimalem finanziellem Einsatz großartige Beobachtungserlebnisse entstehen können.

Das Auge

Unser Auge besteht aus einem optischen System, das von Hornhaut, Iris, Linse und Glaskörper gebildet wird. Die Netzhaut (Retina) dahinter dient als Empfänger für das ankommende Licht.
Wieviel Licht auf der Netzhaut ankommt ist abhängig von der Größe der Augenpupille. Diese misst beim Tagsehen 2mm bis 4mm und kann sich bei völliger Dunkelheit bis auf 8mm öffnen. Bei älteren Menschen nimmt dieser Maximaldurchmesser auf 5mm bis 6mm ab, so dass nicht mehr so viel Licht empfangen werden kann.
Die Dicke der Augenlinse beträgt 3mm bis 5mm, ihr Durchmesser 6,5mm bis 9mm. Bei einer Brennweite von etwa 1,5cm ergibt sich ein Abbildungsmaßstab von 4° pro mm auf der Netzhaut. Wie jede Einzellinse liefert auch die menschliche Augenlinse ein auf dem Kopf stehendes Bild, das erst im Gehirn »umgekehrt« wird.

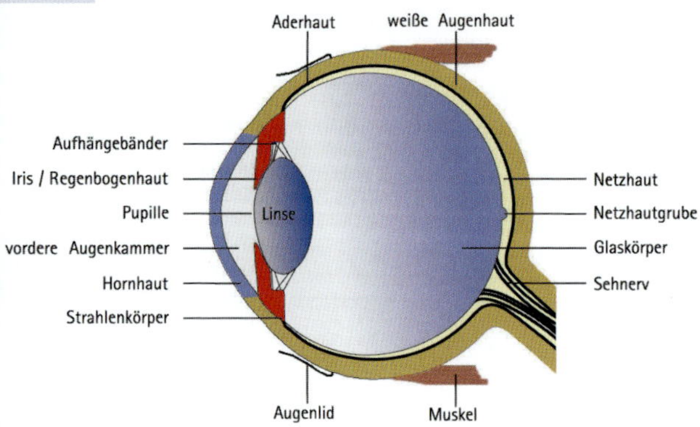

Der Aufbau des menschlichen Auges (Schema).

Die Netzhaut trägt zwei unterschiedliche Arten von Rezeptoren. Die Zapfen sind nur auf den ganz kleinen »gelben Fleck« um die zentrale optische Achse des Auges konzentriert, sie reagieren auf Hell-Dunkel-Unterschiede und ermöglichen farbliche Differenzierungen. Wird aber eine bestimmte Empfindlichkeitsschwelle unterschritten, sind die Zapfen nicht mehr empfindlich genug und melden keine Informationen an das Gehirn weiter. Dies ist nachts und bei der Beobachtung von schwachen Sternen und Nebeln der Fall. Dann springen die Stäbchen ein. Diese Sinneszellen sind viel empfindlicher und über einen Großteil der Retina verteilt, aber nicht so dicht wie die Zapfen im Zentrum, wo sie ganz fehlen. Das bedeutet, dass wir geringe Helligkeiten und schwache Kontrastwerte zwar besser mit den Stäbchen wahrnehmen können, aber in bis zu drei Mal geringerer Auflösung und ohne Farbinformation.
Ganz fehlen auch die Stäbchen am »blinden Fleck«; dort mündet der Sehnerv in den Augenkörper und unterbricht die Retina. Dieser Fleck ist bei der außeraxialen Wahrnehmung (»Indirektes Sehen«, siehe Abschnitt Beobachtungstechniken) bei einem bestimmten Blickwinkel zu erkennen, an dem das Auge keine Information liefern kann. Beim normalen Sehen wird dieser blinde Fleck durch die Überlagerung von Informationen benachbarter Netzhautpartien kaschiert.

Tab. 10: Kennzahlen des menschlichen Auges

Kleinster Sehwinkel, der vom Auge gesehen wird (theoret.)	20"
praktisches Auflösungsvermögen des Auges	60"
Sehwinkel, der Größe eines Zapfens entspricht	0,4"
Strecke auf der Retina, die 1° entspricht	0,29 mm
Absorptionsbereich der Photorezeptoren (violett-rot)	400nm-760nm
Empfindlichkeit von maximaler Helladaptation und voller Dunkeladaptation	$1:10^6$
Mindestanzahl von Photonen, die ein Stäbchen erregen	5 Photonen
Absolutempfindlichkeit	28 Lichtquanten
Quanteneffizienz Stäbchen	3%

Die Adaption genannte Anpassung auf unterschiedliche Beleuchtungsverhältnisse geschieht nur zum Teil durch die Variation der Pupillenöffnung, die einer Steigerung des Lichtsammelvermögens um einen Faktor 16 entspräche. Tatsächlich kann das Auge aber Helligkeitsunterschiede des Verhältnisses 1:1

Million bemerken und auch so darstellen, dass keine Über- oder Unterbelichtungen entstehen. Diese enorme Anpassung wird chemisch durch die Produktion von Sehprupur erreicht, mit dem die Retina bei schwachen Lichtverhältnissen beliefert wird. Die Anpassung der Augen an Dunkelheit ist deshalb nicht bereits mit der Pupillenerweiterung nach wenigen Sekunden abgeschlossen, sondern benötigt 5–30 Minuten.

Tab. 11: Deep-Sky-Objekte für das bloße Auge

Name	Sternbild	Typ	Sichtbarkeit mit bloßem Auge
M 31	And	Gx	sehr einfach, 3°–4° lang
NGC 752	And	OC	nebliger Fleck, recht einfach
B 142-3	Aql	GN	Dunkelnebel, klein, sehr schwierig
NGC 6397	Ara	GC	runder deutlicher Nebel
M 36	Aur	OC	sehr schwierig, fast stellar
M 37	Aur	OC	sehr schwierig
M 38	Aur	OC	sehr schwierig
M 44	Cnc	OC	heller großer Nebel, keine Einzelsterne
M 41	CMa	OC	schwacher Nebelfleck
Cr 140	CMa	OC	nebliger Sternknoten, einfach
NGC 2516	Car	OC	heller Nebel, sehr einfach
NGC 3114	Car	OC	schwacher Nebel, einfach
NGC 3293	Car	OC	Sternknoten
IC 2602	Car	OC	sehr leicht, 5-8 Sterne aufgelöst
NGC 3372	Car	GN	Nebelfleck, in heller Milchstraße
NGC 3532	Car	OC	heller länglicher Fleck, sehr einfach
Stock 2	Cas	OC	große Nebelwolke
NGC 3766	Cen	OC	schwacher Sternknoten
NGC 5139	Cen	GC	sehr einfach, fast Mondgroß
NGC 5281	Cen	OC	fast stellar, schwierig
Mel 111	Com	OC	einfach, aufgelöst in 10–15 Sterne
Kohlensack	Cru	GN	Dunkelnebel, sehr einfach
NGC 4755	Cru	OC	kleiner heller Sternknoten
M 39	Cyg	OC	schwierig, in der Milchstraße
NGC 7000	Cyg	GN	nicht schwierig mit Schmalbandfilter
B 168	Cyg	GN	Dunkelnebel, ziemlich schwierig
Große Magellansche Wolke	Dor	Gx	hell, 6°×5° groß
NGC 2070	Dor	GN	heller verwaschener Stern
M 35	Gem	OC	großer schwacher Nebelfleck, einfach
M 13	Her	GC	deutlicher Nebel, aber klein
M 92	Her	GC	klein, sehr schwierig
M 48	Hya	OC	schwacher Nebel
NGC 2244	Mon	OC	nicht einfach, kleiner Sternknoten
NGC 2264	Mon	OC	Stern mit nebliger Umgebung
NGC 6067	Nor	OC	schwach, in der Milchstraßenwolke
NGC 6087	Nor	OC	deutlich, leicht
IC 4665	Oph	OC	einfach, größerer Nebelfleck
Mel 186	Oph	OC	einfach, «Taurus Poniatowski«
NGC 1981	Ori	OC	einfach, kleiner Nebelfleck
M 42	Ori	GN	einfach, kleiner diffuser Fleck
NGC 1980	Ori	OC	einfach, um ι Ori
S 276	Ori	GN	mit Schmalbandfilter, sehr schwierig
NGC 6752	Pav	GC	klein, einfach
M 15	Peg	GC	winzig, sehr schwierig
M 34	Per	OC	klein, nicht zu einfach
NGC 869/884	Per	OC	sehr einfach, trennbar
NGC 1499	Per	GN	mit Schmalbandfilter, sehr schwierig
Mel 20	Per	OC	einfach, groß, 10 Sterne aufgelöst
M 47	Pup	OC	recht einfach, kleiner Sternknoten
NGC 2451	Pup	OC	heller Sternknoten um Zentralstern
M 8	Sgr	OC	deutlicher Nebelfleck, länglich
M 24	Sgr	Sc	einfach, länglich, 1,5°×0,5° groß
M 17	Sgr	GN	schwierig, in der Milchstraße
M 25	Sgr	OC	ziemlich schwierig
M 22	Sgr	GC	nicht einfach
NGC 6124	Sco	OC	sehr schwach
NGC 6231	Sco	OC	einfach, heller Nebelfleck
M 6	Sco	OC	einfach und deutlich
M 7	Sco	OC	deutlicher Nebel, in der Milchstraße
M 11	Sct	OC	sehr schwierig, helle Schildwolke stört
M 16	Ser	OC	sehr schwierig
IC 4756	Ser	OC	großer schwacher Nebel
M 45	Tau	OC	sehr einfach, 6–11 Sterne aufgelöst
Mel 25	Tau	OC	einfach, 23 Sterne aufgelöst, V-Muster
M 33	Tri	Gx	sehr schwierig, schwacher Fleck
NGC 6025	TrA	OC	schwacher Nebelfleck
NGC 104	Tuc	GC	kleiner heller Nebel
Kleine Magellansche Wolke	Tuc	Gx	hell, 3°×2,5° groß
Cr 285	UMa	OC	sehr einfach, inkl. des »Großen Wagen«
M 81	UMa	Gx	Extremobjekt für die Alpen
NGC 2547	Vel	OC	kleiner Nebel
IC 2391	Vel	OC	von Sternen gesprenkelter Nebelfleck
IC 2395	Vel	OC	winziges Nebelchen
Cr 399	Vul	OC	drei Sterne mit einem Nebelstrich

Deep-Sky-Beobachtung beginnt mit dem bloßen Auge. Viele Sternhaufen, Nebel und Galaxien sind unter einem dunklen Himmel ohne jegliche Hilfsmittel zu sehen. Benutzt man genaue Karten und hat geübte Augen, kann eine ganz erstaunliche Vielzahl der aus Fernglas und Fernrohr bekannten Objekte erkannt werden. Zudem gibt es einige Objekte, deren Anblick mit bloßem Auge unübertroffen ist, beispielsweise die beiden Magellanschen Wolken, der Coma-Sternhaufen oder die Hyaden. Insgesamt 69 von den 300 ausführlich beschriebenen Objekten können schon ohne optische Hilfsmittel gesehen werden.

Fernglas

Schon ein kleines Opernglas oder ein Fernglas erweitert den Horizont ungemein. Die helleren Nebel zeigen Details, Sternhaufen werden aufgelöst und schwache Galaxien sichtbar. Das liegt nicht nur am erheblich gesteigerten Lichtsammelvermögen, sondern auch an der höheren Vergrößerung gegenüber dem bloßen Auge.

Das Fernglas bis etwa 50mm Objektivdurchmesser hat auch einige sehr gewichtige Vorteile gegenüber Teleskopen. Das große Gesichtsfeld lässt viele ausgedehnte Objekte erst richtig hervortreten; besonders große Sternhaufen erscheinen im Fernglas eindrucksvoller als im großen Teleskop. Ein Fernglas ermöglicht entspanntes beidäugiges Beobachten, schwache Details und feine Einzelheiten sind binokular wesentlich besser zu fassen als monokular. Ein Fernglas ist zudem leicht, schnell griffbereit und immer transportabel.

Tab. 12: Ferngläser und ihr Leistungsvermögen

Öffnung	Vergrößerung	Lichtsammelvermögen
15mm	3,5×	4,5×
30mm	8×	18×
50mm	10×	51×
80mm	11×	130×

Es gibt Großferngläser mit 60–100mm Öffnung, die unüberbietbare Anblicke reicher Milchstraßenfelder, großer Sternhaufen und schwacher Nebel möglich machen. Trotz oft genauso hoher Preise wie für ein mittleres Fernrohr erfreuen sich solche Gläser immer größerer Beliebtheit als Zweitgerät.

Ab einer Vergrößerung von 10× ist für eine sinnvolle Beobachtung ein Stativ notwendig. Besonders unter dunklem Gebirgshimmel können Großfeldstecher dann ihre ganze Stärke ausfahren. Wer einmal die Plejaden mit einem 11×80- oder die Carina-Milchstraße mit einem 20×100-Glas erlebt hat, wird die grandiosen Beobachtungseindrücke nicht so schnell vergessen können.

Circa 85% der ausführlich beschriebenen Objekte in diesem Buch sind mit einem 50mm-Glas von geübten Beobachtern zu erhaschen, darunter der gesamte Messier-Katalog mit der alleinigen Ausnahme von M 91. Etwa noch einmal 200 Objekte warten unter den zusätzlich genannten Empfehlungen.

Teleskop

Teleskope haben den großen Vorteil gegenüber Ferngläsern, dass sich ihre Vergrößerung ändern lässt, was viel größere Möglichkeiten in der Detailwahrnehmung öffnet. Gerade kleine Öffnungen werden viel unterschätzt. Zu unrecht setzen viele Sternfreunde allein auf die Öffnung – die keineswegs alles ist. Neben dem von der Öffnung abhängigen Auflösungs- und Lichtsammelvermögen spielt auch die Transportabilität und das Erreichen einer großen Austrittspupille eine Rolle. Das beste Teleskop ist somit das, mit dem am meisten beobachtet werden kann – in den seltensten Fällen ein besonders großes Instrument!

Tab. 13: Teleskope und ihr Leistungsvermögen

Öffnung	Lichtsammelvermögen	Auflösungsvermögen
60mm	73×	2,3"
80mm	130×	1,7"
100mm	204×	1,4"
120mm	294×	1,2"
150mm	459×	0,9"
200mm	816×	0,7"
350mm	2500×	0,4"
500mm	5102×	0,3"

Mit einem 100mm-Fernrohr können fast alle Objekte in diesem Buch gesehen werden. Mit 150mm Öffnung warten weitere hunderte von Doppelsternen und etwa 500 Nebel, Sternhaufen und Galaxien: Eine lebenslange Beobachtungszeit wird kaum ausreichen, um alles sichtbare auch wirklich zu sehen.

Mit dem Sucherteleskop wird fast genauso viel Zeit wie am Hauptrohrokular verbracht, deshalb ist ein guter Sucher enorm wichtig. Er sollte mindestens 30mm, besser aber 50mm Durchmesser haben bei einer Vergrößerung von 6–11×. Das Bild in ihm sollte nicht gespiegelt sein, was ebenso für das Hauptrohr gilt.

Sehr hilfreich sind Suchhilfen, die mit dem bloßen Auge arbeiten. Dies beginnt bei einer einfachen Visiereinrichtung zum Anpeilen der Objekte, bis hin zu Peilsuchern, die einen roten Punkt oder ein Zielmuster an eine Sichtscheibe projizieren. Diese Hilfsmittel erlauben das schnelle und genaue Einstellen von hellen Sternen und den helleren Deep-Sky-Objekten, auch wenn sie nicht mit bloßem Auge sichtbar sind.

Okulare

Verschiedene Okulare erlauben die Anwendung verschiedener Vergrößerungen und Austrittspupillen, ein Satz von etwa vier Okularen ist sinnvoll. Wichtig ist generell, dass Minimal- und Maximalvergrößerung (siehe nächstes Kapitel) ausgeschöpft werden können. Mit kleinen Fernrohren bei kleinen Öffnungsverhältnissen von typischerweise f/15–f/8 lassen sich oft die Minimalvergrößerungen nicht realisieren, weil es kaum Okulare mit mehr als 40mm Brennweite gibt.

Tab. 14: Sinnvoller Okularsatz

Deep-Sky-Einsatzgebiet	Vergrößerung berechnet aus
Aufsuchen, großflächige Nebel	Öffnung / 7
Nebel, Sternhaufen	Öffnung / 4
Galaxien, Kugelsternhaufen	Öffnung / 1,5
Planetarische Nebel, kleine Galaxien	Öffnung / 0,7
Doppelsterne, kleine Planetarische Nebel	Öffnung / 0,4

Ein wichtiges Kriterium bei der Okularwahl ist das Eigengesichtsfeld, das den wahren, am Himmel beobachtbaren Ausschnitt bestimmt, wenn man die Herstellerangabe durch die erzielte Vergrößerung teilt.

Filter

Zum Einschrauben in Okulare werden sogenannte Nebelfilter angeboten. Das Wirkungsprinzip dieser Interferenzfilter beruht darauf, dass aus dem visuell sichtbaren Spektrum Bereiche, in denen Deep-Sky-Objekte nicht leuchten, aber künstliche Lichtquellen emittieren, herausgefiltert werden. Die störende Hintergrundhelligkeit wird verringert und der Kontrast zum Objekt erhöht. Nach der Halbwertsbreite ihrer spektralen Durchlasskurve unterscheidet man drei Arten von Nebelfiltern.

Tab. 15: Nebelfilter für visuelle Deep-Sky-Beobachter

Filtertyp	Durchlass	Andere Bezeichnungen
Breitbandfilter	50–150nm	Deep-Sky, SkyGlow, LPR
Schmalbandfilter	30nm	UHC, UltraBlock
Linienfilter	10nm	[OIII], Hβ

Je nach der Breite und Platztierung der Durchlassfenster sollen die Filter für spezielle Objekte geeignet sein. Breitbandfilter sind für die visuelle Beobachtung nutzlos, denn Galaxien und Sternhaufen, deren Anblick sie verbessern sollen, strahlen ebenso wie der Himmelshintergrund ein kontinuierliches Spektrum aus, das vom Filter beschnitten wird. Schmalbandfilter haben nur ein kleines Fenster um die beiden wichtigsten Emissionslinien [OIII] und Hβ im grünen Bereich. Planetarische Nebel und Galaktische Emissionsnebel strahlen im visuellen Bereich fast ausschließlich in diesen beiden Linien. Bei diesen beiden Objektklassen ist also eine deutliche Verbesserung zu erreichen. Verbesserung bedeutet: Der Himmelshintergrund wird stark abgedunkelt,

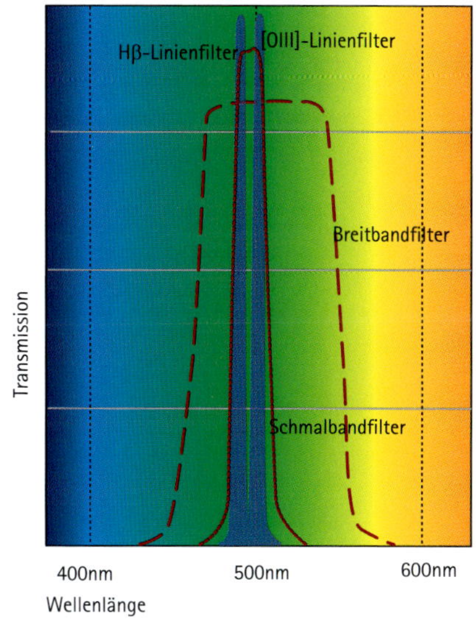

Typische spektrale Durchlasskurven von Nebelfiltern.

aber die Flächenhelligkeit des Nebels bleibt erhalten – schwache Nebel tauchen aus dem »Untergrundrauschen« auf und werden sichtbar. Nachteile von Schmalbandfiltern sind die ungewohnte starke Abdunklung, das Verschwinden der schwächsten Sterne – die Grenzgröße sinkt um etwa $1–2^m$ – sowie die unnatürlich rote Farbe der Sterne und grüne Farbe heller Nebel. Schmalbandfilter sind nützlich, wenn man am Okular ein Objekt klassifizieren will: Wird der Nebelfleck heller, ist es ein Emissionsnebel oder Planetarischer Nebel; verschwindet er, ist es eine Galaxie, ein Reflexionsnebel oder ein unaufgelöster Sternhaufen. Linienfilter schließlich trennen noch zwischen den beiden Nebellinien, da die meisten Objekte entweder in [OIII] oder Hβ am stärksten strahlen. Das Durchlassfenster ist noch deutlich kleiner als bei den Schmalbandfiltern, was in einem noch wesentlich stärker abgedunkeltem Himmelshintergrund resultiert: Es kann passieren, dass keine Sterne mehr im Gesichtsfeld einer kleinen Optik stehen.

Falsch ist die oft ausgesprochene Behauptung, Nebelfilter könnten bei dunstigem oder lichtverschmutztem Himmel Deep-Sky-Objekte wie unter guten Bedingungen sichtbar machen. Tatsächlich wirken Nebelfilter unter Land- und Gebirgshimmelbedingungen besser als in urbanen Gebieten.

Die meisten Nebelobjekte in diesem Buch sind ohne Nebelfilter am besten zu beobachten; dort wo Filtereinsatz nützlich wäre, ist es bei den Objektbeschreibungen angeführt. Es gibt einige Nebel, die durchaus rechtfertigen, den natürlichen Anblick ohne Filter durch den mit Schmalbandfilter zu ergänzen. Objekte, die mit Filter Ausdehnungen und Einzelheiten zeigen, die ohne Filter nicht zu sehen sind, gibt die untenstehende Tabelle.

Tab. 16: Helle Deep-Sky-Objekte für Schmalbandfilter

Name	Sternbild	Objekttyp
NGC 281	Cas	HII-Region
NGC 1499	Per	HII-Region
NGC 2237–9/46	Mon	HII-Region
NGC 2359	CMa	Wolf-Rayet-Nebel
NGC 2438	Pup	Planetarischer Nebel
Knoten in M 101	UMa	HII-Regionen
M 20	Sgr	HII-Region
M 16	Ser	HII-Region
NGC 6960	Cyg	Supernovarest
NGC 6992/5	Cyg	Supernovarest
IC 5067	Cyg	HII-Region
NGC 7000	Cyg	HII-Region
NGC 7293	Aqr	Planetarischer Nebel

Linienfilter sind für größere Instrumente bzw. erfahrenere Beobachter zu empfehlen. Der [OIII]-Linienfilter besitzt einen schmalen Durchlass um 495,9nm und 500,7nm. Er ist für alle Planetarischen Nebel geeignet, sowie eine Anzahl von weiteren Galaktischen Emissionsnebeln.

Tab. 17: Galaktische Nebel für [OIII]-Linienfilter

Name	Sternbild	Objekttyp
M 8	Sgr	HII-Region
M 17	Sgr	HII-Region
NGC 1491	Per	HII-Region
NGC 2237–9/46	Mon	HII-Region
NGC 2359	CMa	Wolf-Rayet-Nebel
NGC 2467	Pup	HII-Region
NGC 2736	Vel	Supernovarest
NGC 3199	Car	Wolf-Rayet-Nebel
NGC 3324	Car	HII-Region
NGC 3581	Car	HII-Region
NGC 6188	Ara	HII-Region
NGC 6888	Cyg	Wolf-Rayet-Nebel
NGC 6960	Cyg	Supernovarest
NGC 6992/5	Cyg	Supernovarest
NGC 7635	Cas	HII-Region
IC 410	Aur	HII-Region
IC 4628	Sco	HII-Region
IC 5067/70	Cyg	HII-Region

Hβ-Linienfilter eignen sich nicht für Planetarische Nebel, können dagegen bei einer ganzen Reihe von Galaktischen Nebeln eingesetzt werden, die Strahlung mit 486,9nm emittieren.

Tab. 18: Galaktische Nebel für Hβ-Linienfilter

Name	Sternbild	Objekttyp
NGC 1499	Per	HII-Region
IC 1318	Cyg	HII-Region
IC 2948	Cen	HII-Region
IC 5149	Cyg	HII-Region
IC 434	Ori	HII-Region
Sharpless 276	Ori	HII-Region

Wissen für Deep-Sky-Beobachter

Nicht allein das Teleskop bestimmt das Bild eines Deep-Sky-Objektes im Okular. Oft unterschätzt werden die äußeren Bedingungen während der Beobachtung, insbesondere die Transparenz des Himmels, der Einfluss menschlicher Lichtquellen und die Luftunruhe.

Himmelsqualität

Dunkler Himmel ist durch nichts zu ersetzen, weder durch größere Optik noch durch raffinierte Nebelfilter. Will man lichtschwache Nebel, Sternhaufen und Galaxien mit den eigenen Augen beobachten, kommt es auf jedes Photon an, das die Netzhaut erreicht. Ein dunkler mondloser Himmel ohne irdische Lichtquellen ist deshalb eine zentrale Anforderung an jeden Beobachtungsstandort.

Die menschliche Lichtverschmutzung durch Straßenbeleuchtung, Fassadenbeleuchtung, Leuchtreklame und Fahrzeuge setzt dem jedoch Grenzen. Die meisten Menschen sehen heute keine Milchstraße am Nachthimmel mehr (vgl. Tabelle unten und Karte auf der nächsten Seite). Ab 19^{m} Himmelshelligkeit wird es nachts nicht richtig dunkel, es herrscht ständige Dämmerung. Darunter leidet die Wahrnehmung von Deep-Sky-Objekten im Teleskop enorm, viele Objekte werden sogar ganz unsichtbar. Es wird deshalb sehr empfohlen, Standorte mit dunklem Himmel aufsuchen zu können. Ein eigenes Auto gehört genauso dazu wie ein Instrument, das damit transportiert werden kann und schnell einsatzbereit ist. Von den Zentren der meisten mitteleuropäischen Ballungsgebiete sind mindestens 40km einfache Fahrt anzusetzen, um einen Standort mit $6^{m}{,}0$ Grenzgröße oder besser zu erreichen. Auch wenn man anfangs die Mühe scheut: Der Aufwand lohnt sich in jedem Fall. Weitere Bedingungen, die ein guter Beobachtungsplatz erfüllen sollte, sind Streulichtfreiheit (keine Lampen in benachbarten Ortschaften oder von vorbeifahrenden Autos direkt sichtbar), gute Rundumsicht mit freiem Südhorizont, windgeschützte Lage, fester Untergrund, Wintererreichbarkeit und problemlose Anfahrt.

Sehr lohnend ist es, Beobachtungsexkursionen ins Hochgebirge zu unternehmen. Die Eindrücke und Erlebnisse, die unter Gebirgshimmel gesammelt werden, lassen die Wirkung der steigenden Grenzgröße erkennen, die über 7^{m} im Zenit erreichen kann. Eine nächtliche Beobachtung in 2000–3000m Höhe in hochmontaner Landschaft ist an sich schon ein Erlebnis. Unter solchen Bedingungen erscheinen dann vorüberziehende Wolken nicht mehr hell (weil künstlich angestrahlt), sondern schwarz wie ein »Loch« im sternübersäten Himmel, dunkler als der Himmelshintergrund. Innerhalb Deutschlands sind heute solche Beobachtungen unmöglich geworden, und man ist auf die Hochalpen angewiesen, um einen vom Menschen unbeeinträchtigten natürlichen Sternhimmel zu erleben.

Tab. 19: Skala der Himmelsqualität (nach Bortle, berichtigt und erweitert)

Stufe	Standort	Beschreibung	Himmelshelligkeit	Grenzgröße
1	Beste Standorte der Erde	Milchstraße wirft sichtbare Schatten, Zodiakalband sichtbar, M 33 sicher	$22^{m}{,}0/\square''$	$7^{m}{,}5$
2	Hochgebirge	Milchstraße sehr komplex, Wolken wirken wie schwarze Flecken, Gegenschein sichtbar, M 33 schwer	$21^{m}{,}5/\square''$	$7^{m}{,}0$
3	Mittelgebirge	Milchstraße stark strukturiert, Lichtverschmutzung am Horizont, M 13 sicher	$21^{m}{,}0/\square''$	$6^{m}{,}5$
4	Ländlicher Raum	Milchstraße strukturiert, starke Lichtverschmutzung in Horizontnähe, M 13 schwer	$20^{m}{,}5/\square''$	$6^{m}{,}0$
5	Vorort	Milchstraße im Zenit sichtbar, Lichtverschmutzung bis auf halbe Zenithöhe, M 44 sicher	$20^{m}{,}0/\square''$	$5^{m}{,}5$
6	Stadtrand	Milchstraße unsichtbar, ganzer Himmel leicht erleuchtet, im Zenitbereich deutlich dunkler, M 44 schwer	$19^{m}{,}5/\square''$	$4^{m}{,}5$
7	Stadt	Milchstraße unsichtbar, ganzer Himmel erleuchtet, kleinere Sternbilder bleiben unsichtbar; M 45 sicher	$19^{m}{,}0/\square''$	$3^{m}{,}5$
8	Großstadt	Milchstraße unsichtbar, ganzer Himmel stark erleuchtet, M 45 schwer	$18^{m}{,}5/\square''$	$2^{m}{,}5$
9	Großstadtzentrum	Milchstraße unsichtbar, ganzer Himmel hell erleuchtet, nur die hellsten Sterne sichtbar	$18^{m}{,}0/\square''$	$1^{m}{,}5$

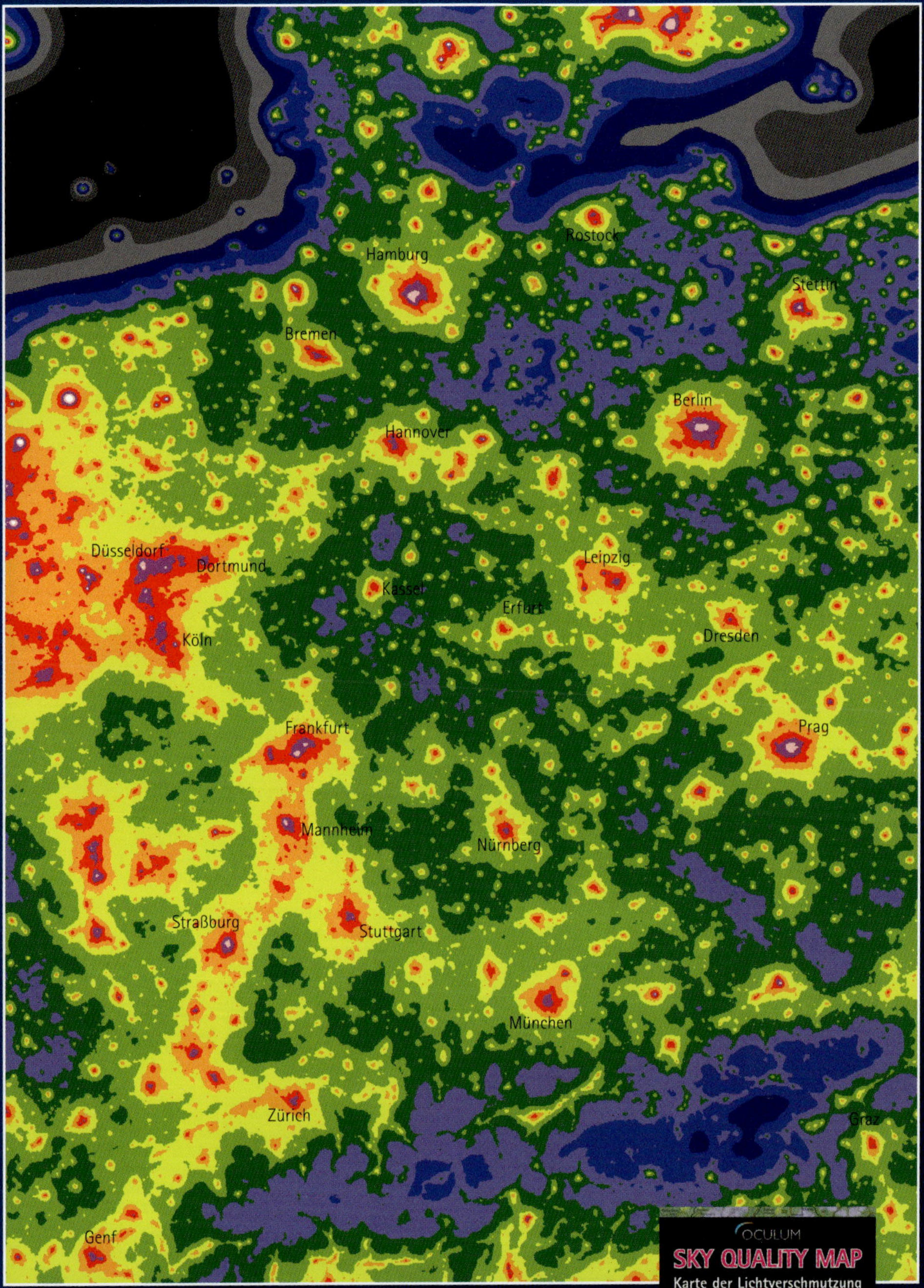

Karte der Lichtverschmutzung für Deutschland. Ein natürlicher Nachthimmel ist nur noch auf offener See zu finden. Da für die Dunkelheit des Himmels nicht nur die Lichtverschmutzung, sondern auch die Höhe des Standorts eine Rolle spielt, sind die dunkelsten Standorte in den Alpen, dem Bayrischen Wald und der Rhön zu finden. Ein genaueres Bild liefert die Sky Quality Map (Stoyan, Falchi, Furgoni, Oculum-Verlag).

Besonders für Nebel und Galaxien, also flächige Objekte, ist ein dunkler Himmelshintergrund unentbehrlich. Weniger betroffen von (künstlicher) Himmelsaufhellung sind Offene Sternhaufen, einige helle kleine Planetarische Nebel sowie Doppelsterne. Auch aus lichtverschmutzten Regionen kann Deep-Sky-Beobachtung Spaß machen, die Resultate sind jedoch nicht mit den unter dunklem Himmel erzielten Ergebnissen vergleichbar. In den Objektbeschreibungen in diesem Buch ist jeweils der Eindruck bei moderater Lichtverschmutzung beschrieben (Vororthimmel, Himmelshelligkeit $20^{m}{,}0$).

Grenzgröße, Hintergrundhelligkeit und Auflösungsvermögen

Die Grenzgröße (fst, »faintest star«) bezeichnet die Helligkeit des schwächsten, visuell sichtbaren Sterns. Hauptsächlich hängt sie von der Öffnung ab, aber auch ganz wesentlich von Austrittspupille und Luftunruhe. Mit dem bloßen Auge ist die Vergrößerung auf 1× festgelegt, die weiteste Pupillenöffnung nach Dunkeladaption beträgt zwischen 6mm und 8mm. Die Grenzgröße mit bloßem Auge ist nur abhängig von der Helligkeit des Himmelshintergrunds, die heute hauptsächlich von der menschlichen Lichtverschmutzung beeinflusst wird.

Um die Grenzgröße mit optischen Hilfsmitteln abzuschätzen, muss die Grenzgröße mit bloßem Auge als Grundlage genommen werden. Alle weiteren Angaben zur teleskopischen Grenzgröße in diesem Buch beziehen sich auf gute deutsche Landhimmelbedingungen mit einer Grenzgröße von $6^{m}{,}5$, wie sie heute vielerorts mehr als 50km entfernt von den Ballungszentren anzutreffen sind.

Hand in Hand mit der Grenzgröße, die für die Sichtbarkeit punktförmiger Objekte entscheidend ist, geht die Helligkeit des Himmelshintergrunds, die für die Sichtbarkeit von flächenhaften Objekten maßgeblich ist. Diese Flächenhelligkeit (FH) ist im Gegensatz zur Grenzgröße nicht abhängig von der Teleskopöffnung, sondern allein der Austrittspupille. Mit dem bloßen Auge bei einer Öffnung von 6mm bis 8mm, oder einer Austrittspupille am Fernrohr, die diesem Wert entspricht, ist der Himmelshintergrund maximal hell.

Um in den folgenden Abschnitten detailliert zu sehen, wie sich die Sichtbarkeit von Deep-Sky-Objekten abschätzen lässt, muss zunächst die wichtige Unterscheidung zwischen Punkt- und Flächenlichtquellen getroffen werden. Dabei ist zu bedenken, dass schwache flächenhafte Objekte bei geringen Vergrößerungen nicht mehr als solche gesehen werden können, da die Auflösung des menschlichen Auges von der Größe des betrachteten Objekts abhängig ist.

Tab. 20: Auflösungsvermögen des menschlichen Auges

theoretisches Auflösungsvermögen	20"
dunkler Fleck auf weißem Grund	40"
Doppelstern	2'
helle Fläche	3'
18^{m} Flächenhelligkeit	7,5'
20^{m} Flächenhelligkeit	10'
22^{m} Flächenhelligkeit	20'

Für die Fernrohrbeobachtung muss also der Durchmesser des aufzulösenden Objekts auf den ausreichenden Winkel mit der entsprechenden Vergrößerung gebracht werden.

Der Vergrößerungsfähigkeit eines Teleskops sind jedoch physikalische Grenzen gesetzt. Auf diese Werte haben die gerade genannten Parameter Himmelshelligkeit und Auflösungsvermögen direkten Einfluss.

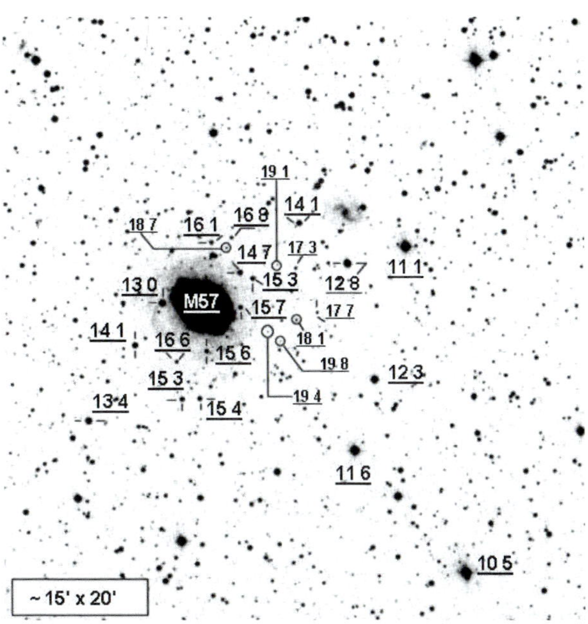

Feld um M 57 (Lyr) zur Ermittlung der teleskopischen Grenzgröße.

Öffnung und förderliche Vergrößerung

Sterne werden von der Teleskop-Optik nicht als Punkte, sondern als winzige sogenannte Beugungsscheibchen abgebildet. Der Durchmesser dieser Beugungsscheibchen ist von der Öffnung abhängig und liegt beim theoretischen Auflösungsvermögen des Teleskops.

Das heißt:

a) bei einer Vergrößerung, die das Beugungsscheibchen nicht ausreichend groß zeigt, so dass es das Auge nicht als Fläche erkennen kann, wird es als Punktlichtquelle erkannt. Seine Helligkeit ist abhängig von der Teleskopöffnung. Da die Hintergrundhelligkeit mit steigender Vergrößerung sinkt, die Punktlichtquelle aber nicht schwächer wird, hebt sich das Sternchen mit immer höherer Vergrößerung immer besser vom Hintergrund ab.
b) diese Vergrößerung ist aber nicht unendlich steigerbar, da es eine Vergrößerung gibt, bei der das Beugungsscheibchen so groß wird, dass es vom Auge als flächiges Objekt erkannt wird. Oberhalb diesem als förderliche Vergrößerung bekanntem Wert ist die Helligkeit abhängig von der Vergrößerung. Hintergrundhelligkeit und Flächenhelligkeit des Beugungsscheibchens nehmen parallel ab, so dass kein Gewinn an Grenzgröße mehr erzielt wird – man spricht von sogenannten leeren Vergrößerungen.
Die maximale Grenzgröße im Teleskop erreicht man also, wenn das Beugungsscheibchen gerade nicht aufgelöst wird, was bei einer Vergrößerung von Öffnung / 0,7 der Fall ist. Erst bei dieser förderlichen Vergrößerung schöpft man das Leistungsvermögen des Teleskops – und zwar sowohl das Lichtsammel- wie auch das Auflösungsvermögen – voll aus.

Tab. 21: Förderliche Vergrößerung und maximale Grenzgröße

Teleskop-öffnung	förderliche Vergrößerung	Visuelle Grenzgröße
60mm	73×	$12^{m}{,}0$
80mm	114×	$12^{m}{,}5$
100mm	150×	$13^{m}{,}5$
120mm	171×	$14^{m}{,}0$
150mm	225×	$14^{m}{,}5$
200mm	286×	$15^{m}{,}0$
350mm	500×	$16^{m}{,}0$
500mm	714×	$17^{m}{,}5$

Austrittspupille und Minimalvergrößerung

Flächenhafte Objekte können von der Teleskop-Optik nicht heller dargestellt werden, als sie ohnehin schon mit bloßem Auge sind! Jede Verringerung der Austrittspupille (AP, Quotient aus Öffnung/Vergrößerung), also der Durchmesser des Lichtbündels, das aus dem Okular austritt, schwächt flächenhafte Objekte ab. Die Helligkeit eines Objekts ist deshalb maximal mit der größtmöglichen Austrittspupille, die unser Auge in dunkeladaptiertem Zustand fassen kann, etwa 6–8mm. Dadurch ist auch die kleinste sinnvolle Vergrößerung festgelegt, denn wird die Austrittspupille größer als die Augenpupille, geht durch die Optik gebündeltes Licht wieder verloren.

Tab. 22: Austrittspupille und Minimalvergrößerung

Teleskop-öffnung	Minimalvergrößerung (7mm AP)	AP bei 50x
60mm	9×	1,2mm
80mm	11×	1,6mm
100mm	14×	2,0mm
120mm	17×	2,4mm
150mm	21×	3,0mm
200mm	29×	4,0mm
350mm	50×	7,0mm
500mm	71×	10mm

Das bedeutet in der Praxis: Ein großflächiger schwacher Nebel ist mit 60mm Öffnung bei 9× genauso hell wie mit 350mm bei 50×!

Warum erscheinen aber trotzdem die meisten Nebelobjekte heller in größeren Fernrohren? Das Auge erkennt bei Flächen gleicher Helligkeit die größere als subjektiv heller. Bei sehr großen Flächen, die zum Beispiel größer als das Gesichtsfeld sind, kann man aber wie im Fall von NGC 7000 die Öffnungsunabhängigkeit der Nebelwahrnehmung nachvollziehen: NGC 7000 erscheint mit dem bloßen Auge genauso hell wie im 7×50-Sucher oder bei 21× im 150mm-Teleskop. Der Vorteil von größeren Optiken liegt also darin, bei gleicher Vergrößerung eine größere Austrittspupille zu erreichen, wie dies in obiger Tabelle durchgerechnet ist.

Auflösung, Seeing und Maximalvergrößerung

Das Auflösungsvermögen einer Teleskop-Optik wird vom Durchmesser der Optik bestimmt. Für die Auflösung von zwei gleich hellen nicht zu schwachen Lichtpunkten sind zwei empirisch gefundene Formeln bekannt: Rayleigh- und Dawes-Kriterium.

Tab. 23: Auflösungsvermögen von Teleskopen

Rayleigh-Kriterium	Beugungsscheibchen berühren sich nicht	138/Öffnung
Dawes-Kriterium	Beugungsscheibchen erzeugen 8-Bild	116/Öffnung

Gibt man die Öffnung in mm, erhält man das Auflösungsvermögen in Bogensekunden. Während diese Auflösung vom menschlichen Auge bei der förderlichen Vergrößerung gerade erreicht werden kann, ist es für eine sichere Wahrnehmung oft besser, höher zu vergrößern, um den Abstand zwischen den Sternen zu vergrößern – auch wenn dadurch nur noch die Beugungsscheibchen der Sterne vergrößert werden und rechnerisch kein Gewinn an teleskopischem Leistungsvermögen mehr erreicht wird. Da das Auflösungsvermögen von der Flächenhelligkeit des Objekts abhängig ist, ist es vor allem bei kleineren flächigen Objekten immer sinnvoll, weit über die förderliche Vergrößerung hinauszugehen – solange, bis die Einzelheiten selbst zu dunkel für eine Detektion werden. Die Maximalvergrößerungen liegen deshalb um einen Faktor 2 über den förderlichen Vergrößerungen.

Tab. 24: Auflösungsvermögen und Maximalvergrößerung

Öffnung	Rayleigh	Dawes	förderliche Vergrößerung	Maximalvergrößerung
60mm	2,19"	1,84"	85×	170×
80mm	1,73"	1,45"	114×	228×
100mm	1,38"	1,16"	143×	286×
120mm	1,15"	0,97"	171×	342×
150mm	0,92"	0,77"	225×	450×
200mm	0,69"	0,58"	286×	571×
350mm	0,39"	0,33"	500×	1000×
500mm	0,28"	0,23"	714×	1482×

Allerdings setzt die Luftbewegung der Erdatmosphäre Grenzen. Durch Bewegung von einzelnen Luftpaketen kommt es zu einer Verwerfung des Fernrohrbildes, dessen Zustand mit dem Begriff Seeing bezeichnet wird. Das Seeing ist eine Funktion der Fläche und steigert sich somit bei doppelter Öffnung auf das Vierfache. Kleine Optiken haben also viel öfter die Chance, die Maximalvergrößerung tatsächlich nutzbar zu machen. Während ein 60mm-Refraktor praktisch immer seine volle Leistungsfähigkeit ausfahren kann, muss man mit großen Öffnungen Nächte mit besonders gutem Seeing abwarten.

Einen gewissen Einfluss auf die Maximalvergrößerung hat auch die Obstruktion; Newton- und Casegrainteleskope sind bei der Auflösung von Doppelsternen und Wahrnehmung feinster Einzelheiten konstruktionsbedingt im Nachteil. Je größer die Obstruktion wird, desto nachteiliger und leichter sichtbar werden die Folgen. Besonders Systeme mit geringen Öffnungsverhältnissen (f/4–f/7) benötigen relativ große Fangspiegel, daher erlauben solche Spiegelteleskope oft nicht auch nur annähernd so hohe Vergrößerungen wie ein Refraktor gleicher Öffnung.

Flächenhelligkeit und Kontrast

Sterne erscheinen im Teleskop mehr oder weniger (Beugungsscheibchen, Luftunruhe) punktförmig. Ihre Helligkeit wird in Größenklassen angegeben. Die Helligkeit von Deep-Sky-Objekten mit erkennbarer Flächenausdehnung beschreibt man dagegen besser durch die Flächenhelligkeit. Sie gibt an, welche Helligkeit von einer Bezugsfläche wie einer Quadratbogensekunde herrührt. Wird die Flächenhelligkeit über die gesamte Fläche des Objekts aufsummiert (mathematisch korrekt: integriert), erhält man seine Gesamthelligkeit in Größenklassen.

Während die Gesamthelligkeit eines Objekts konstant ist, nimmt die Flächenhelligkeit mit steigender Vergrößerung ab, wie oben gezeigt wurde.

Für die Abschätzung der Sichtbarkeit im Teleskop bedeutet dies: Die Gesamthelligkeit eines Objekts muss mindestens der Grenzgröße des Teleskops entsprechen, damit eine Erfolgschance besteht. Für die Wahrnehmung schwacher flächenhafter Objekte ist eine andere Größe entscheidend: der Kontrast.

Der Kontrast eines Objektes zum Himmelshintergrund berechnet sich aus der Differenz der Flächenhelligkeiten von Objekt und Hintergrund, multipliziert mit dem Faktor –0,4. Beobachtet man eine Galaxie der Flächenhelligkeit $20{,}^{m}7$ unter einem Himmel von $21{,}^{m}0$, resultiert ein Kontrastwert von +0,12.

Der Kontrast ist von der Vergrößerung unabhängig, weil sich die Veränderung der Flächenhelligkeit bei

einem Wechsel der Vergrößerung gleichermaßen auf das Objekt und den Himmelshintergrund auswirkt. Unser Sehsystem braucht einen minimalen Kontrast für eine erfolgreiche Wahrnehmung. Diese Kontrastschwelle ist im wesentlichen von der scheinbaren Größe des Objekts und der Helligkeit des Himmelshintergrunds abhängig: Je größer das Objekt und je heller der Hintergrund erscheint, desto geringer ist die Möglichkeit, den Kontrast auch für das Auge wahrnehmbar zu machen.
Dunkler Himmel verbessert also den Kontrast zwischen Objekt und Hintergrund. Deshalb sollte der Himmel am Beobachtungsplatz möglichst dunkel sein. Mit steigender Grenzgröße steigt daher auch die Kontrastschwelle.

Es wäre mühsam, sich die Kontrastwerte jedes zu beobachtenden Objektes selbst zu berechnen. Mit der Software *Eye & Telescope* (vgl. Seite 17) gibt es einen eleganten Weg, die Möglichkeiten einer visuellen Detektion in Abhängigkeit von Öffnung, Grenzgröße und Vergrößerung darzustellen. Dazu bildet es den Begriff der Kontrastreserve aus der Differenz von Kontrast und Kontrastschwelle. Je größer dieser Wert ist, desto leichter kann ein Deep-Sky-Objekt erkannt werden.

Tab. 25: Bedeutung der Kontrastreserve

Kontrastreserve	Beschreibung
0…0,15	Beobachtung am Limit des Sehsystems mit geringen Erfolgsaussichten
0,15…0,35	Schwierige Beobachtung, indirektes Sehen erforderlich
0,35…0,5	Mittlerer Schwierigkeitsgrad, direktes Sehen sollte ausreichen
0,5…1,0	Leichter Schwierigkeitsgrad, der auch Einsteigern keine Probleme bereiten sollte
1,0 und besser	Sofern das Objekt groß genug erscheint, sollte es sehr auffällig sein

Diese rechnerische Abschätzung kann nur bei Objekten funktionieren, bei denen die Verteilung der Flächenhelligkeit einigermaßen gleichmäßig ist, und sich der Umriss des Objekts durch eine Ellipse vernünftig annähern lässt. Bei konzentrierten Offenen Sternhaufen, Kugelsternhaufen, elliptischen und vielen Spiralgalaxien sowie den Planetarischen Nebeln mittlerer Größe liefert das Berechnungsverfahren der Praxis sehr gut entsprechende Ergebnisse. Weniger gut funktioniert die Abschätzung bei Galaxien mit deutlich aufgehelltem Kernbereich und bei den meisten Galaktischen Nebeln, die eine sehr inhomogene Verteilung der Flächenhelligkeiten aufweisen.

Tab. 26: Die Kontrastreserve in Beispielsituationen

Objekt	Öff-nung	V	AP	fst	Kontrast-reserve
M 13	80mm	20×	4,0mm	$4\overset{m}{,}5$	0,10
M 13	80mm	20×	4,0mm	$5\overset{m}{,}0$	0,56
M 13	203mm	53×	3,9mm	$5\overset{m}{,}0$	0,77
NGC 891	80mm	20×	4,0mm	$6\overset{m}{,}0$	-0,14
NGC 891	203mm	28,6×	7,1mm	$6\overset{m}{,}0$	0,20
NGC 891	368mm	58,2×	6,3mm	$6\overset{m}{,}0$	0,37
NGC 7293	50mm	7×	7,1mm	$5\overset{m}{,}0$	0,02
NGC 7293	203mm	28,6×	7,1mm	$5\overset{m}{,}0$	0,29
NGC 7293	50mm	7×	7,1mm	$6\overset{m}{,}0$	0,48

Die obige Tabelle zeigt, dass sich durch die Kontrastreserve Beispielsituationen am Okular gut erklären lassen. Im ersten Fall wird M 13 mit einem 80mm-Teleskop bei $4\overset{m}{,}5$ und $5\overset{m}{,}0$ Grenzgröße beobachtet. Der nur wenig bessere Himmel bietet einen wesentlichen Kontrastgewinn. Mit 203mm Öffnung ist die Sichtbarkeit von M 13 bei ähnlicher Austrittspupille dabei nur wenig besser.
NGC 891 ist mit 80mm Öffnung bei $6\overset{m}{,}0$ Grenzgröße nicht zu sehen. Im 203mm-Teleskop erscheint die Galaxie mit etwas höherer Vergrößerung heller, weil dann die für das Auge optimale scheinbare Größe besser getroffen wird.
Schließlich wird der Helixnebel betrachtet. 50mm Öffnung zeigen ihn bei $5\overset{m}{,}0$ Grenzgröße nur extrem schwach. $1\overset{m}{,}0$ mehr Grenzgröße bringt hier wesentlich mehr als eine Steigerung der Öffnung um 153mm!

Techniken für Deep-Sky-Beobachter

Der Erfolg bei der visuellen Deep-Sky-Beobachtung lässt sich nicht allein aus der Berechnung anhand der Faktoren Himmel, Teleskop und Auge absehen. Mindestens genau so wichtig wie die bisher betrachteten Werte ist die Fertigkeit des Beobachters in den Techniken der visuellen Deep-Sky-Beobachtung.

Aufsuchen per Starhopping

Das Aufsuchen der Objekte ist bei der Deep-Sky-Beobachtung mindestens so wichtig wie das eigentliche Beobachten. Meist benötigt man – gerade als Einsteiger – mehr Zeit und Mühe für das Aufsuchen als für das Betrachten des Objekts. Die einzige Methode des Aufsuchens, die sicherstellt, dass man sich auch bei schwachen Objekten an der exakten Stelle am Himmel befindet, ist das Navigieren zwischen den Sternen mit Hilfe einer Sternkarte: das Starhopping.

Diese Aufsuchtechnik erfolgt in drei Schritten:

1. Zunächst wird mit dem bloßen Auge ein heller Stern in der Nähe des Objekts gesucht, und dieser im Sucherteleskop eingestellt. Sucherteleskop und Hauptfernrohr müssen exakt parallel ausgerichtet sein. Hilfreich ist ein Visier- oder Peilgerät, wie etwa der rote Zielkreise an den Himmel projizierende Telrad.

2. Ist der Stern im Sucher eingestellt, wird die Karte herangezogen und die Strecke zwischen Stern und gesuchtem Objekt betrachtet: Lassen sich markante Muster unter den schwachen Sternen finden, wie etwa Dreiecke, Trapeze, Sternketten, Pärchen? Dann hüpft man von Muster zu Muster näher zum gesuchten Objekt hin, immer zwischen Sucheranblick und Sternkarte wechselnd.

3. Viele Himmelsobjekte sind auch im Sucher nicht als solche zu erkennen. Dann muss zum Hauptteleskop gewechselt werden, indem man das letzte Sternmuster im Sucher einstellt und im Teleskopokular wiederfindet. Nun schwenkt man vorsichtig und langsam in die Richtung des Objektes. Meist stehen helle Suchersterne nahe genug, so dass es nicht schwer fällt, das Objekt zu zentrieren, obwohl es im Sucher unsichtbar ist.

Wichtig für das Starhopping ist, dass man ein Gefühl für die Gesichtsfelder von Sucherteleskop und Aufsuchvergrößerung im Hauptteleskop hat, und sich nicht mit den verschiedenen Orientierungen verheddert. Nützlich ist es, wenn das Bild dazu genau so orientiert ist wie mit dem bloßen Auge – für die Benutzung eines herkömmlichen Winkelsuchers muss jede Sternkarte gespiegelt werden! Auch im Teleskop vermieden werden sollten seitenverkehrte Bilder, wie sie Zenitprismen und Zenitspiegel liefern. Besser ist es, aufrichtende und nicht vertauschende Penta-, Dachkant- oder Amiciprismen zu verwenden, auch wenn sie um ein mehrfaches teurer sind.

Aufsuchen mit Peilsuchern

Eine sinnvolle Alternative zum Starhopping ist das Aufsuchen mit Peilsuchern. Diese projizieren ein Suchmuster an den Sternhimmel. Mit dem bloßen Auge kann man das Teleskop dann so positionieren, dass das Muster auf das Zielobjekt weist. Am bekanntesten ist der Telrad, der Kreise von 4°, 2° und 1° Durchmesser an den Himmel projiziert. Der Deep Sky Reiseatlas enthält zahlreiche Telrad-Zielmuster.

Indirektes Sehen

Beim Tagsehen wird nur mit den Zapfen auf der optischen Achse »gesehen«. Visuelle Deep-Sky-Beobachter bedienen sich aber eines Tricks, den die zur optischen Achse des Auges asymmetrische Verteilung der lichtempfindlicheren Stäbchen auf der Retina ermöglicht. Visiert man nicht direkt das fragliche Objekt an, sondern schaut leicht daran vorbei, achtet aber trotzdem »schielend« auf den fraglichen Punkt, sieht man schwache Objekte viel besser.

Mit dem Indirekten Sehen werden Galaxien größer, schwache Nebelfilamente länger, schwächere Sterne sichtbar, oder aber ein Objekt kann überhaupt erst

Starhopping am Beispiel von M 101.

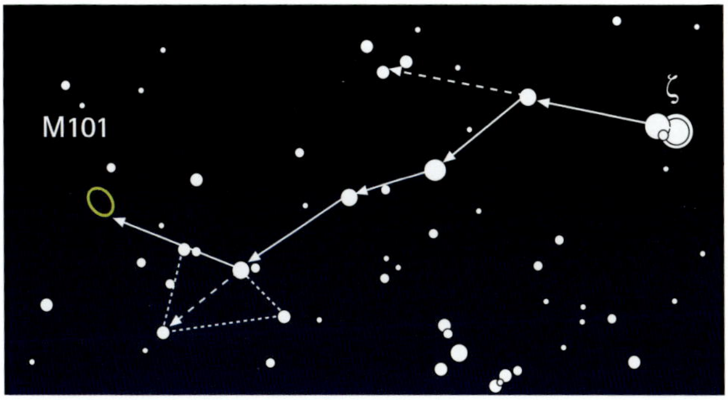

wahrgenommen werden. In den Objektbeschreibungen in diesem Buch ist die Anwendung des Indirekten Sehens immer vorausgesetzt. Die allermeisten Objekte erscheinen wesentlich schwächer und kleiner ohne Indirektes Sehen.
Ein interessantes Objekt, das den Effekt deutlich macht, ist der Planetarische Nebel NGC 6826 in Cygnus. Blickt man mit direktem Sehen auf ihn, erscheint in kleinen Teleskopen nur der Zentralstern. Benutzt man Indirektes Sehen, ist der Stern plötzlich von Nebel eingehüllt. Wechselt man schnell zwischen direktem Anschauen und Vorbeiblicken, blinkt der Nebel ein und aus. Der Nachteil des Indirekten Sehens ist die geringere Auflösung, da die Stäbchen weniger dicht als die Zapfen angeordnet sind; es ist schwer, Einzelheiten und Strukturen mit dieser Technik zu erfassen.

Die Stäbchen reagieren sehr empfindlich auf Störungen durch Licht. Jede Störung durch künstliche Lichtquellen oder auch übermäßig helle astronomische Objekte zerstört die 10 bis 30 Minuten dauerne chemische Adaption an die dunkle Umgebung.

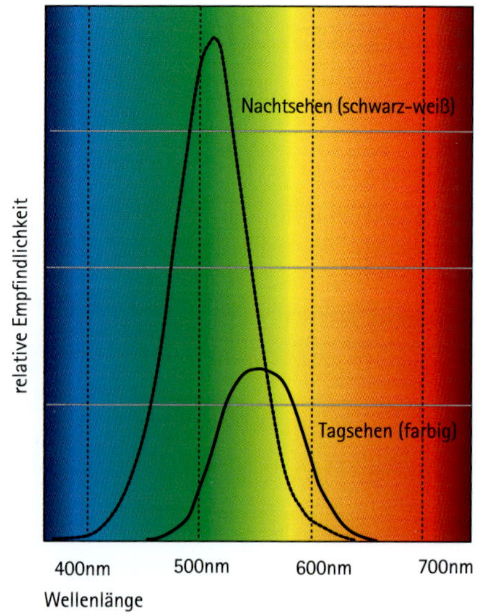

Die Empfindlichkeitskurven des tag- und nachtsehenden Auges.

Farbsehen

Die helleren Sterne und viele helle Nebelobjekte können mit Zapfensehen noch gut erkannt werden, hier ist auch die bessere Auflösung von Vorteil. Bei einigen der hellsten Objekte kann man auch Farben sehen, zum Beispiel bei hellen Planetarischen Nebeln das Grün der [OIII]-Linie (siehe auch Kapitel Planetarische Nebel) oder das Rot der Hα-Linie in Emissionsnebeln wie dem Homunculus-Nebel in NGC 3372. Die hellsten Sterne zeigen mit dem bloßen Auge ihre Farbe, und im Teleskop lassen sich an Doppelsternen sehr gut Farbkontraste studieren. Ob man eine Farbe wahrnehmen kann, hängt von Farbintensität, Flächenhelligkeit und Größe der leuchtenden Fläche ab. Deswegen sind Sternfarben immer leichter zu sehen, wenn man den Stern etwas unscharf stellt.

Ab einer Flächenhelligkeit von etwa 19,ᵐ2 stellt das Auge automatisch auf das schwarz-weiße Stäbchensehen um. Da die wahrgenommene Flächenhelligkeit abhängig von der Austrittspupille ist (siehe oben), verlieren bei kleinen Vergrößerungen farbige Objekte ihre Tönung bei höheren Vergrößerungen. So erscheint beispielsweise der Ringnebel M 57 im 120mm-Refraktor bei 25× tiefblau, während 170× zwar mehr Einzelheiten zeigt, aber die blaue Farbe verschwinden lässt.

Interessanterweise stimmen die Empfindlichkeitskurven von Zapfen und Stäbchen nicht überein. Während die tagsehenden Zapfen bei einer Wellenlänge von 550nm am meisten Licht einfangen und bis 700nm empfindlich sind, haben die nachtsehenden Stäbchen bei 500nm ihr Maximum und können rotes Licht nur bis 630nm aufnehmen. Das bedeutet, dass sehr rote Objekte nicht mit dem Indirekten Sehen zu erfassen sind; wenn sie sichtbar werden, ist ihre Farbe auch als rötlich wahrzunehmen. Dieser Effekt, der bei der Helligkeitsschätzung rötlicher Veränderlicher Sterne stört, ist nach seinem Entdecker Purkinje benannt. Er wird von Deep-Sky-Beobachtern bei der Benutzung tiefroter Taschenlampen zum Kartenlesen und Zeichnen ausgenutzt, deren Licht nur noch von den Zapfen, nicht aber den Stäbchen wahrgenommen werden kann.

Spektroskopie

Nur mit dem Zapfensehen – und daher nur bei hellen Objekten sinnvoll – arbeitet die Spektroskopie. Dabei wird das Licht eines Sterns oder Deep-Sky-Objektes durch ein Prisma oder ein Gitter in seine Spektralfarben zerlegt, so dass im Okular regenbogenfarbene Streifenbilder erscheinen.
Die Beobachtung der je nach Spektraltyp teilweise sehr unterschiedlichen Spektren ist schon mit kleinen Teleskopen ab 100mm Öffnung möglich. Dazu

wird ein Prismen- oder Gitterspektroskop benötigt, das die Sterne zu einzelnen Spektralfäden auseinander zieht. Um die dunklen Absorptions- und hellen Emissionslinien zu sehen, muss der Spektralfaden noch leicht aufgeweitet werden, was mit einer Zylinderlinse geschehen kann.
Nur aus hellen Emissionslinien bestehen die Planetarischen Nebel und Galaktischen Emissionsnebel. Durch ihr Bild verraten sie sich im Okular: Während die Feldsterne Spektralfäden bilden, sind die Nebel nur als begrenzte Abbilder in ihrer jeweiligen Emissionslinie sichtbar. Auf diese Weise lassen sich kleine Planetarische Nebel sehr wirkungsvoll schon mit kleinen Öffnungen aufsuchen. Dabei erreicht die visuelle Spektroskopie etwa 1^m über der Grenzgröße des entsprechenden Geräts.

Eine weitere effektive Aufsuchmethode vor allem für kleinste Planetarische Nebel bedient sich der bereits erwähnten [OIII]-Linienfilter. Das Sternfeld erscheint ohne Filter von zahlreichen Sternen besetzt, ohne das der ebenfalls sternförmige Nebel identifizierbar ist. Der Linienfilter dagegen schwächt das Licht der Sterne ab, transmittiert aber nahezu alle Strahlung des Nebels. Wechselt man schnell zwischen dem Anblick mit und ohne Filter, blinkt das gesuchte Objekt wie ein Katzenauge heraus.

Sehtechniken

Will man ein besonders schwaches Objekt beobachten, sollte man zunächst für eine völlige Abschirmung von Streulicht sorgen. Dazu kann man sich ein schwarzes Tuch über Kopf und Okularauszug ziehen. Die Okularmuschel sollte so positioniert sein, dass sie möglichst effektiv ihre Aufgabe erfüllen kann. Vor Reflexen aus dem Teleskop schützt ein mit schwarzem Samt belegter Okularauszug und Tubus.
Zunächst ist das Objekt womöglich gar nicht zu sehen. Dann ist es essentiell, den exakten Punkt unter den Sternen zu wissen, wo es sich befindet. Gezielt wird nun mit Indirektem Sehen versucht, um die vermutete Position herum Lichteindrücke aufzusammeln. Dabei kann es hilfreich sein, die schwächsten Sterne mit einer tiefreichenden Karte zu identifizieren.
Die Phase des reinen Studierens kann bei Grenzzielen bis zu einer Stunde andauern, sollte aber auf jeden Fall 10–15 Minuten betragen. Dabei sollte ruhig geatmet und versucht werden, die Augen nicht zu überanstrengen. Alle 3–5 Minuten sind kurze Pausen sinnvoll, bei denen sich die Augen entspannen und die Konzentration neu sammeln kann.
Bleibt ein schwaches Objekt trotz Indirekten Sehens nicht sichtbar, hilft die Bewegung des Zielfeldes. Das menschliche Auge ist wie das aller Säugetiere vor allem konstruiert, um Bewegungen wahrnehmen zu können. Ein Stupser an den Teleskoptubus oder ein sanftes Schwenken des Geräts können zusätzlich helfen, ein schwaches Objekt wahrzunehmen.
Hat man nach langer Suchphase endlich etwas wahrgenommen, gilt es die Realität der Beobachtung zu überprüfen. Dazu sollte das Objekt mehr als einmal aufblitzen, besser gehalten werden können. Eine leichte Bewegung des Feldes zeigt, ob sich das Objekt mitbewegt, dagegen sollte sich das Objekt nicht bei Drehen des Okulars verändern.
Als »gesehen« darf ein Objekt erst dann bezeichnet werden, wenn man hundertprozentig sicher ist. Auch dann sollte eine Grenzbeobachtung besser in einer weiteren Nacht verifiziert werden. Nichts zu sehen ist keine Schande, sondern tatsächlich Ausdruck eines ehrlichen Beobachters. Ein guter Beobachter zeichnet sich dadurch aus, dass er die Grenze zwischen sicher und unsicher so nah wie möglich an der Grenze der eigenen Fähigkeiten ziehen kann.

Hellere flächenhafte Objekte sind zunächst oft strukturlos. Nach einiger Zeit findet das Auge Anhaltspunkte und fängt zu kombinieren an. Dann ergänzen sich plötzlich Strukturen und ergeben eine Form, die man auch nach einer Pause oder Okularwechsel wiederfinden kann. Trotzdem sollte man vorsichtig bleiben – unbewusst fälschen Bilder im Kopf die eigene Urteilskraft. So ist es oft nicht leicht, den Drehsinn einer Spiralgalaxie richtig anzugeben, und durch vorschnelle Beendigung einer Beobachtung entstehen oft Beobachtungsfehler.
Doch oft bleiben auch in hellen Objekten nur Strukturfragmente, die hin und herschwimmen, unfassbar sind und sich nicht zu einer erkennbaren Form zusammenfügen. Deep-Sky-Beobachter sprechen dann von »mottling«, was den Unterschied zwischen einer generellen Textur einer Fläche von einer wirklich fassbaren Struktur unterscheiden soll.

Teleskopisches Sehen

Die Fernrohrbeobachtung verlangt von Auge und Gehirn ganz besondere Leistungen: In Dunkelheit müssen unter widrigen Umständen wie Kälte, Wind, Luftunruhe bei einäugiger Beobachtung feine

Strukturen auf winzigen Flächen und schwächste Kontraste vor dunklem Hintergrund wahrgenommen werden. Ein untrainiertes Auge schafft dies nicht, es ist irritiert von Außenumständen, geblendet von hellen Sternen, ungeübt im Indirekten Sehen. Vor allem weiß es nicht worauf es ankommt, auf welche Einzelheiten man achten muss, wie man mit schlechter Luftruhe umgeht, wo der ideale Punkt des Indirekten Sehens ist. Es fehlt dazu die Geübtheit im Umgang mit dem Fernrohr, die fehlende Orientierung im Okular, das ungewohnte nachts-draußen-sein ohne Licht, das den Beobachter unruhig macht und ablenkt.

Die oft unterschätzte Kombination aus Auge und Gehirn kann regelrecht trainiert werden. Mit längerer Beobachtungspraxis erlernt man eine Art Bildverarbeitung, die bewusst und unterbewusst geschieht, und die – nach einer anfänglichen Stillstandsphase – bald von Nacht zu Nacht mehr erkennen lässt. Dieses Phänomen wird als Teleskopisches Sehen bezeichnet. Eindrücke von Beobachtern mit verschiedener Beobachtungspraxis und -Erfahrung sind nicht miteinander vergleichbar, und die Unterschiede sind enorm! Auch nach jahrelanger Praxis verbessert sich das Teleskopische Sehen deutlich.

Besonders gefördert wird das teleskopische Sehen durch ruhige geduldige Beobachtung, Zeichnen des Gesehenen und Ausloten der Wahrnehmungsgrenzen. Gerade das Vordringen an die Möglichkeiten der eigenen Teleskop-Auge-Kombination schafft wichtige Erfahrungswerte, wo die Grenzen der sicheren Wahrnehmung liegen und der Bereich der Einbildung beginnt. Erfahrene Beobachter zeichnen sich dadurch aus, diese Grenze möglichst sicher und gleichzeitig weit ziehen zu können. Dabei sind Beobachtungsfehler unvermeidlich – sie gehören zum Lernprozess des Teleskopischen Sehens.

Zeichnen

Das Zeichnen von Deep-Sky-Objekten hilft bei der Wahrnehmung von feinen Einzelheiten, weil man sich selbst zwingt genau hinzusehen. Im besten Falle vertieft eine Zeichnung derart, dass man ein wesentlich eindrücklicheres Erlebnis als beim normalen Beobachten bekommt. Auch Anfängern seien deshalb eigene Versuchs ans Herz gelegt.

Grundsätzlich sollte eine Zeichnung so realistisch wie möglich den Anblick im Okular wiedergeben. Neben der korrekten Erfassung gesehener Details soll sie auch schön und ansehnlich sein. Es gilt: Nur Details, die sicher gesehen werden, kommen in die Zeichnung, niemals vermutete Einzelheiten, die man nur im Begleittext erwähnen sollte. Nicht zulässig ist es, mit einem Foto oder einer Zeichnung eines anderen Beobachters ans Zeichnen zu gehen. Man sollte möglichst wenig Detailinformationen über das Erscheinungsbild des Objektes haben. Zulässig ist es allerdings, bereits angefertigte Zeichenversuche mit demselben Instrumentarium in einer späteren Nacht zu verbessern und dann die alte Zeichnung direkt am Okular zu haben.

Der Zeichenvorgang gliedert sich in zwei Abschnitte: Das Zeichnen am Fernrohr, und das Umzeichnen zu Hause. Am Teleskop notwendig ist ein stabiles Zeichenbrett, ein Bogen weißen Papiers, ein Bleistift (nicht zu hart, nicht zu weich), und eine schwache rote Taschenlampe. Zuerst sollte das Objekt in ausgiebiger Ruhe genau betrachtet werden; erst wenn man glaubt, keine weiteren Details mehr sehen zu können, beginnt man mit der Zeichnung. Für Einsteiger hilfreich sind Schablonen, bei denen man den gesamten im Okular überblickten Himmelsausschnitt zeichnet. Wenn man interne Einzelheiten einer Galaxie oder eines Nebels festhalten will, sollte man sich mehr Platz lassen.

Der wichtigste und schwierigste Schritt ist der Erste: Mit den Umrissen des Objekts die Größe der Zeichnung vorzugeben. Hier sollte man großzügig sein, viele Anfänger machen den Fehler, die Zeichnungen viel zu klein auszuführen. Selbst für eine einfache strukturlose Galaxie sollte mindestens 10cm^2 Platz sein, die Umgebung mitgerechnet. Der Planetarische Nebel NGC 2392 beispielsweise hat nur 40" im Durchmesser, wenn man seine Details zeichnerisch darstellen will, sollte er auf dem Papier ca. 3cm messen.

Zuerst wird der Kern des Objekts auf dem Papier markiert, zusammen mit den zwei oder drei hellsten Feldsternen in der unmittelbaren Umgebung. Wichtig ist es, den Winkel und die Abstandsrelationen so genau wie möglich zu treffen. Das Objekt wird nun mit dem Bleistift von innen nach außen skizziert. Ganz wichtig ist es, schon am Fernrohr die Intensitäten der Nebelteile genau zu erfassen und auch mit dem Bleistift umzusetzen. Schraffieren ist ungeeignet, es müssen weiche Übergänge aufs Papier gebracht werden. Wer das scheut kann versuchen, mit Linien gleicher Intensität zu operieren. Gebiete gleicher Helligkeit werden dann auf einer Skala eingeteilt und mit Zahlen markiert. Bewährt hat sich

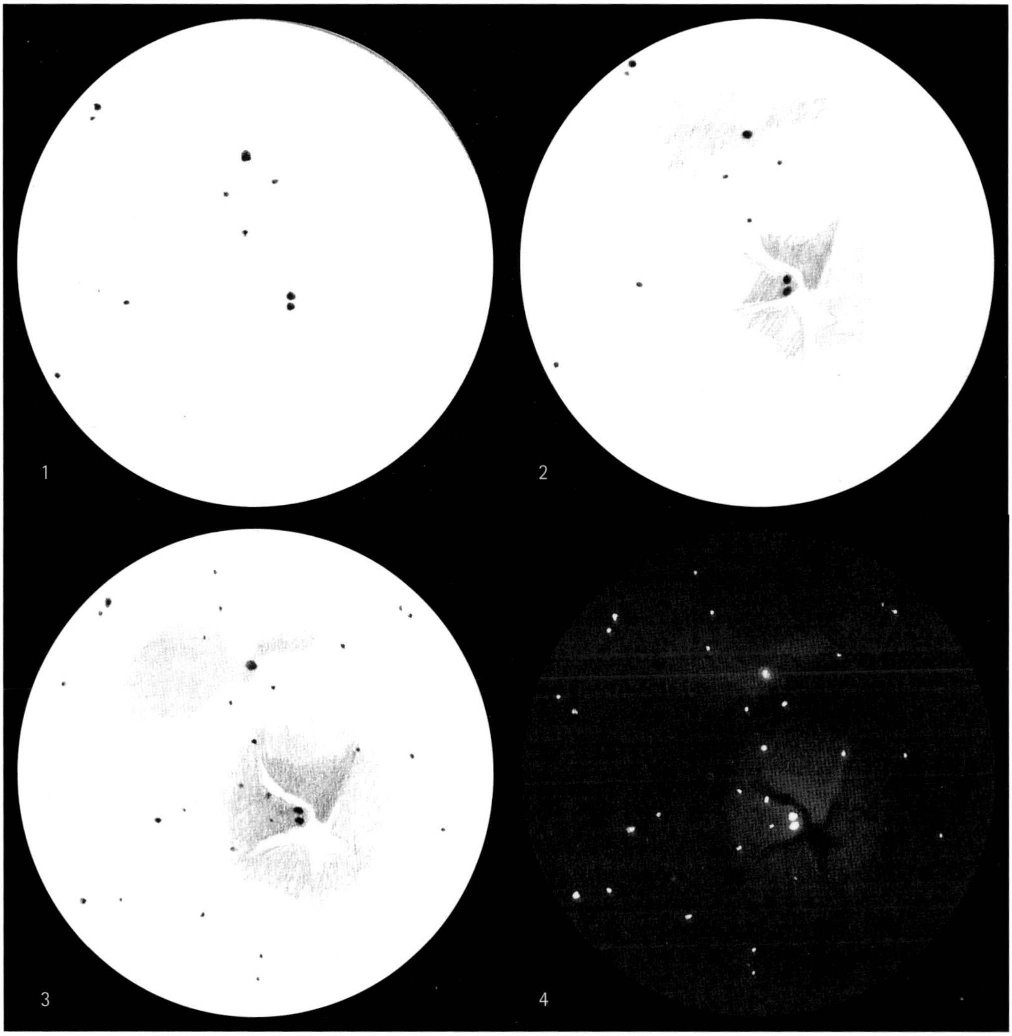

Die Entstehung einer Zeichnung: (1) Position des Objektes und der Umgebungssterne, (2) Umriss und Größe des Objektes, (3) Intensitäten und Feindetail im Objekt, (4) Reinzeichnung auf schwarzen Karton.

die 10-stufige Skala: 0 entspricht reinweiß, 10 dem schwarzen Hintergrund.

Macht man während der Zeichnung Fehler, sollte auf keinen Fall radiert werden, da so das meist leicht feuchte Papier angegriffen wird; man kann die falschen Details einfach ausstreichen. Ist die Zeichnung beendet, was auch bei relativ strukturlosen Objekten mindestens 15 Minuten dauern sollte, wird die Westrichtung durch Ausschalten der Nachführung festgelegt und mit einem Pfeil eingetragen. Jede Zeichnung muss ausführlich dokumentiert werden: Beobachter, Datum, Teleskop, Vergrößerung, Filter, Beobachtungsort und die Bildorientierung (Zenitprisma) sind notwendige Angaben.

Der zweite Schritt ist die Umzeichnung zu Hause, und dieser ist oft wesentlich zeitaufwendiger als die Erstellung der Rohzeichnung am Teleskop. Man sollte die Umzeichnung möglichst schnell nach der nächtlichen Beobachtung vornehmen, da dann das Erlebnis noch lebendig ist. Dabei wird mit weißem Buntstift (Nebel, Galaxien) und einem weißen Tintenstift (Sterne) auf schwarzem Tonpapier gezeichnet. Zunächst arbeitet man allein mit dem Bunstift, feine Übergänge werden mit einem Papierwischer geglättet. Erst zuletzt werden die Sterne eingetragen – das Ergebnis ist eine schöne Erinnerung an ein eindrückliches Beobachtungserlebnis.

Deep-Sky-Objekte

Deep-Sky-Objekte können grundsätzlich in galaktische und extragalaktische Objekte unterschieden werden. Die galaktischen Objekte befinden sich in unserer eigenen Galaxis. Sie stehen uns alle relativ nahe und befinden sich meist im nebligen Band der Milchstraße. Dazu zählen alle Sterne, die mit bloßem Auge zu sehen sind, Doppelsterne, Offene Sternhaufen, Galaktische Nebel, Planetarische Nebel und Kugelsternhaufen. Alles, was jenseits der Milchstraße existiert, ist extragalaktisch: Die Galaxien sind alle aus den selben Bausteinen wie unsere Galaxis zusammengesetzt, also auch aus Sternen, Sternhaufen und Nebeln. In den nächsten Galaxien sind diese Objekte auch einzeln zu sehen. In den meisten Galaxien aber verschwimmen alle diese Einzelheiten im Teleskop zu einem diffusen Gesamtbild, das uns einen nebligen Fleck wahrnehmen lässt.

Sterne (St)

Die mit bloßem Auge und im Teleskop sichtbaren Sterne – fast alle Objekte unserer eigenen Milchstraße – sind gewaltige Kernfusionsreaktoren, in denen in verschiedenen Prozessen Energie aus Materie gewonnen wird. Die Energieabgabe erfolgt als elektromagnetische Strahlung, dabei ist die Frequenz und damit die Wellenlänge der Strahlung abhängig von der Energie nach dem Gesetz $E = hc/\lambda$, wobei h für die Planck-Konstante, c für die Lichtgeschwindigkeit und λ für die Wellenlänge steht.

Tab. 27: Das elektromagnetische Spektrum

Wellenlänge	Ordnung	Strahlungsart
1 Kilometer	$1 km = 10^3 m$	Radiowellen, Mittel- bis Langwelle
1 Meter	1m	Radiowellen, Kurzwelle
1 Zentimeter	$1 cm = 10^{-2} m$	Mikrowellen
1 Millimeter	$1 mm = 10^{-3} m$	Infrarot
1 Mikrometer	$1 \mu m = 10^{-6} m$	Infrarot, sichtbares Licht
1 Nanometer	$1 nm = 10^{-9} m$	Röntgenstrahlung
1 Pikometer	$1 pm = 10^{-12} m$	Gammastrahlung

Energiereiche Strahlung ist also kurzwellig, energiearme Strahlung langwellig. Das sichtbare Licht ist nur ein sehr kleiner Teilbereich des elektromagnetischen Spektrums. Es ist gleichzeitig der Bereich der Maximalstrahlung der Sonne, des uns nächsten Sterns.

Heiße Sterne sind somit blau, »kalte Sterne« rot. Da die blauen Sterne energiereichere Strahlung abgeben, verbrauchen sie auch mehr Materie und leben kürzer als die energiesparenden roten Sterne. Je nach ihrer Farbe werden die Sterne in Spektralklassen eingeteilt, die mit der Oberflächentemperatur der Sterne korreliert sind. Da je nach Temperatur auch andere Elemente in der Sternatmosphäre häufig sind, kann man die Spektraltypen auch an den Strukturen des Spektrums der Sterne festmachen.

Tab. 28: Spektraltypen, Farben und Temperaturen von Sternen

Spektraltyp	Farbe	Oberflächentemperatur	Spektrum
O	blau	40000–25000 K	Heliumlinien
B	blau	25000–11000 K	Wasserstoff- und Heliumlinien
A	blauweiß	11000–7500 K	Wasserstofflinien
F	weiß	7500–6000 K	Wasserstoff- und Kalziumlinien
G	weißgelb	6000–5000 K	viele Linien ionisierter schwerer Elemente
K	gelb	5000–3500 K	viele Linien neutraler schwerer Elemente
M	gelborange	3500–3000 K	sehr viele Linien schwerer Elemente
C	rot	3000 K	Kohlenstoffsterne
W	blau	25000–50000 K	Wolf-Rayet-Sterne, helle Emissionslinien

Der Zusammenhang zwischen Spektraltyp, Farbe, Temperatur ist illustriert im Hertzsprung-Russell-Diagramm. Darin erkennt man, dass die meisten Sterne entlang einer bestimmten Linie, der »Hauptreihe«, ihr Gleichgewicht zwischen Strahlung und Masse finden. Dieses Gleichgewicht hält solange, wie die Energieproduktion im Inneren der Gravitation der Materie standhalten kann. Sterne werden umso älter, je masseärmer sie sind – desto langsamer können sie sich entwickeln.

Sehr blaue Sterne wandeln sehr viel Energie in Strahlung um und haben nur ein sehr »kurzes« Leben von einigen Millionen Jahren – deswegen gibt es kaum Beispiele am Himmel. Die Sonne verbringt dagegen insgesamt 10 Milliarden Jahre im stabilen Zustand auf der Hauptreihe, diese Zeitspanne ist für die rötlichen Sterne am unteren Ende der Hauptreihe im HRD noch einmal wesentlich größer.

Die am Himmel sichtbar rötlich gefärbten Sterne sind ehemalige blaue bis gelbe Sterne, die sich von der Hauptreihe weg auf den sogenannten Riesenast be-

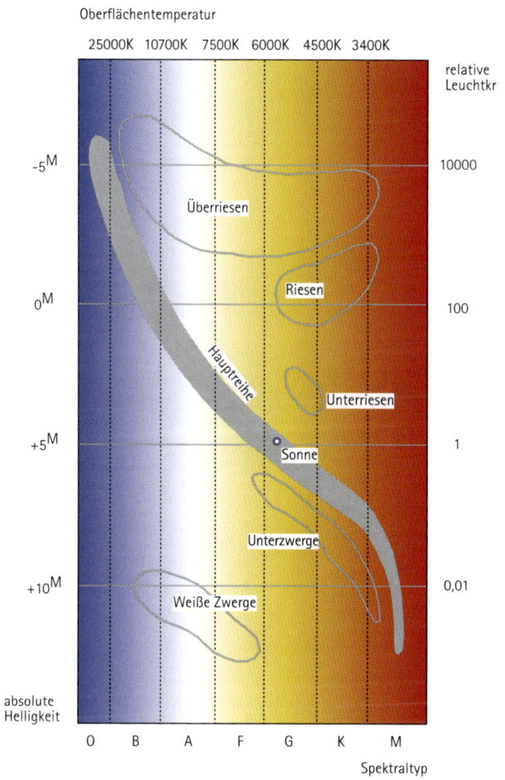

Die Verteilung der Sterne im Hertzsprung-Russell-Diagramm.

wegt haben. Dort stoßen sie ihre äußere Hülle ab und blähen sich auf. Diese unruhige Phase ist verknüpft mit Schwankungen des Lichts als Pulsationsveränderliche (siehe unten).

Weiße Zwerge schließlich sind Sternleichen – nur noch der innerste Kern ist vom einstigen Stern übrig. Die wenigen hellen Beispiele sind schwächere Komponenten von Doppelsternen oder Zentralsterne von Planetarischen Nebeln.

Tab. 29: Weiße Zwerge für Amateurteleskope

Stern	Helligkeit
Sirius B	8,ᵐ5
o Eri B	9,ᵐ6

Sternfarben sind nur bei hellen Sternen zu beobachten, weil für die Farbwahrnehmung die Zapfen des Auges in Aktion treten müssen. Da Farben leichter wahrzunehmen sind, wenn sie über eine nicht zu große Fläche verteilt sind, lassen sich Sternfarben leichter sehen, wenn das Teleskop nicht exakt scharf gestellt ist.

Blaue Farbe ist bei Sternen nur schwer zu erkennen. Dies liegt einerseits an der Unempfindlichkeit der Zapfen im blauen Spektralbereich, andererseits daran, dass die hellen Sterne des Spektraltyps O ihr Strahlungsmaximum im für das Auge unsichtbaren UV-Licht haben. Die Beispiele für die visuelle Beobachtung beschränken sich daher auf einige wenige helle Sterne, die allesamt am Südhimmel zu finden sind.

Tab. 30: Blaue Sterne für Amateurteleskope

Stern	Spektraltyp	Bemerkung
θ Car	B0	in IC 2602
α Cru	B0	Doppelstern
ζ Pup	O4	
HD 93128A	O2	in NGC 3372, Doppelstern

Rote Sterne dagegen können sehr auffällige Objekte im Okular bilden. Da die Zapfen im roten Spektralbereich stärker empfindlich sind als die schwarzweiß sehenden Stäbchen, fallen auch relativ schwache rote Sterne auf. Die meisten von ihnen sind Rote Riesen und gleichzeitig Veränderliche Sterne (siehe unten). Die rote Farbtönung kann sich dabei während der Periode des Sterns ändern und ist normalerweise im Minimallicht am intensivsten.

Tab. 31: Rote Sterne für Amateurteleskope

Stern	Spektraltyp	Bemerkung
Y CVn	CN3	»La Superba«
μ Cep	M2	Granatstern
U Cyg	CR8	
V Cyg	CN	
U Hya	CN2	
V Hya	CN6	rötester Stern am Himmel
T Lyr	CR6	
R Lep	CN6	Purpurstern

Neben der reinen Okularbeobachtung ist die spektroskopische Sternbeobachtung sehr reizvoll (siehe Kapitel Techniken). Mit ihrer Hilfe sind nicht nur die verschiedenen Färbungen der Sterne, sondern auch die für den jeweiligen Spektraltyp charakteristischen Linien im Spektrum zu sehen.

Bei einigen hellen Sternen lassen sich, unterstützt durch eine den Spektralfaden aufweitende Dispersionslinse, dunkle Linien erkennen, die Absorptionslinien von Elementen in der Sternatmosphäre darstellen. Bei einigen Sternen wie den Wolf-Rayet-Objekten sind auch helle Emissionslinien im Spektrum sichtbar.

Am spektakulärsten sind die Spektren, wenn sowohl dunkle als auch helle Linien zu sehen sind – für kleine Teleskope gibt es dafür leider nur wenige Ziele. Besonders viele dunkle Linien zeigen die tiefroten Kohlenstoffsterne und Mira-Veränderlichen, während helle Emissionslinien auf die wenigen Wolf-Rayet-Sterne beschränkt sind.

Tab. 32: Sternspektren für Amateurteleskope

Stern	Spektraltyp	Bemerkung
β And	M0	Doppelstern, schwache Komponente blau
α Tau	K5	zahlreiche Linien
α Aur	G8	sonnenähnliches Spektrum
R Aqr	M8	helle und dunkle Linien
α Boo	K0	Wasserstofflinien
X Cnc	C4	zahlreiche dunkle Linien
RS Cnc	M6	breite Absorptionslinien
Y CVn	C5	zahlreiche dunkle Linien
α CMa	F5	Wasserstofflinien, Ha, Hβ und Hγ
R Car	M7	viele dunkle Linien, helle Linien im grünen/blauen
η Car	B0	komplexes Spektrum, helle Linien, Hα, Hβ
R Cen	M8	Absorptionslinien, helle Linien im blauen
μ Cep	M2	zahlreiche dunkle Linien
o Cet	M9	zahlreiche dunkle Banden, helle Linien im gelben
α CrB	A0	Wasserstofflinien
γ Cru	M3	dunkle Linien im roten, grünen und violetten
α Her	M5	Doppelstern, dunkle Linien des Hauptksterns
U Hya	CN2	viele dunkle Linien
R Hya	M9	viele dunkle Linien
R Leo	M8	dunkle Linien im gelben, grünen und blauen
R Lep	CN6	viele dunkle und einige helle Linien
α Lyr	A0	Wasserstofflinien Ha, Hβ und Hγ
β Peg	M2	Bänder im orangen und roten Bereich
L^2 Pup	M5	dunkle Linien
η Sgr	M3	Doppelstern, Hauptstern mit dunklen Banden
AQ Sgr	CN8	viele dunkle Linien
α Sco	M1	viele dunkle Linien bei gutem Seeing
α Tau	K5	viele dunkle Linien
γ Vel	WC8	helle Linien ionisierten Kohlenstoffs

Alle Sterne am Himmel bewegen sich zueinander und haben eine gewisse Eigenbewegung. In menschlichen Zeitspannen sind diese Bewegungen nur bei den nächsten Sternen wahrzunehmen. Das beste Beispiel dafür ist Barnards Pfeilstern, der sich bereits nach vier Jahren scheinbar um einen Jupiter-Durchmesser vor dem Hintergrund weiter entfernter Sterne verschoben hat.

Tab. 33: Helle Sterne mit großer Eigenbewegung

Stern	Eigenbewegung pro Jahr	Helligkeit
Barnards Stern	10,3"	9,ᵐ5
61 Cyg	5,2"	5,ᵐ2/6,ᵐ0
Proxima Cen	3,8"	10,ᵐ7
μ Cas	3,8"	5,ᵐ1
α Cen	3,7"	0,ᵐ3/1,ᵐ7

Veränderliche Sterne (Vr)

Als Veränderliche (engl. Variable, Vr) werden Sterne bezeichnet, deren Helligkeit wechselt. Der Lichtwechsel kann sich nach einem bestimmten Zeitraum in fast gleicher Weise wiederholen, dann wird das Objekt als regelmäßiger oder periodischer Veränderlicher bezeichnet, oder halb- oder unvorhersagbar unregelmäßig veränderlich sein. Die Zeitspanne, die ein regelmäßig veränderlicher Stern zwischen zwei Minimumszeitpunkten seiner Helligkeit durchläuft, wird als seine Periode bezeichnet. Grundsätzlich unterscheidet man zwischen Bedeckungsveränderlichen und physisch Veränderlichen Sternen.

Bedeckungsveränderliche

Hierbei handelt es sich um Sterne, die zwar von der Erde aus gesehen ihre Helligkeit verändern, tatsächlich aber gar kein veränderliches Licht aussenden. Der Lichtwechsel kommt durch gegenseitige Bedeckungen in einem engen Doppelsternsystem zustande. Normalerweise stehen die beiden Sterne nebeneinander, und das Gesamtsystem strahlt in vollem Licht. Der schwächere und dunklere Begleiter umkreist den helleren Zentralstern auf einer Bahn und zieht vor ihm pro Umlauf ein Mal vorbei, bedeckt ihn also. Dadurch wird das Licht des Hauptsterns abgeblockt und ein Helligkeitsminimum tritt ein. Pro Umlauf tritt der schwächere Stern auch einmal hinter den Hauptstern, was ein sogenanntes Nebenminimum erzeugt. Dabei muss die Bahn des Systems nicht so orientiert sein, dass es zu totalen Bedeckungen kommt. Diese Lichtwechsel sind sehr kurzzeitig und können oft innerhalb einer Nacht beobachtet werden.

β Persei ist das klassische Beispiel für einen Bedeckungsveränderlichen, bei ihm ist aber nur das Hauptminimum einfach beobachtbar. β Lyrae ist ähnlich, hier ist aber das Nebenminimum deutlicher; zudem verändert sich die Helligkeit des Systems ständig, weil der Hauptstern nicht rund, sondern in Richtung zum Begleiter eiförmig verformt ist. Bedeckungsveränderliche sind also eigentlich Doppelsterne, die man nur über ihren Lichtwechsel als solche identifizieren kann.

Tab. 34: Bedeckungsveränderliche für Amateurteleskope

Name	Periode	Amplitude
β Per	2,87 Tage	2ᵐ3
β Lyr	12,94 Tage	1ᵐ0

Physische Veränderliche

Mit diesem Begriff werden Sterne bezeichnet, die tatsächlich ihre Leuchtkraft und damit ihre Helligkeit verändern. Meist sind dies Rote Riesensterne, die einen instabilen Zustand ihrer Entwicklung durchlaufen. Die bekanntesten Beispiele dafür sind die Mira-Sterne, benannt nach dem zuerst entdeckten Stern im Sternbild Cetus. Sie haben lange Perioden von etwa einem halben bis zu zwei Jahren, so dass man sie über längere Zeiträume beobachten muss, um ihre Veränderlichkeit zu erfassen. Einige Mira-Sterne werden im Maximum zu Objekten für das bloße Auge, sind aber im Minimum auch mit einem Fernrohr nur als kleines Sternchen zu sehen. Beispiele für solche Sterne sind Mira selbst, R Leonis und χ Cygni.

Tab. 35: Miraveränderliche für Amateurteleskope

Name	Periode	Amplitude
o Cet	332 Tage	7ᵐ6
χ Cyg	407 Tage	8ᵐ9
R Leo	312 Tage	6ᵐ9
R Lep	432 Tage	6ᵐ2

Eine andere Klasse von physischen Veränderlichen heißt nach dem zuerst gefundenen Vertreter, δ Cephei, Cepheiden. Auch hier pulsieren die Sterne nicht nur in der Helligkeit, sondern auch mit ihrem Durchmesser. Cepheiden haben kürzere Perioden, üblicherweise etwa von einigen Tagen, und geringere Amplituden der Helligkeitsschwankungen. Sie sind

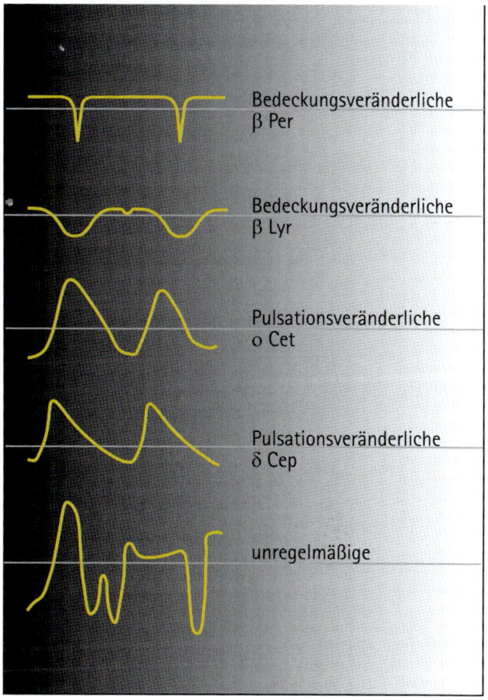

Charakteristische Lichtkurven von häufigen Veränderlichen-Typen.

äußerst wichtig als Entfernungsmesser, weil die Dauer ihrer Periode von der Leuchtkraft der Sterne abhängt. Sind nämlich Leuchtkraft und scheinbare Helligkeit von der Erde aus bekannt, kann die Entfernung bestimmt werden.

Einige physische Veränderliche zeigen einen unregelmäßigen Lichtwechsel. Zu den unregelmäßigen Veränderlichen gehören auch Novae und Supernovae, die aber in diesem Buch auf Grund ihrer zeitlich eng gebundenen Beobachtbarkeit nicht behandelt werden können. Bekannte unregelmäßige Sterne sind η Carinae am Südhimmel und R Coronae Borealis, als Beispiel für einen halbregelmäßigen Stern ist μ Cephei in diesem Buch enthalten.

Veränderliche Sterne werden anhand von Helligkeitsschätzungen visuell verfolgt. Dabei wird die Größe des Veränderlichen mit derjenigen von Vergleichssternen fester Helligkeit verglichen – entsprechende Karten mit Vergleichshelligkeiten sind im Deep Sky Reiseatlas enthalten. Während bei den Bedeckungsveränderlichen in der Minimumsphase Schätzungen alle 10 Minuten sinnvoll sind, genügt es bei den langsameren Mira-Sternen, einmal pro Woche eine Schätzung abzugeben. Die Ergebnisse können dann – gegen die Zeit aufgetragen – eine Lichtkurve ergeben. Achtung ist bei besonders roten Sternen gegeben, denn durch die rötere Farbe im Minimum werden die Helligkeitsschätzungen verfälscht, weil rote Sterne systematisch zu hell geschätzt werden.

Doppelsterne (DS)

Als Doppelsterne (engl. Double Stars, Abkürzung DS) werden normalerweise nur solche Sternpaare bezeichnet, die physikalisch durch die Gravitation zusammengehalten werden. Nicht zu den Doppelsternen im engeren Sinn gehören damit die sogenannten optischen Doppelsterne – diese Sterne sind nicht gravitativ gekoppelt, sondern stehen weit entfernt voneinander und erscheinen nur aufgrund ihrer Projektion von der Erde scheinbar dicht nebeneinander. Doppelsterne gehorchen wie andere gravitativ zusammengehörige Himmelskörper den Keplerschen Gesetzen, das heißt sie führen Bewegungen auf Ellipsenbahnen um einen gemeinsamen Schwerpunkt aus, wie dies auch im Sonnensystem mit seinen planetaren Mitgliedern der Fall ist. Fixiert man dabei einen Stern und schaut genau senkrecht auf die Bahnebene, beschreibt die Laufbahn des anderen Sterns eine Ellipse. Meistens wird der hellere Stern als feststehend definiert, das ist der Hauptstern, und der schwächere sogenannte Begleiter wird auf einer Bahn diesen umkreisend dargestellt, wie dies auch die Grafiken in diesem Buch zeigen.

Die Umlaufszeiten für die meisten Doppelsterne sind sehr lang – ein Menschenleben reicht für die Verfolgung eines Umlaufes nicht aus. Zwei der wenigen Beispiele dafür, dass Doppelsternbewegungen auch relativ schnell mit kleinen Fernrohren beobachtet werden können, sind ζ Cancri und ξ Ursae Majoris mit Umlaufszeiten von jeweils 60 Jahren. Ein Doppelstern, bei dem in den letzten Jahren besonders dramatische Veränderungen zu beobachten waren, ist γ Virginis.

Tab. 36: Helle Doppelsterne mit schnellem Umlauf

Name	Helligkeiten	Umlaufszeit
α Com	$4\overset{m}{,}9/5\overset{m}{,}5$	25,9 Jahre
ρ Her	$4\overset{m}{,}5/5\overset{m}{,}4$	34,5 Jahre
η CrB	$5\overset{m}{,}6/6\overset{m}{,}0$	41,6 Jahre
α CMa	$-1\overset{m}{,}5/8\overset{m}{,}4$	50,1 Jahre
ζ Cnc AB	$5\overset{m}{,}3/6\overset{m}{,}3$	59,4 Jahre
ξ UMa	$4\overset{m}{,}3/4\overset{m}{,}8$	59,9 Jahre
α Cen	$0\overset{m}{,}0/1\overset{m}{,}3$	79,9 Jahre
70 Oph	$4\overset{m}{,}2/6\overset{m}{,}2$	88,4 Jahre

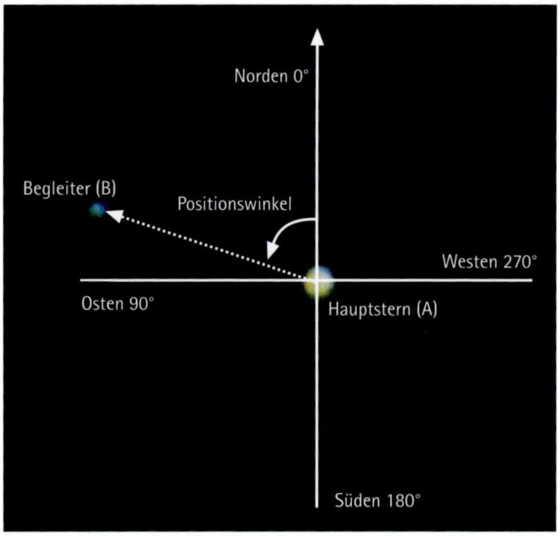

Positionswinkel eines Doppelsternsystems.

Die visuelle Doppelsternbeobachtung wird in erster Linie durch das Auflösungsvermögen der Optik limitiert. Wichtig ist es, höchstmögliche Vergrößerungen einzusetzen, etwa 100–150× für einen Zweizöller und 200–350× mit dem Vierzöller. Dies wird aber oft von starker Luftunruhe verhindert, die das Haupthindernis einer erfolgreichen Beobachtung darstellt. Die wichtigen Parameter für den visuellen Doppelsternbeobachter ist der Abstand der Sterne, die Helligkeitsdifferenz und der Positionswinkel. Der Positionswinkel bestimmt die Ausrichtung des Sternpaars; bei 0° steht der Begleiter genau im Norden des Hauptsterns, bei 90° im Osten, bei 180° im Süden und bei 270° im Westen. Ein enger Doppelstern kann visuell mehrere Formen annehmen: ganz enge Systeme erscheinen länglich, ist der Abstand etwas weiter, kann eine 8-Form erkannt werden (Dawes-Limit), und erst bei noch größerem Abstand erscheint trennender dunkler Zwischenraum (Rayleigh-Limit).

Tab. 37: Test-Doppelsterne für Amateurteleskope

Name	Helligkeiten	Abstand	Testoptik
μ Dra	$5\overset{m}{,}7/5\overset{m}{,}7$	2,6"	50mm
ε^2 Lyr	$5\overset{m}{,}3/5\overset{m}{,}4$	2,4"	63mm
ζ Aqr	$4\overset{m}{,}3/4\overset{m}{,}5$	2,4"	63mm
57 Cnc	$6\overset{m}{,}1/6\overset{m}{,}4$	1,5"	80mm
ε Ari	$5\overset{m}{,}2/5\overset{m}{,}5$	1,3"	100mm
52 Ori	$6\overset{m}{,}0/6\overset{m}{,}0$	1,0"	120mm
16 Vul	$5\overset{m}{,}8/6\overset{m}{,}2$	0,9"	150mm
β Phe	$4\overset{m}{,}1/4\overset{m}{,}2$	0,7"	180mm
η CrB	$5\overset{m}{,}6/5\overset{m}{,}9$	0,4"	200mm

Ob ein Doppelstern aufgelöst werden kann, ist aber nicht allein vom Abstand seiner Komponenten, sondern auch wesentlich vom Helligkeitsunterschied der Sterne abhängig. Die genannten Grenzen des Auflösungsvermögens sind nur bei gleich hellen und nicht zu schwachen Sternen anwendbar. Dagegen sind schwache Begleiter besonders heller Sterne sehr schwierig zu sehen, auch wenn ihre Distanz deutlich über der Auflösungsgrenze liegt. Besonders zeigen dies β Ori (Rigel) und α CMa (Sirius).

Oft zeigen Doppelsternkomponenten Farbkontraste, die durch die unterschiedlichen Spektraltypen der Sterne bestimmt werden. Doppelsternfarben sind am besten zu sehen, wenn die Sterne zu einem kleinen Scheibchen unscharf gestellt werden.

Tab. 38: Helle Doppelsterne mit reellen Farbkontrasten

Name	Helligkeiten	Abstand
γ And	$2^m{,}3/5^m{,}2$	9,6"
β Cyg	$3^m{,}2/4^m{,}7$	34,6"
α Her	$3^m{,}5/5^m{,}4$	4,6"
h 3945	$5^m{,}0/5^m{,}8$	27"
HN 84	$6^m{,}4/9^m{,}5$	28"

Manchmal sind visuell wahrgenommene Farbkontraste aber auch Täuschungen, die auf Kontrasteffekte zurückzuführen sind: Das Auge tendiert dazu, den schwachen Begleiter in der Komplementärfarbe des hellen Hauptsterns zu sehen. Ein Beispiel dafür ist γ Leonis.

Sehr viele Doppelsternsysteme sind in Wahrheit Mehrfachsysteme, bei denen die weiteren Begleiter aber nicht mit Fernrohren auflösbar sind. Für Amateurfernrohre gibt es dagegen nur wenige Mehrfachsterne; der bekannteste ist das Trapez im Orionnebel.

Tab. 39: Helle Mehrfachsterne für Amateurteleskope

Name	Komponenten	Helligkeiten
α Cru	3	$1^m{,}3/1^m{,}6/4^m{,}8$
β Mon	3	$4^m{,}5/5^m{,}0/5^m{,}4$
γ Vel	4	$1^m{,}9/4^m{,}1/7^m{,}2/9^m{,}3$
ζ Cnc	3	$5^m{,}3/5^m{,}9/6^m{,}3$
θ Ori	4	$5^m{,}1/6^m{,}7/6^m{,}7/8^m{,}0$
12 Lyn	3	$5^m{,}4/6^m{,}0/7^m{,}1$

Galaktische Nebel (GN)

Unter dem Oberbegriff Galaktische Nebel (engl. Galactic Nebulae, GN) werden alle Staub- und Gaswolken in der Milchstraße mit Ausnahme der Planetarischen Nebel zusammengefasst. Für den Himmelsbeobachter ist es wichtig, die Unterscheidung weiter zu verfeinern in Reflexionsnebel, Dunkelnebel und Emissionsnebel.

Reflexionsnebel

Reflexionsnebel sind Staubwolken um helle Sterne. Sie strahlen selbst kein Licht aus, sondern reflektieren das Licht der von ihnen umhüllten Sterne. Man kann sich den interstellaren Staub in diesen Nebeln als winzige Rußpartikelchen vorstellen, an denen die Strahlung des Sterns gestreut wird. Die meisten Reflexionsnebel zeigen auf Farbfotos einen bläulichen Ton. Das liegt zum einen daran, dass ein Stern leuchtkräftig sein muss, damit wir in weiter Entfernung von der Erde auch noch den Nebel sehen können. Junge leuchtkräftige Sterne finden sich im blauen Bereich des Spektrums (Spektraltyp B und A). Außerdem wird bei der Reflexion rotes Licht stärker gestreut als blaues, weshalb Reflexionsnebel blauer sind als die Sterne, die sie umgeben.

Reflexionsnebel stehen oft in Gebieten, in denen Sterne gerade entstanden sind und junge blaue Sterne gehäuft vorkommen. Oft erscheinen Staubwolken als Reste der Nebel, in denen Sternhaufen geboren wurden; junge Offene Sternhaufen sind deshalb oft von schwachen Reflexionsnebeln begleitet – Beispiele dafür sind in NGC 1977 zu finden. Die Plejadennebel werden dagegen nur zufällig gerade von einem Sternhaufen passiert.

Häufig sind es aber auch größere Staubwolken, die Reflexionsnebel begünstigen; steht dann ein Stern genau in derselben Entfernung wie der Staub, erscheint er mit einem Reflexionshof. Objekte, die schön Stern und Hof erkennen lassen, sind M 78 und NGC 1788. Gerade das Sternbild Orion ist ein gutes Beispiel für diesen Nebeltyp: Ein Großteil der Konstellation ist von Staubwolken durchdrungen, und so häufen sich die Reflexionsnebel in dieser Gegend. Am Südhimmel gibt es im Sternbild Corona Australis ein ähnliches, aber wesentlich kleineres Gebiet.

Sehr seltene Objekte sind die Kometarischen Nebel. Dabei handelt es sich um vergleichsweise sehr kleine Staubwolken, in denen sich durch die Strahlung eines zentralen Stern zu beiden Seiten Hohlräume gebildet haben. Sie besitzen deshalb ein bipolares

Aussehen oder zeigen uns nur eine Seite, die wie ein kleiner Komet im Fernrohr aussieht. Beispiele sind NGC 2261 in Monoceros und NGC 6729 in Corona Australis.

Die visuelle Beobachtung von Reflexionsnebeln ist oft schwierig, weil die hellen beleuchtenden Sterne die Nebel überstrahlen. Bei schwierigen Objekten hilft es oftmals, gleichhelle Sterne im Feld mit dem fraglichen Stern zu vergleichen. Besonders im Winter bilden sich aber schnell um alle Sterne »Nebel«, wenn das Okular beschlagen ist.

Tab. 40: Reflexionsnebel für Amateurteleskope

Name	Sternbild	Helligkeit
NGC 1435	Tau	-
NGC 1788	Ori	9^{m}
NGC 1977	Ori	$6^{m}_{,}5$
M 78	Ori	$8^{m}_{,}0$
NGC 2024	Ori	$7^{m}_{,}5$
NGC 6726	CrA	-

Die optimale Vergrößerung für Reflexionsnebel hängt von der Objektgröße ab, oftmals ist es jedoch günstiger etwas höher zu vergrößern, damit der Kontrast zum Hintergrund ausreichend groß wird. Nebelfilter helfen bei der Reflexionsnebelbeobachtung nicht.

Dunkelnebel

Dunkelnebel erscheinen am Nachthimmel als mehr oder weniger gut begrenzte sternlose Gebiete. Klar kann man sie deshalb nur in sternreichen Feldern der Milchstraße sehen. Dunkelnebel sind Staubwolken, die aber im Gegensatz zu Reflexionsnebeln nicht bestrahlt werden, weil kein passender Stern in der Nähe steht. Mit dem bloßen Auge sind in einer dunklen Nacht in der Sommermilchstraße viele dunkle Flecken und Gebiete zu sehen. Vom Schwan bis zum Schlangenträger erscheint das gesamte Milchstraßenband zweigeteilt von einer großen Dunkelwolke – das ist das sogenannte Great Rift. Ebenfalls mit dem bloßen Auge deutlich ist ein Dunkelfleck nördlich von Deneb im Schwan, der sogenannte »Nördliche Kohlensack«. Der »echte« Kohlensack ist der beeindruckendste Dunkelnebel für das bloße Auge, er befindet sich von Mitteleuropa aus unsichtbar im Kreuz des Südens. Ideales Beobachtungsgerät für Dunkelnebel ist ein mittleres oder großes Fernglas. In einer klaren Sommernacht ist es damit ein ganz besonderes Erlebnis, die Felder in den Sternbildern Cygnus, Aquila und Scutum zu mustern.

Tab. 41: Dunkelnebel für Amateurteleskope

Name	Sternbild	Größe
Barnard 142-3	Aql	80'×50'
Barnard 68	Sgr	6'×4'
Barnard 168	Cyg	120'×20'
Barnard 50	Sco	30'×15'
Kohlensack	Cru	7°×4°
Barnard 103	Sct	1,8°×1°

Dunkelnebel sind die am schwersten zu beobachtenden Deep-Sky-Objekte, weil sie nur durch den Kontrast zum Hintergrund sichtbar werden. Ist der Hintergrund jedoch bereits durch Lichtverschmutzung aufgehellt, »ertrinkt« der Dunkelnebel. Weil die Wahrnehmung genügend Kontrast zum Himmelshintergrund erfordert, ist neben dunkelstem Himmel ein großes Gesichtsfeld wesentlich für die Dunkelnebeljagd.

Die meisten Dunkelnebel sind sehr groß und erfordern deshalb kleinste Vergrößerungen bei maximaler Austrittspupille. Nur wenige Dunkelnebel, etwa in M 8, M 20, M 42 oder der berühmte Pferdekopfnebel in IC 434 sind kleine Objekte; hier ist neben einer mittleren Vergrößerung auch ein Nebelfilter sinnvoll, der den Kontrast zum Hintergrundnebel erhöht.

Emissionsnebel

Mit dem Begriff Emissionsnebel werden Gaswolken zusammengefasst, die selbst Strahlung aussenden, also nicht nur Licht von Sternen reflektieren. Aber auch Emissionsnebel sind an heiße leuchtkräftige Sterne gebunden. Durch die energiereiche Strahlung der meist zentral im Nebel liegenden Sterne werden die Moleküle des Gases angeregt und fluoreszieren in ganz bestimmten Wellenlängen, die je nach Element verschieden sind. Solche Emissionsobjekte werden als HII-Regionen (»H-zwei«) bezeichnet: Gaswolken aus ionisiertem Wasserstoff und geringen Anteilen anderer Elemente wie zum Beispiel Sauerstoff, Schwefel, etc. Für die visuelle Beobachtung kommen zwei Emissionslinien der HII-Regionen in Betracht: Die Hβ-Linie (»H-beta«) des Wasserstoffs und die [OIII]-Linie des Sauerstoffs (»O-drei«), beide im grünen Bereich des Spektrums; deshalb erscheinen auch die hellsten Nebel in einem grünlichen Farbton im Fernrohr. HII-Regionen bilden also einfache Gaswolken, die im Umkreis von heißen Sternen zum Eigenleuchten kommen.

HII-Regionen sind aber für die Astronomie besonders interessant, weil sie mit der Entstehung von Sternen verbunden sind: In Gebieten großer Gas- und Staubdichte bilden sich aus diesem interstellaren Medium Materieklumpen, die sich zu jungen Sternen verdichten. Diese jungen Sterne regen das Gas zusätzlich an, und ein heller Emissionsnebel umgibt die aktive Sternentstehungsregion. Grandioses Beispiel ist der Orionnebel M 42 mit seinen leuchtenden Gasfilamenten, die die jungen und heißen Sterne des Trapezes umgeben: Hier entstehen unter den Augen des Betrachters neue Sterne. Ähnliche Emissionsnebel von gleicher Großartigkeit sind M 20 und NGC 3372, der η-Carinae-Nebel. Mit der Zeit kann sich ein ganzer Sternhaufen im Nebel bilden, wenn sein Materievorrat groß genug ist, exemplarisch schön sieht man das in M 8, wo ein junger Sternhaufen schon teilweise von Nebel befreit ist, aber dicht daneben noch aktuell Sterne geboren werden.

Tab. 42: Emissionsnebel für Amateurteleskope

Name	Sternbild	Helligkeit
NGC 281	Cas	$7{:}^{m}$
NGC 1499	Per	$6{:}^{m}$
NGC 2070	Dor	$5\overset{m}{,}4$
NGC 2237-9/46	Mon	$6{:}^{m}$
M 42	Ori	$3\overset{m}{,}5$
NGC 3372	Car	$3{:}^{m}$
NGC 3603	Car	-
M 20	Sgr	$8\overset{m}{,}5$
M 8	Sgr	$5\overset{m}{,}8$
M 17	Sgr	$7{:}^{m}$
NGC 7000	Cyg	$5{:}^{m}$

HII-Regionen sind je nach ihrer Entfernung unterschiedlich ausgedehnt – die Extrembeispiele sind NGC 1499 (in 1500 Lj Entfernung) und NGC 2070 (180000 Lj). Sie strahlen unterschiedlich stark in den beiden charakteristischen Wellenlängen, so dass es niedrig angeregte »Hβ-Nebel« wie NGC 1499 und stark angeregte »[OIII]-Nebel« wie den Rosettennebel gibt. Bei manchen HII-Regionen sind beide Emissionslinien auch gleich stark vertreten, wie zum Beispiel im Fall von NGC 7000. Alle HII-Regionen können mit einem Schmalbandfilter in ihrer Sichtbarkeit und Detailfülle wesentlich verbessert werden. Ein Linienfilter hilft dagegen nur bei den speziellen Hβ- oder [OIII]-Nebeln.

Als Supernova bezeichnet man ein explosionsartiges Ereignis, bei dem ein massereicher Stern in einem Gravitationskollaps zusammenbricht und dann seine äußeren Hüllen mit großer Energie in den umgebenden Raum stößt. Trifft die ehemalige Sternmaterie mit interstellaren Gaswolken zusammen, bildet sich ein als Supernovarest bezeichneter Emissionsnebel. Diese Nebel haben eine andere Strahlungscharakteristik als normale HII-Regionen, weil die Materie aus dem Stern auch viele schwerere Elemente enthält. Supernovareste emittieren auch besonders stark in der [OIII]-Linie des Sauerstoffs. Filter, die nur diese Emissionslinie passieren lassen, aber alle anderen Bereiche des Spektrums ausblenden, lassen solche Nebel daher besser erkennen.

Tab. 43: Supernovareste für Amateurteleskope

Name	Sternbild	Helligkeit
M 1	Tau	$8\overset{m}{,}4$
NGC 2736	Vel	-
NGC 6960	Cyg	$9{:}^{m}$
NGC 6992/5	Cyg	$7\overset{m}{,}5$

Wolf-Rayet-Nebel entstehen in der Umgebung der sehr heißen Sterne des Spektraltyps W in einer ähnlichen Weise wie HII-Regionen, es entstehen durch die besonders energiereiche Strahlung aber generell hoch angeregte Objekte, die intensiv im [OIII]-Licht strahlen. Mit einem [OIII]-Linienfilter ist dieser seltene Objekttyp deshalb am besten zu beobachten.

Tab. 44: Wolf-Rayet-Nebel für Amateurteleskope

Name	Sternbild	Helligkeit
NGC 2359	CMa	$9{:}^{m}$
NGC 3199	Car	-
NGC 6888	Cyg	-

Offene Sternhaufen (OC)

Offene Sternhaufen (engl. Open Clusters, OC) sind Ansammlungen von Sternen, die durch die Schwerkraft zusammen gehalten werden. Im Unterschied zu den Kugelsternhaufen sind sie nicht symmetrisch aufgebaut, sondern erscheinen unregelmäßig, ihre Sterne haben oft unterschiedlichste Helligkeiten. Gerade die vielen Gesichter der Offenen Haufen sind es aber, die ihre Beobachtung so reizvoll macht.

Sternhaufen entstehen in den dichten Gas- und Staubwolken von HII-Regionen, wo sich durch Dichtewellen Materieklumpen bilden und Sterne geboren werden. Dies zeigen die jungen Sternhaufen im η-Carinae-Nebel: Mehrere Offene Haufen, noch sehr dicht und kompakt, treten aus dem hellen Emissionsnebel hervor, in dem an anderer Stelle immer noch Sterne entstehen. Bei M 16 ist der Emissionsnebel schon in den Hintergrund getreten. Schließlich findet keine Sternentstehung mehr statt, und der Emissionsnebel verschwindet. Übrig bleiben junge Haufen mit leuchtkräftigen Sternen, unter denen vor allem die blauen O- und B-Riesen hervorstechen.

Die leuchtkräftigen heißen Sterne entwickeln sich am schnellsten, und aus den blauen O- und B-Sternen werden nach und nach Rote Riesen. Bei vielen Sternhaufen kann man diese ersten Roten Riesen als orangefarbene Sterne im Teleskop betrachten, umgeben von ihren noch blauen Geschwistern. Schöne Beispiele für dieses Stadium sind M 11, NGC 4755 und M 37. Bei dem fantastischen Doppelsternhaufen h und χ im Perseus kann man das unterschiedliche Alter direkt im Okular sehen: h erscheint brillanter, weil er noch alle heißen blauen Sterne besitzt, während diese bei χ schon zum Teil zu Roten Riesen entwickelt sind.

Tab. 45: Sternhaufen mit rötlichen Mitgliedern

Name	Sternbild	hellste Sterne
NGC 884	Per	$8\overset{m}{.}1$
M 37	Aur	$9\overset{m}{.}2$
M 41	CMa	$6\overset{m}{.}9$
NGC 2244	Mon	$5\overset{m}{.}8$
NGC 2451	Pup	$3\overset{m}{.}6$
NGC 3293	Car	$6\overset{m}{.}5$
NGC 4755	Cru	$5\overset{m}{.}6$
NGC 6087	Nor	$5\overset{m}{.}8$
M 6	Sco	$6\overset{m}{.}2$
M 11	Sct	$8\overset{m}{.}0$
NGC 6940	Vul	$9\overset{m}{.}3$
M 52	Cas	$8\overset{m}{.}2$

Die leuchtkräftigen und hellen Sterne eines Haufens erreichen bald alle die Phase der Roten Riesen und verschwinden kurz danach als Supernova. Übrig bleiben nur die masseärmeren Sterne, die sich nicht zu Roten Riesen ausbilden können. Alte Sternhaufen bestehen mit der Zeit nur noch aus schwächeren und tendenziell gleichhellen Sternen; ein dennoch eindrucksvolles Beispiel ist M 67 in Cancer. Nach und nach verliert auch die Gravitationswirkung an Kraft, besonders in dichtbevölkerten Milchstraßengebieten, wo von außen leicht Störungen möglich sind. Der Haufen wird immer sternärmer, bis er schließlich vollkommen zerfallen ist, von seinen urspünglichen Mitgliedssternen verlassen.

Besonders für Fernglasbeobachter ist es interessant, wie hell der hellste Einzelstern ist – oft ein Roter Riese. Dann erst nämlich wird aus dem nebligen Fleck ein aufgelöster Sternhaufen. Einige Sternhaufen können erst mit dem Teleskop aufgelöst werden, wie beispielsweise M 11 und M 67. Viele Dutzend Haufen bieten wegen ihrer Größe und Helligkeit aber im Fernglas den besten Anblick; dazu zählen M 39, M 45, M 44, M 6 und M 7, NGC 2516, NGC 2451, IC 2391 und IC 2602. Manche sind sogar optimal mit dem bloßen Auge ohne alle optische Hilfsmittel sichtbar, wie die Hyaden (Melotte 25) und das Haar der Berenike (Melotte 111).

Tab. 46: Sternhaufen aufgelöst für das bloße Auge

Name	Sternbild	Sternzahl	Bemerkung
Melotte 20	Per	6–12	Perseus-Bewegungshaufen
M 45	Tau	6–14	Plejaden
Melotte 25	Tau	20	Hyaden
Collinder 140	CMa	6	-
Collinder 285	UMa	15	Ursa-Major-Bewegungshaufen
Melotte 111	Com	11–15	Coma-Sternhaufen
IC 2391	Vel	3–6	Omicron-Velorum-Haufen
IC 2602	Car	6–11	Südliche Plejaden
Collinder 399	Vul	3	Kleiderbügel

Der visuelle Eindruck eines Sternhaufens hängt jedoch nicht allein von der Gesamthelligkeit und der Helligkeit des hellsten Sterns ab, sondern vor allem von der Anzahl seiner Sterne und ihrer Verteilung. Besonders Haufen mit vielen gleich hellen Mitgliedern beeindrucken bei der visuellen Beobachtung. Während für die relativ offenen Fernglasobjekte kleinste Vergrößerungen ideal sind, sind die reichen teleskopischen Haufen am besten mit mittleren und hohen Vergrößerungen anzuschauen. Dabei wird man immer wieder auf interessante Sternmuster oder Strernketten stoßen; viele Sternhaufen besitzen auch sehenswerte Doppelsterne unter ihren Mitgliedern.

Tab. 47: Reiche Sternhaufen für Amateurteleskope

Name	Sternbild	Sternzahl
M 35	Gem	100+
M 46	Pup	70+
NGC 2477	Pup	100+
NGC 2546	Pup	80
M 67	Cnc	100+
NGC 3532	Car	150+
M 11	Sct	120+
M 52	Cas	80–100
NGC 7789	Cas	80

Planetarische Nebel (PN)

Strenggenommen sind auch Planetarische Nebel (engl. Planetary Nebulae, PN) Emissionsnebel. Ihrer unterschiedlichen Entstehung wegen werden sie aber meist als eigene Objektklasse geführt. Masseärmere Sterne, die nicht als Supernova enden, durchlaufen nach dem Stadium als Rote Riesen eine unruhige Zeit, an deren Ende sie ihre äußeren Hüllen in Ausbrüchen in den Raum blasen. Das Gas dieser Hüllen wird von der Strahlung des im Zentrum übrigbleibenden Weißen Zwergs zum Leuchten angeregt.

Ihren Namen erhielten diese Nebel, weil viele von ihnen in kleinen Teleskopen wie das grünliche diffuse Scheibchen des Planeten Uranus aussehen. Man könnte annehmen, dass sämtliche Planetarische Nebel als Gasblasen um ihre Zentralsterne erscheinen und so nur scheibchen- und ringförmige Strukturen zu beobachten sein müssten. M 57 und NGC 2392 sind zwei Beispiele, die dies unterstützen. Tatsächlich findet man aber viele merkwürdige Formen, wie die Hantel von M 27 oder den Barren von M 76, hinter denen kompliziertere Emissionsmechansimen stehen. Für den Himmelsbeobachter ist es ausgesprochen reizvoll, die verschiedenen Strukturen der Planetarischen Nebel zu erfassen und zu vergleichen. Es gibt unter ihnen viele Objekte mit sehr hoher Flächenhelligkeit und fast sternförmig kleiner Größe, beispielsweise NGC 6572 oder NGC 6543, aber auch große schwache Nebel wie NGC 1360 oder NGC 7293. Die helleren Nebel strahlen deutlich in einer zum Teil stark leuchtenden grünen bis blauen Farbe. Dies wird durch die [OIII]-Emissionslinie verursacht, die den stärksten Anteil an der Strahlung der meisten Planetarischen Nebeln hat. Entsprechend sind Schmalband- oder [OIII]-Nebelfilter immer mit Gewinn einzusetzen.

Tab. 48: Formenschatz Planetarischer Nebel

Form	Beispielobjekt	Sternbild
Scheibe	NGC 3918	Cen
	NGC 1360	For
Ring	M 57	Lyr
	NGC 7293	Aqr
Doppelring	NGC 1535	Eri
	NGC 2392	Gem
Hantel	M 27	Vul
	M 76	Per
Doppelkern	NGC 2440	Pup
	NGC 7026	Cyg
Irregulär	NGC 5189	Mus
	NGC 6302	Sco

Für die meisten Planetarischen Nebel ist der Einsatz hoher und höchster Vergrößerungen ratsam, solange die hohe Flächenhelligkeit der Objekte dies erlaubt. Viele der kleineren Objekte geben ihre Strukturen schon in kleinen Teleskopen preis, benötigen aber Vergrößerungen über 150–200×. Die benutzung eines Nebelfilters ist bei diesen hellen Nebeln für die Detailwahrnehmung nicht sinnvoll, sondern eher hinderlich.

Tab. 49: Planetarische Nebel mit hellen Zentralsternen

Name	Sternbild	Helligkeit des Zentralsterns
NGC 246	Cet	$12\overset{m}{,}0$
NGC 1360	For	$11\overset{m}{,}0$
NGC 1535	Eri	$11\overset{m}{,}6$
NGC 2392	Gem	$10\overset{m}{,}5$
NGC 3132	Vel	$10\overset{m}{,}1$
NGC 6543	Dra	$10\overset{m}{,}9$
NGC 6826	Cyg	$10\overset{m}{,}6$

Die Zentralsterne der Planetarischen Nebel sind nicht immer einfach zu sehen, wie zum Beispiel bei NGC 2392. In vielen Fällen sind sie recht schwach, aber im mittleren Teleskop zu erkennen (M 27, NGC 2438, NGC 7293), oder sind im hellen Nebel nicht auszumachen (NGC 6543, NGC 6572, NGC 6818, NGC 7009), nur in wenigen Fällen ist ihre Helligkeit tatsächlich für mittlere Teleskope zu schwach (M 57, M 76). Manchmal hilft der

Gebrauch eines Spektroskops, das den Nebel als Scheibchen zeigt, den Zentralstern aber zu einem Spektralfaden aufzieht: So ragt der Zentralstern aus dem Bild des Nebels heraus und wird sichtbar, wenn er hell genug ist.

Kugelsternhaufen (GC)

Kugelsternhaufen (engl. Gobular Clusters, GC) gehören zum Außenbereich der Milchstraße, dem sogenannten Halo, der die Scheibe mit den meisten der bisher betrachteten Objekten und Sternen umgibt. Die meisten Kugelsternhaufen stehen deshalb im Vergleich mit den anderen Galaktischen Objekten sehr weit weg. Das Zentrum des Halos, den man sich als kugelförmigen Raum vorstellen kann, fällt mit dem Zentrum der Galaxis zusammen. Die Zahl der Kugelsternhaufen verdichtet sich zu diesem Zentrum hin, sie bewegen sich – genauso wie wir und alle Objekte in der Milchstraße – um das galaktische Zentrum. Diese Anordnung ist auch am Himmel eindrucksvoll nachzuvollziehen: Das Zentrum der Milchstraße befindet sich in Richtung südlicher Sagittarius, und die meisten Kugelsternhaufen finden sich tatsächlich in den angrenzenden Sternbildern der Sommer- und südlichen Milchstraße, während am gegenüberliegenden Winterhimmel praktisch keiner zu sehen ist.

Kugelsternhaufen lassen sich durch ihr Aussehen im mittleren Teleskop oder auf Fotos sofort von Offenen Sternhaufen unterscheiden: Die symmetrische kugelförmige, zum Zentrum stark verdichtete Verteilung der Sterne, die größeren Mitgliederzahlen von einigen Zehntausend und mehr, und die relative Homogenität, was Sternhelligkeiten und die Helligkeitsverteilung angeht.

Kugelsternhaufen sind im Vergleich zu Offenen Sternhaufen sehr alte Objekte; es findet seit langem keine Sternentstehung mehr statt. Durch die starke Konzentration und die hohe Sternzahl zerfallen die Haufen aber nicht so leicht wie bei den Offenen Sternhaufen. Merkliche Unterschiede zwischen Kugelsternhaufen gibt der unterschiedliche Grad der Konzentration. Haufen mit extremer Dichte des Zentrums wie NGC 104, M 2 und M 80 stehen sehr lockere Haufen gegenüber, wie M 4, M 55 oder besagter M 71. Dies hat natürlich auch für die visuelle Beobachtung Folgen: Auch wenn die Sterne die gleiche Helligkeitsverteilung haben, ist der lockere Haufen ab einer bestimmten Öffnung der Optik ganz aufzulösen, während ein komprimierter Haufen nur Sterne in den Randbereichen zeigt.

Für den Deep-Sky-Beobachter sind die wichtigsten Größen die Gesamthelligkeit und die Helligkeit der hellsten Einzelsterne. Liegt die Grenzgröße des Fernrohrs zwischen diesen beiden Werten, ist nur ein nebliger Fleck wahrnehmbar, der Haufen erscheint nicht als solcher. Erreicht die Grenzgröße gerade die Helligkeit der hellsten Sterne, wirkt der Haufen bei hoher Vergrößerung granuliert oder »angelöst«. Erst wenn die Grenzgröße deutlich über der Helligkeit der hellsten Sterne liegt, erscheint der Kugelsternhaufen zumindest in den Randbereichen aufgelöst. Es ist daher ratsam, bei der Objektauswahl nicht nur auf die Gesamthelligkeit, sondern auch auf die hellsten Sterne zu achten. Die drei besten Kugelsternhaufen stehen leider am Südhimmel, nur einer davon (M 22) ist von Mitteleuropa aus beobachtbar. Auch der Kugelsternhaufen mit den hellsten Einzelsternen steht am Südhimmel.

Tab. 50: Kugelsternhaufen mit hellen Einzelsternen

Name	Sternbild	hellste Sterne ab
NGC 104	Tuc	$11\overset{m}{,}7$
NGC 3201	Vel	$11\overset{m}{,}7$
NGC 5139	Cen	$11\overset{m}{,}5$
M 4	Sco	$10\overset{m}{,}8$
M 13	Her	$11\overset{m}{,}9$
NGC 6397	Ara	$10\overset{m}{,}0$
NGC 6573	Pav	$10\overset{m}{,}5$
M 22	Sgr	$10\overset{m}{,}7$
M 55	Sgr	$11\overset{m}{,}2$

Galaxien (Gx)

Galaxien (engl. Galaxies, Gx) sind Milchstraßen mit allem, was dazu gehört: einige hundert Milliarden Sterne, Doppelsterne, Offene Sternhaufen, Galaktische Nebel, Planetarische Nebel und Kugelsternhaufen. All das erscheint uns aber meist aus so großer Entfernung, dass wir insgesamt nur noch einen schwachen nebligen Schimmer sehen können. Galaxien sind am Himmel nur weitab vom Milchstraßenband zu sehen, da durch den Staub und die Sterne der Milchstraße die weit im Hintergrund stehenden Galaxien abgeschwächt werden. Die beste Zeit zum Galaxienbeobachten ist deshalb auch der Frühling, wenn die Milchstraße nicht zu sehen ist.

Wenn man Galaxien im Teleskop betrachtet, fallen unterschiedliche Formen und Strukturen auf: Manche sind rund oder elliptisch mit hellem Zentrum, manche oval mit schwachen Außenbereichen, andere unregelmäßig mit dunklen Strukturen. Allerdings sind mit einem mittleren Fernrohr visuell nicht alle Haupttypen von Galaxien zu unterscheiden, die man wie folgt gliedert:

Tab. 51: Formenschatz der Galaxien

Form	Beispielobjekt	Sternbild
elliptisch	M 87	Vir
	M 32	And
spindelförmig	NGC 3114	Sex
	M 85	Com
Spirale	M 31	And
	M 101	UMa
	M 33	Tri
Balkenspirale	M 83	Hya
	NGC 4725	Com
irreguläre	M 82	UMa
	NGC 4449	CVn
	NGC 5128	Cen

Wie gut man diese unterschiedlichen Typen wahrnehmen kann, hängt auch von der Stellung der Galaxien zu unserer Sichtlinie ab: Einige Galaxien sehen wir von oben (»face-on«), wie beispielsweise M 51 und M 101, andere dagegen von der Seite (»edge-on«), genannt seien NGC 4565, NGC 891, M 108. Gerade bei diesen Galaxien in Kantenlage kann in mittleren Teleskopen ein dunkler Staubstreifen erkannt werden, der die lange Achse der Galaxie markiert. Das sind die Staubansammlungen am galaktischen Äquator der Spiralgalaxien, ein ganz ähnliches Phänomen können wir in einer Sommernacht in unserer eigenen Milchstraße beobachten, wenn wird das sogenannte Great Rift betrachten, das als dunkles Band vom Schwan bis zum Schlangenträger die Milchstraße zweiteilt. Manchmal begegnen sich Galaxien und bilden sogenannte wechselwirkende Galaxiensysteme. Beispiele für die Beobachtung mit mittleren Fernrohren sind M 51 und NGC 4038-9.

Die allermeisten Galaxien erscheinen auch in mittleren Teleskopen lediglich als formlose Nebelflecke, bei denen man höchstens eine bestimmte Form und den Konzentrationsgrad des Zentrums unterscheiden kann. Nur einige wenige Objekte lassen mehr erkennen, zum Beispiel Dunkelstrukturen (M 31, NGC 253, M 82, M 64, NGC 5128) oder helle Knoten (M 33, M 101). Die beeindruckende Spiralstruktur vieler Galaxien ist dagegen nur ansatzweise mit mittleren Teleskopen zu sehen, am ehesten noch bei M 33, M 101 und M 51.

Tab. 52: Die nächsten hellen Galaxien

Name	Sternbild	Entfernung
Große Magellansche Wolke	Dor	0,16 Mio. Lj
Kleine Magellansche Wolke	Tuc	0,20 Mio. Lj
M 31	And	2,5 Mio. Lj
M 32	And	2,5 Mio. Lj
M 110	And	2,6 Mio. Lj
M 33	Tri	3,0 Mio. Lj
NGC 55	Scl	6,5 Mio. Lj
NGC 2403	Cam	10 Mio. Lj
NGC 247	Cet	11 Mio. Lj
NGC 253	Scl	12 Mio. Lj
M 81	UMa	12 Mio. Lj

In einigen nahen Galaxien kann man auch mit mittleren Teleskopen Einzelobjekte wie Emissionsnebel und Sternhaufen beobachten. Bei den Nebeln kann es durchaus hilfreich sein, einen Nebelfilter zur Hand zu haben, der die Identifikation erleichtert und die Wahrnehmung verbessert.

Tab. 53: Helle extragalaktische Sternhaufen und Nebel

Name	Sternbild	Muttergalaxie
NGC 2070	Dor	Große Magellansche Wolke
NGC 346	Tuc	Kleine Magellansche Wolke
NGC 378	Tuc	Kleine Magellansche Wolke
NGC 206	And	M 31
NGC 604	Tri	M 33

Durch ihre große Masse besitzen Galaxien starke Anziehungskräfte auf benachbarte Objekte. Dabei kann es dazu kommen, dass sich zwei Galaxien begegnen und durch gegenseitige Gravitationswirkung verformen. Als unregelmäßige Auswüchse oder helle Flecken sind solche Strukturen auch im Amateurteleskop sichtbar.

Tab. 54: Wechselwirkende Galaxien für Amateurteleskope

Paar	Sternbild
M 51/NGC 5195	CVn
NGC 4485/4490	CVn
NGC 4567-8	Vir
NGC 4038-9	Crv
NGC 4656-7	CVn

Dominiert eine Galaxien die andere deutlich, kann sie diese einfangen und zu ihrem Satellit machen. Fast jede größere Galaxie besitzt solche kleinen Begleitmilchstraßen – bei unserer Milchstraße sind die Magellanschen Wolken die hellsten davon. Bei den näheren großen Galaxien sind die Begleiter auch in kleineren bzw. mittleren Amateurfernrohren sichtbar.

Tab. 55: Galaxien mit Begleitern für Amateurteleskope

Paar	Sternbild
M 31/M 32/M 110	And
NGC 4631/4627	CVn
M 60/NGC 4647	Vir
NGC 4762/4754	Vir
M 85/NGC 4394	Com
NGC 1316/1317	For

Galaxiengruppen und -haufen

Viele Galaxien sind am Himmel in Gruppen angeordnet. Die Lokale Gruppe umfasst die Milchstraße und einige weitere nahe Galaxien. Ganz ähnlich ist die M 81-Gruppe oder die Sculptor-Gruppe strukturiert. Visuell sind erst weit entfernte Galaxiengruppen auch als Gruppierung im Okular sichtbar. Als sehr schönes Beispiel seien die Felder um M 65 und M 95 im Löwen genannt.

Tab. 56: Galaxiengruppen für Amateurteleskope

Gruppe	Entfernung	Mitglieder
Lokale Gruppe	-	Milchstraße, M 31, M 33, Magellansche Wolken, NGC 6822
Sculptor-Gruppe	10 Mio Lj	NGC 55, NGC 253, NGC 247
M 81-Gruppe	11 Mio Lj	M 81, M 82, NGC 2403, NGC 3077
M 83-Gruppe	15 Mio Lj	M 83, NGC 5128, NGC 4945
Leo-Gruppe	35 Mio Lj	M 65, M 66, NGC 3628, M 96, M 95, M 105, NGC 3384
NGC 1023-Gruppe	35 Mio Lj	NGC 1023, NGC 891
Stephans Quintett	300 Mio Lj	NGC 7317, NGC 7318A/B, NGC 7319, NGC 7320

Auf einer maßstäblich größeren Ebene kann man Galaxien zu Galaxienhaufen zusammenfassen. Während Galaxiengruppen vier bis ein dutzend Mitglieder haben, sind es bei Galaxienhaufen knapp hundert bis mehrere tausend. Ein besonders reicher Jagdgrund für Galaxienbeobachter ist der Virgohaufen, der bereits für mittlere Teleskope mehrere hundert Milchstraßen bereithält, davon bis zu zehn in einem Gesichtsfeld. Etwas kleiner ist der am Südhimmel befindliche Fornaxhaufen.

Tab. 57: Galaxienhaufen für Amateurteleskope

Haufen	Entfernung	hellstes Mitglied
Fornaxhaufen	55 Mio. Lj	NGC 1316
Virgohaufen	55 Mio. Lj	M 87, M 49
Centaurushaufen	115 Mio. Lj	NGC 4696
Antliahaufen	180 Mio. Lj	NGC 3271
Perseushaufen	200 Mio. Lj	NGC 1275
Comahaufen	330 Mio. Lj	NGC 4889

Quasare (Qs)

Das entfernteste Objekt in diesem Buch ist mit 2,5 Milliarden Lichtjahren ein Quasar mit der Bezeichnung 3C 273. Quasar ist eine Abkürzung für quasistellar: Genauso erscheint 3C 273 im Okular – wie ein Stern. Quasare sind die fernsten optisch wahrnehmbaren Objekte im Universum. Heute wird allgemein angenommen, dass es sich dabei um sehr aktive Kerne von Galaxien in sehr großer Entfernung handelt. Als Aktive Galaxien werden Galaxien bezeichnet, deren Kern deutlich mehr Strahlung als bei üblichen Galaxien ausstrahlt. Als Beispiel kann man im mittleren Fernrohr M 77 in Cetus beobachten, deren heller Zentralbereich besonders deutlich ist. Quasare scheinen verwandt mit diesen Galaxien zu sein, nur strahlt der Kern weit höhere Energiemengen ab, und die Galaxie selbst ist nicht mehr sichtbar.

Visuell sind Quasare nur als schwache Sternchen zu sehen – die hellsten Objekte sind bei dunklem Himmel ab 100mm Teleskopöffnung zu erreichen.

EDELWEIßHÜTTE

Nordhimmel

Sternbilder

Glanzlichter

Ursa Minor (UMi)

Atlas Karte 1

Der Kleine Bär wäre ein recht unbekanntes Sternbild, wäre sein hellster Stern nicht derzeit als Wegweiser zum Himmelsnordpol bekannt. Der Abstand beträgt derzeit etwa 1°, wird aber bis zum Jahr 2095 auf 26‘ 30“ zusammenschmelzen, um sich danach wieder zu vergrößern. Somit ist es nur ein glücklicher Zufall, dass α UMi in unserer Zeit nahe des Pols steht. Das Sternbild beherbergt keine sehenswerten Deep-Sky-Objekte und steht weitab der Milchstraße. Von vielen Beobachtern besucht wird aber die sogenannte Polsequenz, die vom Polarstern hinab bis zu 13^m Helligkeit Eichsterne für die Grenzgrößenbestimmung mit bloßem Auge, dem Fernglas oder kleinen Teleskop bietet.

α UMi	2^h 31,9^{min}	+89° 16'	2^m,0/9^m,1	18"	236°	430 Lj	DS	Polarstern	50mm

Ursa Major (UMa)

Atlas Karte 4, 5, 11

Den meisten Menschen ist das Muster des Großen Wagens bekannt. Das Sternbild Ursa Major, der Große Bär, genau übersetzt jedoch die Große Bärin, umfasst neben diesem zentralen Teil noch ein viel größeres Himmelsareal. Augenfällig sind die vom Wagen nach Süden weisenden Tatzen des Bären, durch die drei Paare ι und κ, λ und μ sowie ν und ξ markiert. Ursa Major befindet sich weitab von der Milchstraße und ist deshalb kaum von galaktischen, stark aber von extragalaktischen Objekten bevölkert. Zu den schönsten Galaxien des gesamten Himmels gehört das wundervolle Paar M 81 und M 82, sowie M 101 an der Grenze zu Bootes. Sehenswert ist ebenfalls das Paar der Galaxie M 108 und des Planetarischen Nebels M 97 sowie der berühmte Doppelstern Mizar/Alkor.

NGC 2841	9^h 22,0^{min}	+50° 58'	9^m,2	4'×1,5'	21^m,3	48 Mio. Lj	Gx	klein, länglich	63mm
NGC 2976	9^h 47,2^{min}	+67° 55'	10^m,1	2,5'×1,5'	22^m,2	12 Mio. Lj	Gx	Begleiter von M 81	63mm
M 81	9^h 55,6^{min}	+69° 4'	6^m,9	12'×5'	22^m,9	12 Mio. Lj	Gx	groß, oval	bloßes Auge
M 82	9^h 55,8^{min}	+69° 41'	8^m,4	6'×2'	21^m,7	11 Mio. Lj	Gx	nahe M 81, irregulär	8×30
NGC 3079	10^h 2,0^{min}	+55° 41'	10^m,7	4'×1'	22^m,2	67 Mio. Lj	Gx	Kantenlage	10×50
NGC 3077	10^h 3,3^{min}	+68° 44'	9^m,8	2'	22^m,0	12 Mio. Lj	Gx	Begleiter von M 81	80mm
NGC 3184	10^h 18,3^{min}	+41° 25'	9^m,5	5'	22^m,8	29 Mio. Lj	Gx	schwach, groß	10×50
VY UMa	10^h 45,0^{min}	+67° 25'	5^m,8	7^m,0	unreg.	1400 Lj	Vr	sehr orange	10×50
M 108	11^h 11,5^{min}	+55° 40'	10^m,0	5'×1,5'	21^m,9	31 Mio. Lj	Gx	Kantenlage	10×50
M 97	11^h 14,8^{min}	+55° 0'	9^m,9	3,3'	16^m,0	2800 Lj	PN	Eulennebel	10×50
ξ UMa	11^h 18,2^{min}	+31° 32'	4^m,3/4^m,8	2,2"	152°	28 Lj	DS	Umlaufszeit 60 Jahre	80mm
NGC 3953	11^h 53,8^{min}	+52° 19'	9^m,8	3'×2'	22^m,2	63 Mio. Lj	Gx	1,2° südlich M 109	10×50
M 109	11^h 57,6^{min}	+53° 23'	9^m,8	3'×1,5'	22^m,4	68 Mio. Lj	Gx	schwach, bei γ UMa	10×50
Cr 285	12:^{h}	+58:°	–	23°	1^m,8	80 Lj	OC	Ursa-Major-Bewegungs-haufen	bloßes Auge
NGC 4088	12^h 5,6^{min}	+50° 32'	10^m,3	3'×1'	21^m,9	46 Mio. Lj	Gx	Kantenlage	63mm
M 40	12^h 22,4^{min}	+58° 5'	9^m,0/9^m,3	49"	~75°	490/1900 Lj	DS	optischer Doppelstern	10×50
ζ UMa	13^h 23,9^{min}	+54° 56'	2^m,2/3^m,9	14,6"	154°	81 Lj	DS	Mizar und Alkor, Reiterlein	50mm
M 101	14^h 3,2^{min}	+54° 21'	7^m,9	18'×11'	22^m,9	22 Mio. Lj	Gx	Feuerrad-Galaxie	8×30

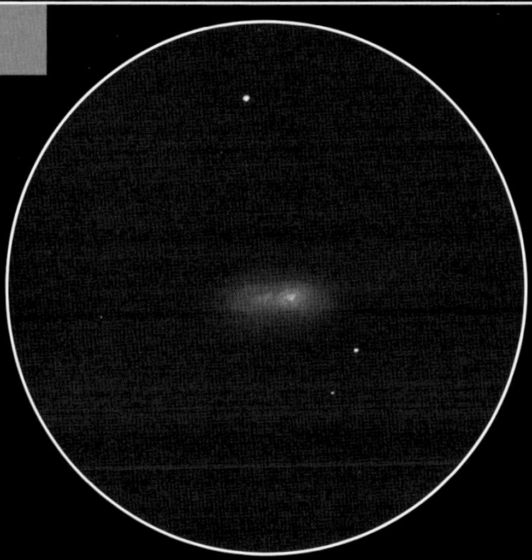

NGC 2841, 120mm-Refraktor, 102×

M 81/82, 70mm-Refraktor, 37×

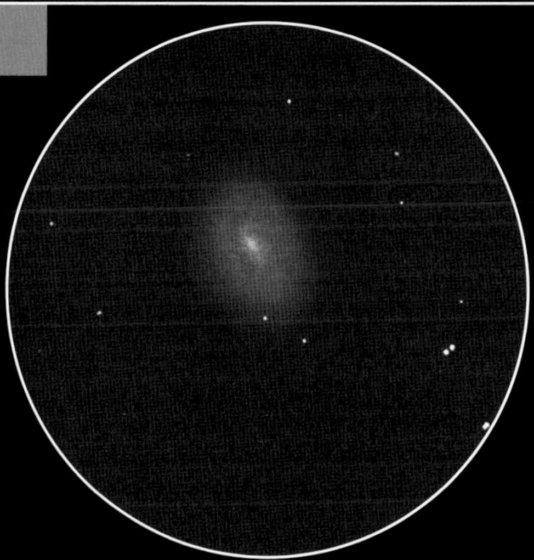

M 81, 120mm-Refraktor, 102×

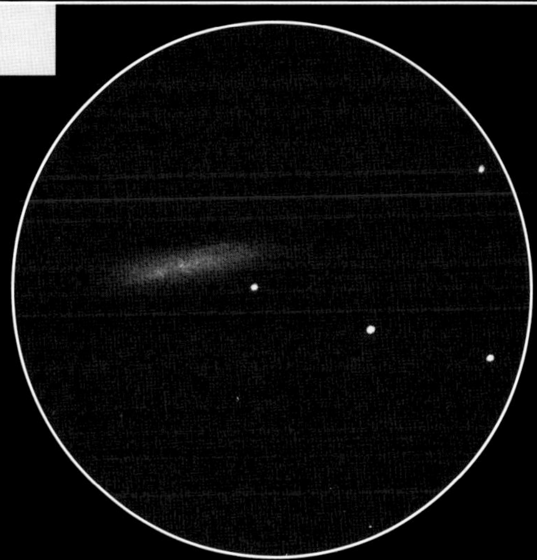

M 82, 120mm-Refraktor, 120×

M 108/M 97, 70mm-Refraktor, 37×

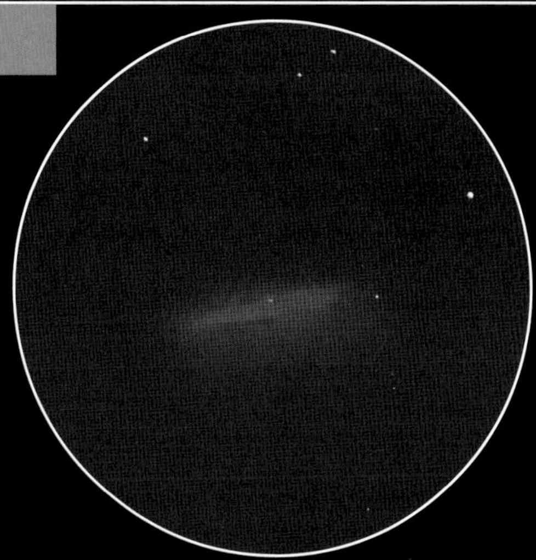

M 108, 120mm-Refraktor, 102×

Cr 285 ★☆☆☆☆

R. A. Proctor 1869

Die Katalognummer Collinder 285 wird für den Ursa-Major-Bewegungshaufen verwendet, dem nächsten Sternhaufen zum Sonnensystem in nur 80 Lichtjahren Entfernung. Am Himmel ist er mit bloßem Auge als Großer Wagen zu erkennen, fünf seiner Sterne sind Mitglieder des Haufens, dazu noch einige schwächere und weiter außerhalb stehende Sterne.

Stern	Name	Helligkeit	Entfernung
β UMa	Merak	$2\overset{m}{.}3$	80 Lj
γ UMa	Phegda	$2\overset{m}{.}4$	84 Lj
δ UMa	Megrez	$3\overset{m}{.}3$	81 Lj
ε UMa	Alioth	$1\overset{m}{.}8$	82 Lj
78 UMa	-	$4\overset{m}{.}9$	82 Lj
ζ UMa	Mizar	$2\overset{m}{.}0$	82 Lj
80 UMa	Alkor	$4\overset{m}{.}0$	82 Lj
α CrB	Gemma	$2\overset{m}{.}2$	75 Lj

Insgesamt werden 15 Sterne zu Collinder 285 gerechnet, bekanntestes Mitglied ist der Doppelstern Mizar mit dem Reiterlein Alkor. Für den Himmelsbeobachter auf der Erde steht der Ursa-Major-Haufen so nahe, dass er auch mit dem bloßen Auge nicht mehr als gemeinsames Objekt erscheint. Die astrophysikalischen Daten ähneln aber denen von anderen nahen Sternhaufen wie den Hyaden oder der Praesepe.

M 40 ★☆☆☆☆

Charles Messier 1764

M 40 ist einer der bekannten verwirrenden Fälle in Charles Messiers berühmter Nebelliste. M 40 war eines jener Objekte, die von Hevelius mit seinen langen Luftfernrohren im 17. Jahrhundert als »nebulosa« aufgezeichnet worden sind. Messier kontrollierte die Stelle, sah aber nur einen weiten Doppelstern, ausdrücklich keinen Nebel. Warum Messier dem Objekt trotzdem eine Nummer in seiner Liste gegeben hat, bleibt fraglich.

Selbst mit einem Fernglas oder dem kleinsten Fernrohr sind zwei 9^m-Sterne in 49" Distanz, Ostnordost-Westsüdwest angeordnet, leicht zu sehen.

*Aufsuchen: δ ➡ 1° NO ➡ *6^m ➡ 15' NO*

M 109 ★☆☆☆☆

Pierre Méchain 1782

M 109 ist eine der schwächsten Galaxien aus dem Messier-Katalog. Ihre Beobachtung ist nur unter dunklem, lichtverschmutzungsfreiem Himmel sinnvoll.

Mit dem 50mm-Fernglas ist M 109 ein Objekt an der Wahrnehmungsgrenze.

Kleine Teleskope zeigen einen schwachen kleinen Nebelschimmer, länglich etwa 2:1, mit leicht hellerer Mitte. Selbst mit größeren Öffnungen ist nicht viel mehr zu sehen – eine typische 10^m-Galaxie, wie es viele am Himmel gibt. Die schöne Spiralstruktur erscheint leider erst in sehr großen Teleskopen oder auf Fotografien.

M 109 umgeben einige nett angeordnete 8^m und 9^m-Sterne, die Galaxie steht nur wenig östlich einer Nord-Süd ausgerichteten Dreierreihe.

Aufsuchen: γ ➡ 40' SO

ζ UMa, Mizar/Alkor ★★★★☆

Benedetto Castelli 1617

Das weite Paar von Mizar und Alkor gehört zu den berühmten Doppelsternen für das bloße Auge. Dicht östlich neben dem hellen zweiten Deichselstern steht das 4^m-Sternchen Alkor, das sogenannte Reiterlein. Der Abstand beträgt 12', also sollte jedes scharfe Auge diesen »Augenprüfer« schön trennen können. Dies ist umso leichter, je dunkler der Himmel ist.

Nimmt man ein kleines Fernrohr zur Hand, löst sich Mizar ab 15–20× in zwei reinweiße fast gleichhelle Sterne auf. Gerade für Einsteiger zählt Mizar zu den schönsten und einfachsten Objekten.

Bleibt man bei der kleinen Vergrößerung, ist auch noch Alkor im Gesichtsfeld zu sehen. Er gehört auch physisch zum Mizar-Doppelsternsystem.

Südlich zwischen Mizar und Alkor steht ein 8^m-Stern, der »Sidus Ludoviciana«, benannt zu Ehren von Ludwig, Landgraf von Hessen-Darmstadt um 1722, als ihn der Gießener Professor Johann Georg Liebknecht auf Grund einer angeblich beobachteten Eigenbewegung als Planeten ausgab. Dieser Stern hat aber mit dem Mizar-System nichts zu tun und steht fünf Mal weiter entfernt im Hintergrund.

Mizar ist ein lohnendes Doppelsternsystem für jedes Fernrohr, unempfindlich gegenüber Lichtverschmutzung und zählt zu den meistbeobachteten Himmelsobjekten überhaupt.

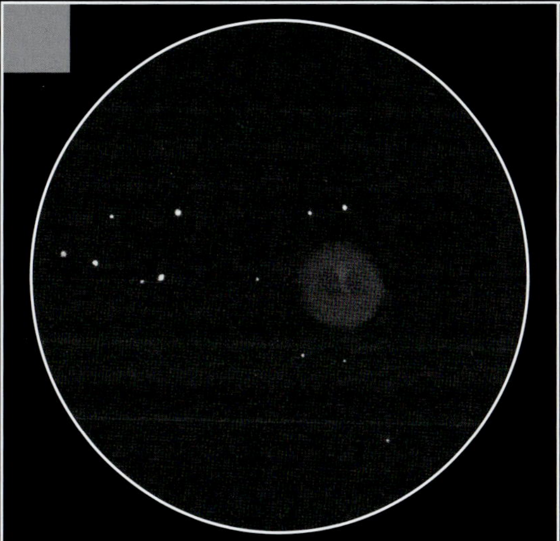

M 97, 120mm-Refraktor, 64×

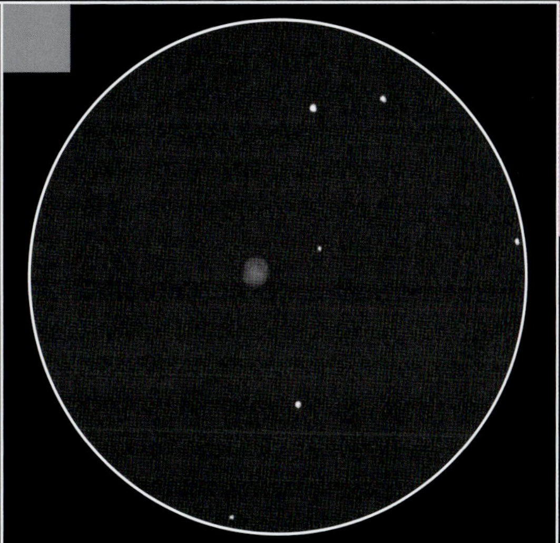

M 109, 120mm-Refraktor, 102×

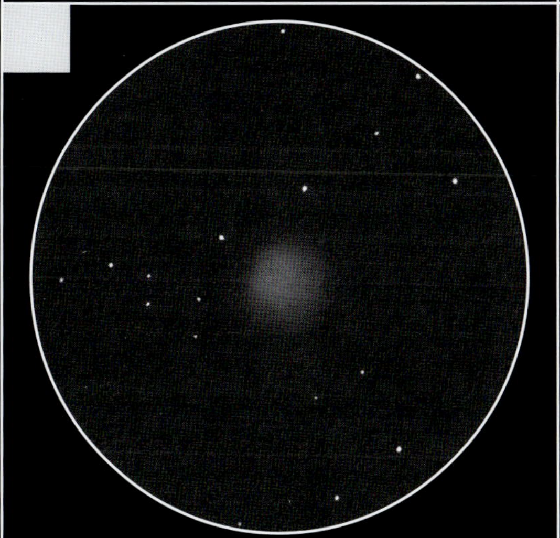

M 101, 70mm-Refraktor, 20×

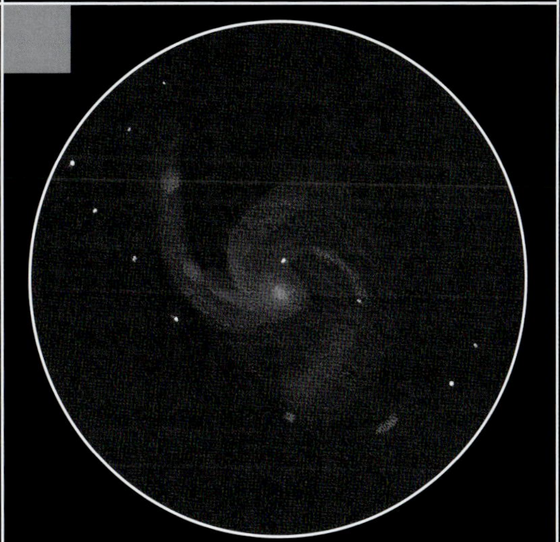

M 101, 120mm-Refraktor, 102×

M 101, Feuerradgalaxie ★★☆☆☆

Pierre Méchain 1781

M 101 ist eine der großen Spiralgalaxien, die auf Fotografien ein »Feuerrad« aus gewundenen Armen zeigt.

Für die Sichtung ist ein dunkler Himmel und gute Adaption der Augen Grundvoraussetzung. In einem 10×50-Fernglas erscheint M 101 dann als deutliche kleine Nebelwolke.

Im kleinen Teleskop ist ein matter ovaler Fleck ohne Strukturen auszumachen, im Zentrum der helle Kern der Galaxie. Die Vergrößerung sollte so klein wie möglich gehalten werden. In einer wirklich guten Nacht wird dann die sehr große Ausdehnung sichtbar, M 101 erscheint 2/3 so groß wie die Mondscheibe.

Von der Spirale ist erst mit mittleren Öffnungen in sehr guten Nächten ansatzweise etwas zu sehen. Man kann dann auch versuchen, einzelne helle Sternentstehungsgebiete in der Galaxie zu erhaschen, wenn man einen Schmalband-Nebelfilter einsetzt und bei hoher Vergrößerung die kleinen, klümpchenartig wirkenden Nebelkleckse herausarbeitet. Unmittelbar nördlich des hellen Galaxienkerns steht ein schwaches Sternchen, das oft für eine Supernova gehalten wird, es handelt sich aber um einen Vordergrundstern.

*Aufsuchen: ζ → 1,5° ONO → *Kette 6^m → 3° SO → 1,5° ONO*

Atlas Karte 6

Draco (Dra)

Draco, der Drache, ist eines der wenigen Sternbilder, bei dem man die antike Namensgebung nachvollziehen kann. Hoch am Frühlingshimmel und zu großen Teilen zirkumpolar, windet sich eine lange Sternkette entlang. Den von den vier hellen Sternen γ, β, ν und ξ gebildeten Kopf gegen Hercules weisend, verläuft der Drachenkörper zunächst bis ε Draconis nach Nordosten, windet sich dann über χ Dra Richtung Westen, schlängelt sich zwischen Kleinem und Großem Wagen hindurch und verliert sich in Richtung Camelopardalis. Trotz seiner großen Fläche enthält Draco nur wenige Objekte für kleine Optiken, hauptsächlich Galaxien, sowie den schönen Planetarischen Nebel NGC 6543.

NGC 4236	$12^{h}\ 16{,}7^{min}$	+69° 28'	$10\overset{m}{,}1$	17'×3,5'	$23\overset{m}{,}9$	14 Mio. Lj	Gx	extrem schwach, groß	120mm
M 102	$15^{h}\ 6{,}5^{min}$	+55° 46'	$9\overset{m}{,}9$	2'×1'	$22\overset{m}{,}0$	48 Mio. Lj	Gx	klein, spindelförmig	10×50
NGC 5907	$15^{h}\ 15{,}9^{min}$	+56° 20'	$10\overset{m}{,}3$	7'×1'	$22\overset{m}{,}3$	56 Mio. Lj	Gx	Kantenlage	63mm
μ Dra	$17^{h}\ 5{,}3^{min}$	+54° 28'	$5\overset{m}{,}7/5\overset{m}{,}7$	2,6"	6°	89 Lj	DS	Testpaar für 50mm	50mm
NGC 6503	$17^{h}\ 49{,}4^{min}$	+70° 9'	$10\overset{m}{,}2$	4'×1'	$22\overset{m}{,}1$	20 Mio. Lj	Gx	länglich, unregelmäßige Form	63mm
NGC 6543	$17^{h}\ 58{,}5^{min}$	+66° 38'	$8\overset{m}{,}1$	0,3'	$10\overset{m}{,}9$	3800 Lj	PN	Katzenaugennebel	8×30

M 102 ★☆☆☆☆

Pierre Méchain 1782

M 102 ist eine ziemlich kleine, wenn auch relativ helle Galaxie.

Im 50mm-Sucher oder Fernglas erscheint sie nur schwach und sehr klein.

Ein kleiner Refraktor dagegen lässt ein helles und recht auffälliges Nebelchen erkennen, mit einem 11^{m}-Stern nördlich seiner Westspitze. Im mittelgroßen Teleskop ist die charakteristische zugespitzte Spindelform zu sehen, in die ein undeutlicher ovaler Kern eingebettet ist. Ein weiteres schwaches Sternchen von 12m direkt westlich des Galaxienkerns verleiht der Beobachtung zusätzlichen Reiz.

*Aufsuchen: ι → 5° SW → *5^{m} → 1° N*

NGC 6503 ★☆☆☆☆

Arthur Auwers 1854

NGC 6503 ist relativ unbekannt und wird selten beobachtet – zu unrecht, wie ein eigener Besuch mit mittlerer Optik zeigt.

Ein kleiner Refraktor lässt die Galaxie schwach sichtbar werden, die schöne Kantenlage wird deutlich.

In mittlerer Öffnung bei 60–100× ist NGC 6503 ein Genuss: Eine helle, 4:1 dünne Lichtnadel liegt eingebettet in ein abwechslungsreiches Sternfeld. Zwei Sterne stehen entlang der Nordseite der Galaxie und verleihen dem Anblick im Okular besonderen Charme. Die Galaxie lässt kein helleres Zentrum erkennen, scheint aber im Zentralbereich Andeutungen von Struktur aufzuweisen.

Aufsuchen: ζ → 4° NO → ω → 1,7° NO

NGC 5907 ★★☆☆☆

Wilhelm Herschel 1788

NGC 5907 gehört zu den Galaxien, die wir genau von der Seite, also in Kantenlage sehen können. Leider ist die Galaxie nicht sehr hell, so dass schon geringe Lichtverschmutzung die Sichtung unmöglich macht.

Mit einem 70mm-Fernglas ist ein sehr schwacher Nebelstreif in Nord-Süd-Ausrichtung zu erhaschen.

Geht man mit einem kleinen Refraktor auf die Jagd, ist selbst in dunklen Nächten nur ein extrem schwach sichtbarer Lichthauch zu sehen. Im mittelgroßen Teleskop wird mit mittlerer Vergrößerung die ziemliche Größe und das extreme 1:7-Verhältnis der Kantenlage deutlich. NGC 5907 macht eine eher diffuse Erscheinung, und im Gegensatz zu anderen bekannten Lichtnadeln wie NGC 4565 in Coma Berenices oder NGC 891 in Andromeda laufen ihre Enden nicht spitz zu.

Aufsuchen: M 102 → 1,4° NO

M 102/NGC 5907, 60mm-Refraktor, 20×

M 102, 120mm-Refraktor, 102×

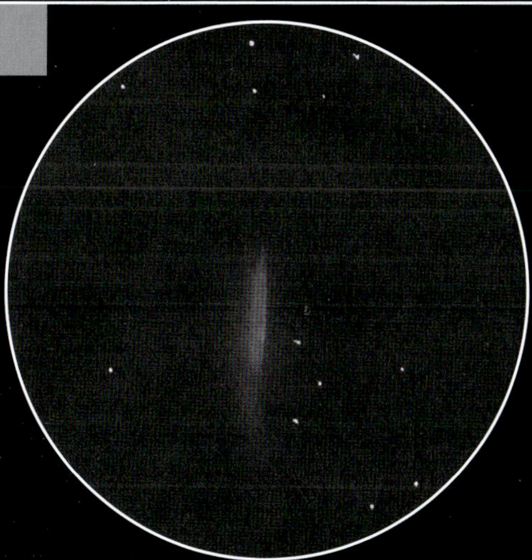

NGC 5907, 120mm-Refraktor, 64×

NGC 6503, 120mm-Refraktor, 102×

NGC 6543, 120mm-Refraktor, 72×

NGC 6543, 120mm-Refraktor, 360×

NGC 6543 ★★★☆☆

Wilhelm Herschel 1786

NGC 6543 gehört zu den Planetarischen Nebeln mit winziger Ausdehnung und sehr hoher Flächenhelligkeit; vergleichbar ist etwa NGC 6572 in Ophiuchus.

Der Nebel erscheint stellar als 8^m-Stern, so dass ihn ein 8×30-Fernglas schon mühelos zeigt. Mit einem 10×50-Glas fällt die blaugrüne Farbe des Sternchens auf.

Ein kleiner Refraktor zeigt ab etwa 40–60× eine winzige kleine tiefblaue Scheibe. Bei NGC 6543 kann man wegen der immensen Flächenhelligkeit auch mit kleinen Teleskopen sehr hoch vergrößern; dann zeigt sich ein perfekt elliptisches homogenes Scheibchen mit scharfen Rändern von nur 18" im Durchmesser.

Mit einem guten fünfzölligen Refraktor können bei Vergrößerungen über 200× Strukturen im kleinen Nebelscheibchen ausgemacht werden, die sich wie Spiralen um das Zentrum winden. Der Zentralstern kann trotz 11^m Helligkeit erst mit größerer Optik vor dem hellen Nebel sichtbar gemacht werden.

NGC 6543 besitzt als Besonderheit einen Halo von 6' Durchmesser. Dieser besitzt eine hellere Kondensation mit der Bezeichnung IC 4677 etwa 2,5' westlich des Nebels, die mit großen Öffnungen und [OIII]-Nebelfilter sichtbar gemacht werden kann.

Aufsuchen: ζ → 4° NO → ω → 3° SO

Atlas Karte 7

Cepheus (Cep)

Das Sternbild Cepheus bildet den Übergang von der sommerlichen zur schwächeren herbstlichen Milchstraße am Nordhimmel. Die Figur der Hauptsterne ist nicht sehr hell, aber mit etwas Übung sehr deutlich. Die vier hellen Sterne α, β, δ und ι Cep bilden ein zentrales, etwas windschiefes Viereck, auf das mit γ Cephei noch ein spitzes »Dach« aufgesetzt ist. Der Cepheus reicht nahe an den nördlichen Himmelspol heran, während seine südlichen Bereiche in der Milchstraße stehen. Betrachtet man die Milchstraße zwischen Deneb und der Cassiopeia mit bloßem Auge genau, fallen zwei Besonderheiten auf: Nördlich von Deneb im Schwan ist ein großes dunkles Feld zu sehen, der sogenannte »Nördliche Kohlensack«, eine absorbierende Staubwolke ähnlich wie der echte Kohlensack im Sternbild Crux. Und außerdem scheint ins Sternbild Cepheus hinein ein spitzer Ausläufer der Milchstraße zu verlaufen; in dunkler mondloser Nacht ein etwa 10° langes nebliges Gebilde, direkt in das Cepheusviereck eindringend. Der Cepheus ist das ganze Jahr über zu beobachten, am besten aber von August bis November.

NGC 6939	$20^h\,31{,}4^{min}$	+60° 38'	$7^m{,}8$	7'	$11^m{,}9$	6100 Lj	OC	sternreich, NGC 6946 40' südöstlich	10×50
NGC 6946	$20^h\,34{,}8^{min}$	+60° 9'	$9^m{,}2$	10'	$23^m{,}1$	15 Mio. Lj	Gx	schwach, NGC 6939 40' nordwestlich	10×50
NGC 7023	$21^h\,1{,}6^{min}$	+68° 10'	–	10'	–	1100 Lj	GN	Reflexionsnebel, Dunkelstrukturen	80mm
IC 1396	$21^h\,39{,}1^{min}$	+57° 30'	4^m	2,5°×2°	22^m	3000 Lj	GN	sehr groß, schwach	10×50
μ Cep	$21^h\,43{,}5^{min}$	+58° 46'	$3^m{,}4$	$5^m{,}1$	halbreg.	3100 Lj	Vr	Granatstern	bloßes Auge
δ Cep	$22^h\,29{,}2^{min}$	+58° 24'	$3^m{,}5$	$4^m{,}4$	5,37 Tage	920 Lj	Vr	Prototyp der Cepheiden	bloßes Auge
NGC 7380	$22^h\,47{,}6^{min}$	+58° 4'	$7^m{,}2$	20'	$8^m{,}6$	9000 Lj	OC	Nebel im Hintergrund	63mm
NGC 7510	$23^h\,11{,}5^{min}$	+60° 34'	$7^m{,}9$	3'	$9^m{,}7$	10.000 Lj	OC	klein, pfeilförmig	10×50
NGC 7538	$23^h\,13{,}7^{min}$	+61° 30'	–	1,5'	–	8600 Lj	GN	klein, umgibt zwei Sterne	100mm
NGC 40	$0^h\,13{,}0^{min}$	+72° 31'	$12^m{,}3$	1'	$11^m{,}6$	4400 Lj	PN	klein, ringförmig	80mm
NGC 188	$0^h\,47{,}5^{min}$	+85° 15'	$8^m{,}1$	10'	$11^m{,}6$	6100 Lj	OC	ältester Sternhaufen	63mm

NGC 6939, 6946 ★☆☆☆☆ ★☆☆☆☆

Wilhelm Herschel 1798

Der Sternhaufen NGC 6939 und die Galaxie NGC 6946 bilden ein interessantes – wenn auch für kleine Teleskope recht schwaches – Paar von Himmelsobjekten. Während aber der Sternhaufen ein Objekt unserer Galaxis ist, steht das Sternsystem von NGC 6946 4000× weiter im Hintergrund.

Sehr schwach zeigt schon ein Fernglas beide etwa 40' auseinander stehenden Objekte, mit 50mm nur mit Mühe, mit 70mm ohne Zweifel. In jedem Fall ist ein lichtverschmutzungsfreier Himmel Voraussetzung.

Beide Objekte erscheinen auch im kleinen Refraktor neblig und sind etwa gleich hell. Interessant ist ein Effekt, der über die Austrittspupille erklärt werden kann: Mit kleiner Vergrößerung scheint die Galaxie heller zu sein, mit größerer der Sternhaufen. Das liegt daran, dass die Galaxie als wirklich nebliger Fleck sichtbar ist und maximale Austrittspupille und damit geringe Vergrößerung den Nebel maximal hell erscheinen lassen, während der neblige Eindruck beim Sternhaufen nur durch unaufgelöste schwache Sterne hervorgerufen wird und jede Steigerung der Vergrößerung eine Verbesserung der erreichbaren Grenzgröße und damit der Zahl der auflösbaren Einzelsterne ergibt. Dies hat auch Auswrkungen bei aufgehelltem Himmel: Während NGC 6946 verschwindet, kann NGC 6939 noch ganz gut gesehen werden.

NGC 6946 ist auch im mittleren Teleskop nur als großer heller Nebel mit diffusem Rand ohne auffallendes Zentrum zu erkennen, die Sichtung der Spiralstruktur erfordert große Telskope. NGC 6939 dagegen wird lebendig: Etwa 20–30 schwache Sterne ab 12^m bilden einen dichten Haufen ohne zentrale Konzentration. An der Nordseite sind schöne gebogene, den Haufen einschließende Sternketten zu sehen. Diese Beobachtungen erfordern aber 100× und mehr, so dass beide Objekte nicht mehr im gleichen Gesichtsfeld verglichen werden können. Zwischen Sternhaufen und Galaxie strahlt ein deutlicher 7^m-Stern.

Aufsuchen: α ➡ 4° WSW ➡ η ➡ 2° SW

μ Cep, Granatstern ★★★☆☆

James Russell Hind 1848

μ Cep ist der berühmte Granatstern, nach einer Bezeichnung von Wilhelm Herschel.

Es ist der röteste mit bloßem Auge sichtbare Stern, die Färbung kommt aber noch viel besser in einem kleinen Fernrohr zur Geltung. Um die Farbwahrnehmung zu maximieren, ist ein direkter Vergleich mit anderen gleich hellen Sternen nützlich, das Fernglas ist hierzu das ideale Instrument. Die Veränderlichkeit des Sternenlichts geschieht in halbregelmäßiger Manier mit einer mittleren Periode von 730 Tagen, es handelt sich um einen Roten Riesen mit physischen Veränderungen.

Aufsuchen: α ➡ 5° SO

IC 1396 ★☆☆☆☆

Edward Emerson Barnard 1893

Dieses große schwache Nebelgebiet ist nur unter dunklem Himmel mit maximalem Gesichtsfeld und Schmalbandfilter zu sehen. Dann zeigen sich vor allem an der West- und Südseite Dunkelnebel, die in den Nebel hineinragen. Die Beobachtung ist nur an dunklen Standorten möglich.

Aufsuchen: μ ➡ 1° S

δ Cep ★★★☆☆

John Goodricke 1784

Als Prototyp der nach ihm benannten Cepheiden, ist δ Cep wohl der bekannteste Veränderliche schlechthin. Cepheiden zeichnen sich durch ein festes Verhältnis von Periode und Leuchtkraft aus, das heißt je heller der Stern, desto länger ist die Periode des Lichtwechsels. Damit ist es möglich, die Entfernungen der Cepheiden aus der Beobachtung der Veränderlichkeit zu berechnen – eine Tatsache, die der Astronomie am Anfang des 20. Jh zu einem großen Erkenntnissprung verhalf.

Vom kurzen Minimum steigt die Helligkeit in 1½ Tagen steil an, um dann vom ebenso kurzen Maximum in 4 Tagen langsam wieder abzusinken. Dieser regelmäßige Lichtwechsel ist sehr schön schon im Fernglas nachzuvollziehen. Als Vergleichsterne direkt nebenan können ζ Cep ($3^m\!.5$) und ε Cep ($4^m\!.2$) dienen. δ Cep ist auch ein Doppelstern, 41" südlich der veränderlichen Hauptkomponente steht ein $6^m\!.3$-Stern. Die Trennung gelingt bei Minimallicht des Hauptsterns schon mit einem großen Fernglas. Diese Zeitpunkte lassen sich mit Hilfe eines astronomischen Jahrbuches leicht berechnen.

NGC 7510 ★★☆☆☆

Wilhelm Herschel 1787

Dieser kleine Sternhaufen ist ein Schmuckstück in kleinen Teleskopen, trotz seiner geringen Ausdehnung.

Mit den kleinsten Ferngläsern ist das Objekt schon zu erhaschen, aber auch große Gläser zeigen nur einen hellen Sternknoten in der Milchstraße.

Tatsächlich ist es gerade die enorme Kompaktheit, die den Reiz der Fernrohrbeobachtung ausmacht. Auch mit einem kleinen Teleskop sollte die Vergrößerung mehr als 100x betragen; um alle Details der engen Sternketten komfortabel wahrnehmen zu können sind 150–200x nötig. Sofort auffällig ist die nach Westen weisende Pfeilform. Die hellsten Sterne sind am wie mit einem Lineal gezogenen Südrand des Haufens aufgereiht, auch ein Zweieinhalbzöller zeigt 15 Sterne ab 10^{m}. Der Haufen hebt sich sehr vom Hintergrund ab, und dies trotz der reichen Milchstraßenregion, in der er beheimatet ist.

Aufsuchen: δ → 5° ONO → 2 5^{m} → 1,2° N*

NGC 40 ★☆☆☆☆

Wilhelm Herschel 1788

Der kleine Planetarische Nebel ist schwer per Starhopping aufzusuchen, jedoch lohnt sich die weite Anreise mit mittleren Teleskopen, wenn keine Lichtverschmutzung stört.

Bei hoher Vergrößerung zeigt sich der 12^{m}-Zentralstern von einem schwachen Nebelhauch umgeben. Ein Schmalband- oder [OIII]-Filter hilft etwas, schwächt aber den Zentralstern. In größeren Teleskopen zeigt sich, dass der Nebel eigentlich ein leicht ovaler Ring ist, der an den Enden jeweils nicht geschlossen erscheint. Das Innere ist mit schwachem Nebel ausgefüllt. Mit großen Teleskopen unter gutem Himmel zeigen sich Details in den Ringsegmenten und dunkle Flecken im Innenbereich.

*Aufsuchen: ι → 3,5° NO → ο → 2,5° NNO → *6^{m} → 1,3° NNO → *7^{m} → 3° ONO*

Cassiopeia (Cas)

Atlas Karte 2

Zusammen mit anderen Herbststernbildern gehört die Königin Cassiopeia, Mutter von Andromeda und Gemahlin Cepheus', zu den Konstellationen der Perseus-Sage. Am Himmel wird sie durch eine auffällige gezackte Sternkette nachgezeichnet, die auch als »Himmels-W« bezeichnet wird. Von West nach Ost bilden die Sterne β, α, γ, δ und ε diesen unverkennbaren Zentralteil des Sternbilds. Cassiopeia ist reich gesegnet mit schönen Sternfeldern, Galaktischen Nebeln und vor allem faszinierenden Offenen Sternhaufen. Optimale Beobachtungszeit für die Cassiopeia ist von September bis November, auch wenn das für Mitteleuropa zirkumpolare Sternbild bei uns das ganze Jahr über beobachtet werden kann.

NGC 7635	$23^{h}\,20{,}7^{min}$	+61° 11'	–	1'	–	9200 Lj	GN	Bubble-Nebel, klein	120mm
M 52	$23^{h}\,24{,}2^{min}$	+61° 35'	$6^{m}{,}9$	10'	$8^{m}{,}2$	4600 Lj	OC	sternreich, oranger Stern	8×30
NGC 7789	$23^{h}\,57{,}0^{min}$	+56° 44'	$6^{m}{,}7$	15'	$10^{m}{,}7$	6800 Lj	OC	sehr viele Sterne	10×50
NGC 129	$0^{h}\,30{,}0^{min}$	+60° 13'	$6^{m}{,}5$	15'	$8^{m}{,}6$	6000 Lj	OC	heller Stern südlich	10×50
μ Cas	$0^{h}\,48{,}8^{min}$	+50° 58'	$4^{m}{,}9$	–	–	25 Lj	St	Eigenbewegung 3,7"/Jahr	80mm
NGC 281	$0^{h}\,52{,}8^{min}$	+56° 37'	$7{:}^{m}$	20'×15'	$23{:}^{m}$	8900 Lj	GN	umgibt Doppelstern β 1	10×50
NGC 457	$1^{h}\,19{,}1^{min}$	+58° 20'	$6^{m}{,}4$	15'×10'	$8^{m}{,}6$	9400 Lj	OC	Eulenhaufen, enthält μ Cas	8×30
M 103	$1^{h}\,33{,}2^{min}$	+60° 42'	$7^{m}{,}4$	6'	$10^{m}{,}6$	7200 Lj	OC	klein, kompakt	8×30
NGC 654	$1^{h}\,44{,}1^{min}$	+61° 53'	$6^{m}{,}5$	5'x3'	$7^{m}{,}4$	9500 Lj	OC	klein, neblig	8×30
NGC 663	$1^{h}\,46{,}0^{min}$	+61° 15'	$7^{m}{,}1$	15'	$8^{m}{,}2$	9300 Lj	OC	reich, enthält Doppelsterne	8×30
St 2	$2^{h}\,15{,}0^{min}$	+59° 16'	$4^{m}{,}4$	80'	$7^{m}{,}5$	1200 Lj	OC	Stock 2, Muskelmännchen	3,5×15
NGC 896	$2^{h}\,24{,}8^{min}$	+61° 55'	–	24'x22'	–	6800 Lj	GN	schwach, klein, Ausläufer ist IC 1795	50mm
IC 1805	$2^{h}\,33{,}4^{min}$	+61° 26'	–	1,5°×1°	–	6800 Lj	GN	groß, umgibt gleichnamigen Sternhaufen	50mm
IC 1848	$2^{h}\,51{,}3^{min}$	+60° 25'	–	1,5°×0,5°	–	7300 Lj	GN	groß, mit Dunkelstrukturen	50mm

NGC 6939/46, 60mm-Refraktor, 35×

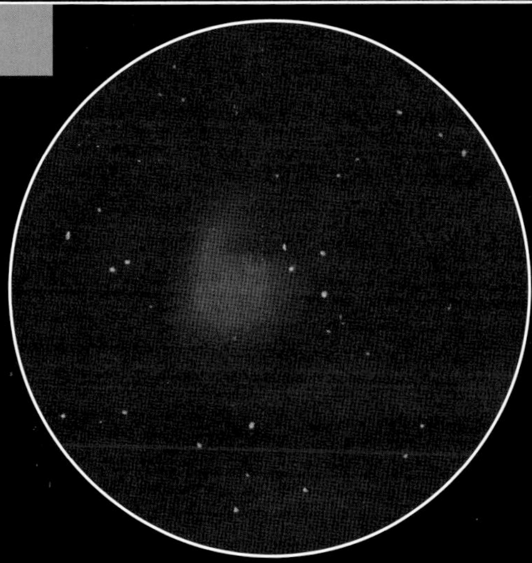

NGC 6946, 120mm-Refraktor, 64×

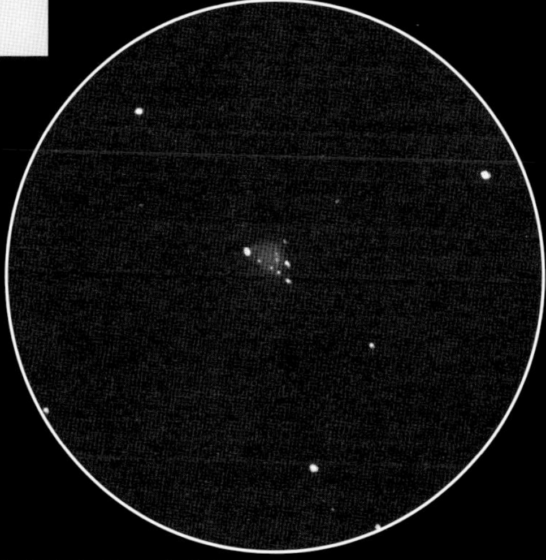

NGC 7510, 70mm-Refraktor, 93×

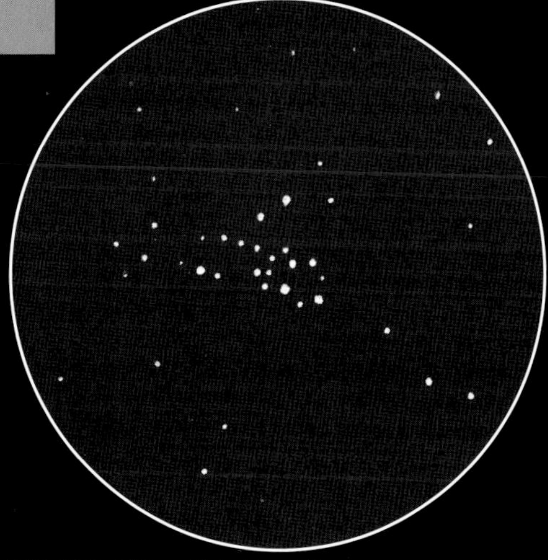

NGC 7510, 120mm-Refraktor, 170×

M 52, 60mm-Refraktor, 47×

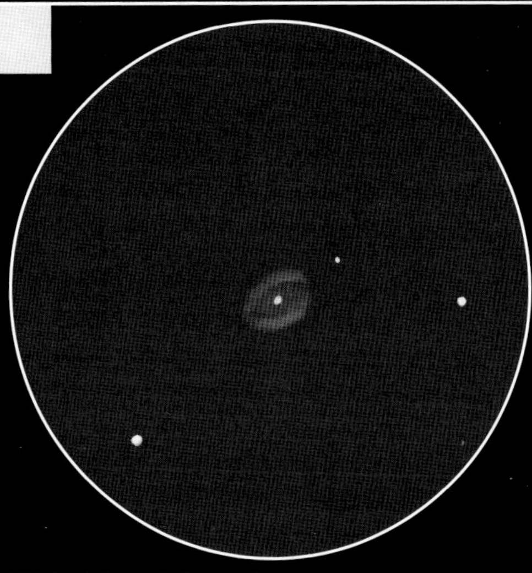

NGC 40, 120mm-Refraktor, 150×

M 52 ★★★☆☆

Charles Messier 1774

M 52 gehört zu den reichsten Offenen Sternhaufen des nördlichen Sternhimmels.

Im Fernglas kann man Messiers Beschreibung nachvollziehen: M 52 erscheint als kleiner heller Nebelfleck, leicht granuliert von den hellsten Sternen.

Auch kleine Teleskope können den Haufen nicht ganz auflösen, etwa 15 Sterne sind vor nebligem Hintergrund sichtbar. Mit vier Zoll sieht man auf nur 7' Durchmesser 40–50 Sterne aller Helligkeiten gedrängt. Mit sechs Zoll kommen noch immer weitere Sterne hinzu, an die 80–100 meistens schwache Sterne bis zur 14. Größenklasse bilden einen reichen und gut konzentrierten Haufen. Lichtverschmutzter Himmel verlangt nach jeweils größeren Teleskopen, um die Sterne zu zeigen.
Bei höherer Vergrößerung fällt die gelblich-orange Färbung der beiden hellsten Sterne im Haufen auf, die restlichen Mitglieder leuchten reinweiß bis bläulich.

*Aufsuchen: β ➡ 6° NW ➡ *5ᵐ ➡ 40' S*

NGC 7635, Bubble-Nebel ★☆☆☆☆

Wilhelm Herschel 1787

Nahe bei M 52 steht dieser Emissionsnebel, er ist jedoch kein leichtes Objekt für mittlere Teleskope. Mit Schmalbandfilter ist nur ein kleiner Nebelhaken zu sehen, der an einem 8^m-Stern klebt. Erst große Teleskope zeigen mit [OIII]-Linienfilter die Gasblase, die ihm den Namen gegeben hat.

Aufsuchen: M 52 ➡ 40' SW

NGC 281 ★☆☆☆☆

Edward Emerson Barnard 1884

Zentral im Sternbild Cassiopeia liegt der Nebel NGC 281.

Schon mit einem 50mm-Fernglas wird ein kleiner rundlicher Nebelhauch um einen hellen zentralen Stern sichtbar. Dies gelingt jedoch nur unter dunklem Himmel.

Mit einem kleinen Teleskop ist der Nebel deutlich zu sehen; die Benutzung eines Schmalbandfilters hebt ihn noch deutlicher hervor. Mittlere Optiken unter dunklem Himmel zeigen einen hellen, etwa 20' großen ovalen Nebel, den zentralen Doppelstern umgebend. Östlich des Sterns erscheinen leichte Strukturen, ein schwacher keilartiger Ausläufer kann nach Süden erkannt werden. Dieser Keil ist mit Schmalband-Nebelfilter wesentlich deutlicher, er lässt auch die scharf begrenzte Nebelgrenze im Südwesten erkennen, während der Nebel an den anderen Seiten diffus in den Himmelshintergrund übergeht: Das liegt an einer vorgelagerten Wolke aus dunklem Staub, die von Südwesten in den Nebel vordringt. Eine weitere Dunkelwolke ist direkt nördlich des zentralen Doppelsterns auszumachen, ein Schmalbandfilter hilft sehr.
Bei hoher Vergrößerung ist es interessant, den zentralen Doppelstern Burnham 1 zu betrachten. Etwa 9" südlich des Hauptsterns steht ein 9^m heller Begleiter, ein zweiter findet sich in 4" Entfernung im Südosten. Mit Vergrößerungen von mehr als 200× kann man in nur 1,5" Abstand vom 8^m hellen Zentralstern einen 10^m-Stern erkennen. Der vierte und schwächste Stern des Systems steht in 16" Abstand im Nordwesten, er hat nur 12^m.

Aufsuchen: α ➡ 1,7° O

NGC 7789 ★★☆☆☆

Wilhelm Herschel 1787

NGC 7789 gilt als einer der reichsten Sternhaufen für kleine Optiken, die Beobachtung wird aber durch schlechte Bedingungen oder Lichtverschmutzung sehr stark beeinträchtigt.

Im 10×50-Fernglas oder Teleskopsucher wird eine große Nebelwolke sichtbar.

Kleine Teleskope zeigen Einzelsterne, der Haufen erscheint aber sehr schwach und immer noch neblig. Mit mittelgroßen Teleskopen gewinnt NGC 7789 an Kraft, bei 60–100× erscheinen etwa 80 Sterne gleicher Helligkeit, die in dichter Anordnung in auffälligen Straßen gruppiert sind. Verwendet man ein Weitwinkelokular, wirkt die immense Sternwolke besonders gut.

Aufsuchen: β ➡ 2,5° SW ➡ ρ ➡ 45' S

NGC 7789, 60mm-Refraktor, 20×

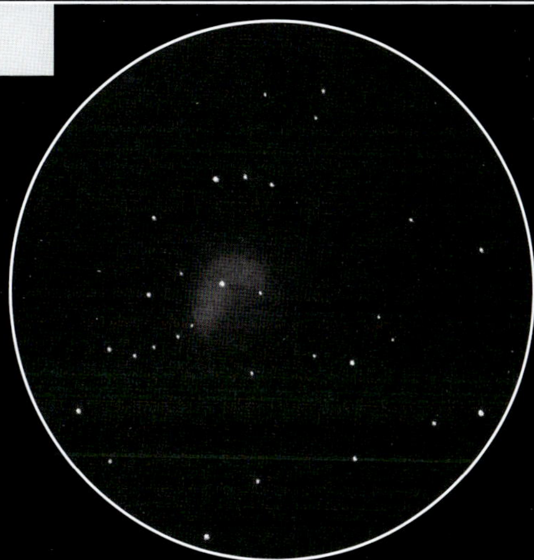

NGC 281, 70mm-Refraktor, Schmalbandfilter, 37×

NGC 457, 70mm-Refraktor, 93×

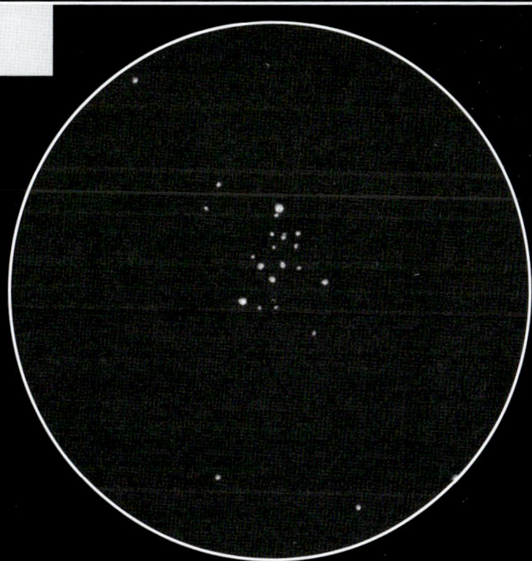

M 103, 70mm-Refraktor, 93×

M 103, 120mm-Refraktor, 102×

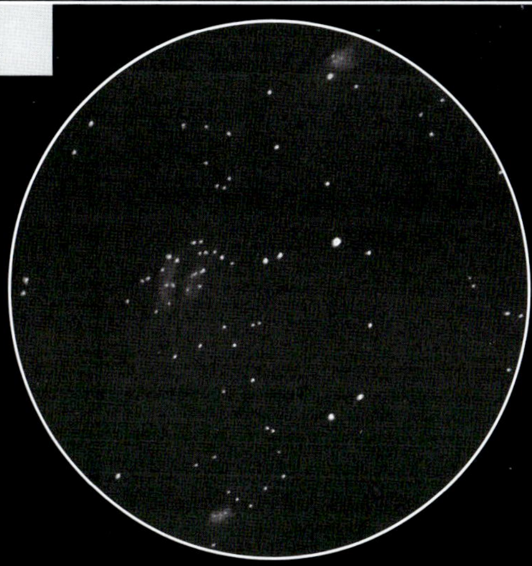

NGC 663/654, 70mm-Refraktor, 37×

NGC 457, Eulenhaufen ★★★☆☆

Wilhelm Herschel 1787

NGC 457 hat seine Bekanntheit vor allem seiner markanten Figur zu verdanken, die ihm den Namen Eulenhaufen eingetragen hat.

Der hellste Stern des Haufens ist schon mit bloßem Auge sichtbar.

Im Fernglas zeigt sich ein nebliger unaufgelöster Schimmer westlich der beiden hellsten Sterne.

Den schönsten Anblick geben mittlere Teleskope bei Vergrößerungen von 50–100×. Beobachtet durch ein kleines Fernrohr bei mittlerer Vergrößerung, lässt sich die Figur eines die Flügel spreizenden Nachtvogels leicht nachvollziehen; vorausgesetzt, man hat die richtige Orientierung des Anblicks. Die beiden hellsten Sterne – der östliche von ihnen ist der helle ϕ Cassiopeiae – bilden die glühenden Augen, der ovale Hauptbereich des Sternhaufens ist der Körper der Eule, und zu beiden Seiten erheben sich die Schwingen, in die dunkle Nacht gespreizt. Auffällig ist die orange Farbe des hellsten Sterns im Vergleich zum bläulichweiß der anderen Haufenmitglieder.

Aufsuchen: δ ➡ 2° SW

NGC 654 ★☆☆☆☆

Wilhelm Herschel 1787

Mit dem Fernglas ist ein kleiner Nebelfleck nordwestlich eines 7^m-Sterns zu sehen.

Im kleinen Teleskop blitzen die hellsten Sterne aus dem Hintergrund hervor. Im Dreioder Vierzöller bei 50–150× ist NGC 654 voll aufgelöst: Ein dichtgedrängter Sternhaufen mit vielen kleinen Zweier- und Dreiergrüppchen, eingerahmt von hellen Sternen. Nur 40' südlich befindet sich NGC 663, der einen komplett anderen Anblick im Okular bietet und zeigt, wie verschiedenartig und doch schön Offene Sternhaufen in vergleichbarer Entfernung erscheinen können. Mit 1° Gesichtsfeld und einem Weitwinkelokular, das gleichzeitig bis zu 100× vergrößern lässt, bieten sich die besten Vergleichsmöglichkeiten.

Aufsuchen: NGC 663 ➡ 40' NNW

M 103 ★★★☆☆

Pierre Méchain 1781

Es ist seltsam, dass von den vier Sternhaufen dieses beeindruckenden Sternfelds ausgerechnet M 103 in Messiers berühmte Liste von Nebeln und Sternhaufen aufgenommen wurde.

Bereits mit einem Fernglas ist der Haufen als körniger gedrängter Fleck in der Milchstraße zu sehen, aber mit 8× oder 10× vergrößernden Gläsern noch kaum aufgelöst.

Mit kleinen Teleskopen sind bereits ein halbes dutzend Sterne auf engstem Raum vor nebligem Hintergrund sichtbar. Mit größeren Optiken und mittleren bis hohen Vergrößerungen wird die markante Dreiecksform deutlich. Bei mittleren bis hohen Vergrößerungen entfaltet M 103 seine Farbenpracht. Der hellste Stern an der nördlichen Spitze leuchtet weiß, genauso wie der zweithellste Stern an der anderen Haufenseite. Der östliche Stern des hellen Pärchens im Haufenzentrum glimmt in unzweifelhaftem Rot, während sein Nachbar im Kontrast grünlich erscheint. Schließlich zeigt der hellste Stern einen dunkelblauen Begleiter in 14" Abstand südöstlich, er wird auch als Doppelstern Struve 131 geführt.

Aufsuchen: δ ➡ 1° ONO

NGC 663 ★★☆☆☆

Wilhelm Herschel 1787

Nur 0,7° südlich von NGC 654 steht der reiche und große Offene Sternhaufen NGC 663. Interessant ist es, mit verschiedenen Teleskopöffnungen und Vergrößerungen beide zu vergleichen.

NGC 663 zeigt seinen Haufencharakter schon im Fernglas und schwach vergrößerndem kleinen Refraktor. Etwa 15 Sterne bilden ein ovales sternreiches Gebiet, das sich gut in der Milchstraße abhebt.

Größere Öffnung bringt immer mehr schwache Sterne zum Vorschein. Mit 100mm Öffnung können bereits über 60 Mitglieder gezählt werden, die sich in zwei deutlich gedrängteren Regionen gruppieren, deren größere deutlich länglich Nord-Süd ausgerichtet ist. NGC 663 ist reich an schönen Doppelsternen für kleine Teleskope:

Doppelstern	Helligkeiten	Abstand
Struve 153	$9^m{,}7/10^m{,}9$	7,6"
Stein 297	$10^m{,}8/12^m{,}9$	6,7"
Struve 151	$10^m{,}7/11^m{,}2$	7,1"
Struve 152	$9^m{,}4/10^m{,}9$	9,3"

Aufsuchen: δ ➡ 2,7° ONO

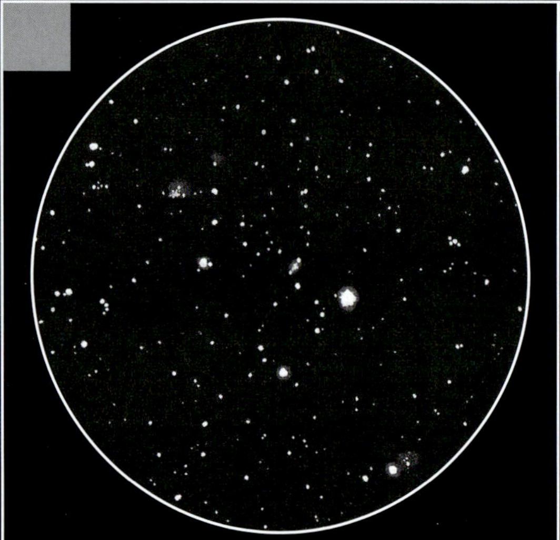

NGC 457, M 103, NGC 663, NGC 654, 8×30-Fernglas

Stock 2. 70mm-Refraktor, 14×

Kembles Kaskade, 70mm-Refraktor, 14×

NGC 1502, 70mm-Refraktor, 93×

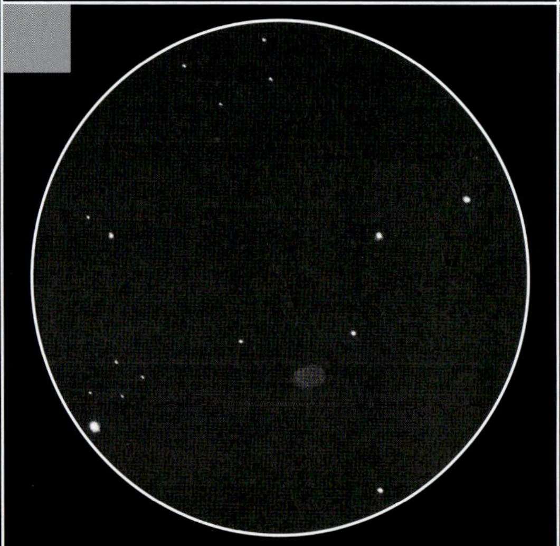

NGC 1501, 120mm-Refraktor, 80×

NGC 2403, 120mm-Refraktor, 102×

St 2, Muskelmännchen ★★☆☆☆

Jürgen Stock 1954

Stock 2 gehört als Pflichteintrag in jedes Buch über Deep-Sky-Beobachtung mit kleiner Optik.

Nur 2° nordnordwestlich des berühmten Doppelsternhaufens h und χ im Perseus (NGC 869 und 884) befindet sich eine große, unter dunklem Himmel schon mit bloßem Auge wahrnehmbare Wolke aus 8–10^m-Sternen.

Im Fernglas, dem optimalen Beobachtungsgerät, kann man die beiden Perseus-Sternhaufen und Stock 2 gleichzeitig bewundern. Dabei zeigt letzterer einen Schwarm von 70 Sternen, deren hellste in der Art eines auf der Seite liegenden Männchens, das seine Arme in Bodybuilder-Pose nach oben reckt, angeordnet sind. Dieser merkwürdigen Figur verdankt der Haufen auch seinen Spitznamen Muskelmännchen. Deutlich sind zwei Bereiche des Haufens zu erkennen: Der dicht bevölkerte Hauptteil schließt die Arme und den Oberkörper des Männchens ein, die Beine stehen westlich vor deutlich sternärmerem Gebiet, gehören aber auch noch zum Haufen. Wegen seines Durchmessers von 1,5° ist bei der Beobachtung mindestens 2° Gesichtsfeld der Optik erforderlich, dies erfüllt eben meist nur ein Fernglas. Am genussreichsten ist die Betrachtung, wenn gleichzeitig auch h und χ Persei im Gesichtsfeld stehen.

Aufsuchen: NGC 869/884 ➡ 2° NNW

NGC 896, IC 1805, IC 1848

★☆☆☆☆
★☆☆☆☆
★☆☆☆☆

Wilhelm Herschel 1787

Diese drei Nebelfelder liegen am östlichen Rand des Sternbilds Cassiopeia im Verlauf der Milchstraße. Sie lassen sich an Standorten ohne Lichtverschmutzung mit einem Schmalbandfilter entdecken.

NGC 896 ist die westlichste, hellste und kleinste der drei Nebelregionen. Unter Extrembedingungen ist sie bereits in kleinen Teleskopen zu sehen. In mittleren Teleskopen zeigt sich ein zweigeteilter Nebel. Größere Öffnungen zeigen einen nördlich liegenden ringförmigen, sehr schwachen Ausläufer, IC 1795.

IC 1805 ist ein großes Nebelgebiet um den gleichnamigen Sternhaufen. Die Ränder sind heller, ein Ausläufer ist nach Nordosten gerichtet. Rich-Field-Teleskope sind hier am besten geeignet.

Hier wie auch bei IC 1848 sind große Austrittspupillen und maximale Gesichtsfelder anzuraten. IC 1848 ist durch mehrere Dunkelwolken gegliedert und enthält zahlreiche Sterne. Ein Dunkelwolkenkomplex in der Mitte des Nebels lässt sich am besten bei mittelhohen Vergrößerungen beobachten.

Aufsuchen: ε ➡ 6° OSO

Camelopardalis (Cam)

Atlas Karte 3

Camelopardalis, ursprünglich ein seltsames Fabelwesen namens Kamel-Leopard, heute mit Giraffe übersetzt, wurde 1614 von Jakob Bartsch eingeführt. Wie viele der neuzeitlichen Sternbilder stehen keine hellen Sterne in ihren Grenzen, und es ist unmöglich, in diesem großen sternarmen Gebiet um den nördlichen Himmelspol eine Sternbildfigur zu finden. Die Giraffe kann das ganze Jahr über gesehen werden, da sie zu den Zirkumpolarsternbildern gehört, sie ist aber am besten am Herbst- und Winterhimmel zu beobachten. Die südwestliche Region von Camelopardalis reicht in die Herbstmilchstraße hinein; hier befindet sich eines der schönsten Fernglasfelder am Himmel.

St 23	$3^h\ 16{,}3^{min}$	+60° 2'	–	10'	$7{,}^{m}4$	2000 Lj	OC	Stock 23, wenige Sterne	8×30
Kembles Kaskade	$4{:}^h$	+63:°	–	2,8°	5–9^m	–	Ast	kein physisches Objekt	3,5×15
NGC 1501	$4^h\ 7{,}0^{min}$	+60° 55'	$11{,}^{m}8$	0,9'	$14{,}^{m}4$	4000 Lj	PN	ovales Scheibchen	100mm
NGC 1502	$4^h\ 7{,}7^{min}$	+62° 20'	$5{,}^{m}7$	7'	$6{,}^{m}9$	3500 Lj	OC	am Ende der Kaskade	8×30
Σ 484	$4^h\ 7{,}7^{min}$	+62° 20'	$9{,}^{m}6/10{,}^{m}5$	5,6"	132°	3500 Lj	DS	in NGC 1502	50mm
Σ 485	$4^h\ 7{,}8^{min}$	+62° 20'	$6{,}^{m}9/6{,}^{m}9$	18"	306°	3500 Lj	DS	in NGC 1502	50mm
NGC 2403	$7^h\ 36{,}9^{min}$	+65° 36'	$8{,}^{m}4$	7'×4'	$23{,}^{m}5$	10 Mio. Lj	Gx	Begleiter von M 81	10×50

Kembles Kaskade ★★★☆☆

Lucian Kemble 1980

Die etwa 2,5° lange Sternkette im südwestlichen Camelopardalis trägt keine offizielle Katalogbezeichnung. Sie ist ansatzweise schon mit dem bloßen Auge unter dunklem Himmel zu sehen.

Im Feldstecher wird Kembles Kaskade zu einer Kette heller Sterne, die wie die glitzernden Tropfen eines himmlischen Wasserspiels durch das Gesichtsfeld fallen. Dieses überaus reizvolle Feld ist am besten im 50–100mm Fernglas zu sehen. Ein hellerer Stern markiert die Mitte des Wasserfalls, der sich von Nordwest nach Südost über den Himmel ergießt. Den Höhe- und Endpunkt des himmlischen Wasserspiels markiert der Offene Sternhaufen NGC 1502.

Auch kleine Teleskope mit mehr als 2,5° Gesichtsfeld eignen sich sehr gut zur Beobachtung. Solange die Himmelsaufhellung nicht zu stark ist, lässt sich die Kaskade auch bei Lichtverschmutzung beobachten.

Aufsuchen: α Per ➡ 14° N

NGC 1501 ★☆☆☆☆

Wilhelm Herschel 1787

NGC 1501 steht 1,4° südlich des Sternhaufens NGC 1502.

Der relativ schwache Planetarische Nebel erfordert mindestens eine Objektivöffnung von 80mm und ist mit kleineren Instrumenten nicht zu sehen. Sehr hilfreich bei der Detektion des 50" kleinen Scheibchens ist ein Schmalband-Nebelfilter.

Im Fünfzöller zeigt sich bei geduldiger Beobachtung ohne Nebelfilter ein kleines elliptisches Scheibchen mit gut definiertem Rand. Bei höheren Vergrößerungen entsteht der Eindruck einer Ringform, aufgrund der relativ geringen Flächenhelligkeit bleibt dieser aber vage. Der Zentralstern ist erst in größeren Amateurteleskopen zu beobach-ten. Der Nebel nimmt dann ein flockiges Aussehen an, während die Ringform zurücktritt.

Aufsuchen: NGC 1502 ➡ 1,4° S

NGC 1502 ★★☆☆☆

Wilhelm Herschel 1787

NGC 1502 ist der glitzernde Offene Sternhaufen, in die Kaskade mündet.

Im 10×50-Feldstecher sind vier Sterne vor dem diffusen Leuchten weiterer unaufgelöster Sterne zu sehen.

Im Teleskop wird NGC 1502 zu einem reichen und interessanten Haufen. Ein heller Stern dominiert den Haufen klar; er entpuppt sich ab 15facher Vergrößerung als doppelt mit zwei 6^m-Sternen in 18" Abstand. Dieser Doppelstern ist Struve 485, die A-Komponente gleichzeitig der Bedeckungsveränderliche SZ Cam.

Gleich neben Struve 485 sind die beiden 9^m-Sterne von Struve 484 zu sehen, etwa 5" voneinander entfernt. Weitere Pärchen sind im Haufen sichtbar; deutlich ist eine gebogene Sternkette, die durch den Zentralteil verläuft.

Aufsuchen: Kembles Kaskade ➡ südöstliches Ende

NGC 2403 ★★☆☆☆

Wilhelm Herschel 1788

NGC 2403 ist eine relativ unbekannte, aber dennoch lohnenswerte Galaxie, auch wenn das Aufsuchen per Starhopping mühsam ist. Sie gehört zur M 81-Galaxiengruppe.

Schon mit einem 50mm-Fernglas ist das Objekt als längliches Oval zu erfassen. Zwei helle 8^m-Sterne stehen direkt westlich neben der Galaxie. Lichtverschmutzung vereitelt jedoch die Beobachtung.

Mit einem kleinen Teleskop wird der ovale Lichtfleck sehr deutlich, wenn der Himmel dunkel ist; zwei Vordergrundsterne, die in Ost-West-Ausrichtung auf die Galaxie projiziert erscheinen, lassen einen schönen Kontrast entstehen.

Mit mittleren Optiken avanciert die Galaxie zu den Geheimtipps des Nordhimmels: ein heller flächiger Kernbereich wird von einem ovalen Nebelhof eingehüllt, der nach Osten bis zu einem der beiden hellen Sterne reicht und diesen umgibt. Unmittelbar südwestlich des Zentralgebiets blitzt ein Vordergrundstern auf, der westliche Teil der Galaxie ist von Strukturen der angedeutet sichtbaren Spiralarme gezeichnet.

Diese sind mit großen Teleskopen beeindruckend detailreich zu sehen: Zwei Arme winden sich gegen den Uhrzeigersinn um den Kern. Dabei fällt im südlichen Bereich der helle Knoten NGC 2404 auf.

*Aufsuchen: ο UMa ➡ 2° NW ➡ *5^m ➡ 2° W ➡ *6^m ➡ 3° NW ➡ *6^m ➡ 1° W*

Frühlingshimmel

Sternbilder

Glanzlichter

Atlas Karte 11

Leo Minor (LMi)

Leo Minor ist der Kleine Löwe. Er sitzt direkt auf dem Rücken des eigentlichen Löwen und wurde dorthin 1660 vom Danziger Amateurastronomen Johannes Hevelius versetzt. Mit bloßem Auge ist das Muster kaum zu erkennen. Von den vielen schwachen Galaxien sei nur NGC 3344 erwähnt, denn sie ist eine morphologische Schwester der Milchstraße in 30 Millionen Lichtjahren Entfernung.

R LMi	9^h 45,5^{min}	+34° 31'	6^{m}3	13^{m}2	327 Tage	950 Lj	Vr	Mira-Veränderlicher	10×50
NGC 3344	10^h 43,5^{min}	+24° 55'	9^{m}7	3'	22^{m}8	32 Mio. Lj	Gx	ähnelt der Milchstraße	80mm

Atlas Karte 11, 19

Leo (Leo)

Leo, der Löwe, ist das klassische Muster des Frühlingshimmels. Gewaltig ist die Größe des sitzenden Raubtiers: ο und ω bilden die Vorderpranken, die Sichel aus γ, ζ, μ und ε den Kopf und die Mähne, β, δ und θ den Hinterteil und die Hinterläufe, von wo sich der Schwanz über ι nach Süden windet. Inmitten von allem strahlt Regulus, der Hauptstern des Löwen. Himmelsbeobachtern ist Leo für seine Galaxien bekannt, darunter zwei einzigartige Gruppen von leichten Objekten für kleine und mittlere Fernrohre.

NGC 2903	9^h 32,2^{min}	+21° 30'	9^{m}0	5'×3'	13^{m}4	30 Mio. Lj	Gx	hellste Leo-Galaxie	10×50
R Leo	9^h 47,6^{min}	+11° 25'	4^{m}4	11^{m}3	312 Tage	230 Lj	Vr	Fernglasstern, rötlich	10×50
γ Leo	10^h 20,0^{min}	+19° 50'	2^{m}4/3^{m}6	4,7"	127°	130 Lj	DS	Algieba, Farbkontrast	50mm
M 95	10^h 44,0^{min}	+11° 42'	9^{m}7	4'×3,5'	22^{m}4	33 Mio. Lj	Gx	M 96-Galaxiengruppe	10×50
M 96	10^h 46,8^{min}	+11° 49'	9^{m}2	3,5'×3'	21^{m}8	34 Mio. Lj	Gx	M 96-Galaxiengruppe	10×50
M 105	10^h 47,8^{min}	+12° 35'	9^{m}3	2,5'×2'	21^{m}0	38 Mio. Lj	Gx	M 96-Galaxiengruppe	10×50
NGC 3384	10^h 48,3^{min}	+12° 38'	9^{m}9	2,5'×2'	21^{m}7	33 Mio. Lj	Gx	M 96-Galaxiengruppe	10×50
54 Leo	10^h 55,6^{min}	+24° 45'	4^{m}5/6^{m}3	6,8"	112°	300 Lj	DS	Helligkeitsunterschied	50mm
NGC 3521	11^h 5,8^{min}	-0° 2'	9^{m}2	5'×2'	22^{m}6	43 Mio. Lj	Gx	einfach, länglich	80mm
M 65	11^h 18,9^{min}	+13° 5'	9^{m}3	5'×1,5'	21^{m}3	33 Mio. Lj	Gx	Leo-Galaxientriplett	8×30
M 66	11^h 20,2^{min}	+12° 59'	8^{m}9	4,5'×2'	21^{m}4	33 Mio. Lj	Gx	Leo-Galaxientriplett	8×30
NGC 3628	11^h 20,3^{min}	+13° 36'	9^{m}5	8'×2'	22^{m}6	34 Mio. Lj	Gx	Leo-Galaxientriplett	10×50
ι Leo	11^h 23,9^{min}	+10° 32'	4^{m}0/6^{m}7	2,2"	92°	77 Lj	DS	Abstand wird größer	63mm
90 Leo	11^h 34,7^{min}	+16° 47'	6^{m}3/7^{m}3	3,1"	209°	1000 Lj	DS	einfaches Paar	50mm

NGC 2903 ★★☆☆☆

Wilhelm Herschel 1784

NGC 2903 ist mit 50mm-Feldstechern bereits deutlich zu sehen, wenn der Himmel dunkel ist.

Im kleinen Refraktor zeigt sich eine einfache längliche Galaxie, ein helles Zentrum ist angedeutet. Vier Zoll lassen NGC 2903 noch heller erscheinen, ein ovaler Lichtfleck in Nordost-Südwest-Ausrichtung mit hellem und kleinem, aber nicht sternförmigem Kern ist zu sehen. Bei guten Bedingungen zeigt die Galaxie dem geübten Beobachter schon im mittleren Fernrohr Einzelheiten: Der Kern wird von einem deutlich gegen die Längsachse der Galaxie geneigtem Balken durchschnitten, an dessen Enden sich schwache Fortsätze diffus nach innen krümmen – die Spiralstruktur! In einer dunklen Nacht wird NGC 2903 auf diese Weise zu einem interessanten Objekt, das man gleichwertig mit den Messier-Objekten in Leo für mittlere Öffnungen empfehlen kann.

Aufsuchen: ε → 3° W → λ → 1,5° S

NGC 2903, 70mm-Refraktor, 80×

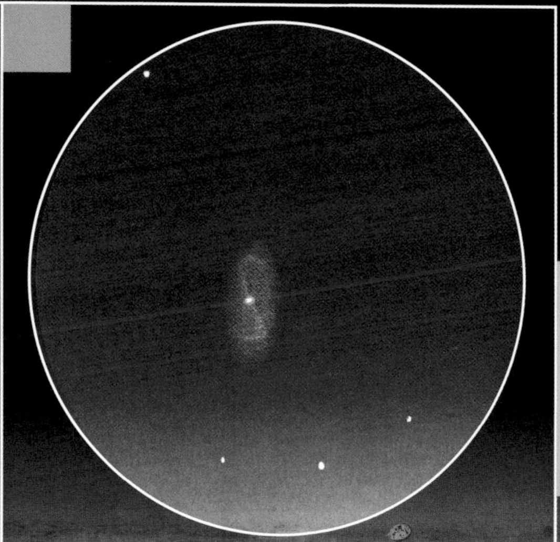

NGC 2903, 120mm-Refraktor, 102×

M 95, M 96, M 105, NGC 3384, 70mm-Refraktor, 37×

M 95, 120mm-Refraktor, 102×

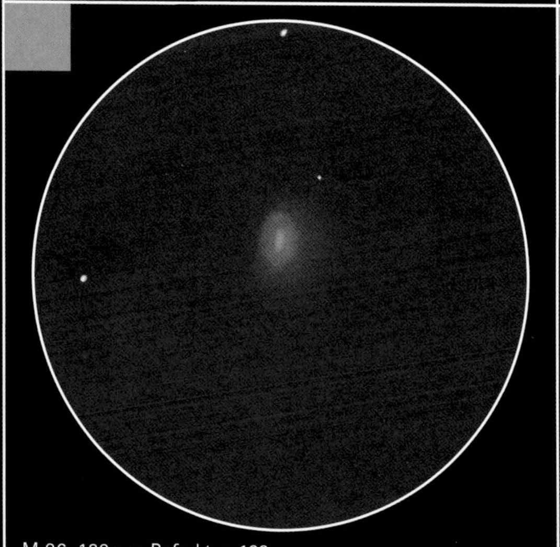

M 96, 120mm-Refraktor, 102×

M 105, NGC 3384, 3381, 120mm-Refraktor, 102×

Leo

R Leo ★★★☆☆

J. A. Koch 1782

Dieser Rote Riese ist ein langperiodischer Veränderlicher wie Mira. Im Maximum ca. 5^m hell, fällt die Helligkeit im Minimum auf unter 10^m. R Leonis ist aufgrund seiner glühend roten Farbe ein visuell attraktives Objekt. Sein Spektrum zeigt zahlreiche Linien, was schon mit kleinen Öffnungen und Spektroskop erreichbar ist. Der helle 6^m-Stern 19 Leonis steht nur 10' nördlich und bietet einen schönen Kontrast bei Maximallicht. Die ungefähre Ephemeride für die Maxima der nächsten Jahre lautet: Oktober 2020, August 2021, Juli 2022, Mai 2023, März 2024, Februar 2025.

Aufsuchen: α ➡ 2,5° W ➡ ν ➡ 3° W ➡ 18 ➡ 20' SO ➡ 19 ➡ 10' S

M 95, M 96, M 105, NGC 3384 ★☆☆☆☆ ★☆☆☆☆ ★☆☆☆☆ ★☆☆☆☆

Pierre Méchain 1781

Vier Galaxien bilden ein interessantes Quartett im Löwen. M 95 ist die südwestlichste, M 96 steht 40' östlich von ihr; das enge Pärchen M 105/NGC 3384 befindet sich 50' nördlich von M 96. Mit mehr als 1° Gesichtsfeld hat man alle vier Galaxien schön eingerahmt im Blickfeld; schon geringe Lichtverschmutzung hat jedoch starke Auswirkungen.

Mit einem 10×50-Fernglas ist die Gruppe ein schwieriges Ziel. M 105 ist noch die deutlichste Galaxie, NGC 3384 ist fast genauso hell dicht östlich von M 105 zu sehen. M 96 ist merkbar schwächer als die beiden nördlicheren Galaxien, und M 95 steht an der Wahrnehmungsgrenze.

Ein kleiner Refraktor macht die Beobachtung einfacher: M 95 ist die deutlich schwächste Galaxie, M 96 erscheint jetzt am einfachsten, beide zeigen leicht hellere Kerne und sind rundlich. Das gilt auch für M 105 und NGC 3384, die nur 10' auseinander stehen. Sie bilden ein schönes Galaxienpaar, die NGC-Galaxie macht einen kompakteren und kleineren Eindruck, M 105 ist hell und auffällig.

Mit mittleren Öffnungen werden die nahezu stellaren hellen Kerne der Galaxien auffällig. Im Feld von M 105 erscheint die schwache NGC 3389, ein Dreieck mit den beiden anderen Galaxien bildend.

M 96 und M 95 zeigen in größeren Optiken nur mit sehr viel Geduld Anzeichen der Spiralstruktur, beide Galaxien haben nahezu sternförmige schwache Kerne.

*Aufsuchen: α ➡ 6,5° SO ➡ ρ ➡ 4° ONO ➡ *5^m ➡ 1,5° NW*

M 65, M 66, NGC 3628 Leo-Triplett ★★☆☆☆ ★★☆☆☆ ★☆☆☆☆

Pierre Méchain 1780, Wilhelm Herschel 1784

Das Galaxientrio im Löwen gehört zu den beeindruckendsten Anblicken am Frühlingshimmel, beide Messier-Galaxien sind deutlich heller als die Objekte des Virgohaufens. Trotzdem sollte der Himmel dunkel und frei von Lichtverschmutzung sein.

Im 10×50-Fernglas ist M 65/M 66 ein schönes Paar, einfach in dunkler Nacht zu sehen – NGC 3628 bleibt jedoch verborgen. In Großfeldstechern von 70mm oder 80mm Öffnung sind beide Galaxien ein grandioser Anblick, dazu kommt das sehr schwache Glimmen von NGC 3628 nördlich der beiden Messier-Objekte.

Im kleinen Refraktor erscheinen M 65 und M 66 recht hell und selbst bei hoher Vergrößerung zusammen im Feld, da sie nur 20' auseinander stehen; NGC 3628 besitzt eine sehr geringe Flächenhelligkeit und ist als diffuser länglicher Fleck kaum vom Hintergrund zu trennen.

Mittlere Öffnungen lassen die Detailbeobachtung der Einzelgalaxien interessant werden: M 65 zeigt einen hellen, ovalen, unregelmäßigen Kern, in einen Nord-Süd ausgerichteten schwachen großen Barren eingehüllt. Ein Stern steht westlich des südlichen Galaxienendes. Bei M 66 ist der helle und länglich flächige Kern schräg zur Gesamtgalaxie gestellt, die etwa Nord-Süd ausgerichtet erscheint. Ein Sternmuster unmittelbar nordwestlich der Galaxie bietet einen netten Kontrast zum Nebelfleck.

NGC 3826 bleibt auch mit mittlerer Öffnung ein großes schwaches Glimmen in Ost-West-Richtung ohne jedes Detail. Erst größere Teleskope zeigen in guten Nächten das dunkle Staubband. Dann ist auch die Spiralstruktur von M 65 und M 66 zu sehen, wobei letztere besonders interessante Strukturen mit dunklen und hellen Flecken bietet.

*Aufsuchen: θ ➡ 2° S ➡ *5^m ➡ 1° O*

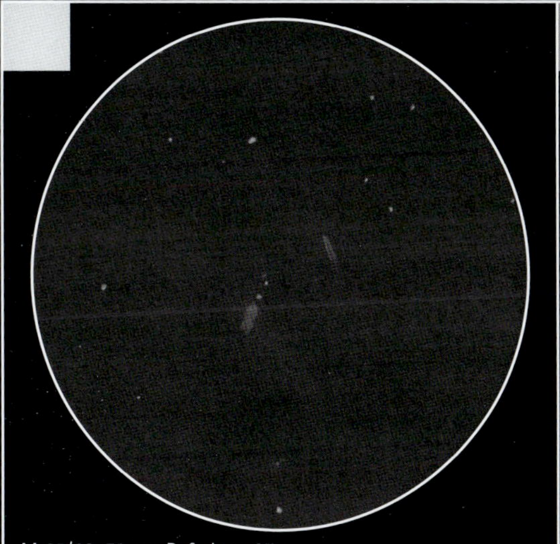

M 65/66, 70mm-Refraktor, 37×

M 65, 120mm-Refraktor, 102×

M 66, 120mm-Refraktor, 102×

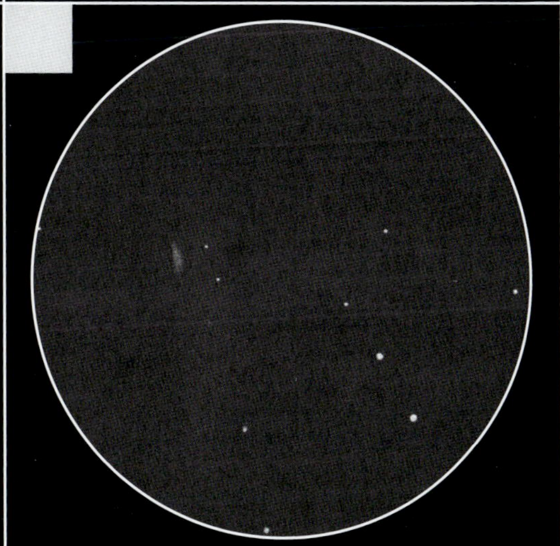

NGC 3115, 70mm,Refraktor, 37×

γ Leo, Algieba ★★★☆☆

Wilhelm Herschel 1782

Algieba, der Stern γ im Sternbild des Löwen, ist ein schönes Doppelstern-Ziel für Einsteiger.

Der Helligkeitsunterschied der beiden Sterne ist deutlich, beide erscheinen gelb im Teleskop. Viele Beobachter berichten aber von abweichenden Farben des Begleiters, es wurden rötliche bis grünliche Tönungen wahrgenommen, die aber sämtlich auf Überstrahlungseffekten und Farbkontrast-Wahrnehmungen im Vergleich zum goldgelben Hauptstern beruhen. Schon ein kleines Fernrohr trennt die Komponenten schön bei 50×, mit mittleren Öffnungen ist es ein Erlebnis, den Doppelstern am tiefblauen Tageshimmel im Herbst zu betrachten.

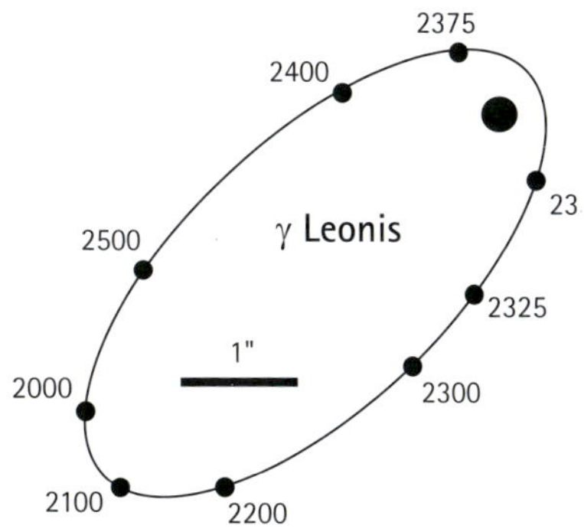

Atlas Karte 19

Sextans (Sex)

Das Sternbild Sextans, der Sextant, findet sich am sternleeren Frühlingshimmel zwischen Löwe und Hydra. Es ist ein typisches, im 17. Jahrhundert erschaffenes Füllsternbild ohne helle Sterne; Johannes Hevelius führte es 1690 ein. Der hellste Stern α Sextantis erreicht nur 4^m5, es ist ein beinahe hoffnungsloses Unterfangen, die Konstellation mit dem bloßen Auge zu erfassen. Bis auf die helle Spindelgalaxie ist der Sextant Wüste für den Himmelsbeobachter.

NGC 3115	10^h $5{,}2^{min}$	-7° 43'	8^m9	4'×1'	21^m0	34 Mio. Lj	Gx	Spindelgalaxie	63mm

NGC 3115 ★☆☆☆☆

Wilhelm Herschel 1787

NGC 3115, die Spindelgalaxie, besitzt eine relativ hohe Flächenhelligkeit für Galaxien, was sie zu einem einfachen Objekt für kleine Teleskope macht. Lichtverschmutzung kann jedoch eine Sichtung verhindern.

In einem üblichen Fernglas ist ein recht schwacher und sehr kleiner Fleck zu sehen, in großen Gläsern deutet sich schon die namengebende Form an.

Mit einem kleinen Refraktor erscheint ein heller runder Kern, umgeben von einem linsen- oder spindelförmigen Halo, der ziemlich schwach ist. Mit mittleren Optiken kommt die Form aber schon sehr schön zur Geltung. Die Galaxie erscheint bei kleiner Vergrößerung deutlich und hell, ihr Zentrum verträgt auch stärkere Vergrößerungen.

Aufsuchen: λ UMa ➡ 4° N ➡ 2 5^m ➡ 1° NO ➡ 2* 6^m ➡ 35' W*

Atlas Karte 18, 19, 27, 28

Hydra (Hya)

Hydra ist die Wasserschlange, ein antikes Sternbild und gleichzeitig das größte des Himmels. Für Mitteleuropäer bildet es den südlichen Abschluss des Frühlingshimmels. Sein Kopf um ζ und ε Hya ragt allerdings noch in den Winterhimmel hinein, während der Schwanz bei π Hya schon zum Sommerhimmel weist. Dazwischen bildet eine lange Reihe von 4–6^m-Sternen eine gewundene und gebogene Sternkette, auf der als hellster Markpunkt Alphard, α Hya, sitzt. Bei den Himmelsobjekten besitzt die Hydra von jeder Klasse etwas, wobei die helle, von Mitteleuropa aus leider kaum schön beobachtbare Galaxie M 83 herausgehoben werden muss.

M 48	8^h $13{,}8^{min}$	-5° 48'	5^m8	50'×30'	8^m2	2500 Lj	OC	verdichteter Zentralbereich	bloßes Auge
NGC 3242	10^h $24{,}8^{min}$	-18° 38'	7^m7	0,6'	12^m1	3400 Lj	PN	Jupiters Geist	10×50
U Hya	10^h $37{,}6^{min}$	-13° 23'	4^m8	5^m9	unreg.	560 Lj	Vr	interessantes Spektrum	8×30
V Hya	10^h $51{,}6^{min}$	-21° 15'	10^m9	16:^{m}	531 Tage	1400 Lj	Vr	Mira-Veränderlicher, sehr rot	80mm
NGC 3621	11^h $18{,}3^{min}$	-32° 49'	9^m4	5'×3'	22^m9	22 Mio. Lj	Gx	oval, eingerahmt von Sterntrapez	80mm
h 4455	11^h $36{,}6^{min}$	-33° 34'	$6^m0/7^m8$	3,4"	240°	370 Lj	DS	Farbkontrast gelb-blau	50mm
M 68	12^h $39{,}5^{min}$	-26° 45'	7^m7	5'	12^m6	34.000 Lj	GC	weit südlich, wenig konzentriert	10×50
R Hya	13^h $29{,}7^{min}$	-23° 17'	4^m2	9^m8	387 Tage	4800 Lj	Vr	Mira-Veränderlicher, rot	10×50
M 83	13^h $37{,}0^{min}$	-29° 52'	7^m6	7'×5'	22^m1	15 Mio. Lj	Gx	weit südlich, Spiralgalaxie	8×30

M 48, 70mm-Refraktor, 37×

NGC 3242, 70mm-Refraktor, 187×

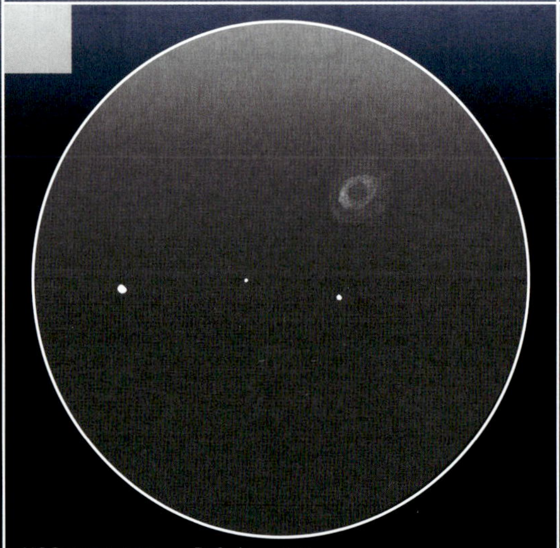
NGC 3242, 120mm-Refraktor, 250×

M 68, 60mm-Refraktor, 47×

M 83, 60mm-Refraktor, 47×, von Namibia aus.

M 83, 120mm-Refraktor, 64×, von Mitteleuropa aus

Hya

M 48 ★★★☆☆

Charles Messier 1771

M 48 ist der letzte Bote der Wintersternhaufen im bis in den Sommerhimmel reichenden Sternbild Hydra.

Unter dunklem Himmel ist M 48 mit dem bloßen Auge sichtbar.

Ein 50mm-Fernglas zeigt einen hellen, knotenartig verdichteten hellen Zentralbereich, umgeben von einem fast 1° großen Halo aus schwachen Sternen.

Im Teleskop ist der in Nord-Süd-Richtung längliche Zentralbereich in ineinander geschachtelte enge Pärchen mit verschiedener Ausrichtung aufgelöst – packend bei höherer Vergrößerung. Der umgebende lockere Haufen, genau entgegengesetzt Ost-West ausgerichtet und mit einer scharfen Nordkante, füllt bei 60–100× das Gesichtsfeld.

Aufsuchen: C ➡ 3,5° SW

NGC 3242, Jupiters Geist ★★☆☆☆

Wilhelm Herschel 1785

NGC 3242 ist ein heller Planetarischer Nebel und ein einfaches Objekt für Fernglas und Fernrohr.

Der Durchmesser von 36" lässt mit 10×50- oder 11×80-Ferngläsern nur ein helles Sternchen erkennen, das durch seine leuchtend grüne Farbe auffällt.

Im kleinen Refraktor ist NGC 3242 einfach zu sehen: Bei 15× ein grüner Stern, bei 50× ein kleines Scheibchen, das bei 100× rund und homogen aussieht. Die Ränder sind unscharf gezeichnet, deshalb und wegen der grünlichen Färbung und der richtigen Größe trägt NGC 3242 auch den passenden Namen »Jupiters Geist«.

In mittleren Optiken erkennt man schemenhafte Strukturen: Der Zentralbereich wird von einer hellen, einem Auge mit dunkler Pupille nicht unähnlichen Nebelhülle umgeben, die noch außen von einem schwachen Saum eingefasst ist. Der Zentralstern steht im zentralen dunklen Bereich, ist aber wegen des störenden hellen Nebelhintergrunds nur in größeren Optiken auszumachen. Das zentrale Auge ist dann beeindruckend anzusehen, umgeben von einem schwachen Halo. [OIII]-Filter machen den Nebel zwar heller, schaden damit aber eher der Wahrnehmung der Details.

Aufsuchen: μ ➡ 1,8° S

M 68 ★★☆☆☆

Charles Messier 1780

M 68 ist an sich ein helles Objekt, aber seine tief südliche Stellung macht die Beobachtung für mitteleuropäische Sternfreunde nicht einfach.

M 68 ist schon schwach mit dem Fernglas zu sehen.

Kleine Teleskope zeigen oft nicht mehr als einen schwachen runden diffusen Fleck mit breitem Zentrum. Theoretisch sollte schon ein Dreizöller beginnende Auflösung zeigen; mit mittleren Öffnungen kann man den Kugelsternhaufen gut aufgelöst bewundern – wenn man von der Südhalbkugel aus beobachtet. Bei guter Horizontsicht und geringer Lichtverschmutzung sollte daher eine Beobachtung auch mit kleinen Öffnungen gewagt werden.

*Aufsuchen: β Crv ➡ 3,5° S ➡ *5^m ➡ 30′ NO*

M 83 ★★★★☆

Nicolas de Lacaille 1752

M 83 ist für mitteleuropäische Beobachter prinzipiell die zweithellste Galaxie des Frühlingshimmels. Für 50° nördliche Breite steigt M 83 jedoch nur 10° hoch über den Horizont – man muss froh sein, die Galaxie überhaupt zu sehen. M 83 gilt deshalb zurecht als das am schwersten erreichbare Messier-Objekt.

Trotzdem sollte an einem Standort ohne Lichtverschmutzung ein Versuch nicht gescheut werden. Ein 50mm-Glas zeigt dann schon einen diffusen ovalen Nebel.

Teleskope zeigen in einem markanten Sternfeld einen etwa 0,5′ großen runden flächigen Kern. Nur bei wirklich exzellenten Bedingungen wird dieser von einem großen schwachen Leuchten umgeben, das asymmetrisch strukturiert ist und den Verlauf der Spiralarme andeutet. Wesentlich ist nicht die eingesetzte Optik, sondern die Transparenz der Atmosphäre.

Unter südlichem Sternhimmel ist M 83 eines der Schaustücke am Himmel; mit einem mittleren Teleskop bietet sich der Anblick einer großflächig hellen Galaxie mit Einzelheiten der Balkenspiralstruktur. In großen Teleskopen ist diese von zahlreichen Sternhaufen und Nebeln gesprenkelt.

*Aufsuchen: π ➡ 1° SW ➡ *5^m ➡ 2° SO ➡ *6^m ➡ 1° SW ➡ *6^m ➡ 2,5° W ➡ *6^m ➡ 30′ SW*

Atlas Karte 5, 12

Canes Venatici (CVn)

CVn

Canes Venatici ist der lateinische Name für die Jagdhunde, ein Sternbild antiken Ursprungs, das aber erst nach Hevelius' Arbeiten ab 1690 allgemein als solches anerkannt wurde. Die zwei hellsten Sterne stellen Chara (α CVn, auch Cor Caroli, »Herz Karls« genannt) und Asterion (β CVn) dar, die Jagdhunde des Bärenhüters Bootes, mit denen er den Großen Bär (Ursa Major) lenkt. Sie sind als nicht sehr helles Paar südlich der Deichsel des Großen Wagens zu finden. Canes Venatici liegt weitab von der Milchstraße und beheimatet zahlreiche helle und sehenswerte Galaxien, darunter M 51 und M 106, zwei der schönsten Spiralgalaxien des Himmels. Der nördliche Bereich des Sternbilds ist für Mitteleuropa noch zirkumpolar.

NGC 4217	12^h 15,8^{min}	+47° 5'	11^{m}3	2'×1'	22^{m}3	53 Mio. Lj	Gx	40' westlich M 106	100mm
NGC 4220	12^h 16,2^{min}	+47° 53'	11^{m}2	1,5'×1'	22^{m}0	66 Mio. Lj	Gx	45' nordwestlich M 106	100mm
NGC 4244	12^h 17,5^{min}	+37° 48'	10^{m}4	10'×1'	22^{m}9	14 Mio. Lj	Gx	Kantenlage, sehr lang	50mm
M 106	12^h 19,0^{min}	+47° 18'	8^{m}4	8'×3,5'	22^{m}7	24 Mio. Lj	Gx	länglich, hell	10×50
NGC 4449	12^h 28,2^{min}	+44° 6'	9^{m}6	3'×2'	21^{m}7	14 Mio. Lj	Gx	irregulär, rechteckig	10×50
NGC 4485	12^h 30,5^{min}	+41° 42'	11^{m}3	1,5'	21^{m}8	29 Mio. Lj	Gx	Begleiter von NGC 4490	80mm
NGC 4490	12^h 30,6^{min}	+41° 38'	9^{m}8	4'×2'	21^{m}9	29 Mio. Lj	Gx	Paar mit NGC 4485	10×50
Upgren 1	12^h 35,0^{min}	+36° 19'	-	10'	7^{m}2	-	Ast	nur wenige Sterne	8×30
NGC 4631	12^h 42,1^{min}	+32° 32'	9^{m}2	10'×2'	22^{m}2	24 Mio. Lj	Gx	Heringsnebel, Begleiter nördl.	10×50
NGC 4656/7	12^h 44,2^{min}	+32° 12'	10^{m}5	5'×1,5'	23^{m}4	44 Mio. Lj	Gx	sehr schwache Ausläufer	63mm
Y CVn	12^h 45,1^{min}	+45° 26'	5^{m}2	5^{m}6	157 Tage	1000 Lj	Vr	sehr rot	8×30
M 94	12^h 50,9^{min}	+41° 7'	8^{m}2	3'	22^{m}4	17 Mio. Lj	Gx	heller runder Kern	8×30
α CVn	12^h 56,0^{min}	+38° 19'	2^{m}9/5^{m}5	19,5"	230°	100 Lj	DS	Cor Caroli	50mm
M 63	13^h 15,8^{min}	+42° 2'	8^{m}6	4'×2,5'	22^{m}5	27 Mio. Lj	Gx	Stern westlich	10×50
M 51	13^h 29,9^{min}	+47° 13'	8:^{m}	8'×4'	21^{m}9	23 Mio. Lj	Gx	Strudelgalaxie	8×30
M 3	13^h 42,2^{min}	+28° 23'	5^{m}9	7'	21^{m}6	34.000 Lj	GC	sehr kompakt	3,5×15

M 106 ★★☆☆☆

Pierre Méchain 1781

Im kleinsten Fernglas schon zu erkennen, erscheint M 106 mit 50mm-Feldstechern hell und deutlich länglich, ein überraschender Anblick unter dunklem Himmel.

M 106 ist für kleine Refraktoren ein einfaches Objekt; deutlich ist die Längsachse von Nordwest nach Südost ausgerichtet, im Nebel ist ein heller, nahezu stellarer Kern eingebettet.

Bei 100× mit mittleren Öffnungen ist der stellare Kern in einen quer zur Galaxienlängsachse liegenden hellen Balken involviert. Besonders von der Nordseite des Balkens zieht sich am Galaxienrand nach Nordwesten ein deutlicher Spiralarm entlang, wobei das Glimmen der Galaxie bis zu einem schwachen Sternchen sichtbar ist, das deren Nordostende markiert. Auch der südwestliche Rand erscheint leicht heller: Die Spiralstruktur ist visuell in mittlerer Öffnung sichtbar, und wird mit großen Teleskopen spektakulär deutlich. Ein 11^m-Stern steht 4,5' westlich des Galaxienkerns nahezu in Verlängerung des Zentralbalkens.

Die Umgebung von M 106 ist reich an schwachen Galaxien, von denen viele schon mit mittleren Teleskopen gesehen werden können, wenn keine Lichtverschmutzung stört. NGC 4220, eine schwache linsenförmige Galaxie, ist 45' nordwestlich zu sehen. NGC 4217 erscheint als sehr schwacher feiner Lichtstreif 40' westlich von M 106.

*Aufsuchen: γ UMa ➡ 6° SO ➡ *4^m ➡ 2° S ➡ *7^m ➡ 30' W*

CVn

NGC 4449 ★☆☆☆☆

Wilhelm Herschel 1788

Bei NGC 4449 kann man schon im Okular erkennen, dass es sich um eine außergewöhnliche Galaxie handelt: Statt des üblichen runden oder elliptischen Umrisses ist ein nahezu rechteckiger Nebel zu sehen. Schon ein kleiner Refraktor zeigt dies deutlich.

Mit einem mittleren Teleskop bei mindestens 100x ist das Rechteck sehr deutlich, es liegt länglich Nordost-Südwest in einem armen Sternfeld. Interessant sind die Nord- und die Ostecke der Galaxie: Hier sind zwei kleine Nebelchen an das Rechteck angehängt, der südlichere ist heller. Die Westseite der Galaxie ist von einem schwachen Saum begleitet. Mit größeren Öffnungen wird die eckige Form noch deutlicher, zahlreiche der kleinen Sternhaufen und Gasnebel werden innerhalb der hellen Galaxienregionen sichtbar.

Aufsuchen: β ➡ 3° NNO

NGC 4490 ★☆☆☆☆

Wilhelm Herschel 1788

Im 50mm-Sucher ist NGC 4490 nahe β CVn als kleiner Fleck zu sehen, jedoch nur bei sehr dunklem Himmel ohne jede Lichtverschmutzung.

Für kleine Fernrohre ist die Galaxie einfach, aber schwach, ein schöner Anblick in interessantem Sternfeld, und sehr einfach aufzufinden. Teleskope ab drei Zoll Öffnung lassen die Begleitgalaxie erkennen: Nur 2' nördlich der westlichen Spitze der Galaxie steht schwach NGC 4485. Beide Systeme wirken durch Gezeitenkräfte aufeinander ein und sind durch eine Materiebrücke miteinander verbunden, die aber nur mit sehr großen Teleskopen sichtbar ist.

Die nur 1' kleine und runde NGC 4485 erscheint strukturlos und ohne Kern, während NGC 4490 hell und leicht gebogen im Gesichtsfeld steht. Ein länglicher Kern ist auffällig, der nach Osten durch eine Dunkelstruktur von einem schwachen helleren Gebiet in der Galaxie getrennt ist.

Aufsuchen: β ➡ 40' NW

NGC 4631, Heringsnebel ★★☆☆☆

Wilhelm Herschel 1787

NGC 4631 wird wegen seiner stromlinienartigen, im Teleskop sichtbaren Form auch Heringsnebel genannt.

Mit einem 10×50-Fernglas ist kaum etwas vom Heringsnebel zu sehen, erst ein 70mm-Glas zeigt die Galaxie schwach im großen Gesichtsfeld.

In kleinen und mittleren Optiken ist der Heringsnebel hell und ca. 10' lang, seine Ostseite erscheint breiter, während er nach Westen spitz ausläuft. Ein Sternchen steht an der Nordseite der Galaxie, östlich davon im Nebel ist bei guten Bedingungen ein heller, fast stellarer Fleck auszumachen, der hellste der vielen Knoten und Kondensationen in der Galaxie. Nur 3' westnordwestlich des genannten Sternchens ist mit einem mittelgroßen Teleskop unter gutem Himmel die $12^{m}.5$-Galaxie NGC 4627 an der Wahrnehmungsgrenze zu sehen, ein Begleiter von NGC 4631. In großen Teleskopen zeigt sich die Hauptgalaxie von hellen Flecken gesprenkelt.

Südöstlich von NGC 4631 ist schwach NGC 4656-7 zu sehen, ein fast verschmolzenes Paar wechselwirkender Galaxien. Es erfordert eine sehr dunkle Nacht und mindestens ein mittleres, besser großes Teleskop und niedrige Vergrößerung. Dann ist eine unregelmäßige hellere Partie im Westen und ein langer, schwacher Schweif nach Osten zu erkennen.

Aufsuchen: γ Com ➡ 5° NNO ➡ 2 6^{m} ➡ 2° OSO*

Upgren 1 ★☆☆☆☆

Arthur Upgren 1963

Zu den eigenartigsten Objekten am Himmel gehört dieses kleine Sternmuster. Es besteht aus sieben Sternen zwischen 7^{m} und 10^{m} Helligkeit, die wahrscheinlich nicht physisch aneinander gebunden sind.

Im Fernglas mit 50mm oder 70mm Öffnung sind fünf Sterne in einer eigentümlichen rechtwinkligen Anordnung zu sehen.

Alle sieben Sterne zeigt ein kleines Fernohr. Die drei hellsten sind in einer geraden Linie angeordnet. Trotz seiner Sternarmut hebt sich das Muster gut gegenüber dem sternleeren Umfeld ab, so dass auch von lichtverschmutzten Standorten gute Chancen bestehen.

Aufsuchen: α ➡ 4,5° SW

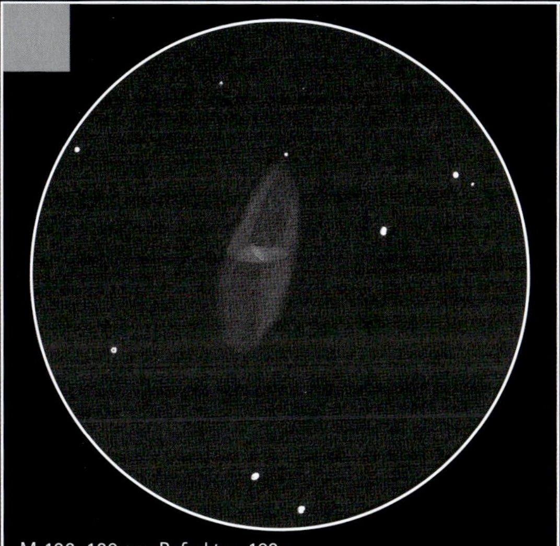

M 106, 120mm-Refraktor, 102×

NGC 4449, 120mm-Refraktor, 102×

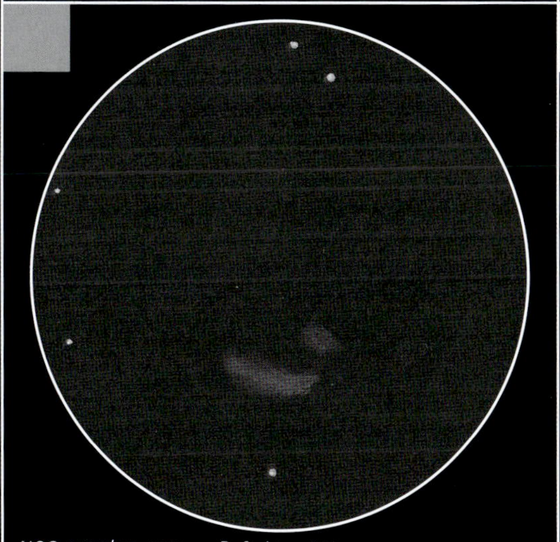

NGC 4490/85, 120mm-Refraktor, 102×

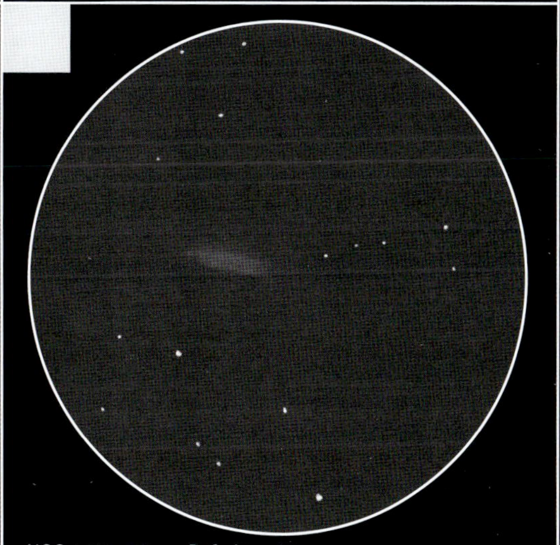

NGC 4631, 70mm-Refraktor, 37×

NGC 4631, 120mm-Refraktor, 102×

M 94, 70mm-Refraktor, 80×

CVn

M 94 ★★☆☆☆

Pierre Méchain 1781

M 94 ist eine helle kleine Galaxie zentral im Sternbild Jagdhunde, ein dankbares Objekt für kleine Fernrohre.

Mit 7× vergrößernden Feldstechern ist sie fast punktförmig im Sternfeld als 8^m-Objekt sichtbar; im 10×50-Glas bekommt man den Eindruck eines hellen »Planetarischen Nebels«.

Mit kleinen Refraktoren zeigt sich ein heller runder Nebel mit deutlicher flächiger Zentralverdichtung; die Galaxie macht einen brillanten und leuchtenden Eindruck, die Flächenhelligkeit ist hoch.

In mittlerer Optik verstärkt sich dieser für eine Galaxie völlig untypische Eindruck, dabei sind Vergrößerungen über 100× nützlich. Der brillante Kern ist etwa 0,5' groß und rund. Um ihn schließt sich eine helle, scharf nach außen begrenzte Zone an, die 1' Durchmesser hat. Der Helligkeitsabfall zum Rest des diffusen, bis auf 3' Durchmesser reichenden Halos ist deutlich; die Gesamtform nicht exakt rund. Große Teleskope können unter sehr dunklem Himmel zwei weitere Nebelschalen zeigen.

Aufsuchen: α ➡ 3° NNW

M 63 ★☆☆☆☆

Pierre Méchain 1779

Schon in 50mm-Gläsern ist der typische Anblick von M 63 unverkennbar: Direkt östlich eines hellen Sterns von ca. 8m steht ein heller und einfacher ovaler Nebel.

Kleine Refraktoren zeigen das Objekt deutlicher, aber ohne weiteres Detail, auch wenn höher vergrößert. In mittelgroßen Instrumenten kann ein fast stellarer Kern unterschieden werden, der in einem etwa 1' langem, genauso wie der gesamte Nebel Ost-West ausgerichteten hellen ovalen Zentralgebiet steht. Umgeben wird dieser von einem diffusen großen Halo, der bei hoher Vergrößerung leicht geflockt aussieht. Dies wird mit größeren Öffnungen deutlicher, weshalb M 63 auch als »Sonnenblumengalaxie« bezeichnet wird.

Aufsuchen: α ➡ 2,8° O ➡ 15 ➡ 2,5° NO ➡ 4 5^m ➡ 1,5° N*

M 3 ★★★☆☆

Charles Messier 1764

M 3 gehört zu den hellen und sehenswerten Kugelsternhaufen des Messier-Kataloges.

Im Fernglas ist M 3 leicht und hell sichtbar und zeigt das typische Bild eines Kugelsternhaufens mit kleiner Optik und geringer Vergrößerung: Ein rundes Nebelbällchen, das zum Zentrum deutlich heller wird.

Mit kleinen Refraktoren ist ebenfalls dieses Bild zu sehen, und Messiers Beschreibung eines »Nebels ohne Sterne« ist bestens nachzuvollziehen. Mit mittleren Öffnungen ist M 3 bei 50× sehr hell mit hellerem Zentrum, aber noch nicht aufgelöst. Erst mit über 100× sind Einzelsterne in den Randbereichen zu sehen. Für eine komplette Auflösung reicht auch ein mittleres Teleskop nicht aus, da das kompakte, nicht ganz symmetrisch zum gesamten Haufen liegende Zentrum neblig bleibt.

Aufsuchen: α ➡ 13,5° SO

M 51, Strudelgalaxie ★★★☆☆

Charles Messier 1773

M 51 besteht eigentlich aus zwei Galaxien, NGC 5194 und NGC 5195. Beide Objekte berühren sich, es handelt sich um wechselwirkende Galaxien.

M 51 ist schwach schon mit dem 10×50-Glas zu sehen, beide Galaxien erscheinen als matte runde Lichtflecken, die sich diffus berühren.

Mit einem kleinen Fernrohr wird die bemerkenswerte Natur des Objekts deutlich. Der südliche Teil ist die hellere Galaxie NGC 5194. Um ein helles flächiges Zentrum erstreckt sich ein runder diffuser Halo. 6' nördlich des Zentrums befindet sich NGC 5195, der kleinere der beiden Nebel; er zeigt eine leicht ovale Form um einen sternförmigen Kern. Beide Objekte haben gleiche Flächenhelligkeiten und erscheinen mit kleinen Öffnungen gleichzeitig. Für den besten Eindruck sollte man 30–60× nicht überschreiten. Lichtverschmutzung stört den Eindruck stark.

Für die berühmte Spiralstruktur, die dem Objekt auch den englischen Namen »Whirlpool-Galaxy« eingebracht hat, sind für ansatzweise Beobachtung acht Zoll, für deutlichen Eindruck zwölf Zoll Öffnung einzusetzen, dies gilt auch für die schwache Verbindung zwischen beiden Galaxien. Dann ist M 51 ein unvergleichlich spektakuläres Ziel.

*Aufsuchen: η UMa ➡ 2° W ➡ *5^m ➡ 1,7° SSW*

M 63, 70mm-Refraktor, 93×

M 63, 120mm-Refraktor, 102×

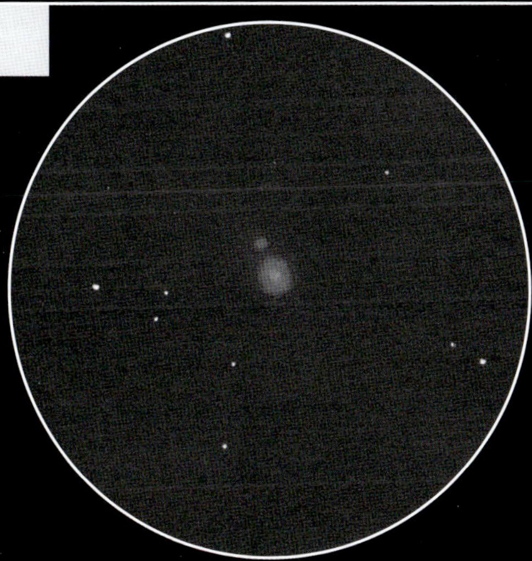

M 51, 70mm-Refraktor, 84×

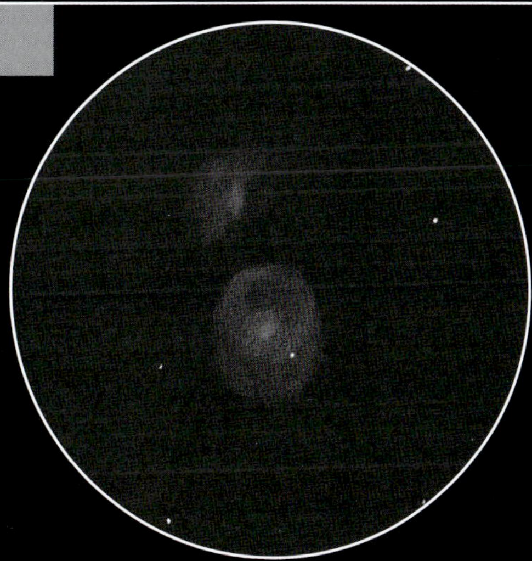

M 51, 120mm-Refraktor, 102×

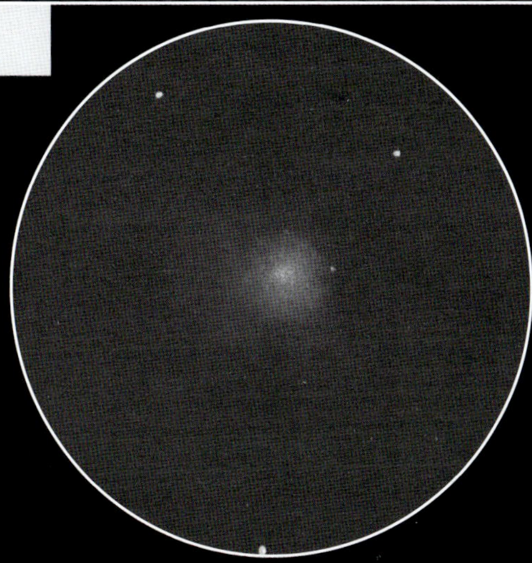

M 3, 70mm-Refraktor, 37×

M 3, 120mm-Refraktor, 120×

CVn

Atlas Karte 12

Com

Coma Berenices (Com)

Die Sage berichtet, dass Berenike, Frau des ägyptisch-griechischen Herrschers Ptolemäus, in tiefer Sorge über ihren im Krieg befindlichen Mann, den Göttern ihre langen blonden Locken als Opfer versprach, falls der König unversehrt vom Feldzug heimkehren werde. Ptolemäus gewann die Schlacht, und Berenike opferte ihre Haarpracht, die alsbald von den Göttern an den Himmel versetzt wurde. Tatsächlich beeindruckt Coma Berenices, das Haar der Berenike, oft nur kurz als Coma bezeichnet, durch seinen Haufen schwacher Sterne, der auch unter der Katalogbezeichnung Melotte 111 bekannt ist. Daneben ist Coma reich mit schwachen Galaxien bestückt. Im südlichen Bereich des Sternbilds reicht der Virgo-Galaxienhaufen hinein; die dort im Zentralbereich des Haufens befindlichen Galaxien werden aber zusammen mit denen aus dem Sternbild Virgo extra unter jenem Sternbild beschrieben. Das Haar der Berenike enthält außerdem einen der wenigen Kugelsternhaufen am Frühlingshimmel, M 53.

Mel 111	$12^h\,25{,}0^{min}$	+26:°	$1^m{,}8$	3,5°	$4^m{,}4$	280 Lj	OC	Coma-Sternhaufen	bloßes Auge
NGC 4559	$12^h\,36{,}0^{min}$	+27° 58'	$10^m{,}0$	5'×2'	$23^m{,}2$	24 Mio. Lj	Gx	schwache Sterne eingebettet	63mm
NGC 4565	$12^h\,36{,}3^{min}$	+25° 59'	$9^m{,}6$	13'×1'	$21^m{,}8$	44 Mio. Lj	Gx	Kantenlage	10×50
NGC 4725	$12^h\,50{,}4^{min}$	+25° 30'	$9^m{,}4$	4'×3'	$23^m{,}0$	42 Mio. Lj	Gx	Balkenspirale	10×50
M 64	$12^h\,56{,}7^{min}$	+21° 41'	$8^m{,}5$	4,5'×2,5'	$21^m{,}3$	18 Mio. Lj	Gx	dunkler Fleck	10×50
NGC 4889	$13^h\,0{,}1^{min}$	+27° 59'	$11^m{,}5$	1'	$22^m{,}3$	330 Mio. Lj	Gx	im Coma-Galaxienhaufen	120mm
α Com	$13^h\,10{,}0^{min}$	+17° 32'	$4^m{,}9/5^m{,}5$	0,5"	192°	58 Lj	DS	Maximalabstand war 2010	150mm
M 53	$13^h\,12{,}9^{min}$	+18° 10'	$7^m{,}5$	4'	$13^m{,}8$	59.000 Lj	GC	kompakt	8×30
β 800	$13^h\,16{,}9^{min}$	+17° 1'	$6^m{,}7/9^m{,}5$	7,7"	105°	36 Lj	DS	Farben orange-rot	50mm

Mel 111, Coma-Sternhaufen ★★★☆☆

seit dem Altertum bekannt

Melotte 111 ist die Katalognummer für den Coma-Sternhaufen, der den Hauptteil des Haars der Berenike ausmacht. Er ist mit 3,5° Durchmesser auch gleichzeitig der zweitgrößte Sternhaufen am Himmel, übertroffen nur noch von den Hyaden in Taurus.

In einer dunklen Frühlingsnacht ist es faszinierend, den Schwarm schwacher Sterne mit bloßem Auge zu betrachten. 10–15 Sonnen sind vor dem schwarzen Hintergrund zu sehen, dank der sternarmen Himmelsregion schön vom Hintergrund abgehoben. Lichtverschmutzung wirkt hier jedoch sehr empfindlich, und so ist der Sternhaufen an den meisten Standorten unsichtbar.

Schon mit einem Opernglas oder einem kleinen Fernglas geht der Haufeneindruck verloren, und aus dem Sternschwarm wird ein Feld voller heller Sterne.

Im Teleskop ist der Haufen überhaupt nicht mehr als solcher wahrzunehmen, und die Beobachtung wird gänzlich unspektakulär.

Aufsuchen: γ ➞ 2° SSW

NGC 4559 ★☆☆☆☆

Wilhelm Herschel 1785

NGC 4559 ist eine interessante Galaxie für mittlere Öffnungen.

Ein größerer Feldstecher zeigt die Galaxie als schwachen Nebelfleck unter idealen Bedingungen ohne Lichtverschmutzung.

Im kleinen Teleskop ist zu sehen, dass ein ovaler heller Zentralbereich von etwa 3'×2' im Süden von drei $12\text{–}13^m$ hellen Sternchen begleitet wird. Mit mittlerer Öffnung bei über 100× erkennt man, dass schwache Ausläufer der Galaxie über den mittleren der Sterne knotig nach Süden verlaufen, einen der großen mit Kondensationen gesprenkelten Spiralarme andeutend. Dies wird mit großen Teleskopen noch deutlicher, und die Spiralstruktur wird beeindruckend sichtbar. Moderate Lichtverschmutzung kann aber nur dem Zentralbereich nicht viel anhaben.

Aufsuchen: γ ➞ 2° O

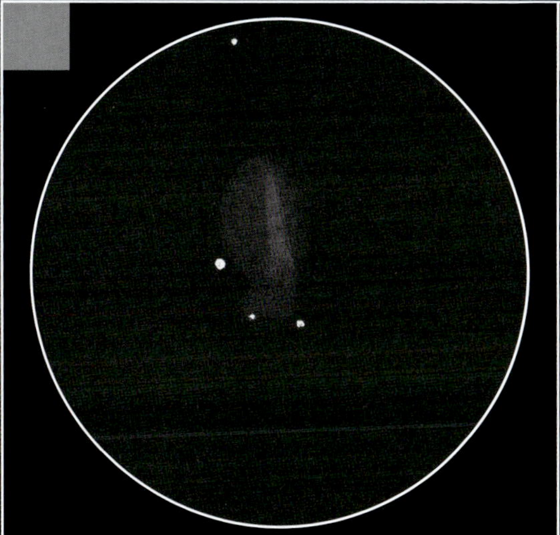

NGC 4559, 120mm-Refraktor, 102×

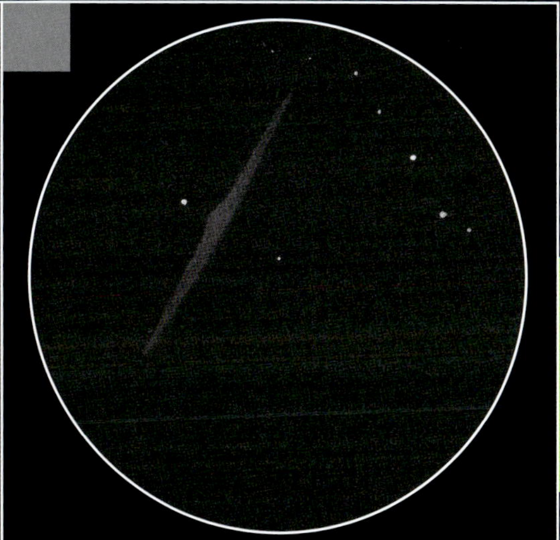

NGC 4565, 120mm-Refraktor, 64×

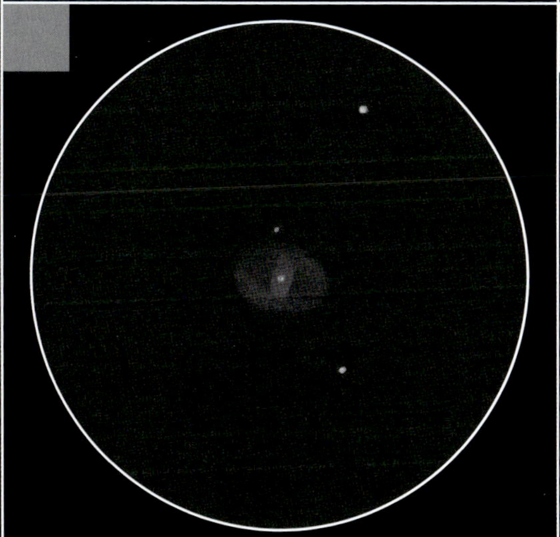

NGC 4725, 120mm-Refraktor, 102×

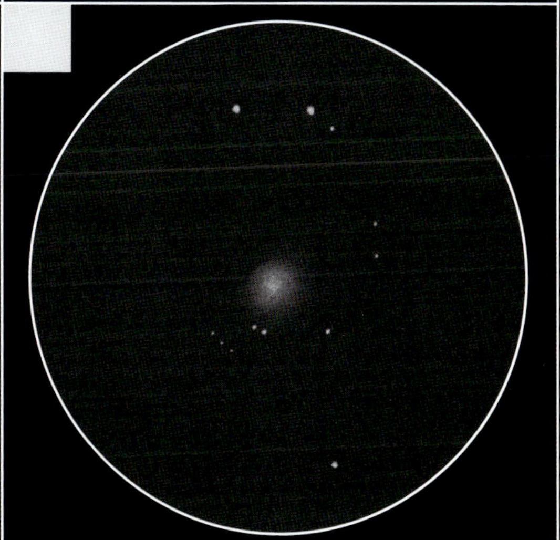

M 53, 70mm-Refraktor, 37×

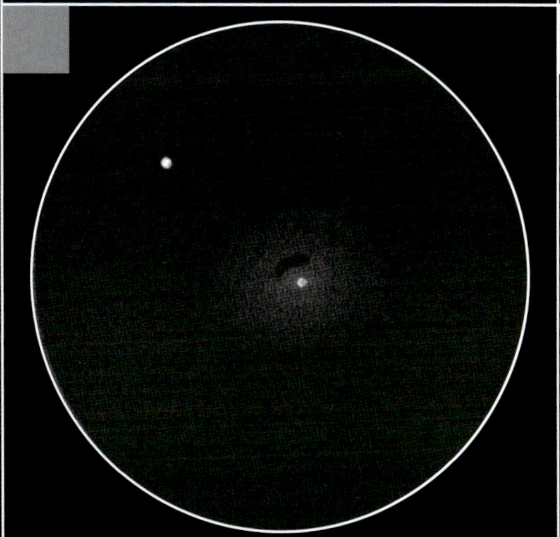

M 64, 120mm-Refraktor, 102×

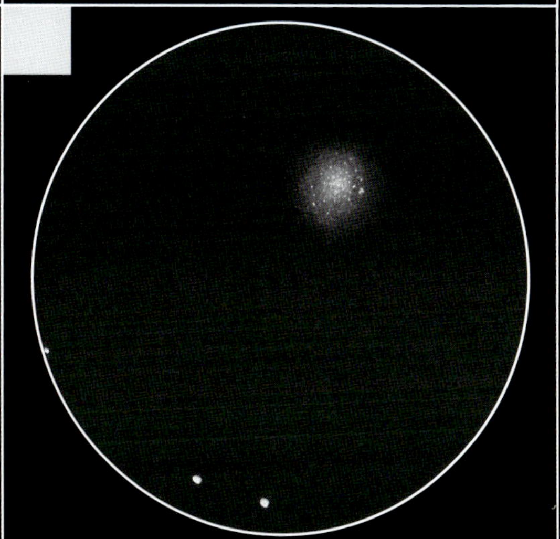

M 53, 120mm-Refraktor, 120×

Com

NGC 4565 ★★★☆☆

Wilhelm Herschel 1785

NGC 4565 ist das Paradebeispiel für eine Spiralgalaxie in Kantenlage.

Schon im Sucher oder Fernglas erscheint die Galaxie; es ist aber nur ein diffuser schwacher Fleck zu sehen.

Im kleinen Refraktor zeigen sich mit Mühe Andeutungen der Kantenlage, wenn der Himmel sehr dunkel ist. Benutzt man jedoch ein Teleskop von vier Zoll Öffnung oder mehr, wird die besondere Form von NGC 4565 klar: Schwach zieht sich ein ganz feiner Lichtstreif mit wenig breiterem Zentrum über das Sternfeld. Unerreicht ist das 13:1-Verhältnis der beiden Achsen, das der Galaxie den fast zerbrechlich wirkenden Anblick beschert. In der Mitte der langen Spindel ist ein helleres Zentrum angedeutet, die Galaxie hat jedoch keinen stellaren Kern.
In den besten Nächten besteht die Chance, mit mittleren Fernrohren und höherer Vergrößerung den feinen Dunkelstreif zu sehen, der die Galaxie in ihrer gesamten Länge durchschneidet. In großen Öffnungen macht diese Dunkellinie die Galaxie zu einem der großartigsten-Schaustücke am Himmel. Ein 13^m-Sternchen steht nur 1,5' nordöstlich des Galaxienzentrums, ein etwas schwächeres 4' südwestlich.

Aufsuchen: γ ➡ 2,5° S ➡ 17 ➡ 1,7° O

NGC 4725 ★☆☆☆☆

Wilhelm Herschel 1785

NGC 4725 ist ein schönes Beispiel einer Balkenspirale.

Im Fernglas ist die Galaxie als kleiner schwacher Fleck erkennbar.

Mit kleinen Refraktoren erscheint ein ovaler Nordost-Südwest ausgerichteter strukturloser Nebelfleck mit hellem kleinem Kern. Erst mittelgroße Optiken in dunkler Nacht lassen die bemerkenswerten Details dieser Galaxie hervortreten: Der Kern ist rund und deutlich flächig und erscheint in einen Nord-Süd verlaufenden Balken eingebettet. Von den Balkenenden krümmen sich hellere Partien entlang des Galaxienrandes fast um den gesamten Nebel; vom nördlichen Balkenende nach Südwesten, vom südlichen in entgegengesetzte Richtung. Die zwischen diesen Spiralarmen und dem zentralen Balken befindlichen Galaxienteile sind von schwachem diffusem Leuchten umgeben. Diese Details sind bei Vergrößerungen von 100× und höher in großen Öffnungen beeindruckend zu sehen. 1' nördlich des Galaxienrands steht ein 13^m-Sternchen

Aufsuchen: NGC 4565 ➡ 3° O

M 64 ★★★☆☆

Edward Pigott 1779

Im Fernglas erscheint M 64 als »kleiner Nebelstern«.

Mit einem kleinen Refraktor ist eine recht helle, ovale Galaxie zu sehen. in mittelgroßen Teleskopen fällt der wie ein Stern helle, aber deutlich längliche Kern auf, um den sich ein 2:1 in Nordwest-Südost-Richtung ausgerichteter Halo erstreckt. Beobachtet man mit hoher Vergrößerung, ist ganz nahe nordöstlich am Kern ein dunkler länglicher Fleck in der Galaxie zu erkennen. Das ist eine absorbierende Staubwolke, die M 64 den englischen Namen Black Eye Galaxy eingetragen hat. Mit großen Öffnung ist sie deutlich zu erkennen und gibt M 64 eine fast dreidimensionale Wirkung.

Aufsuchen: α ➡ 5° NW ➡ 35 ➡ 1° NO

M 53 ★★☆☆☆

Johann Elert Bode 1775

Das Erscheinungsbild von M 53 ist das vieler typischer Kugelsternhaufen: Mit 50mm-Gläsern ist ein helles Lichtbällchen mit zur Mitte ansteigender Helligkeit zu sehen.

Dasselbe Bild zeigt sich im kleinen Refraktor, nur ist jetzt der Nebel wesentlich heller und größer. Die Auflösung beginnt erst zaghaft mit vier bis fünf Zoll, mit 150mm Öffnung sind einige Sternpünktchen über die Außenbereiche des noch größtenteils neblig erscheinenden Haufens gestreut. Erst in großen Teleskopen wirkt M 53 als sternreicher kompakter Haufen.
Ein $11^m\!.5$-Vordergrundstern steht nordöstlich des Zentrums.

Aufsuchen: α ➡ 1° NO

NGC 4889 ★☆☆☆☆

W. Herschel 1785

NGC 4889 ist die hellste Galaxie des Coma-Galaxienhaufens, einer besonderen Herausforderung für mittlere Teleskope und dunkle Nächte. Unter idealen Bedingungen zeigt schon ein Vierzöller NGC 4889 und die Nachbargalaxie NGC 4874. Mit großen Teleskopen ist ihre Umgebung von bis zu 100 Galaxien umgeben.

Aufsuchen: β ➡ 2,5° W

Atlas Karte 20

Virgo (Vir)

Vir

Virgo, die Jungfrau, gehört zu den Konstellationen des Tierkreises und füllt den Raum zwischen Löwe und Waage. Das Sternbild ähnelt einem auf der Seite liegendem windschiefen Y mit dem Hauptstern Spika an der Wurzel und γ Virginis alias Porrima am Gabelungspunkt. Insgesamt umfasst das Bild ein eher sternarmes Areal des Frühlingshimmels weitab von der Milchstraße. Nahezu keine galaktischen Objekte sind in der Jungfrau zu finden, dafür aber eine große Zahl an Galaxien, von denen hier 16 näher beschrieben sind. Besonders im nördlichen Teil nahe der Grenze zu Coma Berenices sind viele Galaxien zu finden; der Grund dafür ist der Virgo-Galaxienhaufen, die uns nächste Ansammlung von Galaxien dieser Art. Er reicht über die Sternbildgrenze nach Norden hinüber, und seinem Zentralbereich ist ein eigenes Kapitel gewidmet, das auch zahlreiche Objekte aus Coma Berenices einschließt.

M 61	$12^h\,21{,}9^{min}$	+4° 28'	$9\overset{m}{,}7$	3'	$22\overset{m}{,}3$	54 Mio. Lj	Gx	Balkenspirale	10x50
3C 273	$12^h\,29{,}1^{min}$	+2° 3'	$12\overset{m}{,}8$	<0,1'	-	2500 Mio. Lj	Qs	sternförmig	100mm
M 49	$12^h\,29{,}8^{min}$	+8° 0'	$8\overset{m}{,}4$	5'	$21\overset{m}{,}6$	53 Mio. Lj	Gx	Zentralgalaxie des südlichen Virgohaufens	8x30
NGC 4526	$12^h\,34{,}0^{min}$	+7° 42'	$9\overset{m}{,}7$	1,5'	$21\overset{m}{,}7$	49 Mio. Lj	Gx	zwischen hellen Sternen	63mm
M 104	$12^h\,40{,}0^{min}$	-11° 37'	$8\overset{m}{,}0$	7'x2'	$20\overset{m}{,}5$	37 Mio. Lj	Gx	Sombrerogalaxie	8x30
γ Vir	$12^h\,41{,}7^{min}$	-1° 27'	$3\overset{m}{,}5/3\overset{m}{,}5$	2,9"	358°	39 Lj	DS	Porrima, schnelle Bewegung	50mm
NGC 4697	$12^h\,48{,}6^{min}$	-5° 48'	$9\overset{m}{,}1$	2,5'x1'	$21\overset{m}{,}6$	40 Mio. Lj	Gx	elliptisch, einfach	10x50
NGC 5634	$14^h\,29{,}6^{min}$	-5° 59'	$9\overset{m}{,}5$	2'	-	82.000 Lj	GC	schwierig aufzulösen	80mm
NGC 5746	$14^h\,44{,}9^{min}$	+1° 57'	$10\overset{m}{,}3$	6'x1'	$21\overset{m}{,}2$	99 Mio. Lj	Gx	Kantenlage	80mm

M 61 ★☆☆☆☆

Barnabus Oriani 1779

M 61 gehört zum Virgo-Galaxienhaufen, befindet sich aber gut 8° südlich des Zentralbereichs.

Im Fernglas zeigt sich ein kleines rundes Nebelchen, wenn der Himmel sehr dunkel ist.

Im kleinen Refraktor ist M 61 hell, aber ohne Strukturen zu sehen. Mittlere Öffnungen zeigen bei 100x einen hellen stellaren Kern, der etwas nach Süden versetzt auf dem Nord-Süd ausgerichteten diffusen balkenähnlichen Zentralbereich sitzt. Ein rundes diffuses Leuchten umgibt den Kern. Von der Spiralstruktur ist leider nur mit großer Öffnung etwas zu sehen. Direkt südwestlich der Galaxie steht ein 14^m-Sternchen.

Aufsuchen: η → 4° N → 16 → 1,3° NNO

M 49 ★★☆☆☆

Charles Messier 1771

Die hellste Galaxie des Virgohaufens steht etwa 4° südlich von dessen Zentrum um M 87.

Im 8x50-Sucher oder Fernglas ist die Galaxie hell und deutlich als runder Nebelfleck zu sehen.

Mit einem kleinen Refraktor wird der Anblick noch deutlicher, das Zentrum kulminiert in einem runden hellen Kern. Mittlere Optiken zeigen einen schwachen Stern innerhalb der Galaxie nur 1' östlich des Zentrums; der umgebende Halo ist leicht nord-südlich ausgedehnt. Auch mit großen Öffnungen zeigen sich keine weiteren Details.

*Aufsuchen: ε → 5° W → ρ → 3,7° SW → *6^m → 30' NW*

Vir

NGC 4526 ★☆☆☆☆

Wilhelm Herschel 1784

NGC 4526 ist ebenfalls dem Virgohaufen zuzurechnen und steht in der Nähe von M 49.

Ein kleiner Refraktor zeigt einen einfach zu sehenden Nebel in der Mitte zwischen zwei 7^{m}-Sternen, die den Anblick bereichern. Mit mittleren Teleskopen ist der wenig mehr als 1' messende Zentralbereich zu beobachten, der schwach strukturiert ist; unmittelbar südlich steht ein $12^{\mathrm{m}}\!.5$-Stern. Für den schwachen 3' langen Halo, der in Nordwest-Südost-Richtung ausgebreitet ist, benötigt man eine gute Nacht und kleine Vergrößerungen mit mittlerer Optik.

*Aufsuchen: ε ➡ 5° W ➡ ρ ➡ 3,7° SW ➡ *6^{m} ➡ 1° O*

M 104, Sombrero-Galaxie ★★★☆☆

Pierre Méchain 1781

M 104 ist die berühmte Sombrerogalaxie, so benannt nach seinem Aussehen auf tiefen Fotografien, auf denen ein markantes dunkles Staubband die hutförmig aussehende Galaxie ungleich durchschneidet. M 104 erscheint von der Erde aus gesehen um nur 6° geneigt zur exakten Kantenlage.

Schon mit 50mm-Feldstechern ist die Galaxie eindeutig als Ost-West ausgerichteter kleiner Nebelfleck zu sehen. Großfeldstecher lassen einen deutlichen Nebel mit starker Helligkeitszunahme zum Zentrum erkennen.

Mit einem mittleren Teleskop wird M 104 zu einem interessanten Objekt, um feine Details und schwache Strukturen zu studieren. M 104 ist nach M 81 die hellste Galaxie des Frühlingshimmels und zeigt schön die nach Norden ausgebeulte Sombrero-Form. Auffallend ist die scharfe Begrenzung nach Süden, während die Galaxie sonst eher diffus in den Hintergrund übergeht. Das Zentrum wird beherrscht von einem 2'×1' messendem linsenförmigen sehr hellen Kern, der ohne Probleme Vergrößerungen von 100–150× und darüber anwenden lässt.

Das Staubband ist meistens nur als scharfer Südrand sichtbar; erst große Öffnungen in guten Nächten zeigen ein schwaches längliches Leuchten südlich des Bands und vervollständigen das Erscheinungsbild zum bekannten Anblick der Galaxie, dessen 3D-Effekt unvergleichlich ist.

*Aufsuchen: δ Crv ➡ 2,5° N ➡ *6^{m} ➡ 1° N ➡ *6^{m} ➡ 1° NNO ➡ 2* 7^{m} ➡ 1° ONO*

γ Vir, Porrima ★★★☆☆

Bradley und Pound 1718

γ Virginis ist ein interessanter Doppelstern für das Teleskop. In einer sehr exzentrischen Bahn umkreisen sich zwei fast gleichhelle Sterne desselben Spektraltyps und bilden zusammen γ Vir mit $2^{\mathrm{m}}\!.7$. 2005 war der Minimalabstand mit 0,4" erreicht, derzeit vergrößert sich der Abstand wieder. Ephemeride für die nächsten Jahre:

Jahr	Abstand	Positionswinkel
2020	2,9"	358°
2025	3,5"	352°
2030	3,9"	348°

Derzeit sollte ein 60mm-Teleskop beide Sterne trennen können, ein 50mm-Fernrohr zeigt ein längliches Bild. In den nächsten Jahren werden noch kleinere Öffnungen das Paar wieder zeigen können.

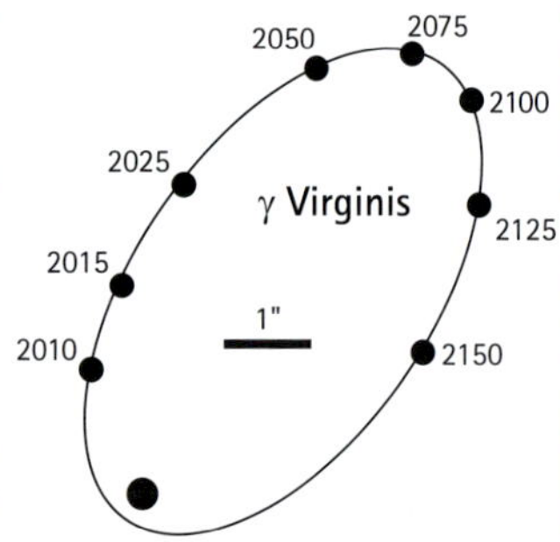

NGC 5746 ★☆☆☆☆

Wilhelm Herschel 1786

NGC 5746 steht in den östlichen Bereichen der Jungfrau, die in den Sommerhimmel hineinreichen.

Kleine Teleskope lassen einen schwachen Nebel erkennen, die Kantenlage ist nicht erfassbar. in mittleren Öffnungen offenbart sich die langgestreckte Form, obwohl die Galaxie bei 25× immer noch ziemlich schwach erscheint. Die Mitte des 6' langen Nebels ist deutlich heller, wobei besonders nach Norden ein scharfer Übergang zu den schwächeren Galaxienteilen erkennbar ist. Nach Norden weist die Galaxie direkt auf einen 11^{m}-Stern zu, nordwestlich und neben diesem steht ein 9^{m}-Stern. Zusammen mit dem hellen 109 Virginis, der für die Beobachtung außerhalb des Feldes gehalten werden sollte, bilden sie eine reizvolle Kulisse für diese schöne Galaxie.

Aufsuchen: μ ➡ 7,5° N ➡ 109 ➡ 20' W

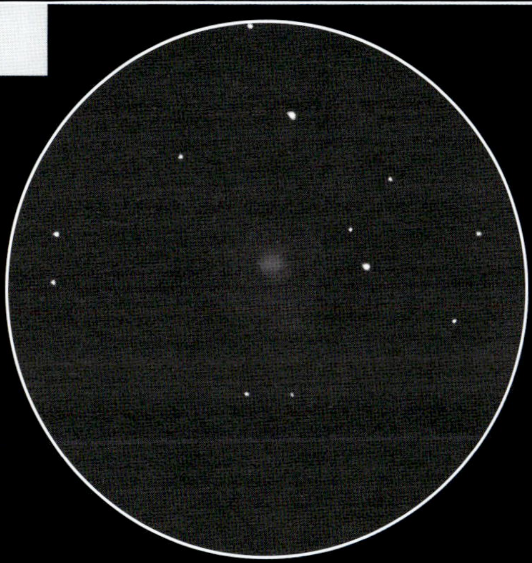

M 61, 70mm-Refraktor, 37×

M 61, 120mm-Refraktor, 102×

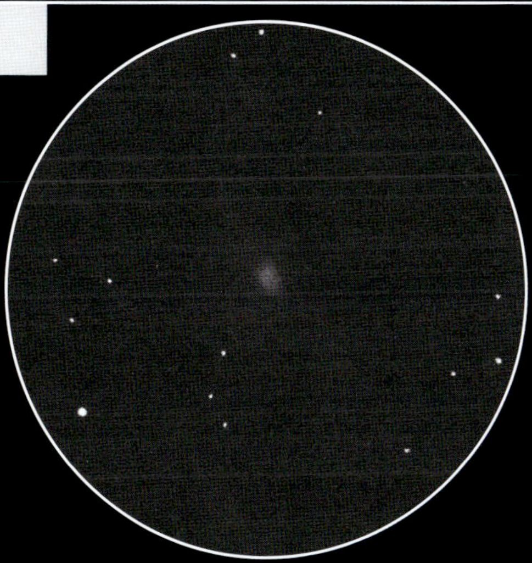

M 49, 70mm-Refraktor, 37×

M 49, 120mm-Refraktor, 102×

NGC 4526, 70mm-Refraktor, 37×

NGC 4526, 120mm-Refraktor, 102×

Vir

3C 273 ★☆☆☆☆

Maarten Schmidt 1963

3C 273 ist das bei weitem entfernteste Objekt in diesem Buch. Der Quasar erscheint mit dem Vier- oder Sechszöller als deutliches Sternchen; unter sehr guten Bedingungen ist der Quasar auch schon mit 70mm Öffnung sichtbar. Unmittelbar westlich neben dem Quasar steht noch ein um $0\overset{m}{,}5$ schwächeres Sternchen, gerade fassbar mit fünf oder sechs Zoll.

Aufsuchen: η → 4° N → 16 → 2,5° SO

Atlas Detailkarte 21

Virgo-Galaxienhaufen

Der Virgo-Galaxienhaufen ist mit 60 Millionen Lichtjahren Abstand zusammen mit dem Fornaxhaufen der nächste seiner Art zur Erde und beheimatet etwa 2000 Galaxien. 24 Galaxien in den Sternbildern Virgo und Coma Berenices sind in in diesem Abschnitt beschrieben. Oftmals erscheinen fünf oder mehr Galaxien auf einmal im Feld - allerdings ist dazu ein dunkler Himmel Voraussetzung. Die Beschreibungen von 30 Galaxien sind hier zu einer Tour zusammengefasst, beginnend mit dem T-Muster am Westrand bzw. dem L-Muster am Ostrand des Haufens.

M 98	$12^{h}\,13{,}8^{min}$	+14° 54'	$10\overset{m}{,}1$	5'×2'	$22\overset{m}{,}0$	57 Mio. Lj	Gx	schwach, länglich	10×50
NGC 4206	$12^{h}\,15{,}3^{min}$	+13° 1'	$12\overset{m}{,}0$	3,5'×1'	$23\overset{m}{,}0$	62 Mio. Lj	Gx	bei NGC 4216	120mm
NGC 4216	$12^{h}\,15{,}9^{min}$	+13° 9'	$9\overset{m}{,}9$	5'×1'	$21\overset{m}{,}5$	60 Mio. Lj	Gx	Kantenlage	10×50
M 99	$12^{h}\,18{,}8^{min}$	+14° 25'	$9\overset{m}{,}8$	2,5'	$21\overset{m}{,}9$	45 Mio. Lj	Gx	rund, Spiralarme	10×50
NGC 4298	$12^{h}\,21{,}5^{min}$	+14° 36'	$11\overset{m}{,}4$	1'	$22\overset{m}{,}3$	71 Mio. Lj	Gx	Paar mit NGC 4302	80mm
NGC 4302	$12^{h}\,21{,}7^{min}$	+14° 36'	$11\overset{m}{,}9$	2'×0,5'	$21\overset{m}{,}6$	71 Mio. Lj	Gx	Paar mit NGC 4298	120mm
M 100	$12^{h}\,22{,}9^{min}$	+15° 49'	$9\overset{m}{,}3$	3'	$21\overset{m}{,}9$	45 Mio. Lj	Gx	rund, groß	10×50
M 84	$12^{h}\,25{,}0^{min}$	+12° 53'	$9\overset{m}{,}1$	1,5'	$21\overset{m}{,}2$	58 Mio. Lj	Gx	Paar mit M 86	8×30
M 85	$12^{h}\,25{,}4^{min}$	+18° 11'	$9\overset{m}{,}1$	2'×1,5'	$21\overset{m}{,}9$	52 Mio. Lj	Gx	Begleiter NGC 4394	10×50
NGC 4394	$12^{h}\,25{,}9^{min}$	+18° 13'	$10\overset{m}{,}8$	1,5'	$22\overset{m}{,}3$	60 Mio. Lj	Gx	Paar mit M 85	80mm
M 86	$12^{h}\,26{,}2^{min}$	+12° 57'	$8\overset{m}{,}9$	2'	$22\overset{m}{,}8$	57Mio. Lj	Gx	Paar mit M 84	8×30
NGC 4435	$12^{h}\,27{,}7^{min}$	+13° 5'	$10\overset{m}{,}8$	1'	$21\overset{m}{,}7$	54 Mio. Lj	Gx	Markarians Galaxienkette	63mm
NGC 4438	$12^{h}\,27{,}8^{min}$	+13° 1'	$9\overset{m}{,}9$	4'×2'	$22\overset{m}{,}3$	55 Mio. Lj	Gx	Markarians Galaxienkette	63mm
NGC 4459	$12^{h}\,29{,}0^{min}$	+13° 59'	$10\overset{m}{,}3$	2'	$21\overset{m}{,}9$	52 Mio. Lj	Gx	Markarians Galaxienkette	63mm
NGC 4458	$12^{h}\,29{,}0^{min}$	+13° 15'	$11\overset{m}{,}8$	30"	$21\overset{m}{,}7$	55 Mio. Lj	Gx	Markarians Galaxienkette	80mm
NGC 4461	$12^{h}\,29{,}0^{min}$	+13° 11'	$11\overset{m}{,}0$	2'×1'	$21\overset{m}{,}6$	64 Mio. Lj	Gx	Markarians Galaxienkette	80mm
NGC 4473	$12^{h}\,29{,}8^{min}$	+13° 26'	$10\overset{m}{,}2$	2'×1'	$21\overset{m}{,}7$	49 Mio. Lj	Gx	Markarians Galaxienkette	63mm
NGC 4477	$12^{h}\,30{,}0^{min}$	+13° 38'	$10\overset{m}{,}4$	1,5'	$22\overset{m}{,}0$	64 Mio. Lj	Gx	Markarians Galaxienkette	63mm
M 87	$12^{h}\,30{,}8^{min}$	+12° 23'	$8\overset{m}{,}6$	3'	$21\overset{m}{,}6$	55 Mio. Lj	Gx	Virgo A, Zentralgalaxie	8×30
M 88	$12^{h}\,31{,}9^{min}$	+14° 25'	$9\overset{m}{,}5$	3'×1,5'	$21\overset{m}{,}5$	65 Mio. Lj	Gx	Markarians Galaxienkette	10×50
M 91	$12^{h}\,35{,}5^{min}$	+14° 30'	$10\overset{m}{,}1$	2'×1,5'	$22\overset{m}{,}2$	56 Mio. Lj	Gx	schwierigstes Messier-Objekt	80mm
M 89	$12^{h}\,35{,}7^{min}$	+12° 33'	$9\overset{m}{,}7$	1,5'	$21\overset{m}{,}2$	52 Mio. Lj	Gx	elliptisch	10×50
NGC 4567-8	$12^{h}\,36{,}5^{min}$	+11° 15'	$10\overset{m}{,}9$	3'	$22\overset{m}{,}3$	98 Mio. Lj	Gx	Siamesische Zwillinge	63mm
M 90	$12^{h}\,36{,}8^{min}$	+13° 10'	$9\overset{m}{,}5$	4'×1,5'	$22\overset{m}{,}5$	54 Mio. Lj	Gx	groß, länglich	10×50
M 58	$12^{h}\,37{,}7^{min}$	+11° 49'	$9\overset{m}{,}7$	2,5'×1,5'	$21\overset{m}{,}9$	54 Mio. Lj	Gx	Balkenspirale	10×50
M 59	$12^{h}\,42{,}0^{min}$	+11° 39'	$9\overset{m}{,}6$	1,5'×1,0'	$21\overset{m}{,}4$	50 Mio. Lj	Gx	M 60 25' östlich	10×50
NGC 4647	$12^{h}\,43{,}5^{min}$	+11° 35'	$11\overset{m}{,}3$	1'	$22\overset{m}{,}3$	53 Mio. Lj	Gx	Paar mit M 60	100mm
M 60	$12^{h}\,43{,}7^{min}$	+11° 33'	$8\overset{m}{,}8$	2'	$21\overset{m}{,}7$	57 Mio. Lj	Gx	Begleiter NGC 4647	10×50
NGC 4754	$12^{h}\,52{,}3^{min}$	+11° 19'	$10\overset{m}{,}5$	1'	$22\overset{m}{,}0$	52 Mio. Lj	Gx	Paar mit NGC 4762	80mm
NGC 4762	$12^{h}\,52{,}9^{min}$	+11° 14'	$10\overset{m}{,}3$	3'×0,5'	$22\overset{m}{,}3$	63 Mio. Lj	Gx	NGC 4754 10' nordwestlich	10×50

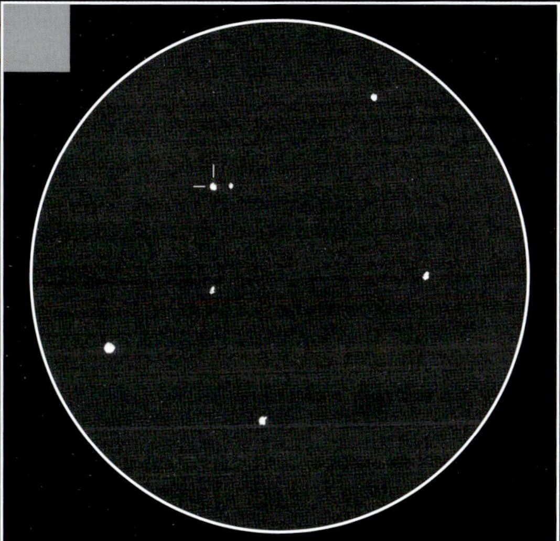

3C 273, 120mm-Refraktor, 102×

M 104, 70mm-Refraktor, 37×

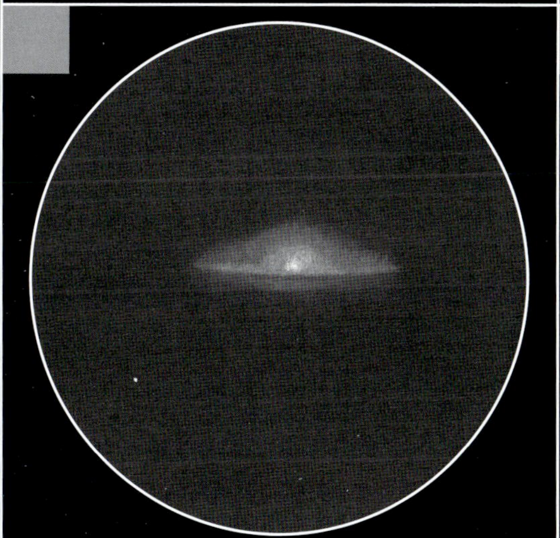

M 104, 120mm-Refraktor, 170×

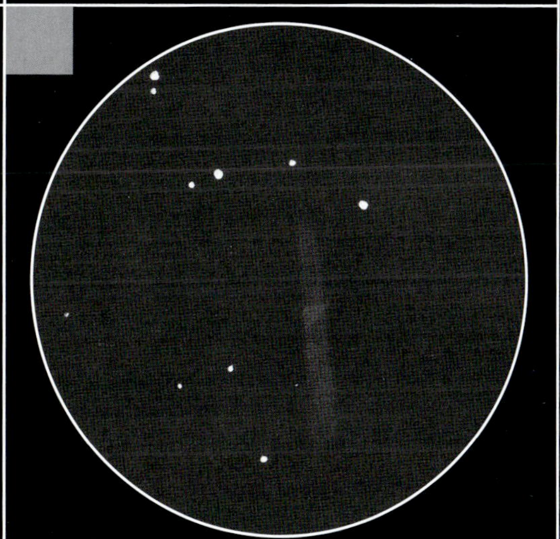

NGC 5746, 120mm-Refraktor, 102×

M 98, 120mm-Refraktor, 64×

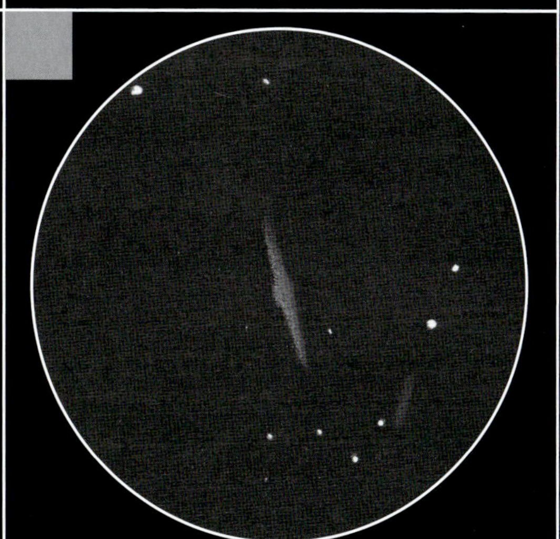

NGC 4216 und 4206, 120mm-Refraktor, 64×

Vir

M 98 ★☆☆☆☆

Pierre Méchain 1781

Mit einem 10×50-Fernglas erscheint die Galaxie nur sehr schwach an der Wahrnehmungsgrenze bei sehr guten Bedingungen.

Ein kleiner Refraktor zeigt die Galaxie deutlich, wenn man die Vergrößerung nicht zu sehr steigert und bei etwa 20–40× bleibt. Zu erkennen ist die ziemliche Ausdehnung der Galaxie in Nord-Süd-Richtung, mit mittlerer Öffnung ist die Kantenlage deutlich, die Galaxie hat kein helleres Zentrum. Schwache Sterne sind im Südteil im Vordergrund der Galaxie zu erkennen. M 98 gilt zusammen mit M 91, M 76 und M 74 als eines der schwierigsten Messier-Objekte.

*Aufsuchen: *T-Muster ➡ *NW-Ecke ➡ 30' W*

NGC 4216 ★☆☆☆☆

Wilhelm Herschel 1784

Die schwache Galaxie NGC 4216 ist berühmt als eine der schönsten Spiralgalaxien in Kantenlage.

Mit einem 70mm-Fernglas kann NGC 4216 als längliches Lichtfleckchen erkannt werden, sie ist etwas leichter zu erkennen als M 98.

Mit einem kleinen Refraktor ist eine schöne, Nordnordost-Südsüdwest ausgerichtete Lichtspindel mit hellem Kern zu sehen. Mit mittlerer Öffnung offenbart NGC 4216 in dunkler Nacht ihre ganze Schönheit, wenn der helle, fast 5' lange Lichtstreif mit einer deutlichen helleren Ausbuchtung in der Mitte sich durch das Gesichtsfeld zieht. Bei guten Bedingungen ist nur 12' südwestlich eine weitere schwache Galaxie in Kantenlage zu sehen, NGC 4206.

*Aufsuchen: *T-Muster ➡ *T-Basis ➡ 1,5° SW*

M 99, M 100 ★☆☆☆☆ ★☆☆☆☆

Pierre Méchain 1781

Bereits mit einem 10×50-Fernglas können beide Galaxien als deutliche kleine runde Nebelflecke erkannt werden, wenn der Himmel dunkel ist.

Mit einem kleinen Refraktor ist M 99 ein auffälliger runder Nebel. Mit mittleren Teleskopen kann man deutlich den flächigen Kern unterscheiden, den ein diffuser fleckiger Halo umgibt. Dies sind die drei eng gewundenen Spiralarme der Galaxie, die große Öffnungen als solche zeigen.

Auch bei M 100 handelt es sich um eine eng gewundene Spiralgalaxie, die uns ihre Spiralen genau von oben zeigt. Im mittleren Refraktor zeigt M 100 einen kleinen flächigen Kern, umgeben von einem großen ovalen Halo. Erst im großen Teleskop zeigt sich die beeindruckende Spiralstruktur.

*Aufsuchen:: *T-Muster ➡ * T-Strich ➡ 10' W (M 99) ➡ * NW-Ecke ➡ 30' W (M 100)*

M 85 ★☆☆☆☆

Pierre Méchain 1781

M 85 erscheint als eine der hellsten Galaxien des Haufens schon im 10×50-Fernglas deutlich, mit einem 16×70-Feldstecher ist sie hell und rund mit deutlichem Zentrum zu erkennen, ein $10^{m}5$-Stern steht unmittelbar südöstlich.

Auch Teleskope zeigen nicht mehr als einen hellen, leicht ovalen Nebel, der einen deutlichen fast stellaren Kern umgibt. Nur 7' östlich steht die 11^{m}-Galaxie NGC 4394, die bei guten Bedingungen schon mit einem Dreizöller gesehen werden kann; mit sechs Zoll ist sie ein deutlicher matter Lichtfleck dicht neben M 85.

*Aufsuchen: *T-Muster ➡ *NO-Ecke ➡ 2° N ➡ 11 Com ➡ 1,3° ONO*

M 84, M 86 ★☆☆☆☆ ★☆☆☆☆

Charles Messier 1781

M 84 und M 86 ist das helle Galaxienpärchen im Zentrum des Haufens, beide stehen 17' auseinander in Ost-West-Richtung und sind unter dunklem Himmel in einem 10×50-Fernglas zu erkennen

Im Teleskop beeindrucken die beiden sich sehr ähnelnden ovalen hellen Nebel mit sternförmigen Zentren; trotz ihrer Helligkeit sind sie selbst in größeren Geräten nichts als diffuse detaillose Flecken. 15' südlich der beiden Galaxien findet man sehr schwach NGC 4388, die in größeren Geräten durch den feinen Lichtstreif der Kantenlage-Galaxie ein sehr reizvollen Anblick zusammen mit M 84 und M 86 bietet.

*Aufsuchen: *T-Muster ➡ *T-Basis ➡ 2,5° SO*

M 99, 120mm-Refraktor, 120×

M 100, 120mm-Refraktor, 64×

Vir

M 85, 70mm-Refraktor, 37×

M 85, 1200mm-Refraktor, 120×

M 84, M 86, 120mm-Refraktor, 64×

M 84, M 86, M 87, 70mm-Refraktor, 20×

M 87, Virgo A ★★☆☆☆

Charles Messier 1781

M 87 ist die größte, leuchtkräftigste und massereichste Galaxie des Haufens. In ihrem Zentrum sitzt ein massereiches Schwarzes Loch. Berühmt geworden ist M 87 als Röntgen- und Radioquelle sowie einen Jet, in dem Materie auf nahezu Lichtgeschwindigkeit beschleunigt wird.

Im Fernglas ist die hervorgehobene Stellung im Vergleich zu M 84 und M 86 auszumachen.

Im Fernrohr erkennt man ihre Größe und Helligkeit, die die der benachbarten Objekte deutlich übertrifft. Kleine und mittlere Teleskope zeigen jedoch nicht mehr als einen nicht genau runden, diffusen Nebel. Das Zentrum ist breit und flächig. M 87 steht nur wenig südlich eines helleren Sterns, mit mittleren Teleskopen sind mehrer schwache Haufengalaxien in unmittelbarer Umgebung zu sehen. Der berühmte Jet von M 87 ist eine Herausforderung für große Teleskope und erfordert sehr hohe Vergrößerungen.

*Aufsuchen: *T-Muster → *T-Basis → 4,5° SW*

M 88 ★☆☆☆☆

Charles Messier 1781

Den Schlusspunkt von Markarians Galaxienkette bildet M 88. Wenn auch heller als alle Galaxien der Kette, ist sie doch kein besonders auffallendes Mitglied des Virgohaufens.

Mit einem 10×50-Fernglas erscheint sie nur schwach, größere Gläser zeigen ein rundes Nebelbällchen.

Im kleinen Teleskop zeigt sich ein leicht ovaler Nebel ohne weitere Einzelheiten. Mit mittleren Öffnungen kann man einen länglichen Kern erkennen, die Außenbereiche der Galaxie sind sehr schwach. Erst in größeren Teleskopen wird die beeindruckende Spiralstruktur deutlich.

*Aufsuchen: *T-Muster → 1,5° O → * 7^m → 20' WSW*

M 91 ★☆☆☆☆

Charles Messier 1781

M 91 ist die schwächste Messier-Galaxie im Virgohaufen und auch das schwächste Messier-Objekt überhaupt.

Mit einem 10×50-Fernglas ist M 91 als einziges Messier-Objekt des ganzen Haufens nicht zu sehen, ein 70mm-Glas zeigt sie an der Wahrnehmungsgrenze bei sehr dunklem Himmel.

Ein fest aufgestelltes Teleskop mit variabler Vergrößerung liefert hier bessere Dienste, schon ein kleiner Refraktor lässt sie ohne Probleme erkennen. Mit größeren Optiken ist ein diffuser Nebelfleck mit hellem flächigen Kern zu sehen, die Balkenspiral-Struktur verlangt große Öffnungen. Im Vergleich mit den anderen hellen Virgo-Galaxien erscheint M 91 recht klein.

*Aufsuchen: *T-Muster → 1,5° O → * 7^m → 1° O → * 7^m → 15' SO*

Markarians Galaxienkette ★☆☆☆☆

Wilhelm Herschel 1784

Verlängert man die Verbindungslinie von M 84 und M 86 nach Nordosten auf M 88 zu, so folgt man Markarians Galaxienkette, einer der schönsten Jagdgründe für Galaxienbeobachter am gesamten Himmel, der jedoch nur in mittleren Optiken unter dunklem Himmel genussvoll beobachtet werden kann.

Das Nord-Süd liegende Paar von NGC 4435 und 4438 ist die erste Station nur etwa 20' östlich von M 86. Ein kleiner Refraktor zeigt diese beiden Galaxien als schwache Schimmer, NGC 4435 hat ein kompakteres Zentrum. Mehr nach Norden weisend, warten NGC 4461 und 4458 weitere 20' nordöstlich. Diese beiden schwachen Nebel verlangen mindestens einen Drei- oder Vierzöller, um deutlich erkannt zu werden. Jetzt steil nach Norden ansteigend, setzt sich die Galaxienkette mit NGC 4473 und NGC 4477 fort, je 18' und 13' von den jeweiligen vorangehenden Galaxien entfernt. In einer dunklen Nacht mit einem mittelgroßen Teleskop ist diese Gegend gesprenkelt mit schwachen Sternen und Nebelflecken; ein Weitwinkelokular bei kleiner Vergrößerung kann mehr als ein halbes Dutzend Galaxien gleichzeitig im Gesichtsfeld zeigen.

Etwas westlich der Galaxienkette, unmittelbar nordwestlich eines 8^m,5-Sternes, steht NGC 4459, ein kleines geisterhaftes Leuchten mit kleiner Optik; größere Öffnungen zeigen den schönen Kontrast des ovalen Nebels mit dem hellen Stern.

Aufsuchen: Zwischen M 86 und M 88.

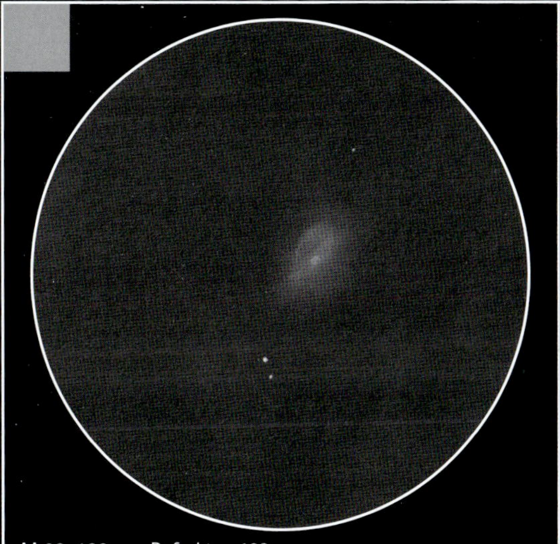

M 88, 120mm-Refraktor, 102×

M 87, 120mm-Refraktor, 102×

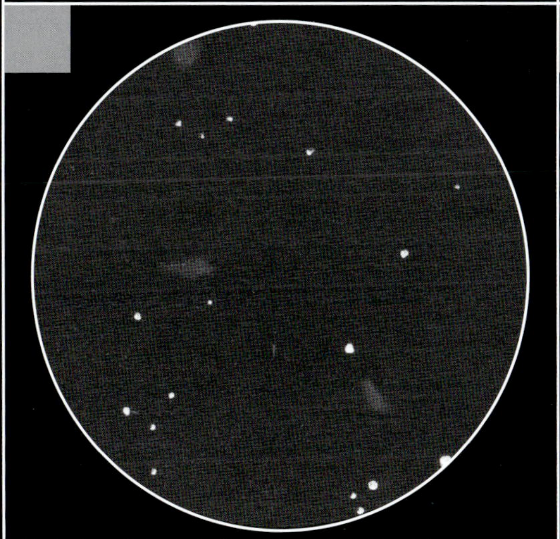

Markarians Galaxienkette, 120mm-Refraktor, 64×

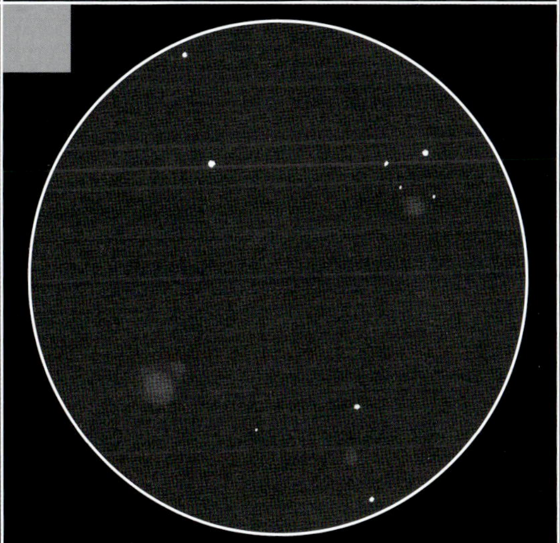

M 60 und M 59, 120mm-Refraktor, 64×

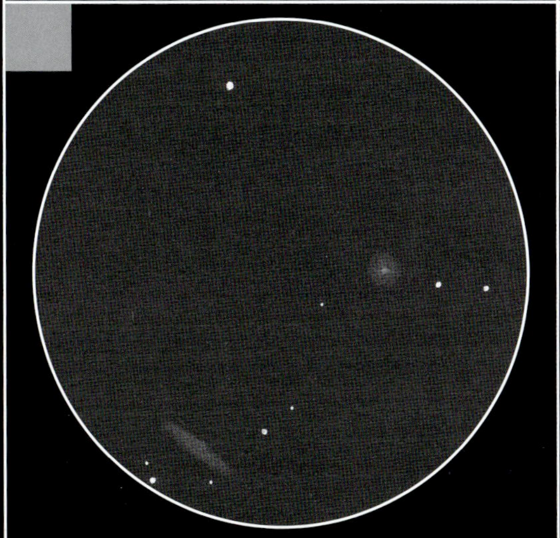

NGC 4762 mit NGC 4757, 120mm-Refraktor, 102×

M 5, 70mm-Refraktor, 93×

Vir

M 90 ★☆☆☆☆

Charles Messier 1781

M 90 befindet sich schon auf der östlichen Seite des Virgohaufens. Sie steht etwa 1° südlich von M 91 und 40' nordöstlich von M 89.

M 90 ist im 10×50-Fernglas eine harte Nuss, 16×70-Ferngläser zeigen sie schon deutlich besser, jedoch nur bei bestem Himmel.

Ein kleiner Refraktor offenbart die auffällige Kantenlage der Galaxie und einen hellen Kern im Zentrum. Mit größeren Öffnungen zeigt sich eine Nordost-Südwest ausgerichtete Galaxie mit ovaler Form und etwa 1:3 Längenverhältnis und Andeutungen der Spiralform; auffallend ist der helle stellare Kern. Ein 8^m-Stern steht nur 13' südlich der Galaxie.

*Aufsuchen: *L-Muster ➡ *W-Ende ➡ 1,7° NW ➡ *7^m ➡ 1° NW*

M 59, M 60 ★☆☆☆☆ ★☆☆☆☆

Johann Gottfried Köhler 1779

M 59 und M 60 bilden ein ½° auseinander stehendes Paar im östlichen Bereich des Virgohaufens.

Mit dem Fernglas sind beide schwach zu sehen.

Im kleinen Fernrohr zeigt sich M 59 als ein leicht ovaler Nebelfleck mit kleinem hellen Kern. Bei M 60 erkennt man einen hellen, ovalen Nebel mit zur Mitte hin ansteigender Helligkeit, das Objekt ist aber sonst diffus und strukturlos. Nur 3' nordwestlich des Zentrums von M 60 steht die Galaxie NGC 4647, etwa 1' im Durchmesser. Sie kann erst mit einem Vierzöller unter dunklem Himmel einwandfrei erkannt werden. Mit mittleren Teleskopen bilden die brillante M 60 und die schwache NGC 4647 ein interessantes Galaxienpaar, wobei letztere sehr diffus erscheint und ein schwaches Objekt bleibt.

*Aufsuchen: *L-Muster ➡ *W-Ende ➡ 1° WSW*

M 89 ★☆☆☆☆

Charles Messier 1781

Verlängert man die lange Achse von M 90 nach Südwesten, so wird in etwa 40' Abstand ein weiterer Nebelfleck sichtbar, M 89.

Ein 10×50-Feldstecher zeigt das Objekt nur an der Wahrnehmungsgrenze.

Im kleinen Refraktor wird die charakteristische Form sichtbar, eine kleine runde Galaxie mit deutlich hellerem Zentrum, zu der auch in größeren Instrumenten keine weitere Einzelheiten hinzukommen.

*Aufsuchen: *L-Muster ➡ *W-Ende ➡ 1,7° NW ➡ *7^m ➡ 1,5° W*

M 58 ★☆☆☆☆

Charles Messier 1779

1° südsüdöstlich von M 89 steht M 58, direkt östlich neben einem 7^m-Stern.

Im Fernglas ist ein schwacher rundlicher Nebelfleck sichtbar, wenn keine Lichtverschmutzung stört.

Erst im Fernrohr wird die elliptische Form in Ost-West-Richtung deutlich. Im mittlerer Optik wird das helle elliptische Zentralgebiet von einem schwach leuchtenden Halo umgeben, der die nur in sehr großen Teleskopen auflösbaren Spiralarme der Galaxie umfasst. M 58 zeigt dann ihren wahren Charakter als Balkenspirale.

*Aufsuchen: *L-Muster ➡ *W-Ende ➡ 2,2° W*

NGC 4762 ★☆☆☆☆

Wilhelm Herschel 1784

NGC 4762 ist eine schwache Galaxie etwa auf halbem Wege zwischen M 60 und dem hellen Stern ε Virginis oder Vindemiatrix, ca. 2,3° von beiden.

Mit einem kleinen Fernrohr entdeckt man eine kleine Spindel aus Licht, umrahmt von drei 9–10^m-Sternen. Im mittleren Instrumenten bietet sich einer der schönsten Anblicke des Virgohaufens, weil die kleine Lichtspindel schön mit der nur wenig nordwestlich stehenden NGC 4754 kontrastiert. NGC 4762 ist auch bei höherer Vergrößerung interessant, sie zeigt einen flächigen Kern, der asymmetrisch nach Südosten verschoben scheint. Dieses hübsche Galaxienpaar bildet den Abschluss der Reise durch den Virgohaufen.

*Aufsuchen: *L-Muster ➡ *O-Ende ➡ 40' SW*

NGC 4567/8 ★☆☆☆☆

Wilhelm Herschel 1784

Die Siamesischen Zwillinge wird dieses enge Paar genannt, das für sehr gute Nächte geeignet ist.
Im kleinen Refraktor als diffuser Fleck erkennbar, zeigen erst mittlere und große Teleskope an dunklen Standorten die eigenartige, aneinandergelehnte Form. Die Kerne beider Galaxien sind etwas heller. NGC 4568 erscheint etwas länglicher als ihr ovaler Zwilling NGC 4567, die westliche Galaxie des Pärchens.

Aufsuchen: M 58 ➡ 40' SSW

Atlas Karte 19, 27

Crater (Crt)

Crater ist der lateinische Name für den Becher, das Trinkgefäß aus der Apollon-Sage bezeichnend. Das durchaus an einen Kelch erinnernde Sternmuster besteht nur aus schwachen Sternen und ist nur in wirklich klaren mondlosen Nächten gut erkennbar. Das kleine Sternbild ist wie der Rabe arm an hellen Deep-Sky-Objekten

γ Crt	$11^h\ 24{,}9^{min}$	-17° 41'	$4^m1/7^m9$	4,4"	92°	86 Lj	DS	Helligkeitsunterschied	80mm

Atlas Karte 28

Corvus (Crv)

Corvus, der Rabe, bevölkert den Frühlingshimmel als auffälliges Sterntrapez südlich der Jungfrau. Er gehört zu den aus der Antike überlieferten Sternbildern und symbolisiert den Vogel des Gottes Apoll. Während Sehenswürdigkeiten ersten Ranges fehlen, bietet der Rabe eine Anzahl schwacher Galaxien, darunter das berühmte wechselwirkende Paar der Antennen.

NGC 4038-9	$12^h\ 1{,}9^{min}$	-18° 52'	10^m3	4'	21^m3	67 Mio. Lj	Gx	Antennen, sehr schwach	80mm
NGC 4361	$12^h\ 24{,}5^{min}$	-18° 47'	10^m9	0,8'	13^m2	3600 Lj	PN	heller Zentralstern, Nebel schwach	80mm
δ Crv	$12^h\ 29{,}9^{min}$	-16° 31'	$3^m0/8^m5$	24"	216°	86 Lj	DS	Helligkeitsunterschied	50mm

NGC 4038-9 ★☆☆☆☆

Wilhelm Herschel 1785

Dieses enge kollidierende Galaxienpaar zeigt auf Fotos spinnenartige Ausläufer, die als Antennen bekannt sind.
Mit einem kleinen Refraktor sind die Galaxien als zweigliedriger kleiner Fleck zu sehen, aber erst im mittleren, besser großen Teleskop ist die Embryo-Form klar zu erkennen. Helle Knoten vor allem in der nördlichen Komponente NGC 4038 ergeben eine Herausforderung für große Öffnungen bei gutem Seeing. Die Antennen sind selbst dann kaum angedeutet.

*Aufsuchen: ε ➡ 4° NW ➡ *5ᵐ ➡ 1° N*

NGC 4361 ★☆☆☆☆

Wilhelm Herschel 1785

Dieser schwache Planetarische Nebel eignet sich für mittlere und große Teleskope.
Im kleinen Gerät ist er zwar unter dunklem Himmel als schwacher kleiner Nebel zu erkennen, gibt aber keine Einzelheiten preis. Im mittleren Teleskop bleibt die Erscheinung diffus, ein [OIII]-Filter hilft.
Erst mit großer Öffnung lassen sich die schwachen »Henkel« beiderseits des Hauptkörpers mit Nebelfilter entdecken. Der 13^m-Zentralstern hat es ebenfalls schwer, sich durch das Nebellicht zu kämpfen.

Aufsuchen: γ ➡ 2,4° SO

Bootes (Boo)

Atlas Karte 12, 13

Bootes (gesprochen Bo-otes), der Bärenhüter, ist als flächengroßes Sternbild am schon sommerliche Anklänge bietenden Frühlingshimmel präsent. Prominent markiert durch seinen orange leuchtenden Hauptstern Arktur, bildet seine Figur eine von diesem nach Norden ausgehende »Keule« oder »Eistüte«. Der Bärenhüter enthält keine hellen Sternhaufen und Nebel, dafür aber einige Doppelsterne.

α Boo	$14^h\ 15{,}7^{min}$	+19° 11'	$0{,}^m0$	–	–	37 Lj	St	interessantes Spektrum	100mm
ζ Boo	$14^h\ 41{,}1^{min}$	+13° 44'	$4{,}^m5/4{,}^m6$	0,3"	290°	180 Lj	DS	Testpaar für 200mm	200mm
ε Boo	$14^h\ 45{,}0^{min}$	+27° 4'	$2{,}^m6/4{,}^m8$	2,8"	347°	240 Lj	DS	Helligkeitsunterschied	80mm
ξ Boo	$14^h\ 46{,}2^{min}$	+19° 6'	$4{,}^m8/7{,}^m0$	5,4"	297°	22 Lj	DS	einfaches Paar	50mm
44 Boo	$15^h\ 3{,}8^{min}$	+47° 39'	$5{,}^m2/6{,}^m1$	0,3"	106°	41 Lj	DS	Abstand wird wieder größer	200mm
μ Boo	$15^h\ 24{,}5^{min}$	+37° 23'	$4{,}^m3/7{,}^m1/7{,}^m6$	109"/ 2,2"	172°/ 2°	120 Lj	DS	Dreifachsystem	80mm

ξ Boo ★★☆☆☆

Wilhelm Herschel 1780

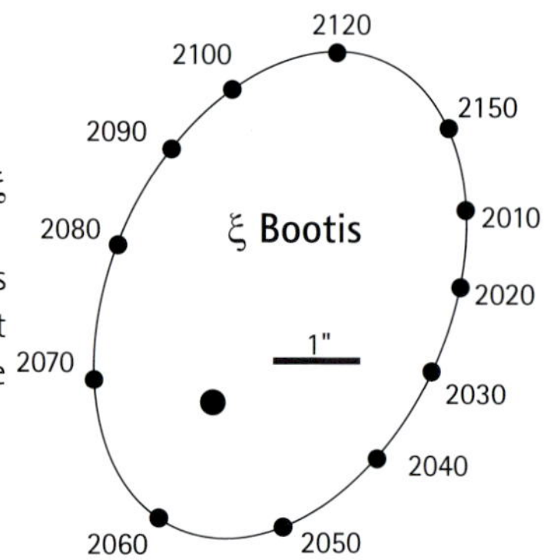

Unter den vielen Doppelsternen, die der Bärenhüter zu bieten hat, ist ξ Bootis das lohnendste Ziel für kleine Fernrohre.

Die Trennung gelingt auch im Zweizöller. Mit fünf Zoll ist ein nettes Sternpaar zu sehen, bei 100× leicht getrennt. Der Hauptstern erscheint orange, der deutlich schwächere Begleiter rötlich. Die Ephemeride für die nächsten Jahre lautet:

Jahr	Abstand	Positionswinkel
2020	5,3"	297°
2030	4,4"	281°

Die letztmalige geringste Abstand mit 1,8" fand 1912 statt, in den 1980er Jahren war das Paar dagegen über 7" auseinander. Das System hat eine Umlaufszeit von 150 Jahren.

Aufsuchen: α ➡ 8° O

Corona Borealis (CrB)

Atlas Karte 13

Corona Borealis, die Nördliche Krone, prangt als kleines aber feines Sternbild zwischen Bärenhüter, Herkules und Schlange. Sechs helle Sterne bilden einen Ring, aus dem der hellste, genannt Gemma (lat. Edelstein) wie ein Diamant herausblinkt. Weitab von der Milchstraße gelegen, hat die Nördliche Krone keine Nebel und Sternhaufen zu bieten, wohl aber einige schöne Doppelsterne sowie einen bekannten Veränderlichen.

η CrB	$15^h\ 23{,}2^{min}$	+30° 17'	$5{,}^m6/6{,}^m0$	0,4"	280°	59 Lj	DS	Testpaar für 200mm	200mm
α CrB	$15^h\ 34{,}7^{min}$	+26° 71'	$2{,}^m2$	–	–	77 Lj	St	interessantes Spektrum!	100mm
ζ CrB	$15^h\ 39{,}4^{min}$	+36° 38'	$5{,}^m0/5{,}^m9$	6,3"	306°	510 Lj	DS	einfach, Farben weiß	50mm
R CrB	$15^h\ 48{,}6^{min}$	+28° 9'	$5{,}^m7$	$14{,}^m8$	unreg.	4300 Lj	Vr	unregelmäßige Minima	10×50
T CrB	$15^h\ 59{,}5^{min}$	+25° 55'	$2:^m$	$10{,}^m8$	unreg.	3000 Lj	Vr	wiederkehrende Nova, Ausbrüche 1866, 1946, 1963 und 1975	10×50
σ CrB	$16^h\ 14{,}7^{min}$	+33° 52'	$5{,}^m6/6{,}^m5$	7,2"	239°	74 Lj	DS	einfaches Paar	50mm

ζ CrB ★★☆☆☆

Wilhelm Herschel 1779

Dies ist ein geeigneter Doppelstern für Einsteiger, denn er ist mit jedem Fernrohr leicht zu trennen und leicht aufgesucht. Der Helligkeitsunterschied sollte auch für unerfahrene Beobachter deutlich sein. Die Farben beider Sterne erscheinen rein weiß.

Aufsuchen: θ ➡ 5° NNO

R CrB ★★☆☆☆

Edward Pigott 1795

R CrB ist einer der bekanntesten veränderlichen Sterne und ein sehr ungewöhnliches Beispiel dazu.

Üblicherweise zeigt der Stern eine Helligkeit von ca. 6^{m}, die leicht schwanken kann. Damit ist er mit bloßem Auge unter dunklem Himmel deutlich zu sehen.

Zu nicht vorhersehbaren Zeitpunkten sackt die Helligkeit aber auf fast 15^{m} ab, und der Stern ist nicht mehr in mittleren Fernrohren sichtbar. Dieses Minimum kann wenige Monate, aber auch bis zu zehn Jahre dauern, bevor ein steiler Anstieg zur Normalhelligkeit beginnt.

Aufsuchen: δ ➡ 2° N

Atlas Karte 21

Serpens Caput (Ser)

Serpens Caput ist der Kopf der Schlange, getrennt von Serpens Cauda am Sommerhimmel. Als klassische Konstellation aus dem Altertum ist die Schlange jedoch durchgehend ausgebildet. Serpens Caput weist zum Bärenhüter Bootes hinüber und enthält den bemerkenswerten Kugelsternhaufen M 5, eines der schönsten Objekte seiner Art am Nordhimmel.

M 5	15^{h} 18,6^{min}	+2° 5'	5^{m}7	6'	12^{m}2	24.000 Lj	GC	herrlich auflösbar	bloßes Auge
δ Ser	15^{h} 34,8^{min}	+10° 32'	4^{m}2/5^{m}2	4,0"	172°	300 Lj	DS	beide Sterne gelblich-weiß	50mm

M 5 ★★★★☆

Gottfried Kirch 1702

M 5 gebührt zusammen mit M 13 der Titel des hellsten Kugelsternhaufens nördlich des Himmelsäquators. Seine hellsten Sterne sind nur wenig schwächer als die von M 13.

Mit kleinsten optischen Hilfsmitteln erscheint M 5 als unscharfer Stern oder kleines Nebelbällchen im Gesichtsfeld. 10x50-Gläser zeigen einen ziemlich hellen und einfachen runden Nebelfleck.

Mit einem kleinen Refraktor kann man bei kleiner Vergrößerung exemplarisch Messiers Originalbeschreibung nachvollziehen: »Ein Nebel ohne Sterne«. Mit mindestens 80× lassen sich zahlreiche sehr schwache Einzelsterne am Rand erkennen. Mittlere Öffnungen zeigt einen hellen und schönen Nebel, am Rand deutlich in Einzelsterne aufgelöst schon bei 60x. M 5 brilliert in großen Teleskopen: Der Kern des Haufens ist sehr dicht und schwer auflösbar, während die Außenbereiche interessante Ketten und Muster zeigen.

Aufsuchen: α ➡ 7,5° SW

Atlas Karte 21, 28, 29

Libra (Lib)

Die Waage ist eines der 13 Sternbilder der Ekliptik und gehört zu den Mustern aus antiker Überlieferung. Wie die arabischen Namen der beiden Hauptsterne Zuben-el-schemali und Zuben-el-genubi (»nördliche und südliche Schere«) nahelegen, wurden die Sterne aber auch vielfach als Verlängerung des Skorpions gesehen. Die Waage ist ein unscheinbares Sternbild, und auch der Himmelsbeobachter findet wenig sehenswertes

NGC 5897	15^{h} 17,4^{min}	-21° 1'	8^{m}7	3'	13^{m}3	41.000 Lj	GC	wenig konzentriert	80mm

Sommerhimmel

Sternbilder

Glanzlichter

Atlas Karte 13

Hercules (Her)

Herkules, der Held der griechischen Sagen, beherrscht den Frühsommerhimmel der nördlichen Breiten, wenn seine Figur im Zenit zu finden ist. Das Zentrum der ausgedehnten und nicht leicht fassbaren Konstellation wird von einem markanten Trapez aus den Sternen π, η, ε und ζ Her gebildet. Der Stern α Herculis steht hart an der Grenze zum südlich liegenden Ophiuchus, er gilt als einer der schönsten Doppelsterne des Nordhimmels. Hercules ist für mitteleuropäische Beobachter ein Synonym für »Feld der hellen Kugelsternhaufen«, sind doch mit M 13 und M 92 zwei der großartigsten Vertreter dieses Objekttyps am Nordhimmel innerhalb seiner Grenzen zu finden.

ζ Her	$16^h\,41{,}3^{min}$	+31° 36'	$3^m{,}0/5^m{,}4$	1,4"	105°	35 Lj	DS	Umlaufszeit 34,5 Jahre	100mm
M 13	$16^h\,41{,}7^{min}$	+36° 28'	$5^m{,}7$	8'	$11^m{,}9$	26.000 Lj	GC	Herkuleshaufen	bloßes Auge
NGC 6210	$16^h\,44{,}5^{min}$	+23° 48'	$8^m{,}8$	0,3'	$13^m{,}7$	6700 Lj	PN	sehr klein, hell	50mm
NGC 6229	$16^h\,47{,}0^{min}$	+47° 32'	$9^m{,}4$	1'	$15^m{,}5$	99.000 Lj	GC	klein, hell, nicht aufgelöst	10×50
α Her	$17^h\,14{,}6^{min}$	+14° 23'	$3^m{,}5/5^m{,}4$	4,6"	103°	360 Lj	DS	Spektrum, Farbkontrast	50mm
M 92	$17^h\,17{,}1^{min}$	+43° 8'	$6^m{,}4$	7'	$12^m{,}1$	27.000 Lj	GC	kompaktes Zentrum	bloßes Auge
ρ Her	$17^h\,23{,}7^{min}$	+37° 9'	$4^m{,}5/5^m{,}4$	4,1"	321°	330 Lj	DS	helles einfaches Paar	50mm
95 Her	$18^h\,1{,}5^{min}$	+21° 36'	$4^m{,}9/5^m{,}2$	6,4"	257°	430 Lj	DS	Farben gold-silber	50mm

M 13, Herkuleshaufen ★★★★☆

Edmond Halley 1714

M 13 im Hercules gilt als Synonym für den beeindruckendsten Kugelsternhaufen, den mitteleuropäische Beobachter bewundern können.

Schon der Entdecker Halley beschreibt den Haufen als bereits mit dem bloßen Auge sichtbaren kleinen Nebelfleck; er ist ein beliebtes Augenmaß für Himmelsbeobachter, denen die Sichtbarkeit von M 13 ohne optische Hilfsmittel als Zeichen einer guten Beobachtungsnacht gilt. Mäßige Lichtverschmutzung lässt M 13 jedoch schon verschwinden.

Mit dem Fernglas erkennt man, schön zwischen zwei helleren Sternen eingerahmt, einen hellen runden Lichtball.

Mit einem kleinen Refraktor und nicht zu hoher Vergrößerung kann man Messiers Beschreibung eines »Nebels ohne Sterne« exemplarisch nachvollziehen. Ab einer Teleskopöffnung von 60mm beginnt der Lichtball bei Vergrößerungen über 80× ein körniges oder granuliertes Aussehen anzunehmen. Die Auflösung in einzeln sichtbare Einzelsterne gelingt mit derselben Öffnung bei optimalen Bedingungen und Vergrößerungen von 140× und höher, solange es die Luftruhe zulässt. Ein 80mm-Refraktor sollte aber in jedem Fall genügen, bei aufmerksamer und geduldiger Beobachtung nicht mehr nur aufblitzende Körner im Lichtfleck zu zeigen, sondern separat fassbare Einzelsterne, deren hellste mit 12m angegeben werden.

Im mittleren Teleskop bei 100–200× ist M 13 ein sehenswerter Anblick: Hunderte feiner schwacher Sterne sprenkeln das Gesichtsfeld, in einem breiten, sternübersäten hellen Zentrum gipfelnd. M 13 macht einen im Vergleich zu anderen Kugelsternhaufen wenig konzentrierten Eindruck, auch das Zentrum ist gut auflösbar. Mit großen Öffnungen betrachtet fällt die Asymmetrie des Haufens auf, die durch deutliche Sternketten und -straßen, die nach außen verlaufen, hervorgerufen wird.

Stark abhängig ist die Wirkung von M 13 im Fernrohr von der Lichtverschmutzung. Aufgehellter Himmel führt zu einer verminderten Grenzgröße im Teleskop, man benötigt also eine größere Öffnung um z.B. die Einzelsterne zu sehen. Während unter Landhimmel schon 60mm Öffnung für deren Sichtung ausreichen, sind unter Vororthimmel 100mm für die gleiche Leistung einzusetzen.

Aufsuchen: η ➡ 2,2° S

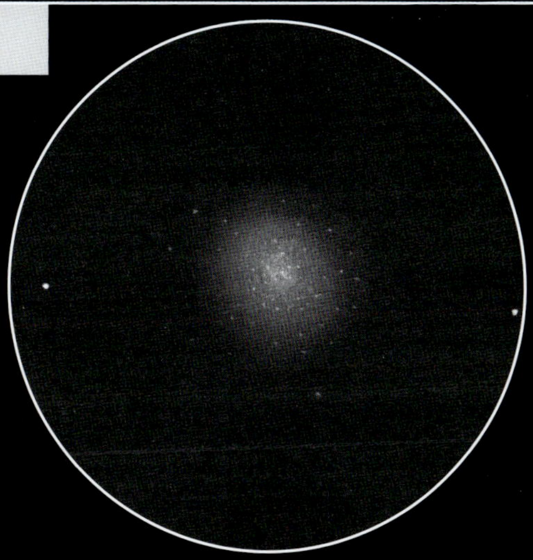

M 13, 70mm-Refraktor, 80×

M 92, 70mm-Refraktor, 80×

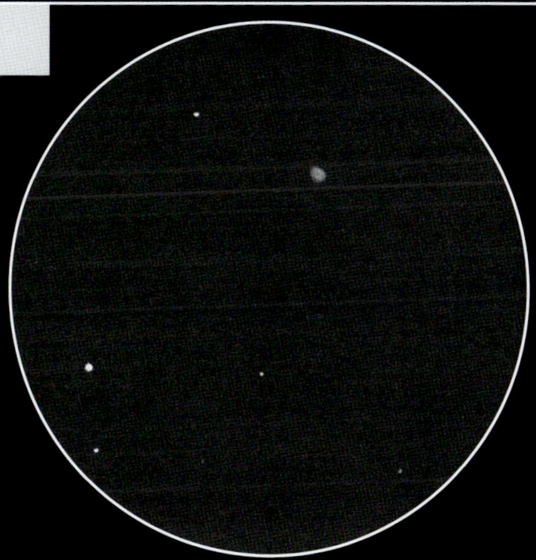

NGC 6210, 70mm-Refraktor, 187×

NGC 6210, 120mm-Refraktor, 255×

NGC 6210 ★★☆☆☆

Wilhelm Struve 1825

NGC 6210 gehört zu der Kategorie von Planetarischen Nebeln, die sehr klein, aber ziemlich hell sind. Andere bekannte Beispiele sind NGC 6543 in Draco, NGC 6572 in Ophiuchus, oder NGC 6818 in Sagittarius.

Mit dem Fernglas erkennt man nur ein schwaches Sternchen 9. Größe.

Im kleinen Refraktor fasziniert bei kleiner Vergrößerung die leuchtend blaugrüne Färbung. Ab etwa 80–100× ist deutlich ein diffuses unregelmäßig geformtes Scheibchen zu sehen, das keinerlei Struktur zeigt. Erst mit einem guten fünfzölligen Refraktor und Vergrößerungen von über 250× offenbart sich ein helleres Zentrum und eine ringartige kantige Form mit einem diffusen Saum. Der Zentralstern ist auch mit größeren Teleskopen nicht zu sehen, diese zeigen jedoch schwache Ausläufer an den Enden, die NGC 6210 auch den Namen »Schildkröte« eingebracht haben.

Aufsuchen: β ➞ 4° NO

α Her, Rasalgethi ★★★☆☆

Nevil Maskelyne 1777

Rasalgethi oder α Herculis ist ein schöner Doppelstern mit beeindruckendem Farbkontrast des selbst im Zweizöller trennbaren Paares: Der Hauptstern scheint orangerot, der Begleiter leuchtet grün. Die grünliche Färbung ist auch auf die bei engen Doppelsternen oft gemachte Erfahrung zurückzuführen, dass der Begleiter die Komplementärfarbe des Hauptsterns anzunehmen tendiert, tatsächlich hat der Stern ein Spektrum ähnlich dem der Sonne, also im weißgelben Bereich. Der Hauptstern des Systems ist ein halbregelmäßig veränderlicher Stern zwischen den Helligkeiten 2^m7 und 3^m6. Zu manchen Zeiten scheint also der Doppelstern leichter aufzulösen als dann, wenn der Stern sich im Maximum befindet. Interessant ist das Spektrum des Sterns, das auch dem Ungeübten und mit kleiner Öffnung zahlreiche Linien zeigt.

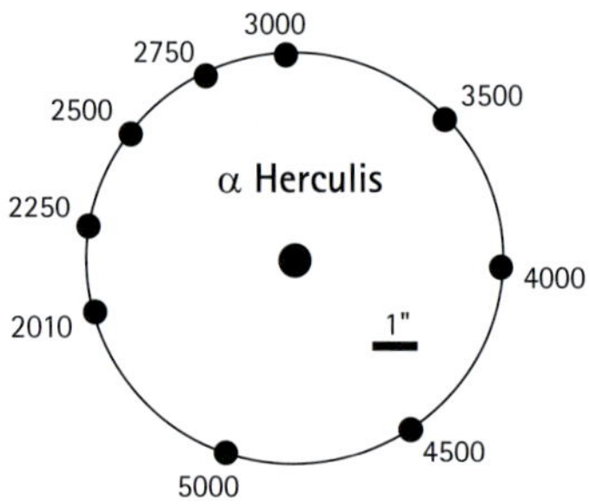

M 92 ★★★☆☆

Johann Elert Bode 1777

M 92 steht im Schatten des berühmten M 13 und wird daher zu unrecht weniger beobachtet.

Bereits mit bloßem Auge erscheint der Haufen unter exzellenten Alpenhimmelbedingungen.

Mit einem Fernglas oder im Fernrohrsucher bietet sich das typische Bild eines hellen, nicht aufgelösten Kugelsternhaufens: ein runder, zur Mitte hin konzentrierter Nebelfleck ohne Sterne.

M 92 hat im Unterschied zu M 13 ein markanter ausgeprägtes Zentrum und mit 12^m1 etwas schwächere Einzelsterne. Mit zwei- und zweieinhalbzölligen Fernrohren erscheint er zwar körnig »angelöst«, aber nicht in Einzelsterne aufgelöst. Dies gelingt erst mit drei- bis vierzölligen Optiken, aber auch dann nicht über den gesamten Haufen, der Zentralbereich bleibt verschwommen und kompakt neblig. Dicht nordöstlich des Haufens stehen zwei Sternchen von $9–10^m$. Es ist sehr interessant, beide großen Hercules-Haufen nacheinander im Teleskop einzustellen und zu vergleichen, die Unterschiede lassen sich so auch in kleinen Fernrohren sehr schön feststellen. Mit mittleren Öffnungen und hoher Vergrößerung betrachtet bietet auch M 92 den Eindruck eines ungeheuren Schwarms unzähliger Sterne.

Aufsuchen: π ➡ 6° N

Lyra (Lyr)

Atlas Karte 14

Lyra, die Leier Orpheus', gehört zu den Sternbildern der reichen griechischen Sagenwelt. Am Himmel wird es durch seinen mit 0^m0 hellsten Stern, die weißstrahlende Wega, markiert. Ein Parallelogramm, gebildet aus den Sternen β, γ, δ und ζ Lyrae bildet die Figur der Leier. Trotz seines kleinen Musters gehört Lyra zu den ersten Adressen am mitteleuropäischen Sommerhimmel. Dazu tragen vor allem der berühmte Ringnebel und der doppelte Doppelstern ε Lyr bei, beides seit Jahrhunderten saisonale Favoriten der Beobachter.

T Lyr	18^h $32,3^{min}$	+37° 0'	7^m8	9m,6	unreg.	1400 Lj	Vr	Kohlenstoffstern, rot	10×50
$ε^1$ Lyr AB	18^h $44,3^{min}$	+39° 40'	$5^m2/6^m1$	2,3"	345°	160 Lj	DS	doppelter Doppelstern	63mm
$ε^2$ Lyr CD	18^h $44,4^{min}$	+39° 37'	$5^m3/5^m4$	2,4"	75°	160 Lj	DS	doppelter Doppelstern	63mm
β Lyr	18^h $50,1^{min}$	+33° 21'	3^m3	4^m3	12,94 Tage	900 Lj	Vr	Bedeckungsveränderlicher	bloßes Auge
M 57	18^h $53,6^{min}$	+33° 2'	8^m8	1,2'	14^m7	2600 Lj	PN	Ringnebel	8×30
Σ 2470	19^h $8,7^{min}$	+34° 46'	$7^m0/8^m4$	13,8"	267°	1300 Lj/485 Lj	DS	opt. Doppelstern, 10' südlich Struve 2474	50mm
Σ 2474	19^h $9,4^{min}$	+34° 36'	$6^m8/7^m9$	16,2"	263°	160 Lj	DS	10' nördlich Struve 2470	50mm
M 56	19^h $16,6^{min}$	+30° 11'	8^m3	3'	13^m0	33.000 Lj	GC	in reichem Sternfeld	10×50

ε Lyrae, 70mm-Refraktor, 140×

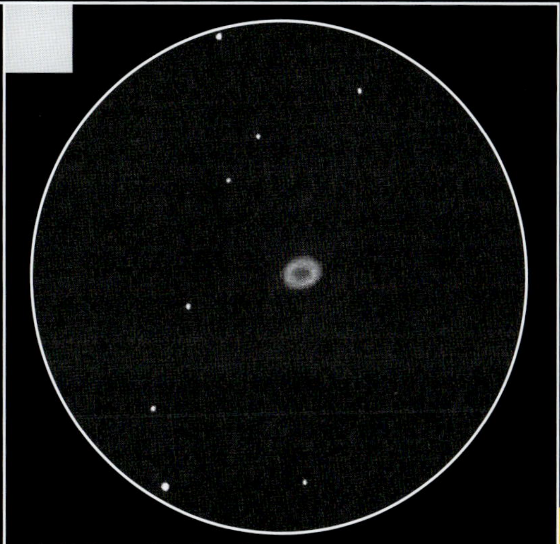

M 57, 70mm-Refraktor, 80×

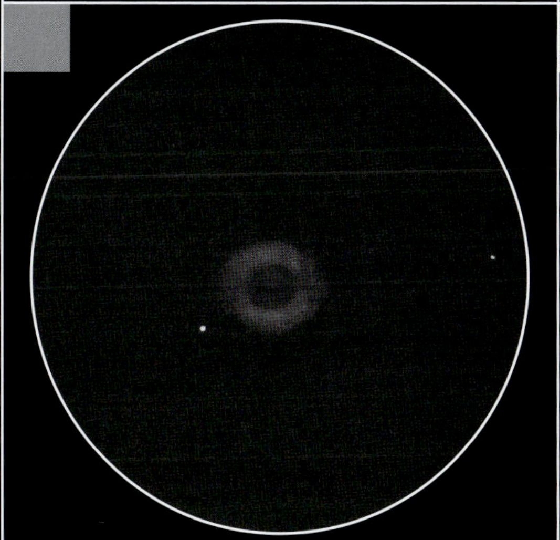

M 57, 120mm-Refraktor, 102×

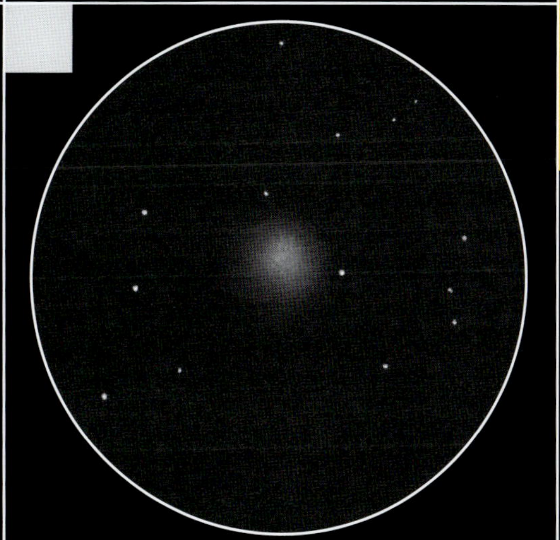

M 56, 70mm-Refraktor, 93×

Lyr

β Lyr ★★☆☆☆

John Goodricke 1784

Dieser helle Stern ist wie Algol ein Bedeckungsveränderlicher, repräsentiert aber eine andere Unterklasse, auch als Lyriden bezeichnet. Die mit $3^{m}_{,}3$ gleich hellen Maxima werden abwechselnd von einem tiefen Minimum mit $4^{m}_{,}3$ und einem flacheren mit $3^{m}_{,}8$ unterbrochen. Die Lichtkurve hat generell einen runden Charakter, der Stern verharrt also nicht bei einer Helligkeit. β Lyr ist wie Algol ein enges Doppelsternsystem, bei dem die Helligkeitsvariationen durch gegenseitige Bedeckungen der Sterne hervorgerufen werden.

Zum Helligkeitsvergleich kann der benachbarte γ Lyrae benutzt werden, beide Sterne sind bei einem Maximum von β Lyr gleich hell. Die Zeitpunkte von Minima lassen sich mit einem astronomischen Jahrbuch ausrechnen.

β Lyr ist außerdem auch ein visuelles Doppelsternsystem, denn in 46" Abstand steht südlich ein 7^{m}-Begleiter, den schon ein kleines Teleskop zeigt.

Lyr

ε Lyr, Doppelter Doppelstern ★★★☆☆

Christian Mayer und Johann Mezger 1778

ε Lyrae ist das gefeierte doppelte Doppelsternsystem, das bei vielen Sternfreuden wegen seiner beiden vergleichbar engen Pärchen als Testobjekt für kleine Fernrohroptiken beliebt ist.

ε Lyrae ist aber vor allem für das bloße Auge ein Schärfeprüfer. Die beiden Systeme stehen 209" auseinander, also etwas mehr als 3', die man gewöhnlich als die Auflösungsgrenze des menschlichen Auges ansetzt.

Sehr schön ist dieses helle Paar auf jeden Fall mit Hilfe kleinster Optik zu sehen, bei Vergrößerungen von mehr als 15× geht dann schon wieder der Doppelsterncharakter verloren.

Nimmt man einen kleinen zweieinhalbzölligen Refraktor zu Hilfe und vergrößert mehr als 60–80×, so erkennt man, dass beide hellen Sterne des weiten Paares noch einmal doppelt sind. Wenn man nicht allzu hoch vergrößert, beispielsweise um die 100×, hat man noch beide Pärchen aufgelöst im Gesichtsfeld. Ein packender Anblick, denn die Abstände sind derzeit gleich groß und die Helligkeiten aller vier Sterne fallen zwischen $5\overset{m}{,}2$ und $6\overset{m}{,}1$. Dazu kommt, dass beide Pärchen senkrecht zueinander angeordnet sind.

Die ε Lyrae-Doppelsterne sind eigentlich zum Auflösungstest nur für kleine Fernrohre geeignet. Aufgelöst ist ein Doppelstern nur dann, wenn sich die beiden Beugungsscheibchen gerade berühren oder dunkler Zwischenraum erkennbar ist. Dies ist der Fall, wenn das sogenannte Rayleigh-Kriterium erfüllt ist. Für beide Pärchen liegt die Mindestöffnung dafür bei 60mm.

Oft kann man aber auch schon einen Doppelstern erkennen, wenn seine beiden Komponenten noch ineinander fließen und eine 8-Figur bilden; dazu muss das Dawes-Kriterium erfüllt werden. Dafür müssen bei den ε Lyrae-Pärchen nur 50mm Öffnung eingesetzt werden.

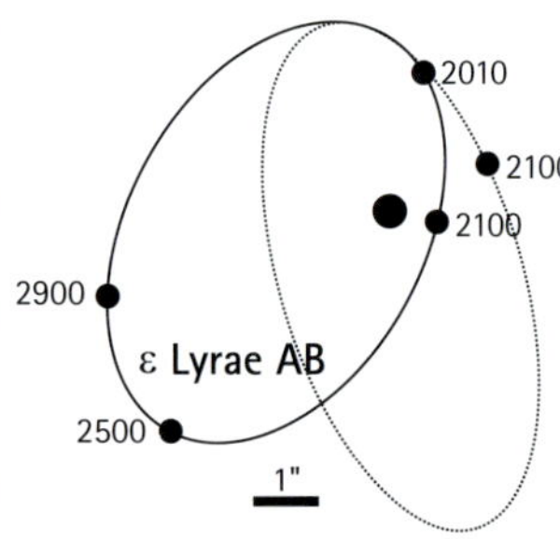

Beide Doppelsterne bewegen sich merklich umeinander. ε Lyr CD hat eine Umlaufszeit von 1000 Jahren, der Abstand beider Sterne wird sich in den nächsten Jahren leicht vergrößern. Spannend ist die Situation bei ε Lyr AB, hier ist nur ein kleiner Teil der Bahn beobachtet worden, es existieren mehrere Bahnberechnungen mit Umlaufszeiten von 1725 oder 1800 Jahren. Je nachdem welche Berechnung zutrifft, wird sich dieses Paar in den nächsten Jahrzehnten mehr oder weniger stark schließen.

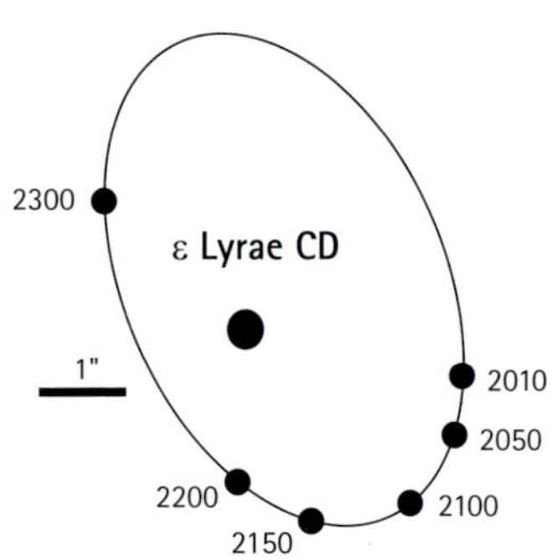

Aufsuchen: α ➡ 1,5° ONO

M 57, Ringnebel ★★★★☆

Antoine Darquier 1779

M 57 ist der bekannte Ringnebel in der Leier, ein Paradeobjekt der Planetarischen Nebel.

Bereits mit einem kleinen Feldstecher ist er als 9^m-Stern zu sehen.

Sucht man in einem kleinen Fernrohr mit geringer Vergrößerung das Sternfeld zwischen β und γ Lyrae ab, so fällt etwa auf halber Strecke zwischen den beiden 1,5° entfernten hellen Sternen ein leuchtender blaugrünlicher Punkt auf, der sich nicht wie die übrigen Sterne perfekt scharfstellen lässt. Schon mit einem Zweizöller wird bei 30× aus dem unscharfen Stern ein kleines Nebelscheibchen, und bei höheren Vergrößerungen kommt die berühmte Rauchringform zum Vorschein, die Generationen von Astronomen am Okular fasziniert hat. Lichtverschmutzung kann diesem Eindruck relativ wenig anhaben.

Mit mittelgroßen Optiken erscheinen Strukturen im Ring, man erkennt das leicht unregelmäßige Oval des Nebelumrisses und die schwache Nebelhaut über dem dunkleren Zentralbereich. Der Ringnebel erlaubt auch in kleinen Teleskopen die Verwendung relativ hoher Vergrößerungen; man sollte sich nicht scheuen, mit einem Dreizöller 150× und einem Sechszöller 250× auszuprobieren. Die Sichtung des schwachen Weißen Zwergs, der den Nebel vor etwa 20000 Jahren in den Raum geblasen hat, bleibt größeren Teleskopen ab 16 Zoll Öffnung vorbehalten.

Aufsuchen: β ➡ 50' SO

M 56 ★★☆☆☆

Charles Messier 1779

M 56 ist ein in den dichten Sternfeldern der Sommermilchstraße stehender Kugelsternhaufen, aber keiner der hellsten, die in den Messier-Katalog aufgenommen worden sind.

Bereits im Fernglas oder Fernrohrsucher ist das Objekt als kleiner deutlicher Nebelfleck zu sehen.

Mit einem kleinen Refraktor bleibt der nebelhafte Eindruck mit einer Helligkeitszunahme zum Zentrum hin. Da die hellsten Einzelsterne des Haufens 13^m haben, erscheint M 56 mit vier Zoll granuliert, sechs Zoll lassen erste Sterne herausblitzen. Der Haufen ist eher wenig konzentriert ohne dominierendes helles Zentrum.

Aufsuchen: β Cyg ➡ 3,5° NW

Ophiuchus (Oph)

Atlas Karte 21, 29

Ophiuchus ist der lateinische Name für den Schlangenträger, dem 13. Sternbild des Tierkreises. Er teilt das Gebiet der Schlange, die als Sternkette leicht verfolgbar durch sein Gebiet verläuft, in zwei getrennte Teile. Im Norden an Hercules grenzend und im Süden den Skorpion und Schützen berührend, ist Ophiuchus das größte Sternbild des sommerlichen Himmels. Die Milchstraße reicht in einem Arm in den östlichen Bereich des Sternbildes hinein, wo einige Sterne um 70, 68 und 67 Oph das heute verschwundene neuzeitliche Sternbild »Poniatowskis Stier« bildeten. Die südlichsten Bereiche sind ebenfalls inmitten der zum Teil von großen Dunkelwolken überdeckten Milchstraße gelegen.

Ophiuchus ist das Reich der Kugelsternhaufen, allein sieben helle Exemplare listet Messiers Katalog auf. Die Kugelsternhaufen stehen besonders dicht um das Zentrum der Galaxis, das sich in der Nähe der südöstlichen Grenze im benachbarten Sagittarius befindet. Ophiuchus hat aber auch schöne Offene Sternhaufen, Planetarische Nebel und Doppelsterne zu bieten.

λ Oph	16^h 30,9^{min}	+1° 59'	4^m,2/5^m,2	1,4"	45°	160 Lj	DS	helles enges Paar	80mm
M 107	16^h 32,5^{min}	–13° 3'	8^m,1	2,5'	13^m,0	21.000 Lj	GC	kompakt, schwer aufzulösen	10×50
M 12	16^h 47,2^{min}	-1° 57'	6^m,8	5'	12^m,2	16.000 Lj	GC	einfach aufzulösen	8×30
M 10	16^h 57,1^{min}	-4° 6'	6^m,6	8'	12^m,0	14.000 Lj	GC	sehr symmetrisch	8×30
M 62	17^h 1,2^{min}	-30° 7'	6^m,7	3,5'	13^m,0	22.000 Lj	GC	weit südlich	8×30
M 19	17^h 2,6^{min}	-26° 16'	6^m,7	3'×2,5'	14^m,0	29.000 Lj	GC	ovale Form	8×30
NGC 6293	17^h 10,2^{min}	-26° 35'	8^m,2	2'	14^m,3	31.000 Lj	GC	nicht aufgelöst	10×50
NGC 6309	17^h 14,1^{min}	-12° 55'	11^m,4	0,2'	13:^{m}	8700 Lj	PN	tropfenförmig, Enden heller	80mm
36 Oph	17^h 15,3^{min}	-26° 36'	5^m,1/5^m,1	5,1"	139°	19 Lj	DS	Umlaufszeit 550 Jahre	50mm
M 9	17^h 19,2^{min}	-18° 31'	7^m,6	3'	13^m,5	26.000 Lj	GC	kompakt	10×50
NGC 6356	17^h 23,6^{min}	-17° 49'	8^m,3	3'	15^m,1	50.000 Lj	GC	nicht aufgelöst	10×50
NGC 6369	17^h 29,3^{min}	-23° 45'	11^m,4	0,4'	15^m,6	3000 Lj	PN	schwach, ringförmig	80mm
B 59/65-67/77-78	17^h 32:^{min}	-26:°	–	6,5°×4,5°	–	470 Lj	GN	Pfeifennebel	bloßes Auge
M 14	17^h 37,6^{min}	-3° 15'	7^m,6	3'	14^m,0	30.000 Lj	GC	schwer aufzulösen	10×50
IC 4665	17^h 46,3^{min}	+5° 43'	4^m,2	70'	6^m,9	1100 Lj	OC	sehr groß, hell	bloßes Auge
Barnards Pfeilstern	17^h 57,8^{min}	+4° 40'	9^m,5	–	–	6 Lj	St	große Eigenbewegung	80mm
70 Oph	18^h 5,3^{min}	+2° 30'	4^m,2/6^m,2	6,6"	122°	17 Lj	DS	Umlaufszeit 88 Jahre	50mm
NGC 6572	18^h 12,1^{min}	+6° 51'	8^m,1	0,1'	12^m,9	4800 Lj	PN	sehr klein, sehr hell	8×30
NGC 6633	18^h 24,7^{min}	+6° 34'	4^m,6	20'	7^m,6	1300 Lj	OC	sternreich	bloßes Auge

Oph

M 107 ★☆☆☆☆

Pierre Méchain 1782

M 107 ist der schwächste der im Ophiuchus gelegenen Messier-Kugelhaufen.

Im Fernglas bietet er das typische Bild eines nicht aufgelösten Kugelsternhaufens: Ein helles Nebelbällchen mit zur Mitte ansteigender Helligkeit. Stört Lichtverschmutzung in Richtung Süden, kann es jedoch unmöglich werden M 107 im Fernglas aufzuspüren.

In kleinen Teleskopen ist nicht mehr als ein schwacher runder Nebel zu sehen, an nicht idealen Standorten muss man froh sein M 107 überhaupt zu sichten. Da die hellsten Sterne nur auf 13^m kommen, ist die Auflösung in Einzelsterne auch mit mittleren Teleskopen schwierig. Im Fünfzöller erscheint der Haufen bei 100× granuliert; man benötigt eine gute Nacht mit bester Horizontsicht, um mit derselben Öffnung wenigstens die Randsterne aufzulösen. Westlich, östlich und südlich wird der Haufen in 90° Winkel von drei 12^m-Sternchen eingerahmt, die dem Kugelsternhaufen einen unverwechselbaren Anblick verleihen.

Aufsuchen: ζ ➡ 2,5° SSW

M 10 ★★☆☆☆

Charles Messier 1764

M 12 und M 10 bilden ein weites Paar von Kugelsternhaufen im mittleren Ophiuchus, und es ist reizvoll, beide kurz nacheinander zu beobachten und zu vergleichen.

Im Fernglas stehen beide gleichzeitig im Gesichtsfeld, hell und einfach als kleine Nebelbällchen mit einem 30mm-Fernglas zu sehen. Bei moderater Lichtverschmutzung sind 50mm-Gläser nötig.

In kleinen Refraktoren treffen Messiers Beschreibungen von Nebeln ohne Sterne zu. Der Fünfzöller zeigt M 10 aber als schön aufgelösten, perfekt runden und sehr symmetrischen Haufen mit dichtem Zentrum in einer insgesamt sternarmen Gegend. Die Auflösung gelingt teilweise aber auch schon mit 90mm Öffnung, deutlich ist aber der Unterschied zu M 12, der wesentlich lockerer konzentriert und damit leichter aufzulösen ist, obwohl M 10 die helleren Einzelsterne aufweist.
Bei lichtverschmutztem Himmel benötigt man je nach Grad der Aufhellung größere Teleskope, um Randsterne zu zeigen oder den Haufen ganz aufzulösen.

Aufsuchen: δ, ε ➡ 10° O

M 12 ★★☆☆☆

Charles Messier 1764

M 12 ist der für kleine Instrumente schönste Kugelsternhaufen des Sternbilds, weil am einfachsten aufzulösen.

Im Fernglas M 12 als ein nebliges helles rundes Objekt sichtbar.

Schon im Zweieinhalbzöller beginnt bei hoher Vergrößerung ein granuliertes Aussehen durchzubrechen. Im Drei- bis Vierzöller sind die Randpartien voller Einzelsterne; der Fünfzöller bietet ab 100× den Anblick eines durch das Zentrum aufgelösten Sternschwarms über nebligem Untergrund. Lichtverschmutzung reduziert jedoch die Zahl der sichtbaren Einzelsterne deutlich.
Für einen Kugelsternhaufen wirkt M 12 recht locker und zeigt einige Sternketten, die ihm ein unregelmäßiges Aussehen verleihen. Im reich gesprenkelten Sternfeld steht ein hellerer Stern dicht südöstlich des Haufens.

Aufsuchen: M 10 ➡ 3° NW

M 62 ★☆☆☆☆

Charles Messier 1771

M 62 steht auf der südlichen Begrenzung des Sternbilds Ophiuchus. Er ist daher nur sehr schwer von Mitteleuropa aus detailreich zu erfassen, da er nie höher als 10° über den Horizont steigt. Für eine erfolgreiche Beobachtung sollte eine Nacht mit besonders guter Horizontsicht abgewartet werden.

Dann zeigt M 62 im Sucher und Fernglas das typische Bild hellerer Kugelsternhaufen als kleiner runder Nebel.

Im Teleskop ist M 62 auffälliger als M 107. Die Auflösung in Einzelsterne kann unter guten Bedingungen bereits mit vier Zoll Öffnung möglich sein, allerdings reichen meist auch mittelgroße Teleskope und hohe Vergrößerungen nicht aus, um dem Nebel Einzelsterne zu entlocken, weil die Aufhellung des Himmels am Horizont stört.

*Aufsuchen: ε Sco ➡ 3° NO ➡ *6^m ➡ 2° N*

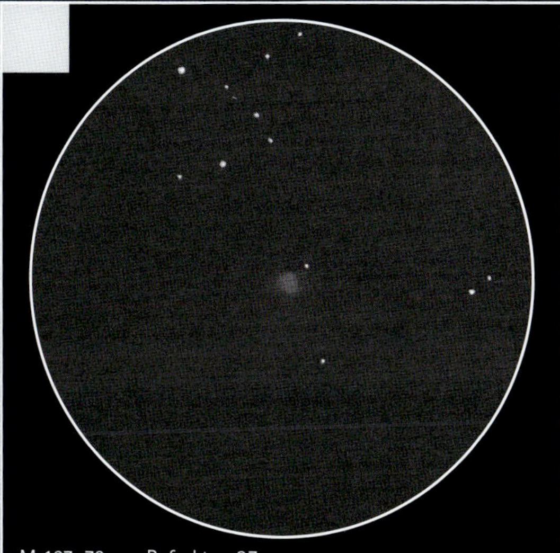

M 107, 70mm-Refraktor, 37×

M 10, 70mm-Refraktor, 93×

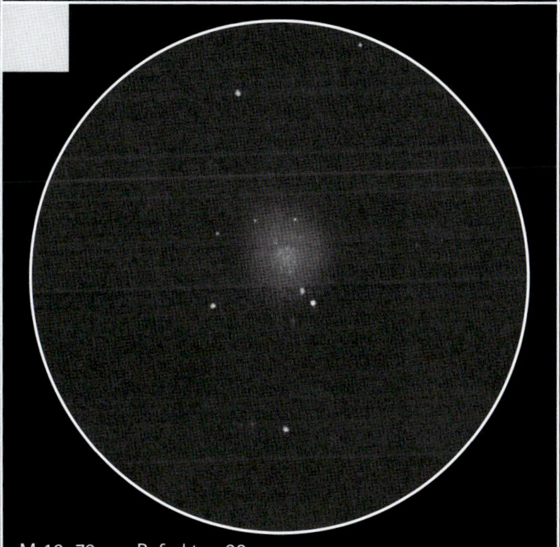

M 12, 70mm-Refraktor, 93×

M 62, 70mm-Refraktor, 37×

M 19, 70mm-Refraktor, 37×

M 9, 70mm-Refraktor, 37×

Oph

M 19 ★★☆☆☆

Charles Messier 1764

M 19 hat Berühmtheit als deutlich mit ovaler Form sichtbarer Kugelsternhaufen erlangt, ähnlich dem großen ω Centauri.

Im Fernglas lässt sich M 19 nur bei guter Horizontsicht aufspüren.

Da die hellsten Sterne nur 14^m erreichen, erscheint M 19 auch im Fünfzöller nur granuliert und höchstens »angelöst«. Die Nord-Süd ausgerichtete Ellipse des Haufenumrisses wird jedoch deutlich. Nordwestlich in der Randpartie des Kugelsternhaufens blitzt ein einziger 11^m-Stern durch.

Aufsuchen: θ ➡ 2° SW ➡ 36 ➡ 3° W

M 14 ★☆☆☆☆

Charles Messier 1764

M 14 ist der dritte der hellen Kugelsternhaufen im mittleren Ophiuchus, aber er hat einen gänzlich anderen Charakter als M 10 oder M 12. Die hellsten Einzelsterne erreichen nur 14^m, was dazu führt, dass der Haufen auch mit mittleren Optiken nicht aufzulösen ist – die Messier-Beschreibung »Nebel ohne Stern« behält also in diesem Fall ihre Gültigkeit.

M 14 ist aber durchaus ein einfaches Objekt für Feldstecher und schon mit 30mm Öffnung zu erfassen.

Im Teleskop ist ein breites flächiges Zentrum erkennen, aber auch mit mittelgroßen Öffnungen zeigt sich in den Randbereichen keine Spur von Auflösung.

Aufsuchen: M 10 ➡ 10° O

Barnards Pfeilstern ★☆☆☆☆

Edward Emerson Barnard 1916

Barnards Stern ist der Stern mit der größten festgestellten Eigenbewegung überhaupt, er verschiebt seine Position um 10" pro Jahr. Er ist dazu der fünftnächste Stern zum Sonnensystem und der nächste, den wir von Mitteleuropa aus mit kleiner Optik beobachten können: Seine Distanz beträgt 5,97 Lichtjahre gegenüber Sirius mit 8,67 Lichtjahren.

Die große Eigenbewegung ist auch für Amateure leicht nachvollziehbar. Schon nach vier Jahren hat sich der Stern um den Durchmesser von Jupiter weiterbewegt!

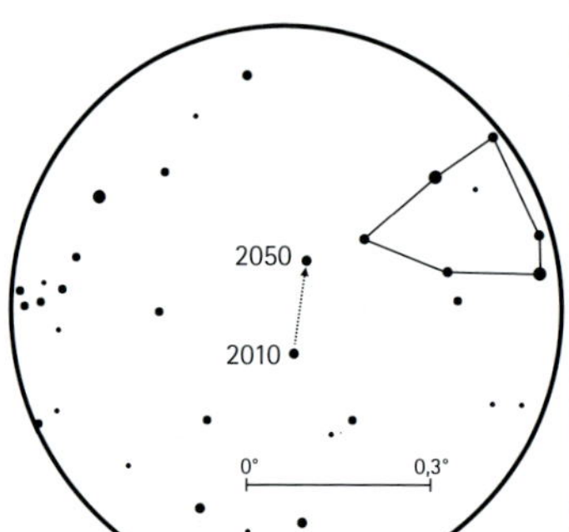

Aufsuchen: β ➡ 4,2° ➡ 66 ➡ 40' NW

M 9 ★★☆☆☆

Charles Messier 1764

M 9 gleicht in vielem den anderen Ophiuchus-Kugelsternhaufen.

Mit einem 10×50-Fernglas ist ein kleiner heller zum Zentrum stark verdichteter runder Nebel zu entdecken.

Ein kleiner Refraktor stellt diesen Anblick zwar höher vergrößert dar, ändert aber wenig am visuellen Erscheinungsbild. Auffallend ist der sternartig erscheinende Kern.

In mittleren Optiken wird M 9 zu einem hellen Objekt, Einzelsterne sind zwar theoretisch schon mit dem Vierzöller sichtbar, aber wegen dem südlichen Stand des Objektes von Mitteleuropa aus meist auch mit größeren Öffnungen nicht erkennbar. Zudem zeigt M 9 einen recht konzentrierten Charakter.

1° nordöstlich steht der recht ähnliche, aber nur gut halb so große Kugelsternhaufen NGC 6356 im Gesichtsfeld, auch er erscheint mit einem vierzölligen Teleskop hell und stark zentral verdichtet.

Aufsuchen: η ➡ 3,5° SO

IC 4665 ★★★☆☆

Philippe Loys de Chéseaux 1746

IC 4665 ist schon ein Ziel für das bloße Auge, das ihn als schwachen Nebelschimmer zeigt.

Als großer lockerer Sternhaufen ist er ideal für die Beobachtung mit dem Fernglas geeignet. 20 Sterne sind weit über etwa 1° Feld verstreut, alle etwa $6–8^m$ hell.

Mit dem Teleskop verliert sich schnell der Haufencharakter, denn schwache Feldsterne werden zwischen den Haufenmitgliedern sichtbar. Auch lässt das kleiner werdende Gesichtsfeld keinen ansprechenden Gesamteindruck mehr zu.

Aufsuchen: β ➡ 1,5° NO

M 14, 70mm-Refraktor, 37×

Barnards Stern, 70mm-Refraktor, 37×

IC 4665, 70mm-Refraktor, 14×

NGC 6633, 70mm-Refraktor, 37×

NGC 6572, 70mm-Refraktor, 140×

NGC 6572, 120mm-Refraktor, 255×

NGC 6572 ★☆☆☆☆

Wilhelm Struve 1825

NGC 6572 ist ein kleiner, aber sehr heller Planetarischer Nebel.

Im 8×50-Sucher ist ohne Filter ein reiches Sternfeld zu erkennen; durch Einsatz eines [OIII]-Linienfilters lässt sich der fragliche 9^m-»Stern« jedoch schnell identifizieren.

Im Fernrohr auffällig ist die satte grüne Farbe, in der NGC 6572 strahlt. Für Vergrößerungen unter 50–80× bleibt NGC 6572 sternförmig; ein richtiges Scheibchen ist erst ab 100× zu sehen. Mit jedem Fernrohr sollte man versuchen, so hoch zu vergrößern, wie es gerade geht. Aber auch in mittleren Teleskopen bei Vergrößerungen über 250× zeigt sich nur ein diffuses rundes und sehr helles Scheibchen mit schemenhaften Details. Nebelfilter helfen nicht, denn der Nebel besitzt ohnehin eine sehr hohe Flächenhelligkeit.

Der Zentralstern, mit 13^m relativ schwach, hat auch in großen Teleskopen keine Chance, im dichten Nebel gesichtet zu werden.

Aufsuchen: β ➡ 4,2° O ➡ 66 ➡ 5° NNO ➡ 71, 72 ➡ 2,5° SO

NGC 6633 ★★★☆☆

Philippe Loys de Chéseaux 1746

Ophiuchus ist kaum für seine Offenen Sternhaufen bekannt, dabei gehört NGC 6633 zu diesem Sternbild – einen Haufen, den man ohne weiteres zwischen M 11 und M 16 einreihen muss.

NGC 6633 ist ein Kandidat für die Sichtbarkeit mit bloßem Auge, er steht aber in einem hellen Milchstraßenausläufer, der die Sichtung erschwert.

Mit einem 10×50-Fernglas zeigt sich die glänzende Pracht des Haufens: 25 Sterne stehen in länglicher Anordnung vor reichem Milchstraßenhintergrund. Die hellsten Sterne erreichen 7^m, so dass eine noch kleinere Optik ebenfalls schon Einzelsterne zeigt.

Im Fernrohr überzeugt NGC 6633 nur bei großem Gesichtsfeld in kleinen Öffnungen, denn durch die vielen Hintergrundsterne verwischt der Haufeneindruck allmählich. Im kleinen Fernglas ist es interessant, den relativ dicht erscheinenden Sternhaufen mit dem 3° südöstlich befindlichen IC 4756 in Serpens zu vergleichen, der ein recht offenes Muster zeigt.

Aufsuchen: β ➡ 4,2° ➡ 66 ➡ 7° ONO

Scorpius (Sco) Südteil Seite 221

Atlas Karte 29

Scorpius ist der Skorpion, zusammen mit dem Schützen das herausragende Sternbild der hellen Sommermilchstraße. Den vorderen und für uns sichtbaren Teil des Skorpions bildet der rötlich glimmende Hauptstern Antares und die unverwechselbaren dreifach ausgefahrenen Scheren, die zur Waage hinüberweisen. Körper und Stachel sind von Mitteleuropa aus unsichtbar, lediglich die zwei hellen Sterne λ und υ können von Süddeutschland und den Alpen aus am Horizont gesehen werden. Unter Himmelsbeobachtern ist der Skorpion bekannt für seine Offenen und Kugelsternhaufen, die zu den schönsten Exemplaren des gesamten Himmels zählen, darunter besonders die beiden südlichsten Objekte der Messier-Liste, M 6 und M 7.

δ Sco	$16^h\ 0{,}4^{min}$	-22° 37'	$1^m{,}6$	$2^m{,}3$	unreg.	490 Lj	Vr	veränderlich seit 2000	bloßes Auge
β Sco	$16^h\ 5{,}4^{min}$	-19° 48'	$2^m{,}6/4^m{,}5$	13,4"	20°	470 Lj	DS	einfach trotz Helligkeitsunterschied	50mm
ν Sco AB	$16^h\ 11{,}9^{min}$	-19° 27'	$4^m{,}4/5^m{,}3$	1,3"	2°	450 Lj	DS	Vierfachstern	50mm
ν Sco CD	$16^h\ 12{,}0^{min}$	-19° 27'	$6^m{,}6/7^m{,}2$	2,4"	56°	450 Lj	DS	Vierfachstern	80mm
M 80	$16^h\ 17{,}0^{min}$	-22° 59'	$7^m{,}3$	5'	$13^m{,}4$	33.000 Lj	GC	klein, kompakt	10×50
M 4	$16^h\ 23{,}4^{min}$	-26° 32'	$5^m{,}8$	12'	$10^m{,}8$	5900 Lj	GC	leicht aufzulösen	3,5×15
NGC 6144	$16^h\ 27{,}2^{min}$	-26° 2'	$9^m{,}0$	2'	$13^m{,}4$	28.000 Lj	GC	nahe Antares	80mm
M 6	$17^h\ 40{,}1^{min}$	-32° 13'	$4^m{,}2$	25'×20'	$6^m{,}2$	1600 Lj	OC	Schmetterlingshaufen	bloßes Auge
M 7	$17^h\ 53{,}9^{min}$	-34° 49'	$3^m{,}3$	80'	$5^m{,}6$	980 Lj	OC	sehr hell und locker	bloßes Auge

M 4, 70mm-Refraktor, 56×

M 80, 70mm-Refraktor, 93×

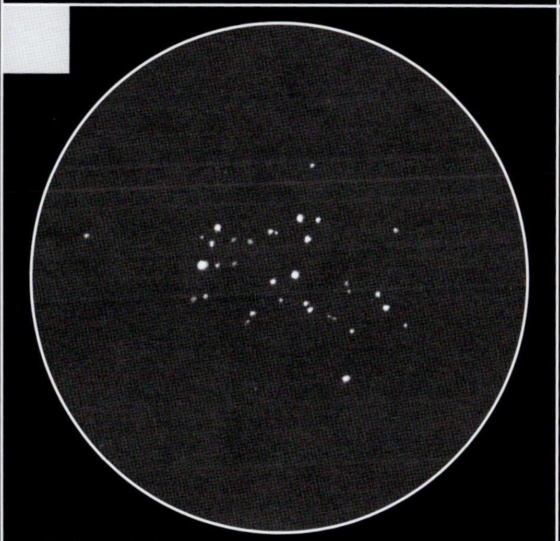

M 6, 70mm-Refraktor, 35×

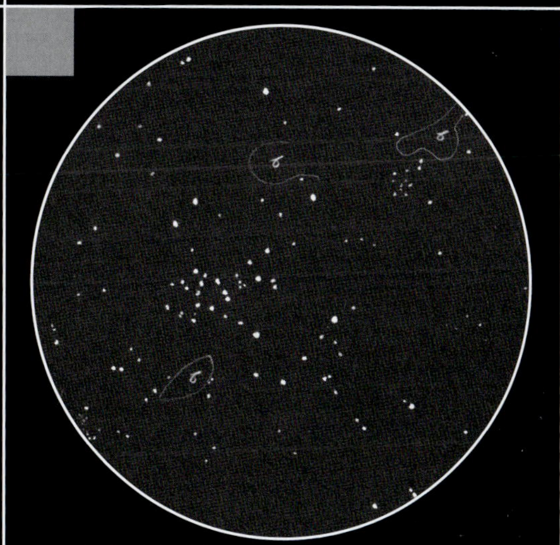

M 7 mit Dunkelnebeln, 60mm-Refraktor, 20×

M 4 ★★★☆☆

Philippe Loys de Chéseaux 1746

M 4 ist der einzige Kugelsternhaufen, den Messier mit seinen kleinen Fernrohren in Sterne auflösen konnte. Dies ist leicht zu erklären, denn seine Einzelsterne erreichen $10\overset{m}{,}8$. M 4 ist der von Mitteleuropa aus am einfachsten aufzulösende Kugelsternhaufen. Problematisch ist aber seine südliche Stellung, so kommt er für Norddeutschland nur maximal 15° über den Horizont.

Unter südlichem Sternhimmel wäre M 4 ein Objekt für das bloße Auge, wenn nicht der Glanz des nahen Antares so stören würde. Im Fernglas ist er aber im brillanten Sternfeld als kleiner Nebel zu sehen.

Ein kleiner Refraktor kann die Einzelsterne zeigen, wenn keine Lichtverschmutzung stört. M 4 hat einen geringen Konzentrationsgrad, so dass auch die Sterne im Zentrum einzeln zu erkennen sind. Mit größerer Öffnung fällt diese lockere Struktur noch deutlicher auf, und das Objekt beginnt einem dichten Offenen Sternhaufen zu ähneln. Die hellsten Sterne sind in einem quer über das Zentrum verlaufenden Balken angeordnet.

Aufsuchen: α ➡ 1,5° W

Sco

M 80 ★★☆☆☆

Pierre Méchain 1781

M 80 ist einer der schwächeren und kleineren Kugelsternhaufen im Messier-Katalog, aber trotzdem ein nettes Objekt für kleine Teleskope.

Der Feldstecher zeigt ein kleines rundes Nebelchen, wenn keine Lichtverschmutzung stört.

Mit einem kleinen Refraktor erscheint M 80 als runder, zur Mitte stark konzentrierter Nebel ohne eine Chance der Auflösung in Einzelsterne. Die hellsten haben $13^{m}_{,}4$, also kann der Haufen unter guten Bedingungen schon mit dem Vierzöller granuliert und »angelöst« erscheinen. Wegen der schlechten Sichtbedingungen in Horizontnähe ist dazu aber meistens ein größeres Fernrohr nötig; oft hat der Haufen auch noch in mittelgroßen Öffnungen nur nebligen Charakter. Auffallend ist in jedem Fall der starke Kondensationsgrad, der sich in einem sehr hellen und dichten Nebelzentrum zeigt.

Aufsuchen: α ➡ 2° WNW ➡ σ ➡ 1,5° N ➡ ο ➡ 1,5° NO

M 6, Schmetterlingshaufen ★★★★☆

Giovanni Batista Hodierna 1654

M 6 bildet zusammen mit M 7 ein eindrucksvolles Sternhaufen-Duo; für uns Mitteleuropäer sind sie der Abschluss der hellen Sommermilchstraße, bevor sie im Horizontdunst versinkt.

M 6 ist mit bloßem Auge einfach und deutlich sichtbar, er ist zusammen mit M 7 das hellste Objekt in dieser Gegend. M 6 steht deutlich sichtbar vor sternleerem Gebiet der Milchstraßen-Dunkelwolken, während M 7 in der Großen Sagittariuswolke beheimatet ist.

Was mit dem bloßen Auge nur als Nebelfleck erscheint, wird mit dem Fernglas zum Erlebnis: Ein reicher, dichter Sternhaufen mit einer ganz einprägsamen Figur, ein schönes Objekt für kleine Teleskope. 20 Sterne heller als 10^{m} stehen auf einem Durchmesser von 20'.

Während der Hintergrund im Feldstecher noch neblig bleibt, löst schon ein kleiner Refraktor den Sternhaufen mit vielen schwachen Mitgliedern auf. Sehr auffallend ist die merkwürdige Anordnung der Sterne in zwei breiten Flügeln nach Nordosten und Südwesten, deshalb wird M 6 im englischen Sprachraum auch »Butterfly Cluster« genannt. Deutlich ist ein gelblich-oranger Stern an der Wurzel des nordöstlichen Flügels, das ist der mit 6^{m} hellste Stern des Haufens, ein Roter Riese, wie sie in so vielen Sternhaufen anzutreffen sind.

Aufsuchen: λ, υ ➡ 5° NNO

ν Sco ★★☆☆☆

Burnham 1874, Mitchel 1846

ν Scorpii ist eines der seltenen Vierfachsysteme.

Das weite Paar aus einem $4^{m}_{,}4$ und einem $6^{m}_{,}6$-Stern steht 41" auseinander und kann schon im Fernglas getrennt werden.

Die Trennung beider Einzelsterne verlangt mindestens ein gutes dreizölliges Teleskop; wegen der oft schlechten Luftruhe nahe des Horizonts dürfte dies auch mit mittleren Optiken nicht allzu leicht fallen. Das Pärchen AB ist dabei wesentlich schwerer aufzulösen als die Komponenten CD.

Aufsuchen: β ➡ 1,6° O

M 7 ★★★★☆

seit dem Altertum bekannt

Der Sternhaufen M 7 ist der südlichste Eintrag in Messiers Nebelliste. Mit –35° Deklination steigt der Sternhaufen für das zentrale Deutschland nur 5° über den Horizont, in der norddeutschen Tiefebene ist er praktisch unbeobachtbar. Nur unter dunklem Landhimmel mit freiem Blick nach Süden ist ein Versuch anzuraten. Zeigt der Horizont die fast überall zu beobachtende Aufhellung durch die Lichtglocken der Städte, bleibt M 7 verborgen.

Von südlichen Mittelgebirgsstandorten oder in den Alpen kann M 7 jedoch mit bloßem Auge als deutlicher Nebelfleck in der hellen Großen Sagittariuswolke gesehen werden

M 7 ist ein herrliches Objekt für Ferngläser. Auf einem Feld von fast 1° Durchmesser stehen 40 Sterne von $5^{m}_{,}5$ bis $10^{m}_{,}0$.

Vergrößert man im Teleskop höher, kann man lineare Sternketten verfolgen, die besonders in der Mitte auffallen.

Im reichen Sternfeld der Umgebung fallen im Teleskop mehrere Dunkelnebel auf, darunter drei im unmittelbaren Feld von M 7. Dies ist jedoch nicht von Mitteleuropa aus zu sehen.

Aufsuchen: λ, υ ➡ 5° ONO

Cygnus (Cyg)

Das Sternbild Cygnus – der Schwan – ist ein Kaleidoskop vom Faszinierendstem der Milchstraße. Mit bloßem Auge fliegt ein riesiger Vogel die helle Milchstraße hinab; Albireo, β Cygni, bildet den Kopf, γ Cygni den Körper, und α Cygni, Deneb, den Schwanz. Die beiden Schwingen recken sich weit durch die Nacht, vom zentralen γ Cygni abspreizend. Die fünf hellsten Sterne des Schwans kann man auch zu einem großen »Kreuz des Nordens« zusammenfassen.

Cygnus liegt mitten in der hellen Sommermilchstraße, die schon mit dem bloßen Auge reich von Sternwolken und Dunkelflecken gegliedert ist. Auffallend ist eine helle Sternwolke östlich von Deneb und ein großes dunkles Gebiet nördlich davon, das auch als »Nördlicher Kohlensack« bezeichnet wird. Der Schwan birgt reichhaltige Schätze für Himmelsbeobachter, darunter faszinierende Offene Sternhaufen und zwei der schönsten Nebelfelder der Milchstraße für die teleskopische Beobachtung.

β Cyg	19^{h} $30{,}7^{min}$	+27° 57'	$3\overset{m}{,}2/4\overset{m}{,}7$	34,6"	54°	360 Lj	DS	Albireo, Farbkontrast	8×30
M 1-92	19^{h} $36{,}3^{min}$	+29° 33'	$11\overset{m}{,}7$	0,3'	–	8000 Lj	GN	Minkowskis Fußabdruck, sehr klein	120mm
NGC 6811	19^{h} $37{,}3^{min}$	+46° 23'	$6\overset{m}{,}8$	10'	$9\overset{m}{,}9$	3700 Lj	OC	Sterne ringförmig angeordnet	10×50
NGC 6826	19^{h} $44{,}8^{min}$	+50° 31'	$8\overset{m}{,}8$	0,4'	$10\overset{m}{,}6$	4600 Lj	PN	Blinkender PN	10×50
χ Cyg	19^{h} $50{,}6^{min}$	+32° 54'	$3\overset{m}{,}3$	$14\overset{m}{,}2$	407 Tage	520 Lj	Vr	kann sehr hell werden	10×50
NGC 6871	20^{h} $5{,}9^{min}$	+35° 47'	$5\overset{m}{,}2$	25'	$6\overset{m}{,}8$	5400 Lj	OC	groß, umgibt 27 Cyg	8×30
34 Cyg	20^{h} $17{,}8^{min}$	+38° 2'	$3\overset{m}{,}0$	$6\overset{m}{,}0$	unreg.	5200 Lj	Vr	P Cygni	bloßes Auge
NGC 6888	20^{h} $12{,}0^{min}$	+38° 21'	–	18'×12'	–	5400 Lj	GN	Crescent-Nebel, oval, schwach	63mm
NGC 6910	20^{h} $23{,}2^{min}$	+40° 48'	$7\overset{m}{,}4$	5'	$9\overset{m}{,}6$	5700 Lj	OC	klein, nördlich γ Cyg	10×50
M 29	20^{h} $23{,}9^{min}$	+38° 32'	$6\overset{m}{,}6$	6'	$8\overset{m}{,}6$	3700 Lj	OC	unscheinbar, südlich γ Cyg	10×50
IC 1318	20^{h} $27{,}9^{min}$	+40° 0'	–	50'×40'	–	4900 Lj	GN	hellster Teil der Nebel um γ Cyg	80mm
NGC 6960	20^{h} $45{,}7^{min}$	+30° 43'	$9{:}^{m}$	45'×5'	$23{:}^{m}$	2400 Lj	GN	Cirrusnebel, westlicher Teil	10×50
IC 5067/70	20^{h} $50{,}8^{min}$	+44° 21'	$7{:}^{m}$	40'×30'	$23{:}^{m}$	3400 Lj	GN	Pelikannebel, groß, sehr schwach	80mm
IC 1340	20^{h} $56{,}2^{min}$	+31° 4'	–	15'	–	2400 Lj	GN	Teil des Cirrusnebels südlich NGC 6992/5	80mm
NGC 6992/5	20^{h} $57{:}^{min}$	+31° 30'	$7\overset{m}{,}5$	55'×5'	$23{:}^{m}$	2400 Lj	GN	Cirrusnebel, östlicher Teil	8×30
NGC 7000	20^{h} $58{,}8^{min}$	+44° 20'	$5{:}^{m}$	1,3°	$23{:}^{m}$	2400 Lj	GN	Nordamerikanebel	bloßes Auge
NGC 7008	21^{h} $0{,}5^{min}$	+54° 33'	$12\overset{m}{,}0$	1'	$13\overset{m}{,}2$	3300 Lj	PN	irreguläre Form, Sterne im Nebel	10×50
CRL 2688	21^{h} $2{,}3^{min}$	+36° 42'	$13\overset{m}{,}5$	0,3'	–	1400 Lj	GN	Egg-Nebel, stark polarisiert, sehr klein	120mm
61 Cyg	21^{h} $6{,}9^{min}$	+38° 45'	$5\overset{m}{,}2/6\overset{m}{,}0$	31,8"	153°	11 Lj	DS	Bessels Parallaxenstern	10×50
NGC 7027	21^{h} $7{,}1^{min}$	+42° 14'	$8\overset{m}{,}5$	0,3'	$16\overset{m}{,}3$	3100 Lj	PN	sehr klein, hell	50mm
M 39	21^{h} $32{,}2^{min}$	+48° 26'	$4\overset{m}{,}6$	31'	$6\overset{m}{,}8$	1000 Lj	OC	wenige Sterne	3,5×15
B 168	21^{h} $50{:}^{min}$	+47° 30'	–	2°×0,3°	–	2500 Lj	GN	Dunkelzigarre	bloßes Auge
IC 5146	21^{h} $54{,}3^{min}$	+67° 20'	–	7'	–	2600 Lj	GN	Cocoon-Nebel, in B 168	120mm

NGC 6826, Blinkender Nebel

Wilhelm Herschel 1773

NGC 6826 ist ein schöner Planetarischer Nebel in der Sommermilchstraße. Seine Gesamthelligkeit ist identisch mit der des Ringnebels, weil er aber nur 1/3 so groß ist wie M 57, erscheint er heller. Trotzdem ist NGC 6826 nicht so einfach zu beobachten.

Sein kleiner Durchmesser macht es schwierig, ihn im Sternfeld bei Aufsuchvergrößerung von den Sternen zu unterscheiden. Außerdem umgibt der perfekt runde Nebelhalo einen $10\overset{m}{,}6$ hellen Zentralstern, der das schwache Leuchten des Nebels leicht überstrahlt.

Bei NGC 6826 lässt sich eine interessante Beobachtungserfahrung machen: Schaut man direkt auf den Nebel, so ist nur der helle Zentralstern zu sehen, der umgebende Nebel ist verschwunden. Blickt man etwas links oder rechts neben das Objekt, aber achtet trotzdem darauf – diese Technik wird als Indirektes Sehen bezeichnet – so erscheint der Nebel deutlich und hell um den Zentralstern, der beinahe in ihm ertrinkt. NGC 6826 wird deshalb auch »Blinkender Planetarischer Nebel« genannt, weil man den Eindruck des Aus- und Anschaltens des Nebels bekommt, wechselt man schnell zwischen direktem und indirektem Sehen hin und her.

Dieses Phänomen ist aber nur in kleinen Fernrohren sichtbar, bereits mit mittleren Öffnungen erscheint der Nebel zu hell und verschwindet auch bei direktem Fixieren nicht mehr ganz. Mit großen Öffnungen zeigt die scheinbar gleichmäßig helle, leicht diffuse und runde Nebelscheibe einige sehr kleine dunkle und helle Schattierungen.

Aufsuchen: δ ➡ *5,5° N* ➡ θ ➡ *1° O* ➡ **5^{m}* ➡ *30′ O*

β Cyg, Albireo

James Bradley 1755

Albireo, der Eigenname für den Kopfstern des die Milchstraße nach Süden hinab fliegenden Schwans, wird von vielen Beobachtern für den schönsten Doppelstern überhaupt gehalten und ist ein Paradeobjekt dieser Klasse.

Schon mit dem Fernglas kann dieses 0,5′ weite Paar getrennt werden. Hilfreich ist es, wenn das Fernglas dazu auf einem Stativ steht oder mit Bildstabilisierung ausgerüstet ist.

Aber erst im kleinen Fernrohr bei Aufsuchvergrößerung entfaltet Albireo seine wahre Pracht: Vor einem reichen Milchstraßenfeld stehen dicht nebeneinander ein goldener und azurblauer Diamant.

Bei Paaren mit stark unterschiedlichen Helligkeiten ist es oft so, dass der schwächere Begleiter die Komplementärfarbe zum hellen Hauptstern annimmt und so oft entweder rötlich oder bläulich erscheint. Albireo ist aber ein gutes Beispiel für die astrophysikalische Realität der im Fernrohr erkennbaren Farben: Der Hauptstern ist ein gelblich-roter Riese, der Begleiter ein heißer Stern mit blauem Spektrum.

Seit den ersten Messungen Mitte des 19. Jahrhunderts hat sich keine Bahnbewegung gezeigt; trotzdem wird angenommen, dass beide Sterne ein physisches Paar bilden.

χ Cyg

Gottfried Kirch 1686

Dieser helle Veränderliche ist mit Mira im Sternbild Cetus eng verwandt. χ Cyg zeigt eine noch größere Helligkeitsamplitude als diese, die Maximalhelligkeit schwankt allerdings von $2\overset{m}{,}8$ bis $6\overset{m}{,}0$. Von den 407 Tagen Periode verbringt der Stern 170 beim Anstieg zum Maximum, in dem er nur kurz verharrt und dann langsam auf unter 12^{m} absinkt.

χ Cyg ist deshalb nur wenige Wochen mit bloßem Auge zu sehen, im Maximallicht stört er deutlich das gewohnte Bild des Sternbild Schwans und fällt dadurch leicht auf.

Im Minimum reicht ein kleines Fernrohr oft nicht mehr aus, um den dann deutlich roten Stern aufzufinden. Die Maximumszeitpunkte für die nächsten Jahre werden etwa eintreffen März 2021, April 2022, Juni 2023, Juli 2024, August 2025.

Diese Vorhersagen sind aber ungenau, da die Periode der Veränderlichkeit nicht ganz konstant ist. Es empfiehlt sich daher, schon mehrere Monate vor den angegebenen Zeitpunkten nach dem Stern zu suchen.

Aufsuchen: η ➡ *2,5° SSW*

NGC 6826, 70mm-Refraktor, 37×

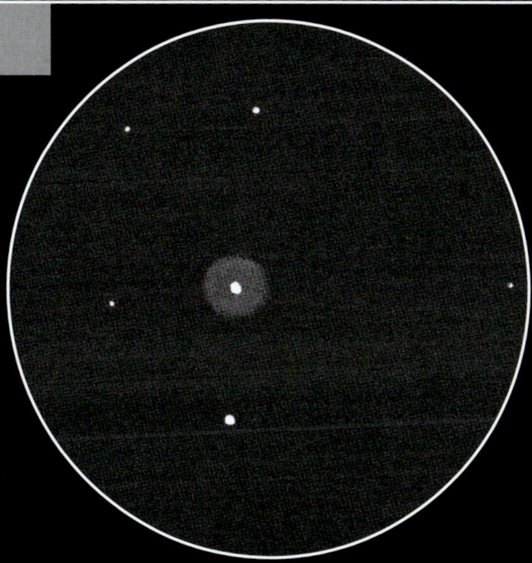
NGC 6826, 120mm-Refraktor, 170×

Cyg

M 29, 70mm-Refraktor, 93×

M 29, 120mm-Refraktor, 102×

β Cygni, 70mm-Refraktor, 93×

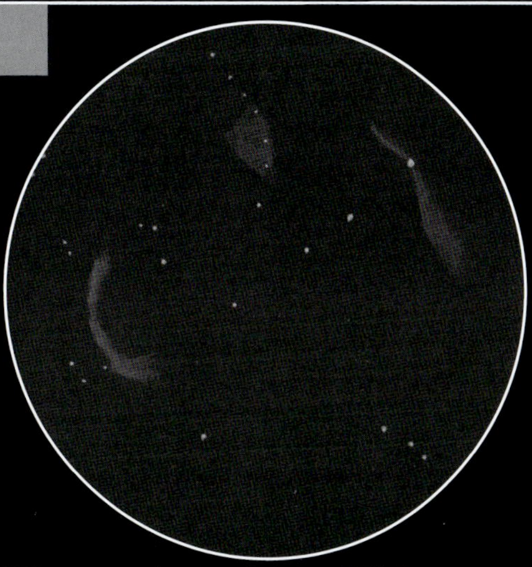
NGC 6960, 6992/5, 60mm-Refraktor, [OIII]-Filter, 14×

M 29 ★★☆☆☆

Charles Messier 1764

M 29 ist ein kleiner unscheinbarer Sternhaufen im zentralen Schwan, gleichzeitig eines der unbekannteren Messier-Objekte.

Im Fernglas oder Fernrohrsucher ist ein kleiner kompakter Sternknoten sichtbar.

Vergrößert man im Teleskop 50–80×, so ist ein schönes trapezartiges Sternmuster zu sehen, das ein wenig an die Plejaden erinnert. Mit einem mittleren Teleskop ist es interessant, schwache Sterne innerhalb des Musters zu erkennen, die Vergrößerung kann bei guter Luftruhe auf 150× und mehr gesteigert werden.

Aufsuchen: γ ➡ 2° S

M 1-92 ★☆☆☆☆

Rudolph Minkowski 1946

Dieses extrem kleine Objekt ist eine Herausforderung für mittlere Teleskope. Nur 10" × 5" im Durchmesser, werden Vergrößerungen von über 150× verlangt um das wie ein Sohlenabdruck aussehende Nebelchen zu sehen, das auch als »Minkowskis Fußabdruck« bekannt ist.

*Aufsuchen: β ➡ 1,7° NNO ➡ *5^m ➡ 20′ O*

Cyg

NGC 6960, 6992/5, Cirrusnebel ★★★☆☆

Wilhelm Herschel 1784

Die beiden Nebelgebiete NGC 6960 und NGC 6992/5 werden zusammengefasst als Cirrusnebel bezeichnet. Er ist nach M 1 im Stier der am einfachsten zu beobachtende Supernovaüberrest am Himmel. Über ein Areal von 2,5°×3,5° verteilt sich ein Labyrinth aus schwachen Nebelvorhängen und feinen Filamenten, das jedoch gute Beobachtungsbedingungen erfordert.

Bereits mit einem 10×50-Fernglas – unter Alpenhimmel auch schon im 8×30 – ist unter dunklem Himmel der östliche Bogen des Nebels, der als NGC 6992/5 bezeichnet wird, als geisterhaftes Leuchten sichtbar. Der westliche Bogen NGC 6960 ist dagegen nur in größeren Feldstechern sichtbar. Bereits moderate Lichtverschmutzung macht jedoch alle Versuche zunichte.

Die besten Ergebnisse der teleskopischen Betrachtung bringt – wie bei allen großflächigen Galaktischen Nebeln – der Einsatz von Weitwinkelokularen bei Minimalvergrößerung. Gleichzeitig wird so die Austrittspupille maximal, und die Flächenhelligkeit des Nebels kann voll genutzt werden. Dies ist jedoch nur sinnvoll unter lichtverschmutzungsfreiem Himmel möglich, denn sonst muss man einen Kompromiss mit höheren Vergrößerungen eingehen. Jede höhere Vergrößerung bringt jedoch einen Verlust an wahrnehmbarer Flächenhelligkeit; außerdem lässt das kleinere Gesichtsfeld die Nebelteile nicht mehr optimal erfassen.

In einer dunklen Nacht kann man so in einem zwei- bis vierzölligen Refraktor NGC 6992/5 als matte Lichtstraße durch das Gesichtsfeld ziehen sehen, eingebettet in die reichen Milchstraßenfelder des Schwans. Der westliche Teil des Cirrusnebels ist etwas schwächer als der östliche Bogen; erschwerend kommt hinzu, dass das sich nach Norden zuspitzende Nebelfilament genau den hellen Stern 52 Cygni passiert, der dem Nebel durch Überstrahlung viel von seinem Glanz nimmt. Im Okular erkennt man nördlich von 52 Cygni das sich windende Filament des Nebels, etwa 20′ lang, während südlich des Sterns selbst mittlere Öffnungen nur schwache Andeutungen von Nebel zu erkennen sind.

Mit einem Schmalband- oder [OIII]-Linienfilter wird der Cirrusnebel selbst für kleine Teleskope ein überaschend detailreiches Objekt; es lassen sich mittlere Vergrößerungen am besten nutzen. Schon mit einem zweieinhalbzölligen Refraktor sind beide helle Bögen einfach zu sehen. Zwischen diesen beiden Bereichen taucht der dreiecksförmige Pickering's Triangular Wisp auf, ein schwaches, etwa 45′×15′ messendes Nebelareal, das ohne Filter praktisch nicht zu sehen ist.

Mit mittleren Öffnungen ist das Netz aus feinen Filamenten und Spritzern von NGC 6992/5 eine der faszinierendsten Himmelslandschaften. Südlich taucht ein weiteres Nebelgebiet auf, IC 1340. NGC 6960 profitiert ebenfalls sehr stark vom Filtereinsatz, das von 52 Cyg nach Norden laufende Filament macht in mittleren Öffnungen einen in zwei Stränge gespaltenen Eindruck, und die südlich von 52 Cyg liegenden Bereiche treten deutlich hervor. Mit großen Teleskopen unter dunklem Himmel und mit [OIII]-Filter ist der Cirrusnebel ein spektakulärer Anblick. Lichtverschmutzung kann dieses Erlebnis jedoch trotz Filter weitgehend trüben.

Aufsuchen: ε ➡ 3° S ➡ 52 ➡ 2,5° O

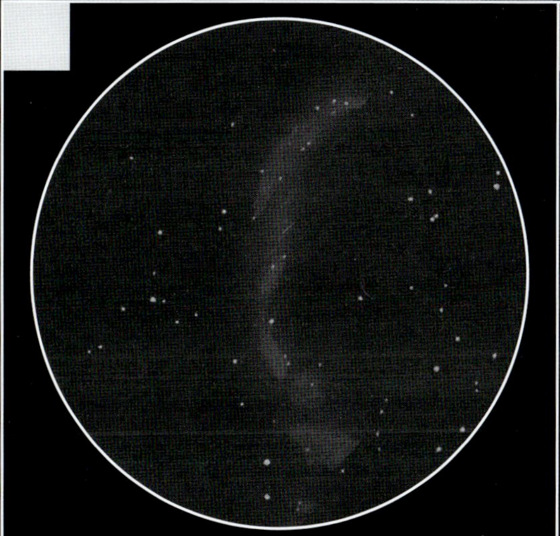

NGC 6992/5, 70mm-Refraktor, Schmalbandfilter, 37×

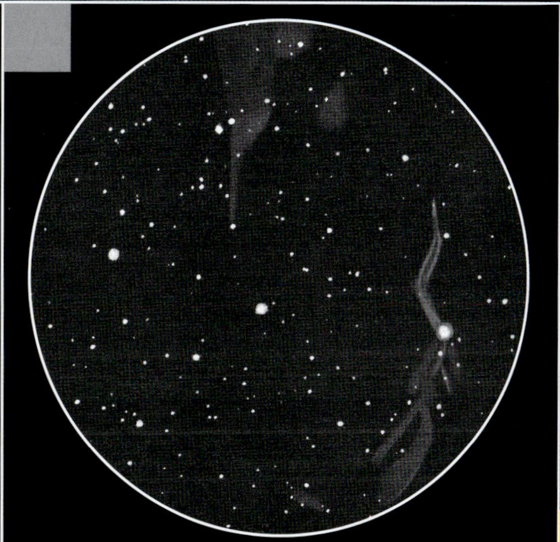

NGC 6960, 120mm-Refraktor, Schmalbandfilter, 64×

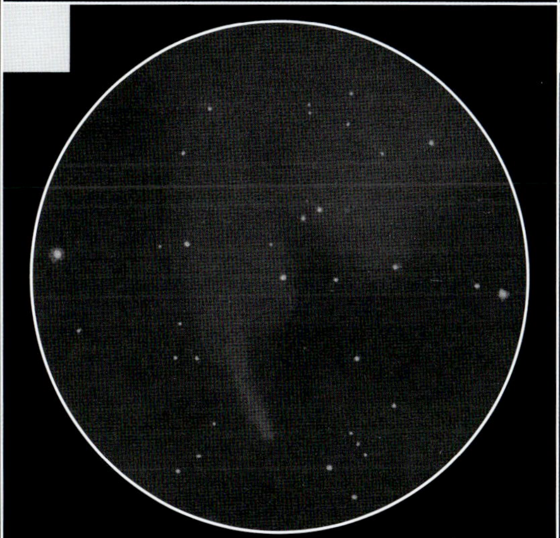

NGC 7000, 70mm-Refraktor, Schmalbandfilter, 14×

M 39, 70mm-Refraktor, 14×

NGC 7027, 70mm-Refraktor, 187×

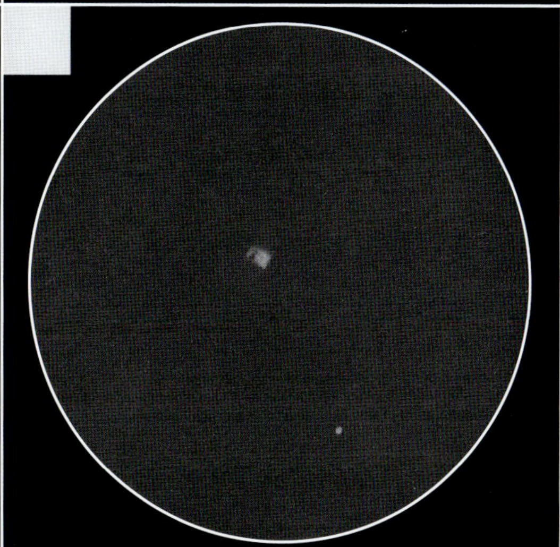

NGC 7027, 120mm-Refraktor, 255×

Cyg

NGC 7000, Nordamerikanebel ★★★☆☆

Wilhelm Herschel 1786

NGC 7000, der Nordamerikanebel, ist ein schwaches Feld aus matt glimmenden Nebel in den reichen Feldern der Sommermilchstraße. Unabdingbar für eine erfolgreiche visuelle Beobachtung sind beste Bedingungen, dunkler Himmel ohne Lichtverschmutzung, die Möglichkeit, mit großer Austrittspupille zu beobachten, sowie ein großes Gesichtsfeld.

Mit einem Schmalband-Nebelfilter vor dem bloßen Auge kann man NGC 7000 auch ohne optische Hilfsmittel entdecken. Er verschmilzt jedoch mit einer kleinen Sternwolke, deren Südwestrand er bildet.

Im Fernglas hat man auch ohne Filter eine Chance, wenn der Himmel dunkel ist. Es fällt jedoch schwer, die Begrenzung zu den umgebenden Sternfeldern auszumachen.

Sogenannte Rich-Field-Teleskope, kleine Refraktoren und Reflektoren mit Öffnungsverhältnissen von f/4–f/8, sind ideal für die Beobachtung des Nebels, da sie große Gesichtsfelder zeigen können und den Einsatz von Filtern erlauben; nicht die Größe der Optik ist hier entscheidend.

Der Nordamerikanebel erhielt seinen Namen nach der frappanten Ähnlichkeit seines Umrisses mit dem des amerikanischen Kontinents. Ausgangspunkt für die Beobachtung ist ein Sternmuster, das aufgrund seiner Figur als »Kleiner Orion« bezeichnet wird und im »Golf von Mexiko« liegt. Die Westseite des Nebels befindet sich nördlich und östlich mit den hellsten Nebelstellen in »Yucatán« und »Texas«. Der gesamte Nebel erstreckt sich über 2°×1,5°; allein um das Gebiet um den »Golf« auf einen Blick zu erfassen, sind 1,5° Okulargesichtsfeld nötig.

Der Nebel erscheint milchig und hebt sich vor allem Richtung Norden und Osten nicht gut von den reichen Sternfeldern ab. Ein kleiner erdnussförmiger Dunkelnebel markiert in etwa die Nordgrenze.

Selbst bei geringer Lichtverschmutzung fehlt vom Nordamerikanebel jede Spur. Die große schwache Nebelfläche ist besonders anfällig gegen Aufhellung des Himmelshintergrunds, auch Nebelfilter helfen dann kaum.

Westlich von NGC 7000, um die hellen Sterne 56 und 57 Cygni, befindet sich das schwache Nebelfeld des Pelikannebels IC 5067. Dieses Objekt ist deutlich schwieriger zu sehen als der Nordamerikanebel, auch hier hilft wie bei NGC 7000 ein Schmalband-Nebelfilter, oder - anders als bei NGC 7000 - ein Hβ-Linienfilter.

*Aufsuchen: α ➡ 2,3° OSO ➡ 57 ➡ 1° SO ➡ *Muster Kleiner Orion ➡ direkt N und O*

NGC 7027 ★★☆☆☆

Thomas W. Webb 1879

NGC 7027 ist ein heller und sehr kleiner Planetarischer Nebel.

Bereits mit dem Fernglas ist er als 8^m-Stern zu sehen.

Im kleinen Teleskop zeigt sich bei Aufsuchvergrößerung ebenfalls nur ein helles stellares Objekt. Vergrößert man über 100×, erscheint NGC 7027 als kleines diffuses Scheibchen. Bei ruhiger Luft und mit Vergrößerungen von über 250× kann man in mittelgroßen Teleskopen erkennen, dass der Nebel keine homogene Scheibe bildet, sondern an einer Seite von einem dunklen Einschnitt gezeichnet wird, der ihn wie die Ziffer 9 aussehen lässt. Der Zentralstern ist selbst mit größten Teleskopen nicht zu sehen.

Aufsuchen: ξ ➡ 1,5° S ➡ 2 7^m ➡ 30' OSO*

IC 1318, γ Cygni-Nebel ★☆☆☆☆

Edward Emerson Barnard 1893

Unter der Nummer IC 1318 wird das riesige schwache Nebelfeld um γ Cygni zusammengefasst, obwohl es eigentlich aus mehreren, voneinander getrennten Bereichen besteht.

Im schwach vergrößernden Teleskop mit Schmalbandfilter erscheinen östlich, 1° südlich und 2° nordwestlich große Aufhellungen. Lichtverschmutzung macht ihre Beobachtung unmöglich.

Aufsuchen: um γ

NGC 6888, Crescent-Nebel

Wilhelm Herschel 1792 ★☆☆☆☆

Die Beobachtung des Crescent-Nebels, so benannt nach seiner Form, erfordert ein mittelgroßes Teleskop, dunklen Himmel und einen [OIII]-Linienfilter. Dann zeigt sich ein sichelförmig gekrümmtes, fast 20' langes Nebelfilament. Um den kompletten Umfang des Nebels und das schwach glimmende Innere zu sehen, bedarf es eines großen Instruments und exzellenten Himmels.

Aufsuchen: γ ➡ 2,7° SW

61 Cyg, Parallaxenstern ★☆☆☆☆

James Bradley 1753

61 Cygni ist der berühmte Besselsche Parallaxenstern. Dieser Doppelstern war das erste Objekt außerhalb unseres Sonnensystems, an dem Astronomen die Entfernung direkt messen konnten. 61 Cyg ist mit 11,3 Lichtjahren Abstand zugleich das zehntnächste Sternsystem zur Erde.

Schon im schwach vergrößernden kleinen Teleskop erkennt man in gehörigem Abstand zueinander zwei gelbliche helle Sterne, die fast gleich hell erscheinen.

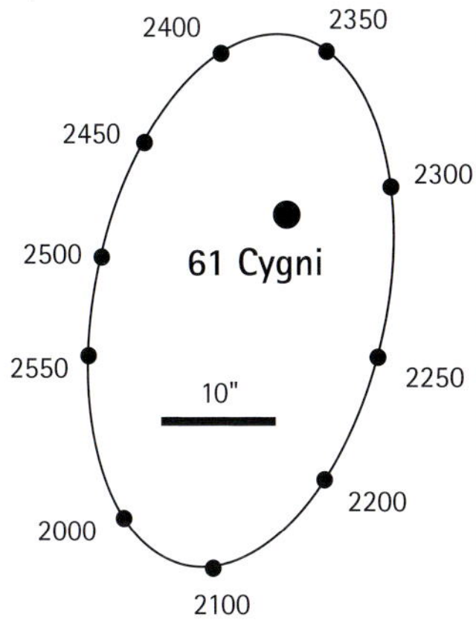

Aufsuchen: *ξ ➡ 5° S*

M 39 ★☆☆☆☆

Charles Messier 1764

Den nördlichen Abschluss der reichen Cygnus-Milchstraße bildet der Sternhaufen M 39.

Schon mit einem kleinen Feldstecher oder Opernglas ist ein lockerer Haufen aus etwa 10–15 hellen Sternen zu sehen, der sich gut vom Hintergrund abhebt.

Mit einem kleinen Fernrohr bei niedriger Vergrößerung entsteht der beste Eindruck, denn das verwendete Gesichtsfeld sollte mehr als doppelt so groß wie der Haufendurchmesser von ½° sein, um den Haufeneindruck aufrecht zu erhalten. Im Zentrum des Haufens steht ein ungleiches enges Sternpaar, im Südteil eine schöne gebogene Dreierkette. Mit größeren Fernrohren und höheren Vergrößerungen verliert der Anblick an Ausdruckskraft, da aus dem Hintergrund viele schwache Sterne auftauchen und nur noch vereinzelt die hellen Vordergrundsterne des Haufens glänzen.

Aufsuchen: α ➡ 9° W ➡ ρ ➡ 3° N

Cyg

B 168, Dunkelzigarre ★★☆☆☆

Burnham 1874, Mitchel 1846

Wird die Milchstraße zwischen Schwan, Eidechse und Kepheus in einer dunklen Nacht mit dem Feldstecher durchmustert, fällt etwa 3° östlich des hellen Sternhaufens M 39 ein längliches sternleeres Gebiet auf. Dieser fast 2° lange und nur 20' breite Dunkelschlauch ist unter dem Namen Dunkelzigarre ein populäres Ziel vieler Fernglasbeobachter. Ein Glas mit möglichst großer Öffnung bei gleichzeitig niedriger Vergrößerung ist ideal für die Beobachtung der Dunkelzigarre, also etwa 6x30-, 7×50- oder 11×80-Instrumente. Das östliche Ende der Zigarre ist besser abgegrenzt, während sich die westliche Seite allmählich im Feld um M 39 verliert.

Beobachtet man genau, ist festzustellen, dass der Nebel nicht exakt gerade verläuft, sondern leichte Krümmungen zeigt. Das ist besonders gut im Teleskop zu sehen, das auch den nebligen Charakter der Staubwolke hervorherbt, wenn das Gesichtfeld nicht zu klein ist, mindestens aber 2,5°.
Ähnlich wie bei der Beobachtung großflächiger schwacher Emissionsnebel ist auch bei den Dunkelnebeln die Benutzung einer möglichst großen Austrittspupille gefragt. Zusätzlich muss auch immer das Feld wesentlich größer als das Objekt sein, da Dunkelnebel nur im Kontrast mit der sternreichen Umgebung zu sehen sind.

Aufsuchen: M 39 ➡ 3° OSO

IC 5146, Cocoonnebel

Max Wolf 1894 ★☆☆☆☆

Im östlichen Ende der Dunkelzigarre B 168 steht der schwache Cocoon-Nebel.

Dieses kleine Objekt erfordert einen sehr dunklen Himmel und ein mittelgroßes Teleskop; ein Schmalband-Nebelfilter ist ebenfalls hilfreich. Dann ist eine schwache Aufhellung um einige Sterne zu sehen. Dunkle Strukturen im Nebel zeigen sich erst in größeren Geräten.

Aufsuchen: in B 168

NGC 7008 ★☆☆☆☆

Wilhelm Herschel 1787

Dieser schwache Planetarische Nebel hat eine halbrunde, irreguläre Form. Im mittelgroßen Teleskop mit [OIII]-Filter erkennt man außerdem einen hellen Knoten an der Nordostseite. Mehrere Sterne stehen in und außerhalb des Nebels, was einen schönen Kontrast ergibt.

Aufsuchen: α ➡ 10° NNO

Atlas Karte 14

Vulpecula (Vul)

Vulpecula, das Füchschen, ist keines der klassischen Sommersternbilder. Es wurde erst Ende des 17. Jahrhunderts von dem Danziger Astronomen Hevelius eingeführt und ist als typisches »Füllsternbild« zwischen den markanten Mustern des Pfeils, des Schwans und des Delphins mit bloßem Auge kaum zu erkennen. Die Milchstraße zieht von Süd nach Nord mitten durch das Sternbild. Der Höhepunkt für Himmelsbeobachter ist ohne Zweifel der Planetarische Nebel M 27.

Cr 399	$19^{h}\ 25{,}4^{min}$	+20° 11'	$3{,}^{m}6$	60'	$5{,}^{m}2$	–	Ast	Kleiderbügel	bloßes Auge
NGC 6802	$19^{h}\ 30{,}6^{min}$	+20° 16'	$8{,}^{m}8$	5'×1,5'	$12{,}^{m}9$	9600 Lj	OC	bei Collinder 399	50mm
M 27	$19^{h}\ 59{,}6^{min}$	+22° 44'	$7{,}^{m}3$	8'×4'	$13{,}^{m}8$	1200 Lj	PN	Hantelnebel	8x30
16 Vul	$20^{h}\ 2{,}0^{min}$	+24° 56'	$5{,}^{m}8/6{,}^{m}2$	0,9"	128°	220 Lj	DS	Testpaar für 150mm	120mm
IC 4954-5	$20^{h}\ 4{,}7^{min}$	+29° 13'	–	6'×2'	–	7200 Lj	GN	kleiner Reflexionsnebel-komplex	100mm
NGC 6940	$20^{h}\ 34{,}6^{min}$	+28° 18'	$6{,}^{m}3$	20'	$9{,}^{m}3$	3300 Lj	OC	sternreich	10×50

Cr 399, Kleiderbügel ★★★☆☆

Al Sufi 10. Jh.

Crollinder 399 ist die Katalogbezeichnung für den Kleiderbügelhaufen. Es handelt sich aber nicht um einen echten Sternhaufen, sondern nur um zufällig voreinander projizierte Sterne.

Der Kleiderbügel ist schon mit bloßem Auge als milchiger Fleck zu sehen, scharfe Augen können unter Alpenhimmel die drei hellsten Sterne des »Hakens« jedoch getrennt erkennen, während der »Bügel« ein heller Strich bleibt.

Leicht aufzufinden durch seine Nähe zum Sternbild Pfeil, zeigt sich im Fernglas ein verblüffend angeordnetes Sternmuster, das einen verkehrt herum hängenden Kleiderbügel am Himmel zeigt. Es gibt kaum ein eindrücklicheres Fernglasobjekt am Sommerhimmel.

Mit kleinen Teleskopen kann man unter dunklem Himmel östlich des östlichsten Sterns des Kleiderbügels, 7 Vulpeculae, einen schwachen Nebelfleck sehen: Das ist der Offene Sternhaufen NGC 6802. Auch mit mittlerer Optik bei hoher Vergrößerung zeigt er kaum Einzelsterne, deren hellste 13^{m} erreichen.

Aufsuchen: α *➡ 4,5° SSO*

M 27, Hantelnebel ★★★★★

Charles Messier 1764

Mitten in der sommerlichen Milchstraße steht eines der schönsten Nebelobjekte für Fernrohrbeobachter, der berühmte Hantelnebel M 27.

Schon in einem kleinen Fernglas erscheint ein Nebelbällchen unter den Sternen. Dies ist relativ gut auch von lichtverschmutzten Standorten aus zu sehen.

Mit einem kleinen Teleskop und geringer Vergrößerung ist M 27 ein rundlicher deutlicher Nebelfleck vor nachtschwarzem Hintergrund im reich glitzernden Milchstraßenfeld. Vergrößert man auf etwa 50–100×, so erkennt man die zweigeteilte, einer Sanduhr oder einer Hantel nicht unähnliche Form. Die Nord- und Südränder des Nebels erscheinen rund geschwungen und gut begrenzt, während die westliche und östliche Seite diffus auslaufen und die wahre Grenze des Nebels kaum zu fassen ist. Das Innere des Hantelnebels ist deutlich strukturiert und nicht gleichmäßig gezeichnet.

Spannend ist es, Sterne im Nebel zu beobachten. Mit einem vierzölligen Teleskop sollten die ersten vor dem Nebelhintergrund auftauchen, ein 11^{m}-Stern unmittelbar am südwestlichen Nebelrand ist schon mit dem Zweieinhalbzöller auszumachen. Der Zentralstern des Nebels, der die leuchtenden Gasmassen in den Raum geblasen hat, ist 13^{m} schwach und wegen des störenden Nebelhintergrunds erst mit mittleren Öffnungen zu sehen. Große Teleskope zeigen mehr als 10 Sterne.

Bei sehr guten Bedingungen und niedriger Vergrößerung sind quer zur Sanduhr sehr schwach die nebligen »Ohren« des Hantelnebels zu sehen. Der Nebel ist dann in Ost-West-Richtung länger als üblich in Nord-Süd. Mit einem Schmalbandnebelfilter kann man diese »Ohren« noch besser erkennen.

Aufsuchen: γ *Sge ➡ 3° N*

Cr 399, 70mm-Refraktor, 14×

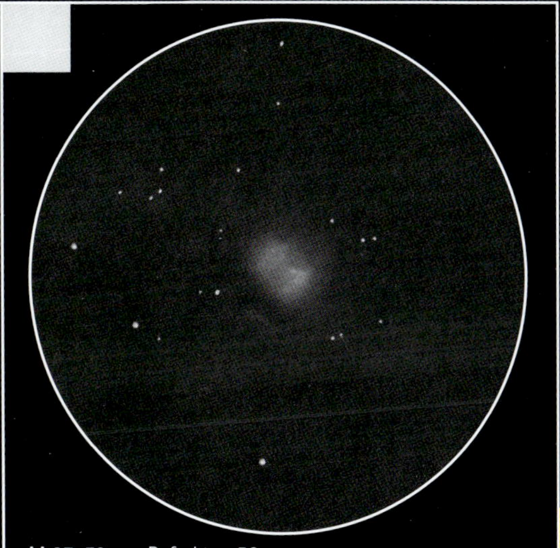
M 27, 70mm-Refraktor, 56×

M 27, 60mm-Refraktor, 36×

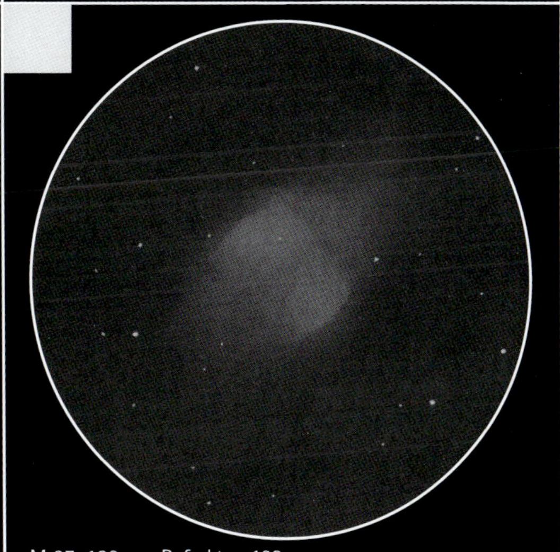
M 27, 120mm-Refraktor, 102×

NGC 6940, 70mm-Refraktor, 37×

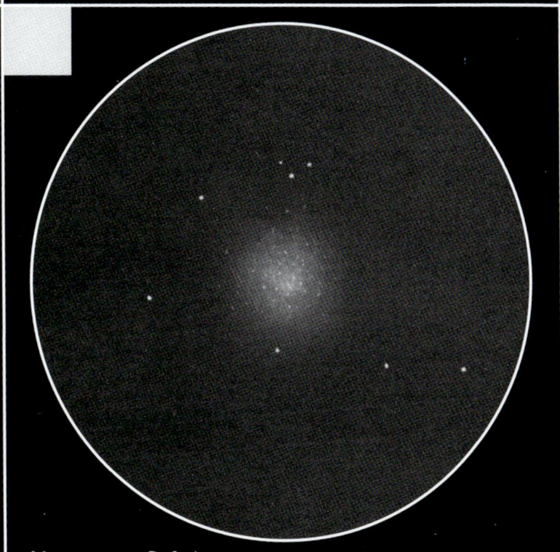
M 71, 70mm-Refraktor, 93×

NGC 6940 ★★☆☆☆

Wilhelm Herschel 1784

NGC 6940 ist einer der schönen Offenen Sternhaufen des Sommerhimmels für mittlere Öffnungen, trotzdem nahezu unbekannt.

Bereits in kleinen Ferngläsern ist ein ½° großer einfach sichtbarer nebliger Fleck auszumachen. Die hellsten Sterne des Haufens haben $9^{m}{,}5$, also kann schon 40mm Öffnung eine teilweise Auflösung ermöglichen. Mit einem 10×50-Fernglas bietet sich der Anblick eines hellen großen Nebels, auf den einige helle Sterne projiziert sind.

Auch im kleinen Refraktor sind bei 34× wenig Sterne zu sehen, der Haufen ist insgesamt eher eine diffuse Erscheinung. Den schönsten Eindruck erhält man in einem mittleren Teleskop bei mittlerer Vergrößerung und etwa 1° Gesichtsfeld; ein unregelmäßiger Schwarm dutzender Sterne füllt das Feld. Der Haufen ist nicht sehr dicht, sondern scheint eher aus einem Netzwerk von Ketten und Reihen zu bestehen. Ein orangefarbener Stern fällt auf.

Aufsuchen: ε Cyg ➙ 6° SSW

Vul
Sge

Sagitta (Sge)

Atlas Karte 14

Sagitta, der Pfeil, gehört zu den klassischen Mustern des Sommerhimmels. Obwohl die hellsten Sterne nur $3^{m}{,}5$ erreichen, hebt sich das prägnante Bild gut vom Himmel ab. Das längliche Sternbild ist eines der kleinsten am Himmel und füllt zusammen mit Vulpecula den Raum zwischen Cygnus im Norden, Aquila dem Adler im Süden, Hercules im Westen und dem markanten Delphin im Osten aus. Die Milchstraße zieht mitten durch das Sternbild. Das hellste Deep-Sky-Objekt im Pfeil ist M 71, ein lockerer Kugelsternhaufen.

HN 84	$19^{h}\ 39{,}4^{min}$	+16° 34'	$6^{m}{,}4/9^{m}{,}5$	28"	301°	2800 Lj	DS	farbiges einfaches Paar	50mm
M 71	$19^{h}\ 53{,}8^{min}$	+18° 47'	$8^{m}{,}0$	6'	$12^{m}{,}1$	13.000 Lj	GC	sehr wenig konzentriert	10×50
IC 4997	$20^{h}\ 20{,}1^{min}$	+16° 44'	$10^{m}{,}7$	0,1'	$14^{m}{,}4$	16.000 Lj	PN	extrem klein, Zentralstern QV Sge	63mm
FG Sge	$20^{h}\ 11{,}9^{min}$	+20° 20'	$9^{m}{,}4$	$13^{m}{,}6$	unreg.	7400 Lj	Vr	in schwachem Nebel	63mm

M 71 ★★★☆☆

Philippe Loys de Chéseaux 1746

M 71 ist ein ungewöhnlich loser Kugelsternhaufen.

Schon mit dem Fernglas ist ein diffuser kleiner Nebelfleck zu sehen, aber noch recht schwach mit 50mm Öffnung. Lichtverschmutzung verhindert eine ungetrübte Beobachtung.

Im kleinen Teleskop erscheint der Haufen ebenfalls noch nicht aufgelöst, es bleibt bei einem granulierten Nebel. Zwar erreichen die hellsten Sterne 12^{m}, dies sind aber nur wenige helle Einzelsterne, die ab drei Zoll vor dem Nebel sichtbar werden. Die Masse der Mitglieder ist schwächer als 14^{m}, deswegen reicht auch erst ein mittleres Teleskop zur vollständigen Auflösung aus. Der Haufen erscheint unter dunklem Himmel als dichter Sternschwarm von 20–30 zählbaren Mitgliedern, allerdings fehlt die für Kugelsternhaufen so typische zentrale Verdichtung völlig. M 71 macht auch keinen runden, sondern eher einen dreieckigen Eindruck. Im mittleren Teleskop sieht M 71 einem Offenen Sternhaufen ähnlicher.

*Aufsuchen: δ ➙ 1,2° O ➙ *6ᵐ ➙ 15' NO*

Delphinus (Del)

Atlas Karte 14, 22

Der Delphin bevölkert den mitteleuropäischen Sommerhimmel zwischen Milchstraße und Pegasus. Ein schiefer Rhombus aus den Sternen α, β, δ und γ bildet zusammen mit dem in südwestlicher Richtung den Schwanz markierendem ε den Körper des Meerestieres. Dieses Sternbild gehört zu den aus der Antike bekannten. Einer der Hauptsterne der Konstellation ist ein schönes Doppelobjekt für kleine Fernrohre.

NGC 6891	$20^h\ 15{,}2^{min}$	+12° 42'	$10^{m}{,}3$	0,2'	$12^{m}{,}4$	9400 Lj	PN	sehr klein, rund, heller Zentralstern	63mm
NGC 6905	$20^h\ 22{,}4^{min}$	+20° 6'	$10^{m}{,}8$	0,7'	$15^{m}{,}7$	6600 Lj	PN	von Sterntrapez umgeben	10×50
NGC 6934	$20^h\ 34{,}2^{min}$	+7° 24'	$8^{m}{,}8$	1,5'	$14^{m}{,}0$	51.000 Lj	GC	schwer aufzulösen	10×50
Σ 2725	$20^h\ 46{,}2^{min}$	+15° 54'	$7^{m}{,}5/8^{m}{,}2$	6,2"	12°	120 Lj	DS	15' südlich γ Del	50mm
γ Del	$20^h\ 46{,}7^{min}$	+16° 8'	$4^{m}{,}4/5^{m}{,}0$	8,9"	265°	115 Lj	DS	sehr einfaches Paar	50mm

Del
Equ

γ Del ★★★☆☆

Christian Mayer 1779

Einfach aufzusuchen ist dieser schöne Doppelstern für kleine Optiken.

Beide Sterne sind sehr hell, und selbst ein kleines Fernrohr trennt sie mit Leichtigkeit bei mittleren und höheren Vergrößerungen. Die Komponenten zeigen nur geringe Bahnbewegungen. Beide Sterne scheinen goldgelb, obwohl manchmal auch der Begleiter als grünlich oder bläulich empfunden wird, dies sind aber Kontrasteffekte.

Bei γ Del hat man die seltene Gelegenheit, im Fernrohrokular zwei Doppelsterne im selben Gesichtsfeld zu sehen. Nur 15' südlich befindet sich das Pärchen Struve 2725, aus zwei Sternen $7^{m}{,}5$ und $8^{m}{,}2$ in 6,2" Abstand bestehend. Selbst bei relativ hoher Vergrößerung sind beide Paare – dann jeweils getrennt – gleichzeitig beobachtbar. Allerdings ist Struve 2725 vor allem wegen seiner Lichtschwäche wesentlich schwieriger aufzulösen.

NGC 6891 ★☆☆☆☆

Ralph Copeland 1884

Hell und klein ist dieser Planetarische Nebel. In mittelgroßen Teleskopen ist gut zu sehen, wie das kleine runde Nebelscheibchen einen deutlichen Zentralstern umgibt. NGC 6981 erinnert damit an eine Miniaturversion von NGC 6826 in Cygnus. Mit [OIII]-Filter wird die Nebelscheibe heller, der Zentralstern verschwindet jedoch.

Aufsuchen: ε ➡ 1,8° N ➡ η ➡ 3,5° W ➡ 2 6^m ➡ 1,5° SW*

NGC 6905 ★☆☆☆☆

Wilhelm Herschel 1784

Relativ schwach ist dieser Planetarische Nebel, so dass man zur Detektion im mittelgroßen Teleskop unbedingt einen Schmalband- oder [OIII]-Filter zur Hand haben sollte. Dann zeigt sich unter dunklem Himmel ein nicht ganz rundes Nebelscheibchen von Jupitergröße, von hellen Sternen eingerahmt.

*Aufsuchen: α ➡ 3,5° WNW ➡ *6^m ➡ 1,5° WNW ➡ *6^m ➡ 2,5° N*

Equuleus (Equ)

Atlas Karte 23

Equuleus ist das Füllen oder Fohlen, das zweitkleinste Sternbild des Himmels (nach Crux) und gleichzeitig eines der unscheinbarsten. Es wurde von Hipparch um 150 v. Chr. eingeführt und steht am Sommerhimmel östlich des Delphins. Obwohl die Milchstraße nicht fern ist, enthält das Füllen keine besonderen Sehenswürdigkeiten für Teleskopbesitzer.

Aquila (Aql)

Atlas Karte 22

Aquila, der Adler, ist eines der klassischen Sternbilder des Sommerhimmels. Ein Raubvogel mit augebreiteten Schwingen fliegt die Milchstraße nach Norden entlang. α Aql mit den flankierenden β und γ markiert den Kopf, die dazu mit ζ, δ und θ gebildeten aufgespannten Trapeze die Flügel, und λ den Schwanz. Aquila ist die Heimat des schönsten Dunkelnebels der Sommermilchstraße.

V Aql	19^h 4,4^{min}	-5° 41'	$6^m{,}6$	$8^m{,}0$	353 Tage	1400 Lj	Vr	Kohlenstoffstern	8x30
NGC 6751	19^h 5,9^{min}	-5° 59'	$12^m{,}0$	0,3'	$15^m{,}4$	8000 Lj	PN	klein, ringförmig	100mm
B 133	19^h 6,1^{min}	-6° 50'	–	10'	–	650 Lj	GN	deutlichster einer Gruppe	80mm
NGC 6778	19^h 18,4^{min}	-1° 36'	$12^m{,}0$	0,2'	$14^m{,}8$	9100 Lj	PN	rechteckig, länglich, sehr klein	100mm
NGC 6781	19^h 18,5^{min}	+6° 32'	$11^m{,}0$	2'	$16^m{,}8$	2300 Lj	PN	Scheibe, Rand heller	80mm
NGC 6804	19^h 31,6^{min}	+9° 14'	$11^m{,}0$	0,7'	$14^m{,}4$	4900 Lj	PN	ringförmig, Stern an Nordostseite	80mm
B 142-3	19^h 40,7^{min}	+10° 57'	–	80'x50'	–	1000 Lj	GN	Dreiteilige Dunkelhöhle	bloßes Auge
π Aql	19^h 48,7^{min}	+11° 49'	$6^m{,}3$/$6^m{,}8$	1,4"	105°	510 Lj	DS	Testpaar für 100mm	100mm

Aql

B 142-3, ★★★☆☆
Dreiteilige Dunkelhöhle

Edward Emerson Barnard 1919

Von geübten Beobachtern kann schon andeutungsweise mit bloßem Auge ein dunkler Fleck 1,5° nordwestlich von γ Aql gesehen werden. Dies gelingt jedoch nur unter Gebirgshimmel.

Ihre wahre Pracht offenbart erst ein lichtstarker Feldstecher. Leicht aufzusuchen, steht eine dunkle Staubwolke vor reichem Sternhintergrund. Der Hauptteil des Nebels erscheint in Sichel- oder C-Form, die nach Westen offen ist. Dabei ist das südliche der beiden Hörner dunkler und breiter. Etwas südlich des C steht ein weiterer, aber undeutlicherer Nebelbarren vor den Sternen, der damit die dreiteilige Dunkelhöhle komplett macht.

In kleinen Optiken wie 30–70mm-Ferngläsern tritt vor allem das C-Muster hervor, während Großfeldstecher und Teleskope den Nebel als eher dreiteilig zeigen. In jedem Fall ist eine dunkle Nacht und ein großes Gesichtsfeld nötig, um dieses Objekt erfolgreich zu beobachten. In einer stockdunklen Hochgebirgsnacht entsteht dann der faszinierende Eindruck einer vor tausenden Sternen schwebenden Rauchwolke.

Aufsuchen: γ ➡ 1,5° WNW

NGC 6781 ★★☆☆☆

Wilhelm Herschel 1788

NGC 6781 ist der hellste von vielen schwächeren Planetarischen Nebeln im Adler.

In kleineren Fernrohren unsichtbar, werden zu seiner visuellen Erfassung mindestens 80mm Öffnung benötigt. Dann ist in einem reichen Sternfeld ein schwaches rundes Scheibchen von 1,5' Durchmesser zu sehen. Bei genauer Betrachtung in größeren Teleskopen mit Nebelfilter erkennt man, dass die südöstliche Seite des Nebelrandes heller ist, so dass der Eindruck einer Sichel oder eines asymmetrischen Rings entsteht. Der sehr schwache Zentralstern ist der Beobachtung mit sehr großen Teleskopen vorbehalten.

*Aufsuchen: δ ➡ 2° NW ➡ *5^m ➡ 1,8° N ➡ 2* 7^m ➡ 30' O*

NGC 6804 ★☆☆☆☆

Wilhelm Herschel 1791

Dieser schwache Planetarische Nebel verlangt dunklen Himmel, ein mittelgroßes Teleskop und den Einsatz eines [OIII]-Linienfilters. Dann ist ein ovales Nebelscheibchen zu sehen, ohne Filter sieht man einen Stern an der Nordost-Seite. Mit größeren Teleskopen wird die Ringform deutlich, weitere Sterne zeigen sich im Nebel, darunter der 14^m-Zentralstern.

Aufsuchen: α ➡ 4,4° WSW ➡ μ ➡ 2° NNW

Scutum (Sct)

Atlas Karte 22

Scutum, das Schild, heißt eigentlich Scutum Sobieskii, eine Anspielung auf die mit Hilfe des polnischen Königs gelungene Abwehr der Türken vor Wien 1683, und wurde von Hevelius 1690 an den Himmel versetzt. Zuvor war dieses Areal unter dem Namen Antinous bekannt, das von Tycho Brahe eingeführt worden war. Als Sternmuster ist Scutum kaum zu erkennen. In einer klaren Nacht wird es aber eindrucksvoll von einer hellen Milchstraßenwolke beherrscht, der Schildwolke. Das herausragende Himmelsobjekt in Scutum ist der Offene Haufen M 11 am nördlichen Rand der Schildwolke

B 103	$18^h\ 39{,}4^{min}$	-6° 38'	–	1°×0,5°	–	500 Lj	GN	Dunkelnebel, Westseite der Schildwolke	8×30
M 26	$18^h\ 45{,}2^{min}$	-9° 24'	$8\overset{m}{,}0$	8'	$10\overset{m}{,}3$	5200 Lj	OC	unscheinbar	10×50
B 111	$18^h\ 49{,}5^{min}$	-4° 45'	–	1,8°×1°	–	500 Lj	GN	Dunkelnebel nördlich M 11	8×30
M 11	$18^h\ 51{,}1^{min}$	-6° 16'	$5\overset{m}{,}8$	7'	$8\overset{m}{,}0$	6100 Lj	OC	Wildentenhaufen	bloßes Auge
NGC 6712	$18^h\ 53{,}1^{min}$	-8° 42'	$8\overset{m}{,}1$	2,5	$13\overset{m}{,}3$	22.000 Lj	GC	kaum aufgelöst	10×50
IC 1295	$18^h\ 54{,}6^{min}$	-8° 50'	$12\overset{m}{,}3$	1,5'	$15{:}^m$	4500 Lj	PN	westlich NGC 6712, ringförmig	120mm

Sct

M 11 ★★★★☆

Gottfried Kirch 1681

Der Sternhaufen M 11 wird von vielen Beobachtern für den schönsten seiner Art sichtbar von Mitteleuropa gehalten. Tatsächlich ist dieser Offene Haufen ein schönes Objekt für Optiken jeder Größe und liegt eingebettet in einer reichen Himmelsregion.

M 11 steht am Nordrand der hellen Schildwolke; ohne diese wäre er ein leichtes Objekt für das bloße Auge; der helle Hintergrund lässt den Haufen aber nur schwer ohne optische Hilfsmittel erkennen. Ein Versuch lohnt sich jedoch nur in dunkler Hochgebirgsnacht.

Ein 8x30-Fernglas lässt M 11 so erscheinen, wie ihn Entdecker Kirch einst beschrieb: »Ein kleiner, verwaschener Fleck mit einem durchscheinenden Stern«. Mit einem 50mm-Glas lässt sich ein heller Nebelfleck erkennen, aus dem der mit Abstand hellste Haufenstern mit 8^m durchblitzt.

Im kleinen Refraktor beginnt das Beobachtungserlebnis aber erst richtig: Um den hellen Zentralstern gruppieren sich dutzende von schwachen Sonnen, die bei 90x dem Haufen gerade so ein aufgelöstes Erscheinungsbild geben. Schon im 63mm-Refraktor ist M 11 beeindruckend aufgelöst, weit über 100 Sterne häufen sich in unvergleichlicher Dichte um den hellen 8^m-Stern. Mit mittleren Öffnungen ist M 11 an Eindrücklichkeit kaum mehr zu überbieten: 400 Sterne heller als 14^m füllen den 7' Radius zu einem brillanten Deep-Sky-Erlebnis auf. Im Zentrum strahlt der hellste Stern in deutlich orangem Ton.

Unter lichtverschmutztem Himmel leidet die Eindrücklichkeit von M 11 sehr. Je nach Grad der Aufhellung sind dann jeweils größere Teleskope nötig, um den Haufen gut aufzulösen.

Aufsuchen: η ➡ 1,5° W

M 26 ★☆☆☆☆

Charles Messier 1764

M 26 gehört zu den unscheinbaren Messier-Sternhaufen, er befindet sich in der Südwestecke der Schildwolke.

Im Feldstecher oder Fernrohrsucher ist M 26 nur schwierig in einem mit schwachen Sternen übersätem Feld zu sehen.

Kleine Refraktoren können bei niedrigen Vergrößerungen den Sternhaufen nicht auflösen. Vergrößert man aber über 50x, zeigen sich östlich eines hellen Sterns fünf schwächere Sterne. Mit mittleren Optiken wird der mit Abstand hellste Stern noch auffälliger, etwa 15–20 Sterne bilden den sternarmen Haufenbereich von etwa 8' Durchmesser. Die meisten sind von 12^m und schwächer, deshalb gewinnt M 26 erst ab mittleren Öffnungen einigermaßen an Ausdruck, wenn der Himmel dunkel ist.

Aufsuchen: α ➡ 2° OSO ➡ δ ➡ 45' SO

Atlas Karte 22

Serpens Cauda (Ser)

Serpens, die Schlange, ist das einzige Sternbild, das in zwei Teilen am Himmel erscheint: Serpens Caput, der Kopf der Schlange, am Frühlingshimmel und Serpens Cauda, der Schwanz, am Sommerhimmel. Als klassische Konstellation aus dem Altertum ist die Schlange jedoch durchgehend ausgebildet, und in dunklen Frühsommernächten ist es faszinierend, dieses lange gewundene Himmelstier an einem Stück zu bewundern. Serpens Cauda reicht in die sternreiche Sommermilchstraße hinein und wird von Sternhaufen und Nebeln bevölkert, wobei M 16 die reizvolle Kombination aus beidem bildet.

Ser

M 16	$18^h\,18{,}8^{min}$	-13° 47'	$6^m{,}0$	10'	$8^m{,}2$	5600 Lj	OC	im Adlernebel IC 4703	bloßes Auge
IC 4703	$18^h\,18{,}9^{min}$	-13° 50'	-	45'×20'	-	5500 Lj	GN	um M 16	10×50
IC 4756	$18^h\,39{,}0^{min}$	+5° 27'	$4^m{,}6$	70'	$8^m{,}7$	1500 Lj	OC	sehr locker	bloßes Auge
Σ 2375	$18^h\,45{,}5^{min}$	+5° 30'	$6^m{,}3/6^m{,}7$	2,6"	120°	480 Lj	DS	beide Sterne sind sehr enge Paare	50mm
θ Ser	$18^h\,56{,}2^{min}$	+4° 12'	$4^m{,}6/4^m{,}9$	22"	106°	130 Lj	DS	Farben reinweiß	8×30

M 16, IC 4703, Adlernebel ★★★☆☆ ★☆☆☆☆

Philippe Loys de Chéseaux 1746

M 16 ist der schönste Sternhaufen in der Schlange, aber vielen Beobachtern ist das Objekt unter dem Namen Adlernebel geläufiger. Der Nebel ist jedoch getrennt unter der Katalogbezeichnung IC 4703 erfasst; mit M 16 ist also immer nur der Sternhaufen gemeint.

Dunkler Himmel lässt M 16 schon schwach mit bloßem Auge sehen.

M 16 ist aber vor allem ein schönes Objekt für den Feldstecher. 20 Sterne mit Helligkeiten von $7\text{–}10^m$ drängen sich auf nur 10', die hellsten bilden eine gebogene Reihe.

Dies ist besonders gut im kleinen Fernrohr zu sehen. Nordöstlich des Haufens schließt ein Gebiet hoher Sterndichte an, das eventuell noch zum Objekt gezählt werden kann.

Der Adlernebel ist besonders bei kleiner Vergrößerung auch schon mit weniger als vier Zoll Öffnung zu sehen; die hellste Stelle ist eine flächige Aufhellung südöstlich der beiden hellen Sterne am südöstlichen Haufenrand. Zu seiner Sichtung gehört aber auf jeden Fall ein dunkler Himmel; hilfreich ist ein Schmalband-Nebelfilter. Die Schwingen des Vogels erstrecken sich nach Nordosten und Südwesten, während der Kopf den Bereich des Haufenzentrums einnimmt. In mittelgroßen Teleskopen mit Nebelfilter ist der Nebel das interessantere Objekt, etwa 15'×25' groß, mit deutlichen Intensitätsunterschieden, die auf kleine Dunkelflecke zurückzuführen sind. Diese lassen sich in großen Teleskopen gut beobachten: Einer befindet sich etwa 6' nordöstlich des Haufenzentrums und misst ca. 1' im Durchmesser, der deutlichere ist direkt am südlichen der beiden Sterne am südöstlichen Haufenrand gelegen, und hat 2' Ausdehnung. Lichtverschmutzung beraubt M 16 dieser Details und zeigt nur den nackten Sternhaufen.

Aufsuchen: γ Sct ➡ 2,5° W

IC 4756 ★☆☆☆☆

Thomas Webb 1859

IC 4756 gehört nicht zu den faszinierend dichten oder farblich abwechslungsreichen Sternhaufen. Trotzdem ist er ein schönes Fernglasobjekt und zeigt eine andere typische Ausprägung dieser Objektklasse. Mit einem 10×50-Glas zeigen sich 50 schwache Sterne gestreut über mehr als 1°, trotzdem ist der Haufen gut abgegrenzt.

Mit Fernrohren, die mehr als 11^m Grenzgröße zeigen, geht der Haufen schlicht im Milchstraßenhintergrund unter. IC 4756 ist eines der Beispiele für Sternhaufen, die mit kleinen Teleskopen besser zu beobachten sind als mit großen: Für ihn dürfte ein Zweizöller oder ein 30–60mm Fernglas ideal sein.

Aufsuchen: θ ➡ 4,5° W

M 11, 70mm-Refraktor, 56×

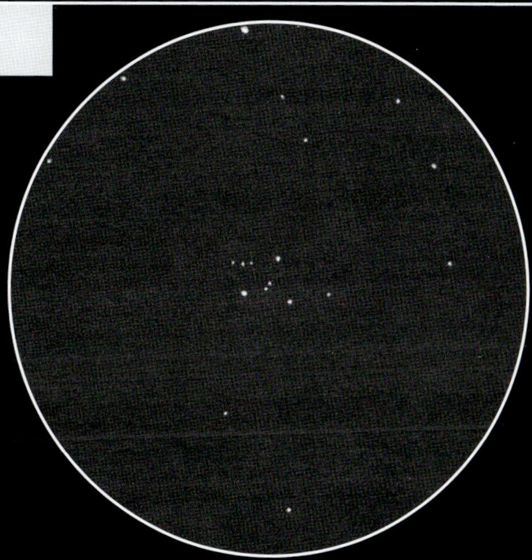

M 26, 70mm-Refraktor, 93×

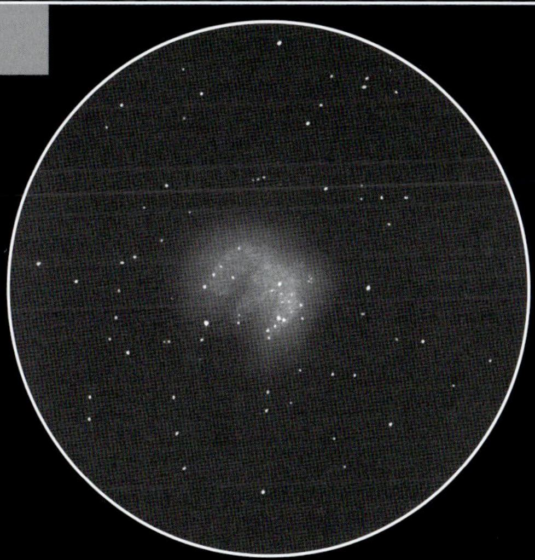

M 16, 60mm-Refraktor, 36×

M 16, 70mm-Refraktor, 93×

M 16, 78mm-Refraktor, Schmalbandfilter, 70×

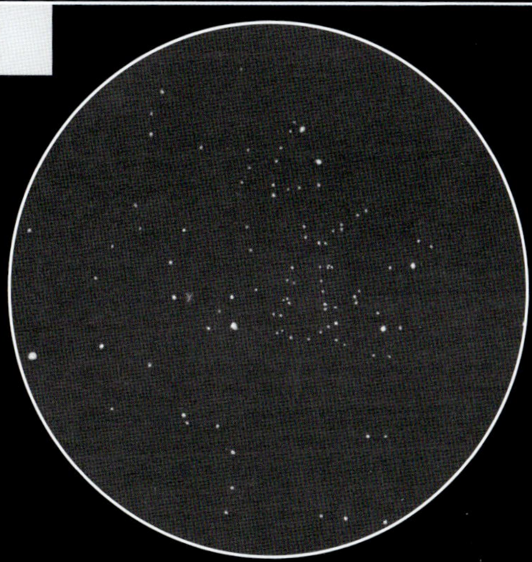

IC 4756, 70mm-Refraktor, 14×

Atlas Karte 30

Sagittarius (Sgr) Südteil Seite 224

Himmelsbeobachtern gilt er als das Sommersternbild schlechthin: Sagittarius, der Schütze. Es ist die Großartigkeit und Vielfalt der Deep-Sky-Objekte, die begeistert: 15 Messier-Objekte sind in seinen Grenzen zu finden, so viel wie in keinem anderen Sternbild. Darunter sind beeindruckende Himmelsschauspiele wie M 24, das größte Messier-Objekt; M 22, der hellste Kugelsternhaufen von Mitteleuropa aus; M 8, der fantastische Mix aus Sternhaufen und Lagunenebel; und M 17, der helle Omeganebel, Paradeobjekt der Galaktischen Nebel. Die einmalige Dichte dieser Schaustücke ist kein Wunder, befindet sich doch die Richtung zum Galaktischen Zentrum im südwestlichen Schützen.

Entlang dieser reichsten Felder des Himmels führt eine einzigartige Tour, die üblicherweise bei M 16 in Serpens begonnen wird, um dann M 17, M 18, M 24, M 21, M 20 und M 8 zu besuchen. Diese Reise, gleich ob mit dem Fernglas oder Teleskop ausgeführt, gehört zu den unverzichtbaren Klassikern der visuellen Himmelsbeobachtung.

M 23	$17^{h}\,56{,}8^{min}$	-19° 1'	$5\overset{m}{,}5$	25'	$9\overset{m}{,}2$	2100 Lj	OC	offen, Sternketten	8x30
h 5003	$17^{h}\,59{,}1^{min}$	-30° 15'	$5\overset{m}{,}2/7\overset{m}{,}0$	5,7"	105°	2500 Lj	DS	Farben orange-gelb	50mm
M 20	$18^{h}\,2{,}6^{min}$	-23° 2'	$8\overset{m}{,}5$	15'x10'	$22{:}^{m}$	2700 Lj	GN	Trifidnebel	10x50
B 86	$18^{h}\,3{,}0^{min}$	-27° 53'	–	5'	–	6200 Lj	GN	Tintenklecks	8x30
NGC 6520	$18^{h}\,3{,}4^{min}$	-27° 53'	$7\overset{m}{,}6$	4'	$9\overset{m}{,}0$	5600 Lj	OC	sehr kompakt, bei B 86	8x30
NGC 6522	$18^{h}\,3{,}6^{min}$	-30° 2'	$8\overset{m}{,}3$	1'	$13\overset{m}{,}7$	25.000 Lj	GC	NGC 6528 15' östlich	10x50
M 8	$18^{h}\,3{,}8^{min}$	-24° 23'	$5\overset{m}{,}8/4\overset{m}{,}6$	20'x10'/7'	$22{:}^{m}/6\overset{m}{,}9$	4100 Lj	GN+OC	Lagunennebel	bloßes Auge
M 21	$18^{h}\,4{,}6^{min}$	-22° 30'	$5\overset{m}{,}9$	7'	$7\overset{m}{,}3$	3900 Lj	OC	nördlich M 20	8x30
NGC 6544	$18^{h}\,7{,}3^{min}$	-25° 0'	$7\overset{m}{,}8$	1,5'	$12\overset{m}{,}8$	9800 Lj	GC	kaum aufgelöst	10x50
NGC 6553	$18^{h}\,9{,}3^{min}$	-25° 55'	$8\overset{m}{,}1$	2'x1,5'	$14\overset{m}{,}7$	20.000 Lj	GC	nicht aufgelöst, elliptisch	10x50
NGC 6567	$18^{h}\,13{,}8^{min}$	-19° 4'	$10\overset{m}{,}8$	0,1'	$14\overset{m}{,}4$	5500 Lj	PN	sehr klein	80mm
B 92	$18^{h}\,15{,}5^{min}$	-18° 14'	–	15'x9'	–	650 Lj	GN	am Nordrand von M 24	8x30
M 24	$18^{h}\,16{,}9^{min}$	-18° 29'	$4\overset{m}{,}6$	1,5°x0,5°	$6\overset{m}{,}5$	–	StC	Kleine Sagittariuswolke	bloßes Auge
NGC 6603	$18^{h}\,18{,}4^{min}$	-18° 24'	$11\overset{m}{,}1$	4,5'	$12{:}^{m}$	9200 Lj	OC	weit entfernt, in M 24	80mm
M 18	$18^{h}\,19{,}9^{min}$	-17° 8'	$6\overset{m}{,}9$	8'	$8\overset{m}{,}7$	4200 Lj	OC	sehr unscheinbar	10x50
M 17	$18^{h}\,20{,}8^{min}$	-16° 11'	$7{:}^{m}$	20'x15'	$21{:}^{m}$	5900 Lj	GN	Omeganebel, Schwanennebel	bloßes Auge
NGC 6624	$18^{h}\,23{,}7^{min}$	-30° 22'	$7\overset{m}{,}9$	1'	$13\overset{m}{,}7$	26.000 Lj	GC	nicht aufgelöst	10x50
M 28	$18^{h}\,24{,}5^{min}$	-24° 52'	$6\overset{m}{,}8$	5'	$12\overset{m}{,}0$	18.000 Lj	GC	nahe M 22	8x30
M 69	$18^{h}\,31{,}4^{min}$	-32° 21'	$7\overset{m}{,}6$	2,5'	$13\overset{m}{,}2$	29.000 Lj	GC	klein, schwer auflösbar	10x50
M 25	$18^{h}\,31{,}6^{min}$	-19° 15'	$4\overset{m}{,}6$	30'	$6\overset{m}{,}7$	2000 Lj	OC	hell, groß	bloßes Auge
NGC 6645	$18^{h}\,32{,}6^{min}$	-16° 53'	$8\overset{m}{,}5$	15'	$12\overset{m}{,}0$	5700 Lj	OC	klein, schwache Sterne	10x50
M 22	$18^{h}\,36{,}4^{min}$	-23° 54'	$5\overset{m}{,}1$	9'	$10\overset{m}{,}7$	9800 Lj	GC	hellster Kugelsternhaufen für Mitteleuropa	bloßes Auge
M 70	$18^{h}\,43{,}2^{min}$	-32° 18'	$8\overset{m}{,}0$	3'	$14\overset{m}{,}0$	29.000 Lj	GC	klein, schwer auflösbar	10x50
M 54	$18^{h}\,55{,}1^{min}$	-30° 29'	$7\overset{m}{,}6$	2,5'	$15\overset{m}{,}5$	87.000 Lj	GC	klein, nicht auflösbar	10x50
AQ Sgr	$19^{h}\,34{,}3^{min}$	-16° 22'	$6\overset{m}{,}6$	$7\overset{m}{,}6$	unreg.	1800 Lj	Vr	interessantes Spektrum	80mm
M 55	$19^{h}\,40{,}0^{min}$	-30° 58'	$6\overset{m}{,}4$	12'	$11\overset{m}{,}2$	18.000 Lj	GC	sehr groß, schwache Sterne	8x30
NGC 6818	$19^{h}\,44{,}0^{min}$	-14° 9'	$9\overset{m}{,}3$	0,4'	$16\overset{m}{,}9$	6100 Lj	PN	sehr klein, rund	80mm
NGC 6822	$19^{h}\,44{,}9^{min}$	-14° 48'	$9\overset{m}{,}2$	10'x7'	$23\overset{m}{,}7$	1,6 Mio. Lj	Gx	Barnards Galaxie, sehr schwach	10x50
M 75	$20^{h}\,6{,}1^{min}$	-21° 55'	$8\overset{m}{,}5$	1,5'	$14\overset{m}{,}6$	68.000 Lj	GC	stark komprimiert	10x50

M 23 ★★☆☆☆

Charles Messier 1764

M 23 ist das westlichste der großen Schauobjekte im Schützen; seine etwas abseitige Position führt leider oft dazu, dass er in einer Himmelstour der Gegend ausgelassen wird.

Mit bloßem Auge nicht zu sehen, enttarnt schon ein kleines Fernglas einen reichen, aber wenig konzentrierten Haufen.

Etwa 40 Sterne von 9–11^m sind im kleinen Teleskop schön gruppiert zu sehen: M 23 ist allerdings recht groß, so dass sich nur bei kleiner Vergrößerung lohnende Anblicke bieten. Nordwestlich des Haufens steht ein heller 8^m-Stern, auf den aus Richtung des Haufens eine schwache Sternkette hinweist, dies ist allerdings nur mit mittlerer Optik zu sehen. Im Inneren fallen gebogene Sternketten auf, deren Komposition manche Beobachter an chinesische Tempel denken ließ. Die damit verbundene Namengebung ist besonders in Amerika beliebt, während europäische Beobachter auch ohne überfliegende Fantasie von der einfachen Ästhetik in den Bann geschlagen werden.

Aufsuchen: μ ➡ 4,5° NW

M 21 ★☆☆☆☆

Charles Messier 1764

Bei niedriger Vergrößerung steht dieser oft unbeachtete Messier-Sternhaufen im selben Gesichtsfeld wie M 20, der Trifidnebel.

Schon im Fernglas sind ein Dutzend Sterne aufgelöst zu beobachten.

Bei gesteigerter Vergrößerung im Teleskop treten Sterne vor nebligem Hintergrund hervor. Dieser Nebel ist allerdings nur vorgetäuscht, denn mittlere Teleskope bei hohen Vergrößerungen lösen ihn als schwache Sterne auf. Das Haufenzentrum wird von einer hellen Dreiergruppe dominiert, von der aus Sternketten nach außen verlaufen. Den reizvollsten Anblick bildet M 21 allerdings bei schwacher Vergrößerung, wenn helle Sterne und der nahe Nebelfleck von M 20 noch mit im Gesichtsfeld zu beobachten sind.

Aufsuchen: M 8 ➡ 1,8° N

Sgr

M 20, Trifidnebel ★★☆☆☆

Guillaume Le Gentil 1747

M 20 ist die Katalognummer für den berühmten Trifidnebel, den »dreifältigen« oder dreigeteilten Nebel. Die meisten Beobachter sind jedoch enttäuscht, wenn sie ihn zum ersten Mal sehen, und bereits geringe Lichtverschmutzung kann den Nebel insgesamt auslöschen. Das Geheimnis einer erfolgreichen Beobachtung liegt darin, eine der wenigen Sommernächte mit glasklarer Durchsicht abzuwarten und die gute Horizontsicht zu nutzen. Für Norddeutschland gelangt M 20 nur 15° über den Horizont, was gute Beobachtungsbedingungen eher zur Ausnahme macht.

Üblicherweise erscheint der Nebel mit einem Fernglas nur als milchiger Nebel um einen Stern, oft ist man sich im Vergleich zum nur 1½° entfernten hellen M 8 gar nicht sicher, wirklich einen Messier-Nebel vor sich zu haben. Bereits geringe Lichtverschmutzung macht M 20 ganz unsichtbar im Fernglas.

Hat man das Glück unter dunklem Land- oder Gebirgshimmel zu beobachten oder gar von der Südhemisphäre, wo der Trifidnebel im Zenit stehen kann, offenbart sich ein außergewöhnlicher teleskopischer Anblick. Vergrößert man etwa 50–80×, wird der Nebel deutlich und hell, und von drei Dunkelstreifen radial in gleich große Bereiche geteilt. Die Dunkelschläuche treffen sich etwa in der Mitte des Nebels, um dort am deutlichsten zu werden. Bei besonders guten Bedingungen taucht nördlich des hellen Nebels um einen 7^m-Stern ein schwacher Nebelbereich auf, der am besten bei Austrittspupillen von 4–6mm erkannt werden kann. Im Gegensatz zum zentralen Emissionsnebel ist dies eine Licht reflektierende Staubwolke, die das Sternentstehungsgebiet einhüllt. Dieser Reflexionsnebel verschwindet beim Gebrauch eines Nebelfilters, während der helle dreigeteilte Teil davon sehr profitieren kann. Nebelfilter sind allerdings kein Mittel gegen schlechte Horizontsicht.

Mit Steigerung der Vergrößerung wird der zentrale Stern zu einem interessanten Dreifachsystem: Neben der $7\overset{m}{.}6$-Hauptkomponente stehen $8\overset{m}{.}6$ und $10\overset{m}{.}4$-Begleiter in 6" und 11" Abstand. Dieses als HN 40 bezeichnete Mehrfachsystem erinnert ein wenig an das Trapez im Orionnebel und ist in der Tat wie dort das Zentrum der Sternentstehungsregion im Nebel.

Aufsuchen: M 8 ➡ 1,5° NNW

Sgr

M 8, Lagunennebel ★★★★☆

Giovanni Batista Hodierna 1654

Folgt man Messiers Beschreibung, gebührt eigentlich nur dem Sternhaufen NGC 6530 die Bezeichnung M 8. Heute wird darunter aber meist der Nebel NGC 6523 verstanden, den Messier allerdings extra neben dem Sternhaufen erwähnt. An dieser Stelle seien beide Objekte als M 8 angesprochen und beschrieben.

Der Lagunennebel als hellster Nebel und der in ihm eingebettete hellste Sternhaufen des Sternbilds sind zu dem großartigsten Feld im Schützen vereint.

Mit bloßem Auge ist in dunkler Nacht westlich der hellen Milchstraßenpartie im Sagittarius, der sogenannten Großen Sagittariuswolke, ein deutlicher Nebelfleck zu sehen. Dies ist selbst unter mäßigem Landhimmel möglich. Diese Fleck besteht aus Sternhaufen, Nebel und umliegenden Sternen, die nicht mit bloßem Auge getrennt werden können.

Schon im Fernglas wird die Sternlandschaft so detailreich, dass man längere Zeit braucht, um alles wahrzunehmen. Das Zentrum der Region ist der Offene Sternhaufen NGC 6530, der im Feldstecher 20 helle Sterne ab 7^m zeigt. Westlich steht der 6^m-Stern 9 Sagittarii, der nördlich von einem ähnlich hellen Stern begleitet wird. Im Fernglas erscheint der hellste Nebelstreifen von 9 Sgr ausgehend nach Südwesten, während der gesamte Bereich nur schwach neblig eingehüllt ist. Lichtverschmutzung kann je nach Schweregrad den Nebel im Fernglas jedoch fast völlig unsichtbar werden lassen.

Bei der teleskopischen Beobachtung ist unter dunklem Himmel die Anwendung von großen Austrittspupillen sinnvoll, da dann großflächige Nebel am hellsten erscheinen. Für den Dreizöller sind 15–20×, beim Sechszöller 20–30× anzuraten. Der Nebelteil bei 9 Sagittarii erscheint nun sehr hell, aber auch der Sternhaufen ist von einem nebligen Kleid umhüllt. Dazwischen windet sich ein dunkler Balken und trennt die beiden Nebelgebiete. Der dunkle Sund mündet in ein diffus dunkles Gebiet, das ringsum von schwachem Nebel umgeben ist. Das ist die dunkle Lagune, nach der der Nebel seinen Namen hat.

Mit einem Schmalbandnebelfilter füllt sich das gesamte Gesichtsfeld mit milchigen Gaswolken, die dunkle Laguneneinfahrt mündet nun sichtbar nach Norden in den schwach von Nebel umgebenen See. Bei aufgehelltem Himmel bleiben jedoch nur die hellsten Nebelregionen übrig, die Lagunenform ist dann nicht mehr nachzuvollziehen.

Während M 8 bei kleinen Vergrößerungen bis auf die Lagune ohne Struktur erscheint, zeigt sich bei mittleren bis hohen Vergrößerungen um 9 Sgr ein faszinierendes Nebelfeld. Kern dieser Region ist ein 9^m-Stern etwa 2' südwestlich. Unmittelbar östlich daneben zeigen mittelgroße Teleskope ab 100×, besser 150× einen sehr hellen Nebelkern in der Form einer Sanduhr. Dieses deshalb auch Stundenglassnebel genannte Detail ist schon mit zwei Zoll sichtbar, die Beobachtung seiner eigentlichen Form bleibt aber geduldiger hochvergrößernder Beobachtung mit mittleren Öffnungen vorbehalten. Die Umgebung ist fein gezeichnet von hellen Nebelfeldern und Dunkelwolken, ein Schmalbandfilter unterstützt die Wahrnehmung sehr. Bei lichtverschmutztem Himmel ist er jedoch kein Ersatz für bessere Beobachtungsbedingungen.

Aufsuchen: μ ➡ 4° SW

NGC 6520, B 86, Tintenklecks ★☆☆☆☆ ★☆☆☆☆

Wilhelm Herschel 1784

Tief im südlichen Schützen, mitten in den hellsten Partien der Milchstraße, verbirgt sich ein ganz außergewöhnliches Paar von Himmelsobjekten. Der kleine kompakte Sternhaufen NGC 6520 steht direkt neben dem extrem dunklen Nebel B 86, dem Tintenklecks.

Ferngläser können unter sehr dunklem Himmel eine Andeutung beider Objekte zeigen.

Besser geeignet ist jedoch ein Teleskop, das nicht zu schwach vergrößert. Der nur 4' große Sternhaufen zeigt sich dann als eng gedrängtes Wölkchen von Sternen ab 9^m. Der Dunkelnebel an seiner Westseite ist kaum größer. Dieses Paar ist ein Ziel für sommerliche Alpennächte. In großen Teleskopen ist der Kontrast beider Objekte unübertroffen eindrucksvoll.

Aufsuchen: M 8 ➡ 3,5° S

M 23, 70mm-Refraktor, 37×

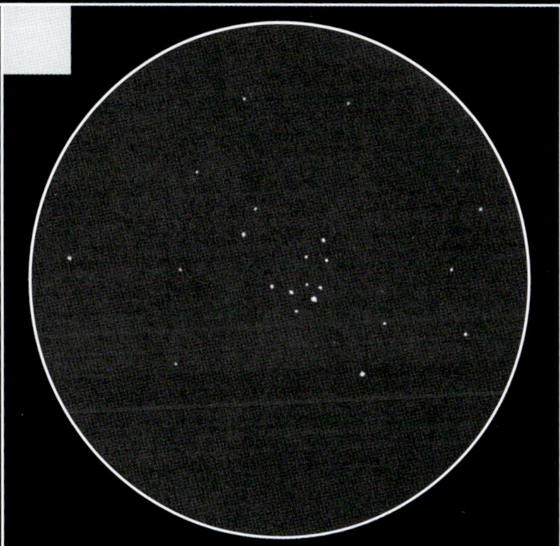
M 21, 70mm-Refraktor, 93×

Sgr

M 20, 70mm-Refraktor, Schmalbandfilter, 66×

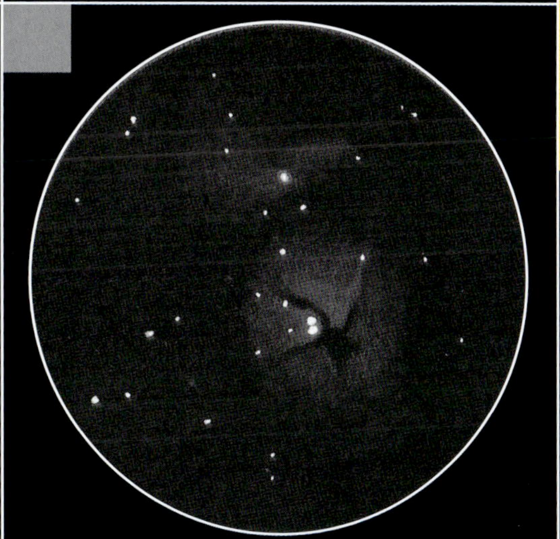
M 20, 120mm-Refraktor, 102×

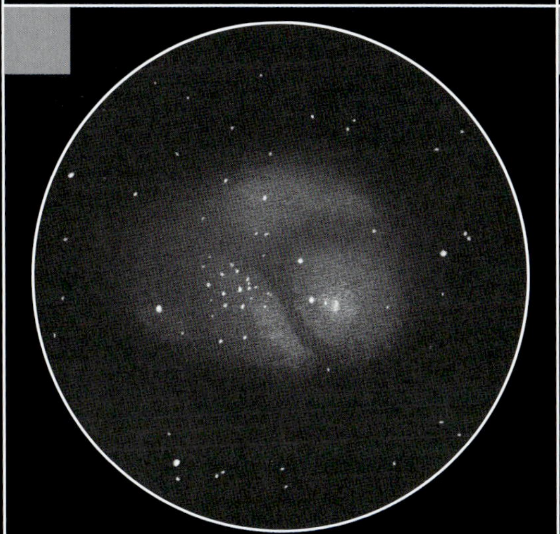
M 8, 60mm-Refraktor, 14×

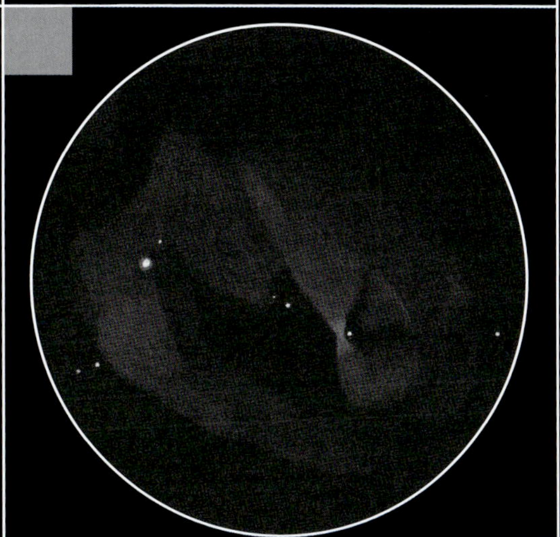
M 8, 120mm-Refraktor, Schmalbandfilter, 80×

M 24, Kleine Sagittariuswolke

Charles Messier 1764 ★★★☆☆

Betrachtet man die Sommermilchstraße mit bloßem Auge, wird man zahlreiche große und kleine Sternwolken in ihr bemerken, von denen die auffälligsten die Schildwolke in Scutum, die Große Sagittariuswolke im zentralen Teil des Schützen und die Cygnuswolke sind.

M 24 ist einfach mit bloßem Auge zu sehen, wobei seine immense Größe und Helligkeit hilft: Etwa auf der Mitte zwischen Schild- und Großer Sagittariuswolke, als kleiner Nordost-Südwest verlaufender Lichtfleck. Der $3\overset{m}{.}8$ helle μ Sgr etwa 2,5° südlich des südwestlichen Endes von M 24 kann als Anhaltspunkt dienen, allerdings erscheint die Wolke meist auf Grund ihrer Größe auffälliger als der Stern.

Dies gilt jedoch nur für Gebirgs- oder guten Landhimmel. Bei moderater Himmelsaufhellung verschwindet M 24 und lässt sich dann auch nicht mehr mit optischen Hilfsmitteln sichten.

Ideales Beobachtungsgerät ist der Feldstecher. Mit einem 50mm- oder 70mm-Glas öffnet sich unter dunklem Himmel eine reiche Welt unzähliger Sterne von 6^m und schwächer. Die Wolke erscheint fast rechteckig und deutlich begrenzt, besonders nach Süden gut abgehoben vom Milchstraßenhintergrund.

Im Teleskop ist M 24 nur bei kleiner Vergrößerung beeindruckend, wenn das Gesichtsfeld wenigstens 2° groß ist. Höhere Vergrößerungen zeigen bald nur noch ein sternreiches Feld, und der Wolkencharakter geht gänzlich verloren. Ist man beispielsweise bei 50× zwischen M 8 und M 17 im Schützen unterwegs, kann M 24 leicht komplett übersehen werden.

Zentral im helleren Nordostteil der Wolke steht der im kleinen Fernrohr beobachtbare Offene Sternhaufen NGC 6603. Er wurde von früheren Autoren oft allein für M 24 gehalten, was aber Messiers Beschreibung widerspricht, der dieses 11^m schwache Objekt wohl nie gesehen hat. Die hellsten Sterne erreichen nur 14^m und machen damit für die ansatzweise Auflösung einen Sechszöller notwendig. Knapp südlich steht noch innerhalb der Sternwolke ein schwach rötlicher Stern. Kehrt man in größeren Optiken zur kleinen Vergrößerung zurück, sind entlang des Nordrandes kleine Dunkelwolken zu sehen. Das sternlose Zentrum von Barnard 92, die auffälligste von ihnen, steht in seltsamem Gegensatz zur sternreichen M 24. Diese Beobachtungen sind jedoch dunklem Himmel abseits der Lichtglocken der Städte vorbehalten.

Aufsuchen: μ ➡ 3° NNW

M 17, Omeganebel

Philippe Loys de Chéseaux 1746 ★★★★☆

M 17 wird von vielen Beobachtern in die Rangliste der besten Galaktischen Nebel ganz oben eingeordnet. Obwohl die Bezeichnung Schwanennebel die Form im umkehrenden Fernrohr ausgezeichnet beschreibt, hat sich der von Wilhelm Herschel begründete Name Omeganebel durchgesetzt.

Mit dem bloßen Auge ist der Nebel unter Gebirgshimmel deutlich zu sehen, vor allem wenn man einen Schmalband-Nebenfilter zur Hand nimmt.

Im Fernglas ist leicht ein länglicher Nebel zu erkennen, der in das reiche Sternfeld eingewoben scheint. Da der Nebel relativ hell ist, lässt er sich auch noch unter leichter Lichtverschmutzung gut beobachten.

Ein kleines Teleskop zeigt beim ersten Anblick einen 6' langen und 2' breiten Lichtstreif in Ost-West-Richtung, mit einigen Sternen von 8–10^m südlich des westlichen Endes. Bei genauerer Beobachtung ist zwischen diesen Sternen ein gekrümmter Nebelarm zu sehen, der aus dem Streifen den Schwan aus der Nacht hervorzaubert.

Mit mittleren Teleskopen lässt M 17 sehr viele Einzelheiten erkennen, besonders wenn man sich Zeit für eine eingehende Beobachtung lässt. Der helle Körper des Schwans ist von dunklen Markierungen in Nordwest-Südost-Richtung durchschnitten. Der »Hals« ist aus einzelnen hellen Flecken zusammengesetzt und so verlängert, dass Herschels Ω sichtbar wird. In großen Geräten bekommt der Schwan sogar noch eine »Krone«.

Besonders unter Zuhilfenahme eines Schmalbandfilters werden die Außenbereiche des Nebels deutlich. Eine hellere, etwa 10'×3' messende Partie steht 13' östlich des Hauptteils, sie kann als schwacher gekrümmter Auswuchs des Zentralteils bei niedriger Vergrößerung erkannt werden. Ein weiterer schwacher Nebelfleck steht 9' nordöstlich des Zentrums, mit dem vorherigen durch eine diffuse Lichtbrücke verbunden. Westlich des Omeganebels ist kein Leuchten zu sehen, hier blocken dunkle Staubwolken alles Nebellicht. Unter aufgehelltem Himmel verschwinden jedoch diese äußeren Nebelregionen, es bleibt nur der zentrale Balken sichtbar.

Aufsuchen: μ ➡ 5° NNO

Sgr

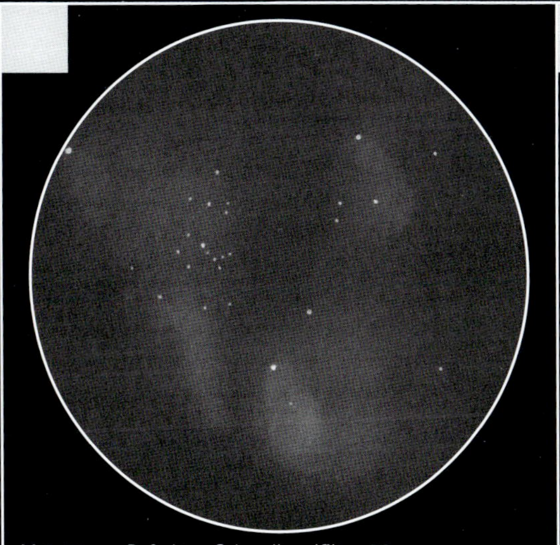
M 8, 70mm-Refraktor, Schmalbandfilter, 56×

M 8, 70mm-Refraktor, 66×

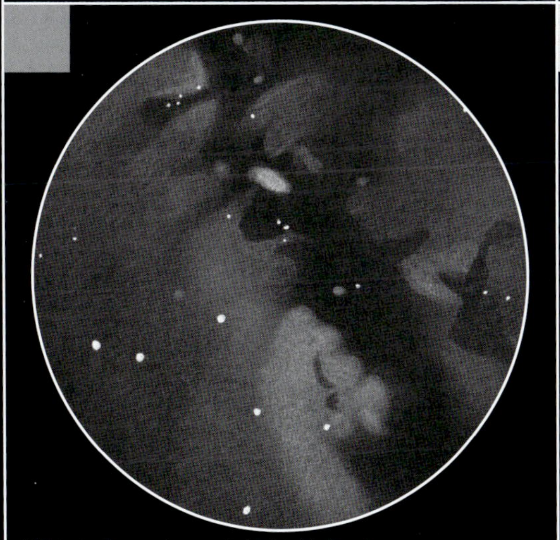
Milchstraßenzentrum mit M 24, bloßes Auge

M 17, 70mm-Refraktor, 66×

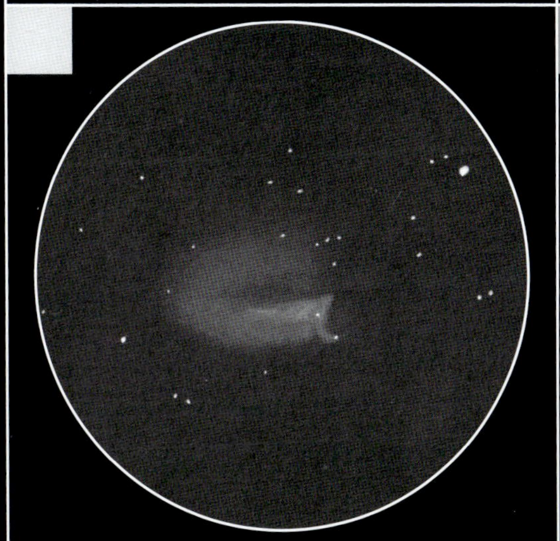
M 17, 70mm-Refraktor, Schmalbandfilter, 35×

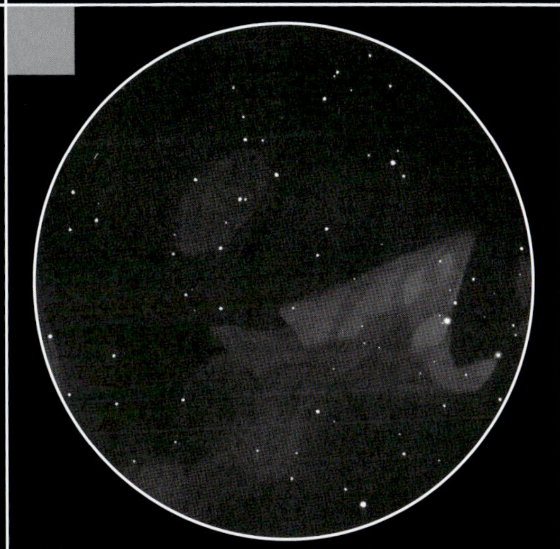
M 17, 120mm-Refraktor, Schmalbandfilter, 102×

Sgr

M 18 ★☆☆☆☆

Charles Messier 1764

Als eher unterdurchschnittlicher Messier-Sternhaufen geht M 18 oft in der optischen Grandezza der Region verloren.

Im selben Fernglasfeld wie M 17 und M 24, ist in Feldstechern nur ein Nebel zu sehen.

Im Teleskop beeindruckt das Feld mit dem 3/4° nördlich liegenden Nebelstreif von M 17 und der 1° südlich befindlichen Spitze von M 24. Kleine Fernrohröffnungen zeigen ein Dutzend Sterne von $9–11^m$, im Zentrum angeordnet in Dreiecksform. Mehr ist auch in mittleren Teleskopen nicht zu sehen, was die Sprödigkeit des Anblicks im Vergleich zur Umgebung ausmacht. Trotzdem sollte auch in so großer Umgebung eine kleine Pause nicht fehlen, um die auf den ersten Blick unattraktiveren Objekte zu genießen.

Aufsuchen: M 17 ➡ 1° S

M 25 ★★★☆☆

Philippe Loys de Chéseaux 1746

M 25 ist mit den Plejaden und M 24 zusammen das einzige Messier-Objekt ohne NGC-Nummer.

Als Nebelfleck kann M 25 mit bloßem Auge gesehen werden, eingerahmt von hellen Milchstraßenwolken.

Als ein klassisches Fernglasobjekt ist M 25 in Geräten dieser Größe bereits schön aufgelöst: der leichteste Sternhaufen im Schützen.

Ein kleines Fernrohr zeigt schon an die 50 Sterne in loser Anordnung. Nur bei kleiner Vergrößerung fallen zwei gebogene Sternketten auf, die sich Ost-West-Richtung durch den Zentralteil des Haufens ziehen. Ganz ähnlich zu M 23 ist auch bei M 25 eine kleine Vergrößerung sinnvoll, um das Haufenbild zu erhalten.

Aufsuchen: μ ➡ 5° ONO

M 28 ★★☆☆☆

Charles Messier 1764

Dieser durchaus sehenswerte Kugelsternhaufen leidet das Schicksal seiner überquellenden Umgebung. Nur 3° von M 22 entfernt und nahe den anderen Schätzen der Sagittarius-Milchstraße, wird M 28 gern übersehen. Dabei besitzt er hellere Einzelsterne als so großartige Konkurrenz wie M 5 oder M 15 und liegt bei der Gesamthelligkeit vergleichbar zu den hellen Ophiuchus-Kugelhaufen.

Im Fernglas bei geringer Vergrößerung ist M 28 nichts anderes als Messiers »Nebel ohne Sterne«.

Erst mit mittlerer Vergrößerung im Teleskop erscheinen schwach erste aufgelöste Sterne am Rand. Der Haufen scheint von unregelmäßigem Umriss, mit einer schwachen Ausbeulung nach Norden. Diese lässt sich bei hoher Vergrößerung in mittlerer Optik in eine Kette aus Einzelsternen auflösen. M 28 verdient dann durchaus, länger betrachtet zu werden.

Aufsuchen: λ ➡ 1° NW

M 22 ★★★★☆

Abraham Ihle 1665

Unter den Kugelsternhaufen des Sternbilds nimmt M 22 eine herausragende Stellung ein. Vergleicht man seine Daten, wird er am Himmel nur noch von ω Centauri und 47 Tucanae, beide am Südhimmel, übertroffen. Tatsächlich ist er der hellste und am leichtesten in Einzelsterne aufzulösende Haufen für mitteleuropäische Beobachter, nur an Größe M 4 unterlegen.

M 22 ist ohne Lichtverschmutzung einfach mit bloßem Auge zu erkennen, störend wirkt sich allerdings der helle Milchstraßenhintergrund aus.

Im Fernglas erscheint ein heller runder Nebelfleck mit verdichtetem Zentrum.

Schon mit einem nur zweizölligen Teleskop zeigen sich am Rand zaghaft erste Einzelsterne, oft wird aber auch die Auflösung in größeren Instrumenten durch Horizontdunst verhindert.

In mittleren Teleskopen bei hohen Vergrößerungen erweckt M 22 einen sehr offenen Eindruck, auch scheint er nicht ganz rund zu sein. Bei aufmerksamer Beobachtung fällt auf, dass eine Dunkelstruktur den Haufen nahe dem Zentrum in zwei ungleiche Hälften teilt, denn die südöstliche ist deutlich kleiner. M 22 ist eines der wenigen Beispiele, in denen auch Besitzer mittlerer Optiken entlang der Sterne des Haufens spazierensehen können. Die gebotene Sternfülle allein erwirkt einen beeindruckenden Anblick. In großen Teleskopen füllt M 22 das Feld und wird zum eindrucksvollen Sternspektakel.

Aufsuchen: λ ➡ 2,5° NO

M 28, 70mm-Refraktor, 93×

M 22, 70mm-Refraktor, 93×

Sgr

M 25, 70mm-Refraktor, 37×

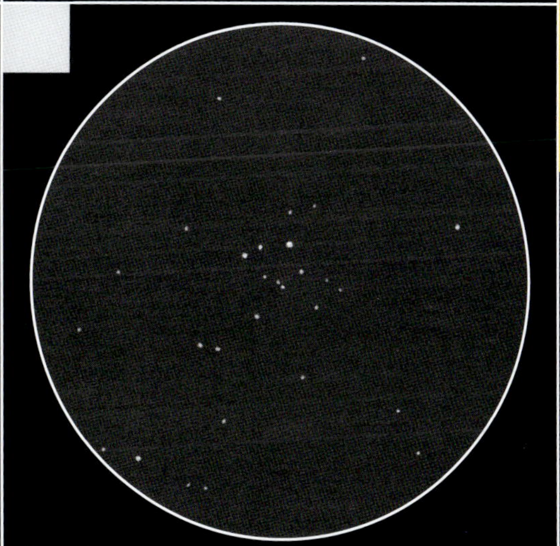

M 18, 70mm-Refraktor, 93×

M 70, 60mm-Refraktor, 47×

M 69, 60mm-Refraktor, 47×

Sgr

M 69 ★☆☆☆☆

Nicolas de Lacaille 1751

M 69 ist der westlichste der drei unspektakulären Messier-Sternhaufen im zentralen Schützen.

Ferngläser lassen einen verschwommenen Nebelstern unmittelbar südwestlich eines hellen Feldsterns erkennen. Lichtverschmutzung am Südhorizont vereitelt jedoch oft eine Sichtung.

Auch im Teleskop ist nicht wesentlich mehr als ein diffuses Nebelscheibchen mit verwaschenem Kern zu erkennen. Lediglich in Nächten mit guter Horizontsicht gelingt mit mittleren Optiken die Auflösung in randnahe Einzelsterne.

*Aufsuchen: ε ➡ 2° NO ➡ *4^m^ ➡ 40′ N*

M 54 ★☆☆☆☆

Charles Messier 1778

M 54 gehört nicht zum Kugelsternhaufen-System der Milchstraße, sondern zu einer Zwerggalaxie, die gerade von unserer Galaxis »kannibalisiert« wird.

M 54 kann bei dunklem Südhorizont im Fernglas entdeckt werden.

Auch im mittleren Teleskop nur als Nebel erscheinend, fällt bei M 54 im Gegensatz zu M 70 und M 69 ein fast sterngleiches helles Zentrum auf. Sehr schwache Sterne, die bei hoher Vergrößerung um den Haufen sichtbar werden, stehen weit im Vordergrund.

Aufsuchen: ζ ➡ 1,7° WSW

M 55 ★★☆☆☆

Nicolas de Lacaille 1751

M 55 wäre ein Schaustück unter den Kugelsternhaufen, würde er nicht so weit südlich stehen; für die Mitte Deutschlands kommt er nur 10° über den Horizont. Von einem südeuropäischen Standort aus beobachtet, ist er nach M 4 und M 22 der am leichtesten aufzulösende Kugelsternhaufen.

Schon im 50mm-Fernglas ist eine große runde Nebelwolke zu sehen, etwa mit ω Cen vergleichbar, aber nicht so groß. Jede Aufhellung des Himmels zerstört den Anblick.

Im Teleskop ist der gesamte Haufen wegen der geringen Konzentration aufgelöst; ein Sternschwarm schwebt im Okular. Leider ist dies in gewöhnlichen Nächten wegen des störenden Horizontdunstes kaum nachvollziehbar.

Aufsuchen: ω ➡ 5,5° SW

M 70 ★☆☆☆☆

Charles Messier 1780

M 70 bildet zusammen mit M 69 und M 54 die Gruppe der südlichen Sagittarius-Kugelsternhaufen und gehört wohl zu den eher selten beobachteten Messier-Objekten. Wie zum Dank wurden 1995 zwei amerikanische Amateurbeobachter ganz besonders belohnt, als sie in derselben Nacht östlich nahe M 70 einen Kometen entdeckten, der bald ihren Namen trug und zum hellsten Schweifstern der letzten 25 Jahre avancierte: Hale-Bopp.

M 70 selbst bietet in der Tat wenig bemerkenswertes. Ein Fernglas zeigt ihn als kleinen Nebelstern, wenn der Himmel nicht aufgehellt ist.

Auffällig ist die geringe Größe, die diesen Haufen deutlich von M 69 unterscheidet. Auch in mittleren Teleskopen ist M 70 allerdings kaum in Einzelsterne aufzulösen. Dicht nördlich des Haufens steht ein nach Norden gerichtetes Sternpaar, einen netten Kontrast mit dem Nebel bildend.

Aufsuchen: ζ ➡ 5° SW

M 75 ★☆☆☆☆

Pierre Méchain 1780

M 75 ist nach M 54 der entfernteste Kugelsternhaufen aus dem Messier-Katalog. So erklärt sich auch die geringe Größe und Helligkeit.

Er ist bereits deutlich im Fernglas sichtbar, erscheint aber nahezu stellar und kann deshalb leicht mit einem Stern verwechselt werden.

Im Fernrohr ist ein kleiner, kompakter und heller Nebel zu sehen, dessen sehr stark konzentriertes Zentrum auffällt. Bei hoher Vergrößerung sieht der Kern knotenartig aus und ist von einem schwachen Halo umgeben. Zwei schwache Sternchen stehen direkt im Osten. Kaum zwei Kugelsternhaufen unterscheiden sich so deutlich wie M 75 und der nicht allzuweit entfernte M 55, und es mag interessant sein, beide Objekte nacheinander zu beobachten.

Aufsuchen: ω ➡ 5° NO

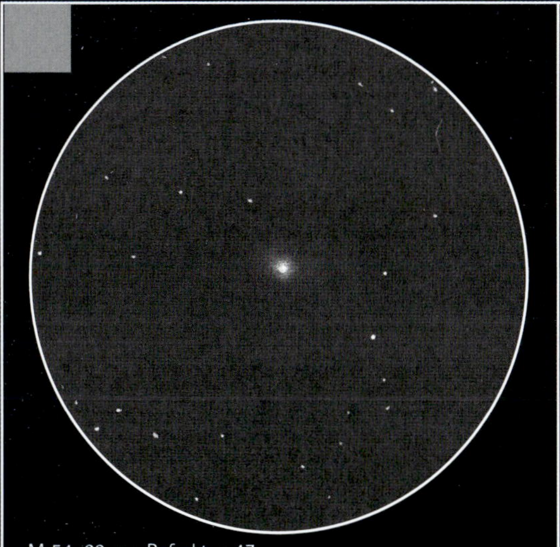

M 54, 60mm-Refraktor, 47×

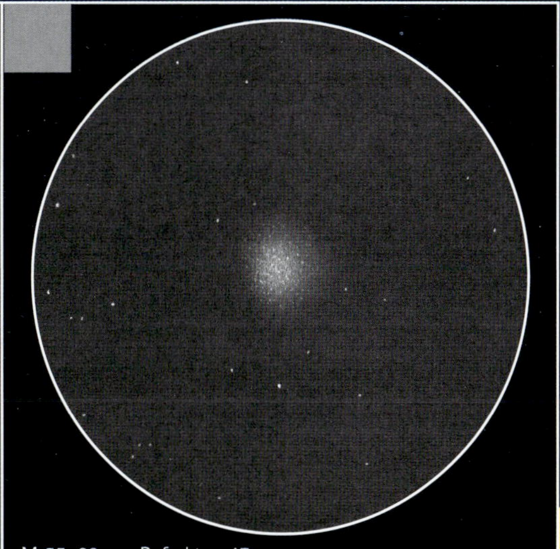

M 55, 60mm-Refraktor, 47×

M 75, 60mm-Refraktor, 47×

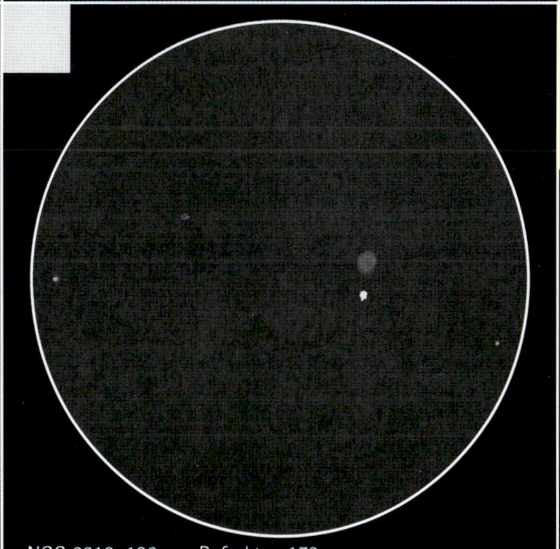

NGC 6818, 120mm-Refraktor, 170×

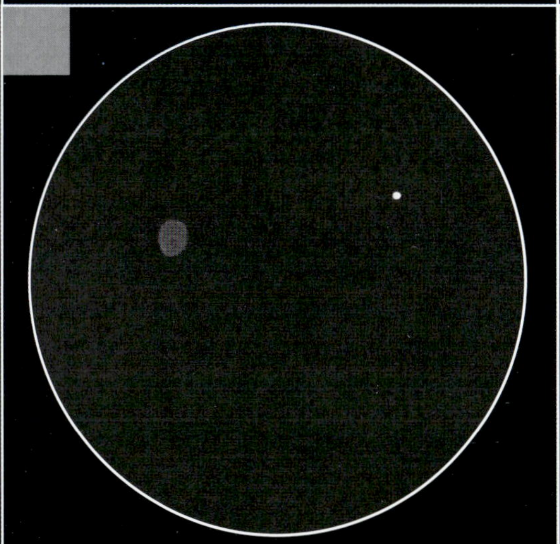

NGC 6818, 70mm-Refraktor, 187×

M 30, 70mm-Refraktor, 93×

NGC 6818 ★★☆☆☆

Wilhelm Herschel 1787

Dieses sehr kleine Objekt ist ein heller Planetarischer Nebel.

Kennt man die Position genau, ist er schon im kleinen Fernrohr bei Aufsuchvergrößerung als 9^{m}-Sternchen wahrzunehmen. Auffällig ist die grünliche Färbung, die ihn von den Umgebungssternen unterscheidet.
Bei Vergrößerungen von 100× und mehr ist das 20"-Scheibchen von gleichmäßiger Helligkeit zu sehen. Bei sehr hoher Vergrößerung, die das Objekt bei guter Luftruhe ohne weiteres erlaubt, ist mit mittleren Teleskopen mehr Detail zu sehen: Die Scheibe erscheint fast exakt rund und von schwachen dunklen Markierungen gezeichnet. Der Nebel ist aber nicht ringförmig, wie es oftmals die schlechte Luftruhe suggeriert. Der Zentralstern ist auch mit großen Teleskopen nicht wahrzunehmen. Ein $12^{m}{,}5$-Stern steht 3,5' im Westen.

Aufsuchen: π ➡ 4° NO ➡ ρ ➡ 5° ONO ➡ 3 6ᵐ ➡ 2° N*

NGC 6822 ★☆☆☆☆

Edward Emerson Barnard 1884

Diese schwache Zwerggalaxie gehört wie M 31 und M 33 zur Lokalen Galaxiengruppe. NGC 6822 ist ein sehr schwieriges Ziel, nur bei dunklem Himmel ohne Lichtverschmutzung Richtung Süden besteht eine Chance.

Unter Alpenhimmel kann NGC 6822 schon mit einem 10×50-Fernglas gesehen werden.

Im Teleskop zeigt sich bei maximaler Austrittspupille ein diffuser ovaler Nebel in Nord-Süd-Richtung. Die Flächenhelligkeit ist gering, keine zentrale Versichtung ist zu erkennen.
Besitzer großer Teleskope können versuchen, die hellsten Emissionsnebel in NGC 6822 zu beobachten. Sie befinden sich am Nordrand der Galaxie jeweils auf der Ost- und Westseite. Mit einem Schmalband-Nebelfilter verschwindet die Galaxie zwar, jedoch treten die Nebel besser hervor.

Aufsuchen: NGC 6818 ➡ 40' S

Capricornus (Cap)

Atlas Karte 30, 31

Der Steinbock gehört zu den 13 Tierkreis-Sternbildern, ist aber keines der auffälligen. Von Mitteleuropa aus kann sein Umriss nur in besonders guten Nächten wahrgenommen werden – eben jene Nächte, die man auch zur Beobachtung seiner wenigen Objekte nutzen muss. Capricornus befindet sich schon deutlich abseits der Milchstraße, Nebel und Sternhaufen sind rar, an vielen sehr schwachen Galaxien mangelt es dagegen kaum. Einzig lohnendes Objekt für kleine Optiken ist ein Kugelsternhaufen aus dem Messier-Katalog.

o Cap	$20^{h}\,29{,}9^{min}$	−18° 35'	$5^{m}{,}9/6^{m}{,}7$	22"	239°	230 Lj	DS	hell, weit	10×50
M 30	$21^{h}\,40{,}4^{min}$	−23° 11'	$7^{m}{,}3$	5'	$12^{m}{,}1$	27.000 Lj	GC	schwer auflösbar	10×50

M 30 ★★☆☆☆

Charles Messier 1764

Schon im 10×50-Fernglas oder Fernrohrsucher erscheint M 30 als deutlich flächiger Nebelfleck, den östlich ein heller Stern begleitet.

Im kleinen Refraktor wird der Anblick eines typischen nicht auflösbaren Kugelsternhaufens sichtbar: ein großer heller runder Nebelfleck mit hellerem Zentrum, aber kaum weiteren erkennbaren Einzelheiten. Auch der Fünfzöller kann M 30 keine Einzelsterne entlocken, ein breiter flächiger Kern kann erkannt werden, der Nebelfleck bleibt aber ansonsten detaillos. Die Auflösung gelingt erst mit großen Öffnungen, die einen besonders kompakten Kugelsternhaufen zeigen, besonders wenn man von südlichen Standorten beobachtet.

Aufsuchen: ζ ➡ 3,2° O

Herbsthimmel

Sternbilder

Glanzlichter

Atlas Karte 7, 15

Lacerta (Lac)

Lacerta, die Eidechse, gehört nicht zu den klassischen Mustern der Antike, sondern wurde erst 1690 vom Danziger Patrizier und Astronomen Hevelius eingeführt. Die hellsten Sterne α, β, 6 und 2 Lac erreichen nur 4^{m} und bilden eine Nord-Süd angeordnete Zick-Zack-Sternkette, die aber vor dem reichen Hintergrund aus Milchstraßensonnen nicht leicht zu erkennen ist. Zwei lohnenswerte Sternhaufen für kleine Fernrohre liegen in den Grenzen des Sternbilds.

NGC 7209	$22^{h}\ 5{,}2^{min}$	+46° 30'	6^{m},7	15'	9^{m},0	3800 Lj	OC	kompakter als NGC 7243	8×30
NGC 7243	$22^{h}\ 15{,}3^{min}$	+49° 53'	6^{m},4	20'	8^{m},5	2800 Lj	OC	offener als NGC 7209	8×30
IC 5217	$22^{h}\ 23{,}9^{min}$	+50° 58'	11^{m},2	0,1'	15^{m},5	15.000 Lj	PN	sternförmig	80mm
Σ 2942	$22^{h}\ 44{,}1^{min}$	+39° 28'	6^{m},2/8^{m},9/11^{m},7	3,2"/9,0"	277°/247°	830 Lj	DS	Dreifachsystem	63mm

NGC 7209 ★★☆☆☆

Wilhelm Herschel 1784

Der südlichere der beiden Lacerta-Sternhaufen ist auch der kompaktere.

Im 8×50-Sucher erscheint eine neblige Wolke mit einem helleren Stern im Südwesten; der Sternhaufen ist gerade nicht aufgelöst.

Mit Teleskopen wird NGC 7209 bei kleiner Vergrößerung ein großer Haufen von etwa 50 gleich hellen Sternen, die Anordnung in Ketten und Gruppen fällt auf. Bei höheren Vergrößerungen sind einige nette Pärchen zu erspähen. Etwa 2° südlich befindet sich ein markantes Muster aus drei Sternen, das den Weg zum Haufen weist.

Aufsuchen: α ➡ 1,2° SW ➡ 4 ➡ 2° SSW ➡ 5 ➡ 2° SW ➡ 2 ➡ 2,5° W

NGC 7243 ★★☆☆☆

Wilhelm Herschel 1784

NGC 7243 ist der nördlichere und offenere der beiden hellen Sternhaufen in der Eidechse.

Schon im 8×50-Sucher sind zehn Sterne aufgelöst zählbar, der Haufen ist deutlich als solcher zu erkennen.

Teleskope lassen bei kleiner Vergrößerung ein Muster aus zwei nacheinander angeordneten Sterndreiecken erkennen, die beide nach Nordosten zulaufen. Etwa 70 Sterne sind in dem für kleine Optiken gut geeigneten Haufen zu zählen. Bei 80–100× fällt im Zentrum von NGC 7243 den Doppelstern Struve 2890 mit Komponenten von 9^{m},3 und 9^{m},5 in 9,4" Abstand auf.

Aufsuchen: α ➡ 1,2° SW ➡ 4 ➡ 1,5° NW

Atlas Karte 15, 23

Pegasus (Peg)

Pegasus ist das geflügelte Pferd der griechischen Sagenwelt. Als wichtiges Orientierungsmerkmal dient seine zentrale Partie, das Pegasusquadrat, das aus α, β und γ Pegasi sowie α Andromedae – gleichzeitig auch δ Pegasi – gebildet wird. Der Pegasus wurde von den Göttern kopfüber an den Himmel gesetzt: θ Peg und ε Peg, auch bekannt als Enif, bilden den Kopf des Fabelwesens. Glanzlicht ist der Kugelsternhaufen M 15.

M 15	$21^{h}\ 30{,}0^{min}$	+12° 10'	6^{m},0	6'	12^{m},6	33.000 Lj	GC	kompakt, auflösbar	bloßes Auge
Stephans Quintett	$22^{h}\ 36{,}1^{min}$	+33° 57'	12^{m},5	1'	13^{m},8	300 Mio. Lj	Gx	NGC 7320 Vordergrund-Objekt	120mm
NGC 7331	$22^{h}\ 37{,}1^{min}$	+34° 25'	9^{m},5	4'×1,5'	13^{m},3	45 Mio. Lj	Gx	länglich, Stephans Quintett 30' südlich	63mm
β Peg	$23^{h}\ 3{,}8^{min}$	+28° 5'	2^{m},5	–	–	200 Lj	St	interessantes Spektrum	100mm
NGC 7479	$23^{h}\ 4{,}9^{min}$	+12° 19'	10^{m},8	1,5'×1'	13^{m},5	120 Mio. Lj	Gx	Balkenspirale	100mm
Jn 1	$23^{h}\ 35{,}9^{min}$	+30° 28'	11^{m},5	5'	16^{m},1	3300 Lj	PN	Jones 1, groß, sehr schwach, Nebelfilter	80mm

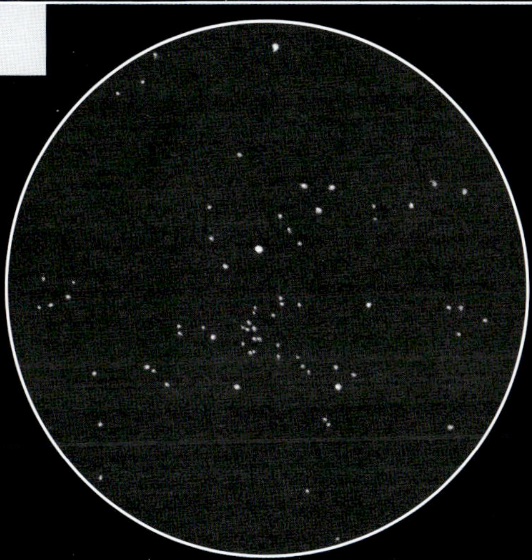
NGC 7209, 70mm-Refraktor, 37×

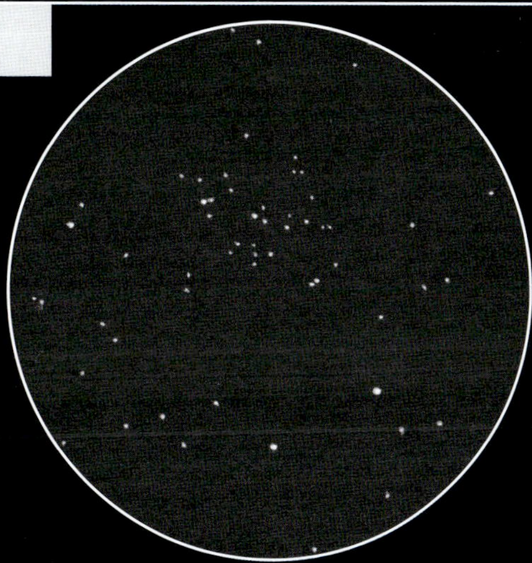
NGC 7243, 70mm-Refraktor, 37×

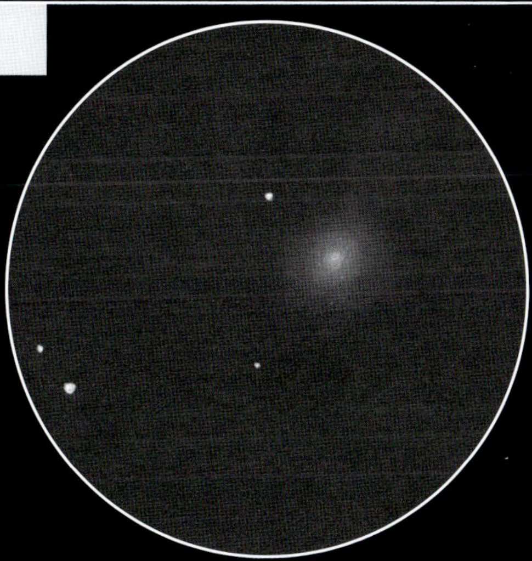
M 15, 70mm-Refraktor, 56×

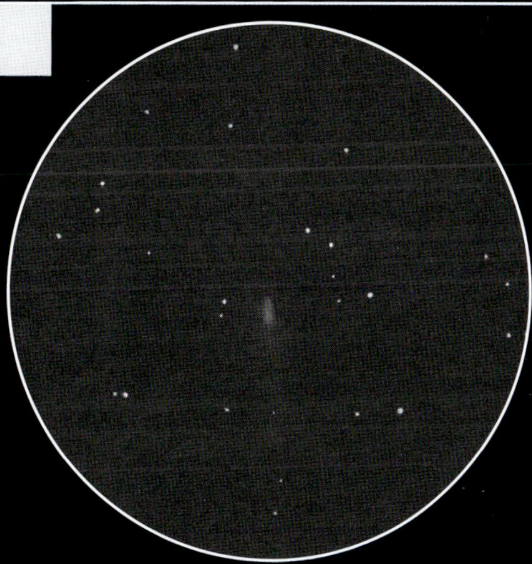
NGC 7331, 70mm-Refraktor, 37×

NGC 7331, 120mm-Refraktor, 102×

Stephans Quintett, 120mm-Refraktor, 102×

M 15 ★★★★☆

Jean-Dominique Maraldi 1746

Von einem Alpenstandort ist der Haufen als winziges Nebelwölkchen bereits mit bloßem Auge zu sehen.

Ein Fernglas zeigt einen hellen runden Nebelfleck, eingerahmt in ein reizvolles Sternfeld. Dies ist gut auch an lichtverschmutzten Standorten zu sehen.

Schon mit kleinen Refraktoren lassen sich erste Anzeichen von Auflösbarkeit erkennen, der Haufen erscheint am Rand deutlich gekörnt. Mit dem Vierzöller ist ein schön aufgelöster Kugelsternhaufen zu sehen, die starke Konzentration im Zentrum lässt dort die Einzelsterne zu einem hellen Nebelkern verschmelzen, was dem Anblick noch mehr Brillanz verleiht. Im Sechszöller voll aufgelöst, wird mit mittleren und großen Teleskopen klar, warum M 15 zusammen mit M 13, M 5 und M 3 zu den »fantastischen Vier« der Nordhimmel-Kugelhaufen zählt.

Aufsuchen: ε ➡ 4° WNW

NGC 7331 ★☆☆☆☆

Wilhelm Herschel 1784

NGC 7331 ist nicht in üblichen Feldstechern sichtbar, lediglich Großferngläser lassen unter sehr guten Bedingungen eine Andeutung erkennen.

Besser ist ein kleines Fernrohr, das schon bei 50× einen leicht sichtbaren Nebel mit hellem länglichen Zentrum zeigt. Mit einem mittelgroßen Teleskop wird dieses Bild deutlicher, der Kern erscheint flächig und hell mit Ausläufern in Richtung der Nord-Süd-Längsachse der Galaxie. Dicht am Nebel im Nordosten blitzt ein sehr schwaches Sternchen auf, ein schönes 13^m-Sternpaar befindet sich westlich vor der nördlichen Spitze. Einige Bogenminuten nach Osten markiert ein 10^m-Dreiergestirn das Himmelsfeld. Auf der Verbindungslinie steht die 13^m-Galaxie NGC 7335, ein Grenzobjekt für mittlere Öffnungen.

Lichtverschmutzung beeinträchtigt die Sichtbarkeit der Galaxie erheblich, in kleinen Instrumenten ist sie unter Umständen gar nicht mehr zu sehen.

Aufsuchen: η ➡ 5,5° N ➡ 2 6^m ➡ 1° S*

Peg

Jn 1 ★☆☆☆☆

Rebecca Jones 1941

Eine Herausforderung an die Himmelsbedingungen ist dieser großflächige Planetarische Nebel, der als Jones 1 katalogisiert ist.

Unter bestem Alpenhimmel lässt sich schon im 80mm-Refraktor bei 10× ein winziges Nebelscheibchen entdecken, wenn man einen [OIII]-Linienfilter verwendet. Dieser ist auch bei jedem Versuch mit größerer Optik Pflicht. Lichtverschmutzung vereitelt dagegen jede Chance auf eine Sichtung.

In mittelgroßen Teleskopen bleibt der Eindruck eines schwachen runden Nebelhauchs im Sternfeld. Erst mit großen Öffnungen lässt sich die Unterteilung in zwei Nebelhälften sehen, die sichelförmig ein dunkleres Zentrum umschließen und sich an einer Seite fast berühren, gegenüberliegend jedoch geöffnet bleiben. Der 16^m-Zentralstern kann ab 14 Zoll Öffnung unter dunklem Himmel erkannt werden.

*Aufsuchen: β ➡ 4° ONO ➡ * 5^m ➡ 3° ONO ➡ * 5^m ➡ 1° SO*

Stephans Quintett ★☆☆☆☆

Edouard Stephan 1876

Nur ½° südlich von NGC 7331 befindet sich die sehr schwache Galaxiengruppe NGC 7317, 7318 A/B, 7319 und 7320, das berühmte Stephans Quintett, so benannt nach seinem Entdecker Edouard Stephan. Diese Fünfergruppe ist ein Grenzobjekt für mittlere Teleskope; man kann froh sein, in guten Nächten überhaupt etwas von den $12–14^m$-Galaxien zu erhaschen.

Mit einem mittelgroßen Teleskop unter bestem Alpenhimmel sind zwei deutliche, aber sehr schwache Nebelschimmer erkennbar; der westlichere in WNW-OSO-Ausrichtung, der direkt östlich stehende Nordwest-Südost. Dabei handelt es sich um NGC 7318 A/B sowie NGC 7320. Südwestlich dieser Gruppe erkennt man einen 13^m-Stern, der von Nebel umgeben wird: NGC 7317. Als ganz schwaches Nebelfleckchen erscheint noch NGC 7319 östlich von NGC 7318 A/B.

Die Wahrnehmung der Gezeitenschweife, die sich zwischen einzelnen Galaxien befinden, erfordert große Teleskope und exzellente Bedingungen. NGC 7320 gehört räumlich nicht zur Gruppe und steht im Vordergrund.

Aufsuchen: NGC 7331 ➡ 30' SSW

Aquarius (Aqr)

Atlas Karte 23, 31

Aquarius, der Wassermann, ist eines der 13 Ekliptiksternbilder. Am Himmel steht er für den Herbst, in dem er seine beste Stellung erreicht. Die Figur des Wassermanns ist als Muster kaum nachzuvollziehen; das Sternbild besteht aus wahllos verstreuten Sternen weit abseits der Milchstraße. Trotzdem beherbergt Aquarius zwei der schönsten Planetarischen Nebel des Himmels und drei Objekte aus dem Messier-Katalog.

M 72	$20^{h}\,53{,}5^{min}$	-12° 32'	$9^{m}{,}3$	3'	$14^{m}{,}2$	55.000 Lj	GC	schwer auflösbar	10×50
M 73	$20^{h}\,59{,}1^{min}$	-12° 38'	$8^{m}{,}9$	1'	$10^{m}{,}0$p	-	Ast	vier Sterne	10×50
NGC 7009	$21^{h}\,4{,}2^{min}$	-11° 22'	$8^{m}{,}0$	0,4'	$12^{m}{,}8$	4100 Lj	PN	Saturnnebel, sehr klein	50mm
M 2	$21^{h}\,33{,}5^{min}$	-0° 49'	$6^{m}{,}4$	6'	$13^{m}{,}1$	39.000 Lj	GC	kompakt, hell, auflösbar	8×30
41 Aqr	$22^{h}\,14{,}3^{min}$	-21° 4'	$5^{m}{,}6/7^{m}{,}1$	5,1"	113°	240 Lj	DS	Helligkeitsunterschied	50mm
ζ Aqr	$22^{h}\,28{,}8^{min}$	-0° 1'	$4^{m}{,}3/4^{m}{,}5$	2,4"	158°	94 Lj	DS	Abstand nimmt zu	63mm
NGC 7293	$22^{h}\,29{,}6^{min}$	-20° 48'	$7^{m}{,}3$	12'	$13^{m}{,}6$	680 Lj	PN	Helixnebel, groß, schwach	8×30
R Aqr	$23^{h}\,43{,}8^{min}$	-15° 17'	$5^{m}{,}8$	$12^{m}{,}4$	387 Tage	1300 Lj	Vr	interessantes Spektrum	10×50

M 72 ★★☆☆☆

Pierre Méchain 1780

M 72 ist einer der unscheinbareren Kugelsternhaufen.

Mit dem 10×50-Fernglas ist unter besten Bedingungen nur ein schwaches kleines rundes Nebelfleckchen sichtbar, unmittelbar östlich ein schwaches Sternchen.

Auch ein zwei- bis vierzölliges Teleskop zeigt nicht mehr als einen deutlichen kleinen Nebelball. Unter lichtverschmutzten Bedingungen wird die Sichtbarkeit jedoch deutlich eingeschränkt.

Die hellsten Sterne sind schwächer als 14^{m}, das Gros der Mitglieder sogar unter 16^{m}. Mit einem Fünf- oder Sechszöller beginnen erste Sterne sichtbar zu werden, die richtige Auflösung des schwach konzentrierten Kugelsternhaufens ist jedoch erst wesentlich größeren Öffnungen vorbehalten.

Aufsuchen: ε → 3,5° SSO

NGC 7009, Saturnnebel ★★☆☆☆

Wilhelm Herschel 1782

NGC 7009 ist auch als Saturnnebel bekannt.

Im Fernglas zeigt sich ein deutlicher blaugrüner Stern im Sternfeld.

Mit einem kleinen Refraktor bei niedriger Vergrößerung ist die leuchtende Farbe sehr auffällig. Ab etwa 50× verwandelt sich der Stern in ein kleines Nebelscheibchen, weniger als halb so groß wie der Planet Jupiter. Wenn die Luft ruhig ist, sollte man sich nicht scheuen, mehr als 150× zu vergrößern. NGC 7009 erscheint dann als etwas unförmiges grünlich leuchtendes Nebeloval ohne innere Einzelheiten. Die schwachen Ausläufer, die den Nebel wie den Planet Saturn in Ringkantenstellung zeigen, sind nur von geübten Beobachtern in mittleren Optiken zu erkennen. Der Zentralstern verlangt noch mehr Öffnung, denn er verschwimmt im hellen Nebelzentrum.

Aufsuchen: ν → 1,3° W

M 73 ★☆☆☆☆

Charles Messier 1780

M 73 ist eines der eher obskuren Messier-Objekte, trotzdem aber einen Besuch wert. Auf einem Durchmesser von nur 1' stehen vier 11–12^{m}-Sterne dicht zusammen.

Tatsächlich erscheint M 73 bei niedriger Vergrößerung oder mit sehr kleiner Öffnung als Nebelknoten. Ein guter Zweieinhalbzöller sollte bei 100× alle vier Sterne des Musters zeigen.

Aufsuchen: M 72 → 1,4° O

Aqr

M 2 ★★★☆☆

Jean-Dominique Maraldi 1746

👁 Es ist eine Herausforderung für beste Alpennächte, diesen Kugelsternhaufen mit dem bloßen Auge zu erhaschen.

Im 50mm-Fernglas erscheint ein rundes helles Nebelfleckchen mit breitem flächigen Zentrum, das auch Lichtverschmutzung relativ gut verträgt.

Ein kleiner Refraktor zeigt auch bei 90× keine Einzelsterne, aber einen deutlichen hellen Kern. Da die hellsten Einzelsterne 13^m nicht unterschreiten, gelingt eine teilweise Auflösung auch erst mit vier bis fünf Zoll Öffnung, während der sehr dichte Zentralbereich auch mit wesentlich größeren Optiken nicht aufgelöst werden kann. Im Nordosten steht ein hellerer Stern im Randbereich des Haufens.

Aufsuchen: β ➡ 2,4° N

NGC 7293, Helixnebel ★★★☆☆

Karl Ludwig Harding1823

Nach seinen Daten ist NGC 7293, der Helixnebel, der hellste und größte Planetarische Nebel am Himmel. Trotzdem tun sich viele Beobachter schwer mit der Sichtung, wofür zwei Umstände verantwortlich sind. Zum einen steht der Nebel nur knappe 20° über dem mitteleuropäischen Horizont, und horizontnaher Dunst, streuender Staub und Lichtkegel von Ortschaften hellen den Himmelshintergrund auf. Andererseits hat der Helixnebel eine geringe Flächenhelligkeit; optimale Beobachtungsergebnisse erfordern die größtmöglich sinnvolle Austrittspupille. Bei dieser ist aber auch der Himmelshintergrund maximal hell, und wenn die Horizontsicht zu schlecht ist, »ertrinkt« der Nebel im Hintergrund. Bereits geringste Lichtverschmutzung zerstört deshalb jede Chance auf eine Sichtung.

Trotzdem: Die besten Chancen bietet eine große Austrittspupille von 6–8mm, also 7× für 50mm Öffnung, 15× für 100mm und 21× für 150mm. Unter guten Bedingungen ist dann NGC 7293 kein schwieriges, sondern ein sehr leichtes Objekt, schon mit 20mm Öffnung zu sehen.

Ein 10×50-Fernglas an einem Hochgebirgsstandort zeigt eine große Nebelscheibe von unregelmäßiger Form, die Ringstruktur ist aber noch nicht zu erkennen.

Mit einem kleinen Refraktor ist der Helix noch wesentlich deutlicher, das Innere der Scheibe erscheint leicht dunkler. Mit mittleren Öffnungen unter Alpenhimmel erreicht NGC 7293 bei 25× mit Schmalbandfilter beinahe M 27-Helligkeit; im Nebel sind ohne Filter sechs Sterne zu sehen, darunter der Zentralstern. Die Ringstruktur ist überdeutlich; die Nordost- und Südwest-Seiten des Rings sind deutlich heller und geben ihm so ein abgeflachtes Aussehen, dabei sind die Innenkanten des Rings schärfer gezeichnet. Ein Schmalbandfilter hilft sehr bei NGC 7293, ist aber kein Ersatz für gute Beobachtungsbedingungen.

Aufsuchen: δ ➡ 4° SW ➡ 2 5^m ➡ 3° WSW ➡ υ ➡ 1,2° W*

Piscis Austrinus (PsA)

Atlas Karte 31

Der Südliche Fisch gehört zu den klassischen Figuren der Antike. Das Sternbild wird vom hellen Fomalhaut dominiert, der von Mitteleruopa aus in den langen Herbstnächten tief über dem Südhorizont zu sehen ist. Piscis Austrinus enthält zwei schöne Doppelsterne, jedoch keine helleren Sternhaufen, Nebel oder Galaxien.

η PsA	$22^h\ 0{,}8^{min}$	-28° 27'	$5^m\!,7/6^m\!,8$	1,9"	113°	860 Lj	DS	relativ eng	80mm
γ PsA	$22^h\ 52{,}5^{min}$	-32° 52'	$4^m\!,5/8^m\!,2$	4,0"	255°	220 Lj	DS	Helligkeitsunterschied	80mm

M 72, 70mm-Refraktor, 93×

M 73, 70mm-Refraktor, 93×

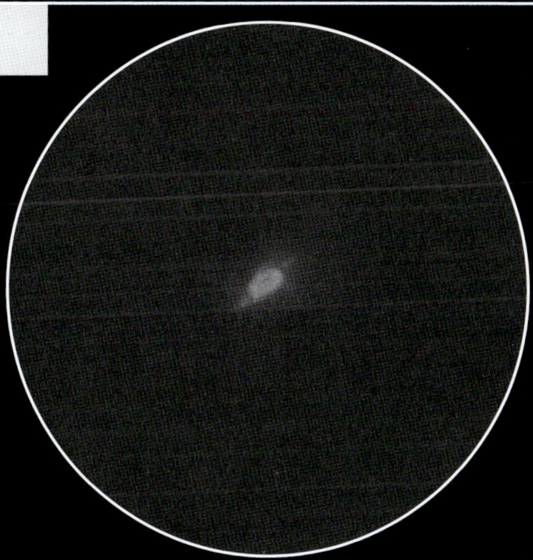
NGC 7009, 120mm-Refraktor, 255×

M 2, 70mm-Refraktor, 112×

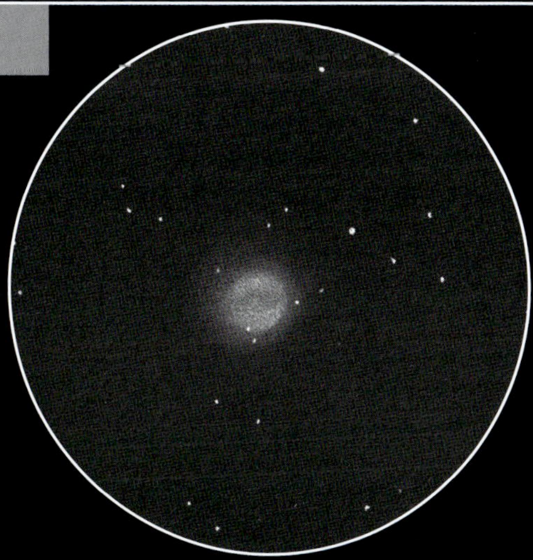
NGC 7293, 60mm-Refraktor, 20×

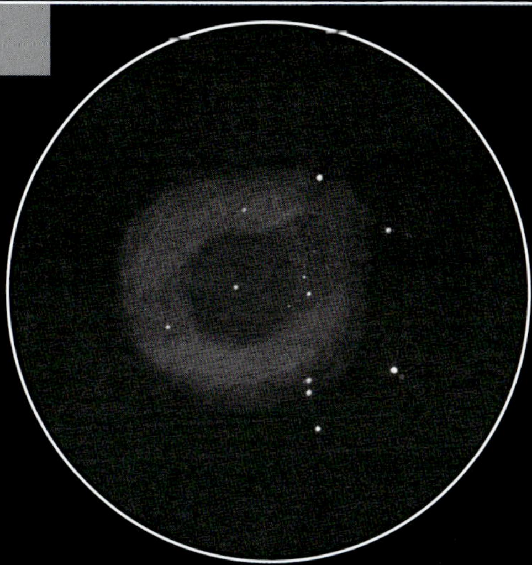
NGC 7293, 120mm-Refraktor, Schmalbandfilter, 64×

Atlas Karte 8

Andromeda (And)

Die Prinzessin Andromeda aus der Perseus-Sage ist zusammen mit den anderen Gestalten dieser aus griechischer Zeit stammenden Göttergeschichte an den herbstlichen Himmel gesetzt. Einprägsam bildet sie eine helle Kette aus vier Sternen, die vom Pegasusquadrat auf den Perseus zuweisen. α And ist der westlichste, den sich die And-romeda mit dem Pegasus teilen muss, dann folgen nach Osten δ, β und γ Andromedae. Berühmt ist die Andromeda wegen des oberhalb des mittleren Kettensterns mit bloßem Auge sichtbaren Nebels, der Andromedagalaxie. Aber auch Sternhaufen, Planetarische Nebel und schwächere Galaxien finden sich für Fernglas und Fernrohr in ihren Grenzen; die nördlichen Bereiche greifen in die Milchstraße hinein.

NGC 7640	23^{h} 22,1^{min}	+40° 51'	$11^{m}{,}0$	4'×1'	$23^{m}{,}1$	29 Mio. Lj	Gx	schwach, nahe NGC 7662	120mm
NGC 7662	23^{h} 25,9^{min}	+42° 32'	$8^{m}{,}3$	0,5'	$12^{m}{,}5$	4400 Lj	PN	sehr klein, ringförmig	50mm
G 1	0^{h} 32,8^{min}	+39° 35'	$13^{m}{,}7$	3"	$22^{m}{,}5$	2,5 Mio. Lj	GC	hellster Kugelsternhaufen in M 31	120mm
M 110	0^{h} 40,4^{min}	+41° 41'	$8^{m}{,}1$	10'×5'	$22^{m}{,}8$	2,6 Mio. Lj	Gx	Begleiter von M 31	10×50
NGC 206	0^{h} 40,5^{min}	+40° 44'	–	4'×2,5'	–	2,5 Mio. Lj	StC	im südlichen Teil von M 31	63mm
M 31	0^{h} 42,7^{min}	+41° 16'	$3^{m}{,}4$	3°×1°	$22^{m}{,}5$	2,5 Mio. Lj	Gx	Andromedagalaxie	bloßes Auge
M 32	0^{h} 42,7^{min}	+41° 52'	$8^{m}{,}1$	4'×3'	$21^{m}{,}6$	2,5 Mio. Lj	Gx	Begleiter von M 31	8×30
NGC 404	1^{h} 9,4^{min}	+35° 43'	$10^{m}{,}0$	1'	$22^{m}{,}0$	9,8 Mio. Lj	Gx	6' nördlich β And	63mm
NGC 752	1^{h} 57,8^{min}	+37° 41'	$5^{m}{,}7$	50'	$9^{m}{,}0$	1400 Lj	OC	lockerer Sternhaufen	bloßes Auge
γ And	2^{h} 3,9^{min}	+42° 20'	$2^{m}{,}3$/$5^{m}{,}2$	9,6"	63°	390 Lj	DS	Alamak, schöner Farbkontrast	50mm
NGC 891	2^{h} 22,6^{min}	+42° 21'	$10^{m}{,}0$	10'×2'	$22^{m}{,}6$	30 Mio. Lj	Gx	Kantenlage	63mm

And

NGC 7662, Blauer Schneeball ★★☆☆☆

Wilhelm Herschel 1784

NGC 7662 gilt als einer der schönsten Planetarischen Nebel des Herbsthimmels und ist ein dankbares Objekt für alle Teleskope.

Schon beim Drüberschwenken mit dem Fernglas fällt ein stark bläuliches Sternchen im Feld auf.

Mit einem kleinen Fernrohr bei etwa 50–100× kann man nachvollziehen, warum Objekte wie NGC 7662 den Namen Planetarische Nebel erhielten: Der Nebel erscheint als gleichmäßig helle und kleine bläuliche Scheibe, ganz ähnlich dem Planeten Uranus.

Schon mit einem Vierzöller stellt man bei höherer Vergrößerung um die 150× fest, dass der erste Eindruck trügt. NGC 7662 zeigt keineswegs ein gleichmäßiges Scheibchen, sondern man erkennt eine diffuse Annularität: Das Innere des Nebels ist leicht dunkler als die ringförmig ausgeprägte Außenkante. Mittelgroße Teleskope zeigen bei Vergrößerungen über 200×, dass die Innenkante des diffusen breiten, deutlich ovalen Rings die stärkste Intensität im Nebel zeigt, helle fleckenartige Streifen sind hier zu erkennen. Der Zentralstern allerdings ist trotz seiner $12^{m}{,}5$ nur in sehr großen Teleskopen zu sehen, da die Helligkeit des Nebels den Kontrast abschwächt.

*Aufsuchen: κ ➡ 1,2° SW ➡ ι ➡ 2° W ➡ *5^{m} ➡ 15' SW*

NGC 7640 ★☆☆☆☆

Wilhelm Herschel 1786

Diese schwache Galaxie ist eine Herausforderung für kleine Teleskope unter dunklem Himmel. Dies liegt an der relativ geringen Flächenhelligkeit der stark elongierten Galaxie.

Ist keine störende Lichtverschmutzung vorhanden, lässt sich NGC 7640 als langgestreckte schwache Spindel erkennen, umrahmt von drei 11^{m}-Sternen.

Die Form ist mit mittleren und größeren Öffnungen besser zu erkennen, aber auch damit bleibt die Galaxie schwach und anfällig für Lichtverschmutzung.

*Aufsuchen: κ ➡ 1,2° SW ➡ ι ➡ 2° W ➡ *5^{m} ➡ 2,3° SW*

NGC 7662, 70mm-Refraktor, 37×

NGC 7662, 120mm-Refraktor, 255×

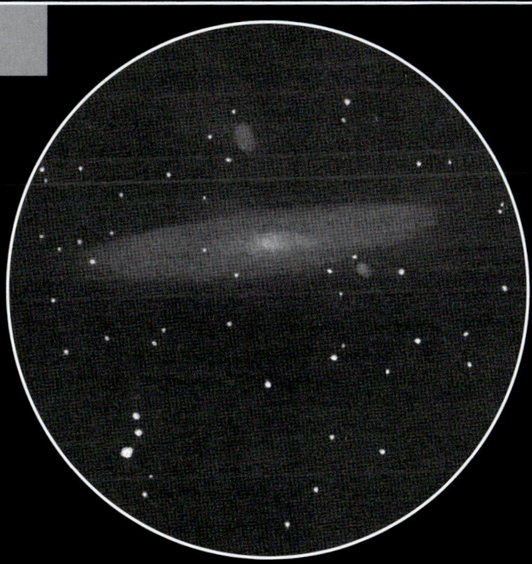
M 31, 60mm-Refraktor, 9×

M 31, 120mm-Refraktor, 64×

M 32, 120mm-Refraktor, 64×

M 110, 120mm-Refraktor, 64×

M 31, M 32, M 110, Andromedagalaxie ★★★★★ ★★☆☆☆ ★★☆☆☆

Al Sufi, 10. Jh., Guillaume Le Gentil 1749, Charles Messier 1773

M 31 ist die Bezeichnung für den berühmten Andromedanebel, die uns am nächsten stehende Galaxie von der Größe unserer eigenen Milchstraße. M 31 bildet zusammen mit M 33 in Triangulum und unserer Milchstraße den Kern der Lokalen Gruppe, einer lockeren Galaxiengruppe, deren Mitglieder gravitativ gebunden sind. Der Anblick von M 31 gibt einen guten Eindruck, wie unsere eigene Galaxis aus 2,5 Millionen Lichtjahren Entfernung aussehen könnte. M 32 und M 110 sind – ähnlich den Magellanschen Wolken der Milchstraße – Begleiter der großen M 31-Spirale.

M 31 ist die hellste Galaxie, die von Mitteleuropa aus beobachtet werden kann, und einfach mit bloßem Auge am dunklen Nachthimmel zu sehen – angesichts der gewaltigen Entfernung ist es immer wieder faszinierend festzustellen, wie weit das unbewaffnete Auge vorzudringen vermag. In einer dunklen mondlosen Nacht erscheint deutlich eine diffuse große Ellipse, etwa 3° lang in Nordost-Südwest-Ausrichtung. Bereits moderate Lichtverschmutzung jedoch macht dieses Erlebnis zunichte.

Schon mit dem kleinsten Fernglas offenbart sich ein schöner Anblick. Mit einem 8×30-Glas sieht man einen großen hellen länglichen Nebelfleck im reichen Sternfeld schweben. Die Galaxie erscheint erstaunlich gut begrenzt, M 32 ist fast stellar zu erkennen, wenn man ihre Position kennt. Mit einem 10×50-Glas füllt die 3° lange Spindel das Gesichtsfeld optimal aus. Deutlich ist die wie ein diffuser Stern aussehende M 32 knapp südlich des Galaxienkerns und schwach leuchtet das ovale Glimmen von M 110 nördlich von M 31. Während M 32 von der leuchtenden Hülle des Andromedanebels umgeben scheint, steht M 110 deutlich außerhalb der Muttergalaxie. Dies gilt jedoch nur für dunklen Land- oder Gebirgshimmel. Aufgehellter Himmelshintergrund beschneidet die sichtbare Größe von M 31 enorm, am Vorstadthimmel ist schließlich nur noch der Galaxienkern mit den Fernglas zu erkennen, M 110 wird im Fernglas ganz unsichtbar.

And

Mit einem kleinen Refraktor ist M 31 eine Augenweide. Nur auf den ersten Blick erscheint die Galaxie als konturloser diffuser Nebel. Auffallend ist die zum Zentrum stark ansteigende Helligkeit und der fast wie ein Stern leuchtende Kern der Galaxie - dies ist auch bei moderater Lichtverschmutzung zu sehen. Hier lassen sich sinnvoll hohe Vergrößerungen einsetzen.

Der gesamte ovale, etwa 1° lange Zentralbereich ist heller als der Rest und grenzt sich deutlich ab. Besonders an der Nordseite zu M 110 hin ist der Helligkeitsabfall zu sehen. Bei sehr guten Bedingungen zeigt sich, dass hier ein dunkler Staubstreifen das Galaxienzentrum vom ersten Spiralarm trennt. Enttäuschend und strukturlos ist dagegen der Eindruck unter lichtverschmutzem Himmel, der alle Einzelheiten auswäscht und die Galaxie auf den hellen zentralen Bereich beschneidet.

Unter Landhimmel zeigen schon kleinere Teleskope diesen ersten Staubstreifen an der Nordseite der Galaxie ohne Probleme, und unter sehr dunklem Himmel wird nach außen ein weiterer Staubstreifen sichtbar. Wenn man geduldig ist, lassen sich dem anfangs strukturlos erscheinendem Nebel weitere feine Helligkeitsabstufungen entlocken. Ab acht Zoll Öffnung kommen Kugelsternhaufen und Offene Sternhaufen dazu. Dabei sind Vergrößerungen um 150× am besten geeignet.

Im Südteil der Galaxie, etwa an einer Position, die ein gleichschenkliges Dreieck mit M 32 und dem M 31-Kern bildet, kann unter guten Bedingungen im kleinen Refraktor schwach eine matte hellere Stelle innerhalb des diffusen Leuchtens der Galaxie erkannt werden. Das ist NGC 206, ein Gebiet junger heller Sternhaufen in M 31. Auch mit größeren Öffnungen kann man die einzelnen Sternhaufen nicht klar unterscheiden, aber mit mittelgroßen Öffnungen erscheint NGC 206 als deutlich helleres Gebiet innerhalb M 31. Mit großen Teleskopen sind ähnliche, jedoch nicht so auffällige Bereiche in anderen Teilen der Galaxie zu sehen. Die hellsten Einzelsterne, die 16^m erreichen, sind unter idealen Bedingungen ab 14 Zoll Öffnung zu sehen.

M 32 erscheint selbst bei hoher Vergrößerung als kleiner runder Nebelfleck mit sehr viel hellerem Zentrum. Dies ändert sich auch in mittleren oder großen Teleskopen nicht, Lichtverschmutzung kann dem wenig anhaben.

M 110 kann bei niedriger Vergrößerung am besten erfasst werden, unter dunklem Himmel wird das strukturlose Oval fast 12' lang. M 110 ist von aufgehelltem Himmel besonders betroffen und bleibt schon bei moderater Lichtverschmutzung unsichtbar.

Aufsuchen: β ➡ 3,5° NW ➡ μ ➡ 3° NNW ν ➡ 1,2° W

G 1 ★☆☆☆☆

Nicholas Mayall , Olin Eggen 1953

G1 ist der hellste der vielen Kugelsternhaufen in M 31, steht aber 2,5° abseits des Galaxienzentrums.

Unter dunklem Himmel ist er mit fünf Zoll Öffnung an der Grenze der Wahrnehmbarkeit zu sehen, je nach Lichtverschmutzung benötigt man meist jedoch große Öffnungen. Dann erscheint G 1 stellar, ein kleines Dreick mit zwei 13^m-Sternen bildend. Die Einzelsterne mit 22^m sind nicht zu sehen.

*Aufsuchen: M 31 ➡ 1,2° SW ➡ *7^m ➡ 45′ SW ➡ 3* 9^m ➡ 25′ SW*

NGC 404, Mirachs Geist

Wilhelm Herschel 1784 ★☆☆☆☆

Geist von Mirach wird diese schwache Galaxie genannt, denn sie steht so nah an dem hellen Stern β Andromedae, dass sie wie ein Geisterbild im Okular wirkt. Eine sehr saubere mittelgroße Optik ist deshalb notwendig, um den kleinen ovalen Fleck zu sehen. Er zeigt auch in größeren Teleskopen keine weiteren Einzelheiten, aber der Kontrast zum Stern ist ein visuelles Erlebnis.

Aufsuchen: β ➡ 6′ N

NGC 752 ★★☆☆☆

Wilhelm Herschel 1782

Ein typisches Fernglasobjekt ist NGC 752, der einzige helle Offene Sternhaufen in Andromeda.

Vage ist er bereits mit bloßem Auge als nebliger Fleck sichtbar. Dies gelingt jedoch nur an Standorten ohne Lichtverschmutzung. Etwa 40′ südwestlich steht der Stern 56 And, einen weiten Doppelstern mit 3,4′ Abstand der beiden gleich hellen Komponenten.

Ein Feldstecher enthüllt einen großen lockeren Sternhaufen von etwa 20–30 Sternen.

Mit einem kleinen Fernrohr können bis zu 50 Sterne gezählt werden, allerdings verliert der Sternhaufen bei hoher Vergrößerung schnell an Reiz. Ein kleines enges Dreiergrüppchen mit einem 7^m-Stern als Zentrum steht im südlichen Bereich des Haufens.

Aufsuchen: γ ➡ 4,5° SSW

NGC 891 ★★☆☆☆

Karoline Herschel 1783

NGC 891 ist eine recht schwache, aber schöne Galaxie für mittlere Fernrohre. Ihr Anblick leidet jedoch stark bei Lichtverschmutzung.

Kleine Refraktoren zeigen nur unter sehr dunklem Himmel einen sehr schwachen und diffusen, etwa Nord-Süd ausgerichteten Lichtstreif. Benutzt man ein mittelgroßes Fernrohr, nimmt die Galaxie das Aussehen einer schwachen langen und sehr dünnen Lichtnadel an, die hinter reichem Sternvordergrund steht. In der Mitte wird die Galaxie heller und zeigt zu beiden Seiten eine deutliche Ausbeulung. In großen Teleskopen kann man das dunkle Staubband verfolgen, das die Galaxie in ihrer ganzen Länge nach durchschneidet und im Bereich des helleren Zentrums am deutlichsten wird. Zwei Sterne sind auf die Galaxie projiziert: ein $10\overset{m}{.}5$-Stern direkt nördlich des Zentrums und ein 11^m-Stern an der südlichen Spitze der Galaxie.

Aufsuchen: γ ➡ 3,5° O

γ And, Alamak ★★★★☆

Christian Mayer 1778

Alamak oder γ Andromedae ist ein beliebtes Vorführobjekt, um zwei sich umkreisende Sonnen im Teleskop zu zeigen. 10″ nordöstlich des golden strahlenden Hauptsterns steht der bläulich bis grünlich erscheinende Begleiter. Die visuelle Beobachtung dieser Farben ist tatsächlich reell, denn der Hauptstern strahlt im gelben Spektralbereich am stärksten, der Begleiter besteht aus zwei mit 0,2″ zusammenstehenden blauen Sternen.

Oft ist der Farbeindruck aber auch nur ein physiologischer Effekt, denn das menschliche Auge tendiert dazu, bei schwachen Begleitern von hellen Sternen diese in der Komplementärfarbe des Hauptsterns wahrzunehmen, so dass vielfach Begleiter von gelbrötlichen Sternen grünlich erscheinen. Wie exakt der Farbton wahrgenommen wird, hängt auch von der Farbsehfähigkeit des einzelnen Beobachters ab; γ Andromedae ist ein gutes Beispiel, an dem jeder dies überprüfen kann. Interessant ist es, den Farbeindruck mit verschiedenen Öffnungen zu vergleichen.

Triangulum (Tri)

Atlas Karte 8

Das Herbststernbild des Dreiecks, lateinisch Triangulum, gehört zu den klassischen Mustern des Altertums. Zwischen Andromeda und Widder ist es als spitzwinkliges, nach Südwesten weisendes Dreigestirn zu erkennen, gebildet aus α, β und γ Tri. Triangulum befindet sich weitab der herbstlichen Milchstraße und enthält keine Gasnebel und Sternhaufen. Einsames Glanzlicht ist die interessante große Galaxie M 33.

M 33	1^h 33,9^{min}	+30° 48'	5^m,7	30'×20'	23^m,1	3,0 Mio. Lj	Gx	sehr groß	bloßes Auge
NGC 604	1^h 34,5^{min}	+30° 48'	-	0,5'	-	3,0 Mio. Lj	GN	in M 33	80mm
NGC 925	2^h 27,3^{min}	+33° 35'	9^m,9	4'×2'	23^m,7	28 Mio. Lj	Gx	sehr schwach	80mm
R Tri	2^h 37,0^{min}	+34° 16'	5^m,4	12^m,6	267 Tage	1300 Lj	Vr	rot, Mira-Veränderlicher	80mm

M 33, Dreiecksgalaxie ★★★☆☆

Charles Messier 1764

M 33 ist die drittgrößte Galaxie in der Lokalen Gruppe, jener losen Galaxiengruppe, die auch M 31, unsere Milchstraße und Zwerggalaxien wie die Magellanschen Wolken, die Begleiter des Andromedanebels M 32 und M 110 sowie weitere Systeme wie NGC 6822 in Sagittarius umfasst.

M 33 ist das fernste mit dem bloßen menschlichen Auge sichtbare Himmelsobjekt. Tatsächlich gelingt es aber nur unter dunkelstem Gebirgshimmel, M 33 als schwachen nebligen Fleck zu erhaschen. Geübte Beobachter unterscheiden mit Hilfe der Sichtbarkeit von M 33 einen guten von einem sehr guten Standort.

Mit einem 50mm-Fernglas ist M 33 sehr deutlich: ein ovaler diffuser Nebelfleck ohne den für die meisten Galaxien typischen hellen Kern. Dies ist jedoch nur bei dunklem Himmel ohne Lichtverschmutzung zu sehen.

Für ein kleines Fernrohr gilt M 33 oftmals als schwieriges Objekt, und viele Beobachter verzweifeln tatsächlich an M 33, da sie die Galaxie nicht sehen können, obwohl sie die richtige Himmelsgegend absuchen. Das Problem liegt in der Anwendung von zu niedrigen Austrittspupillen, also zu hohen Vergrößerungen: Mit einem Dreizöller liegt die beste Vergrößerung bei etwa 12×, mit einem Sechszöller bei 20–25×. Jedes Mehr an Vergrößerung macht die Sichtung schwieriger. Niedrige Vergrößerungen lassen sich aber sinnvoll nur bei dunklem Himmel einsetzen, da sonst der Himmelshintergrund zu hell erscheint. Im Ergebnis zeigt sich die hohe Anfälligkeit von M 33 gegenüber den Beobachtungsbedingungen; Lichtverschmutzung zerstört den Eindruck bis hin zur Unsichtbarkeit.

Mit mittlerer Öffnung und einer dunklen Nacht erahnt man die beiden schwachen Spiralarme, die sich aus dem fast ½° großen diffusen Gesamtleuchten herausheben. Sie werden durch einige, wie schwache Nebelkleckse aussehende Sternhaufen und Emissionsnebel markiert - letztere lassen sich mit einem Schmalbandfilter gut identifizieren. Große Öffnungen zeigen mehr als ein Dutzend dieser Objekte sowie die hellsten Einzelsterne.

*Aufsuchen: α ➡ 2,3° W ➡ *6^m ➡ 1,8° WNW*

NGC 604 ★☆☆☆☆

Wilhelm Herschel 1784

Mit einem kleinen Teleskop kann man unter Alpenhimmel noch innerhalb des Leuchtens von M 33 etwa 12' nordöstlich des Kerns einen kleinen Nebelfleck direkt westlich neben einem Sternchen ausmachen. Das ist NGC 604, der hellste Emissionsnebel in der Galaxie. Mit mittlerer Öffnung wird der nur 2' große Nebelknoten ein deutliches Objekt: ein kleiner runder Nebelfleck von hoher Flächenhelligkeit. Mit einem Schmalbandfilter kann man testen, dass es sich tatsächlich um ein Objekt ähnlich dem Orionnebel in unserer eigenen Galaxis handelt. Große Teleskope zeigen sogar die hellsten Sterne in diesem Nebel, wenn man sehr hoch vergrößert.

Aufsuchen: M 33 ➡ 12' NO

NGC 891, 120mm-Refraktor, 102×

NGC 404 mit Mirach (links), 120mm-Refraktor, 150×

M 33, 8×30-Fernglas

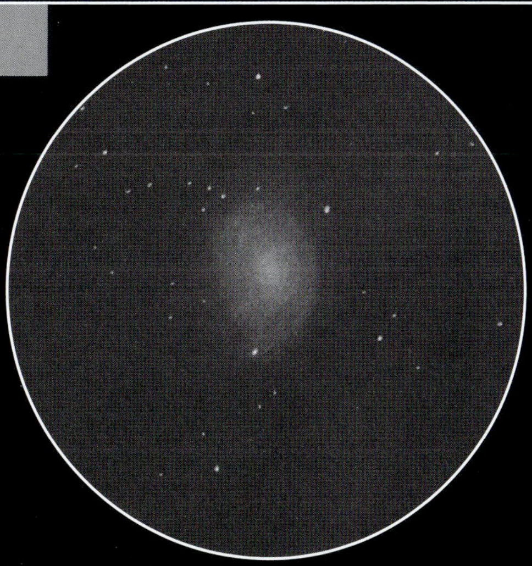

M 33, 60mm-Refraktor, 20×

M 33, 120mm-Refraktor, 64×

NGC 604, 120mm-Refraktor, 340×

Atlas Karte 2, 9

Perseus (Per)

Zusammen mit der Figur des Helden Perseus sind alle Rollen aus der Perseus-Sage am Herbsthimmel versammelt: Das Königspaar Cepheus und Cassiopeia, die Prinzessin Andromeda und Cetus, der Walfisch. Perseus verbindet den von der Milchstraße durchzogenen Raum zwischen der Cassiopeia und Auriga. Auffallend ist die lockere Sternansammlung Melotte 20 um Mirphak, den Hauptstern des Perseus. Algol oder β Persei ist der berühmte Teufelsstern, ein heller Veränderlicher, der das von Perseus im Kampf mit der Medusa abgeschlagene Gorgonenhaupt symbolisiert – jene sagenhafte Fratze, bei deren Anblick alles lebendige zu Stein erstarrt.

Perseus wird wie Cassiopeia und Auriga von der hier ziemlich schwachen Milchstraße durchzogen und ist wie seine Nachbarkonstellationen Sternhaufen-Land, aber auch einige schwache Nebel und Galaxien sind zu finden. Einen am gesamten Himmel einzigartigen Höhepunkt für den visuellen Beobachter bietet der Doppelsternhaufen h und χ.

M 76	$1^h\ 42{,}4^{min}$	+51° 34'	$10^m{,}1$	1'	$15^m{,}9$	2400 Lj	PN	Kleiner Hantelnebel	10x50
NGC 869	$2^h\ 19{,}0^{min}$	+57° 9'	$5^m{,}3$	20'	$6^m{,}6$	7600 Lj	OC	Doppelsternhaufen, h	bloßes Auge
NGC 884	$2^h\ 22{,}4^{min}$	+57° 7'	$6^m{,}1$	25'	$8^m{,}1$	7600 Lj	OC	Doppelsternhaufen, χ	bloßes Auge
Tr 2	$2^h\ 37{,}3^{min}$	+55° 59'	$5^m{,}9$	15'	$7^m{,}4$	2200 Lj	OC	hell, Fernglasobjekt	10x50
NGC 1023	$2^h\ 40{,}4^{min}$	+39° 4'	$9^m{,}3$	4'x1,5'	$22^m{,}0$	34 Mio. Lj	Gx	Kantenlage	63mm
M 34	$2^h\ 42{,}0^{min}$	+42° 47'	$5^m{,}2$	35'	$7^m{,}3$	1600 Lj	OC	relativ offen, enthält Doppelsterne	bloßes Auge
β Per	$3^h\ 8{,}2^{min}$	+40° 57'	$2^m{,}1$	$3^m{,}4$	2,87 Tage	90 Lj	Vr	Algol, Teufelsstern	bloßes Auge
NGC 1245	$3^h\ 14{,}7^{min}$	+47° 15'	$8^m{,}4$	9'	$11^m{,}2$	10.000 Lj	OC	schwach, sternreich	63mm
NGC 1275	$3^h\ 19{,}8^{min}$	+41° 31'	$11^m{,}7$	1'	$21^m{,}9$	200 Mio. Lj	Gx	Zentralobjekt des Perseus-Galaxienhaufens	150mm
Mel 20	$3^h\ 22{:}^{min}$	+49:°	$1^m{,}2$	3°	$1^m{,}8$	570 Lj	OC	α Per-Sternhaufen	bloßes Auge
NGC 1333	$3^h\ 29{,}0^{min}$	+31° 25'	–	6'x2'	–	970 Lj	GN	Reflexionsnebel, Dunkelnebelreiche Umgebung	80mm
NGC 1444	$3^h\ 49{,}4^{min}$	+52° 40'	$6^m{,}6$	2,5'	$6^m{,}7$	3800Lj	OC	klein, heller Zentralstern doppelt	10x50
NGC 1499	$4^h\ 0{,}7^{min}$	+36° 37'	$6{:}^m$	2,5°x0,8°	$23{:}^m$	1400 Lj	GN	California-Nebel	10x50
NGC 1491	$4^h\ 3{,}2^{min}$	+51° 20'	–	5'x2'	–	11.000 Lj	GN	kleiner Emissionsnebel	80mm
NGC 1528	$4^h\ 15{,}4^{min}$	+51° 14'	$6^m{,}4$	18'	$8^m{,}8$	3300 Lj	OC	sternreich, hell	8x30
NGC 1545	$4^h\ 20{,}9^{min}$	+50° 15'	$6^m{,}2$	15'	$7^m{,}1$	2300 Lj	OC	bei NGC 1528	10x50

Per

M 76, Kleiner Hantelnebel ★★☆☆☆

Pierre Méchain 1780

Von den vier Planetarischen Nebeln in Messiers Katalog ist M 76 der schwächste.

Mit einem 10x50-Fernglas ist M 76 ein winziges Nebelchen an der Wahrnehmungsgrenze für geübte Beobachter, erst Großfeldstecher zeigen den Nebel sicher.

Im kleinen Teleskop ist M 76 bei 50x ein längliches Objekt in Barrenform. Dabei ist eine Zweiteilung angedeutet mit deutlich sichtbaren hellen Kernen. Ein mittelgroßes Teleskop ohne Lichtverschmutzung zeigt die jeweiligen Barren-Enden heller, besonders an den Kanten, im Zentrum zeigen sich matte dunkle Schattierungen. Mit einem Schmalbandfilter sind bei niedriger Vergrößerung unter besten Bedingungen schwache Ausläufer zu sehen, die an der Ostseite nach Norden, an der Westseite nach Süden verlaufen und sich bogenartig zum Nebel zurückwinden. Große Öffnungen zeigen dies besser, Lichtverschmutzung lässt sie jedoch verschwinden.

Aufsuchen: φ ➡ 40' N ➡ $*7^m$ ➡ 10' NW

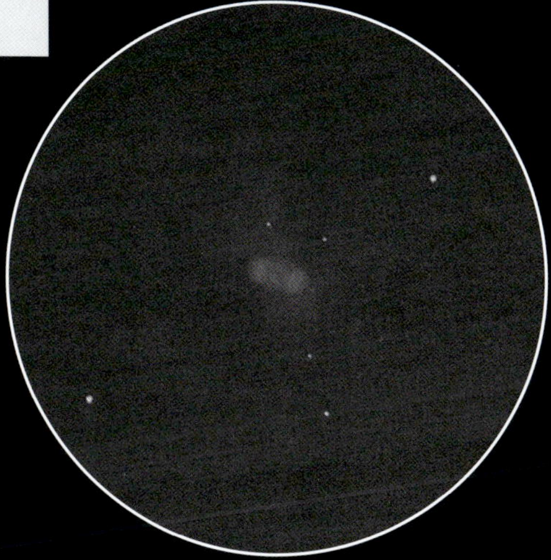

M 76, 70mm-Refraktor, 93×

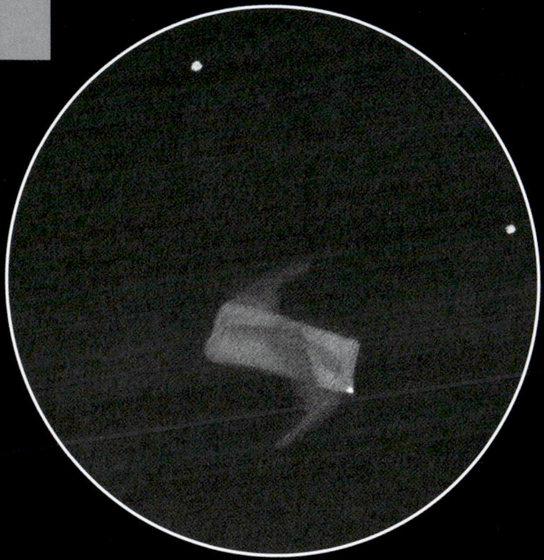

M 76, 120mm-Refraktor, Schmalbandfilter, 170×

NGC 869, NGC 884, 60mm-Refraktor, 36×

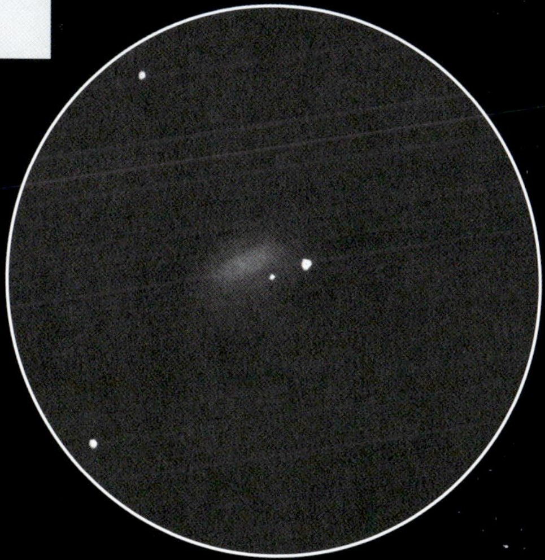

NGC 1023, 70mm-Refraktor, 93×

M 34, 70mm-Refraktor, 37×

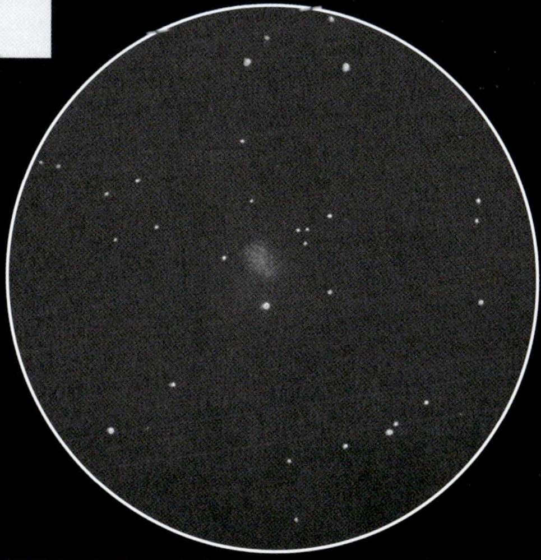

NGC 1245, 70mm-Refraktor, 37×

NGC 869, NGC 884, h und χ Persei ★★★★★

seit dem Altertum bekannt

NGC 869 und NGC 884 bilden den Doppelsternhaufen h und χ Persei, sprich »Ha und Chi«, ein Highlight ersten Ranges. Es ist immer wieder ein Genuss, mit einem kleinen Teleskop die Milchstraße entlangzuwandern und plötzlich ohne Vorwarnung die beiden funkelnden Haufen von Diamanten auf schwarzem Samt vor sich schweben zu sehen. Es ist auch nach Jahren visueller Beobachtung unmöglich, sich dem ästhetisch so wirkungsvollen Anblick zu widersetzen.

Mit dem bloßen Auge ist – genau zwischen den Figuren von Perseus und Cassiopeia – ein nebliger Fleck zu sehen, der bei genauer Betrachtung länglich oder sogar geteilt erscheint. Die Lichtverschmutzung muss schon erheblich sein, damit dieser Anblick verloren geht.

Schon mit dem Fernglas, und sei es nur ein 8×30, ist h und χ ein Erlebnis: Jeweils etwa 15 helle Sterne ab 6^m stehen vor dem hellen Nebel unaufgelöster schwacher Mitglieder. Aufgrund des großen Feldes ist der Eindruck im Fernglas besonders plastisch, für Großferngläser gehört der Anblick zu den spektakulärsten am ganzen Himmel.

Im kleinen Fernrohr sind beide Haufen Trauben von 40–50 Sternen, gemeinsam im 1,5°-Gesichtsfeld. Zwar verliert man mit etwa 100× den Überblick über beide Haufen gleichzeitig, dafür lässt die höhere Vergrößerung immer wieder neue unerwartete Anblicke entstehen. Interessant ist das Zentrum von h oder NGC 869: Auf engstem Raum gepackt stehen die Sterne aufeinander, kaum voneinander zu trennen. Eine winzige, nicht einmal 1' messende halbkreisförmig gekrümmte Sternkette bannt den Blick. Nur wenig nordwestlich davon spannt sich noch einmal eine Sternkette in derselben Art, nur dreimal so groß und aus viel mehr Sternen bestehend. Das Zentrum von χ oder NGC 884 sieht dagegen komplett anders aus: Enge Dreiergruppen und schwache Sternketten bestimmen das Bild. Es ist kaum zu entscheiden, welcher der beiden Haufen den Schönheitswettbewerb gewinnt.

Per

Mit größeren Teleskopen sollte man aufpassen, dass der schöne Gesamteindruck nicht durch zu kleines Gesichtsfeld verloren geht, allerdings kann man höher vergrößern und tiefer in die engen Haufenzentren vorstoßen. Drei helle Sterne in χ zeigen orange Färbung: veränderliche Rote Riesen. Einer von ihnen steht zwischen beiden Haufen, ein anderer südöstlich nahe dem Zentrum von χ.

Aufsuchen: η ➡ 4° WNW

NGC 1023 ★☆☆☆☆

Wilhelm Herschel 1786

NGC 1023 ist das hellste Mitglied einer lockeren Galaxiengruppe, zu der auch NGC 891 in Andromeda und einige weitere schwächere Objekte gehören.

NGC 1023 ist eine schöne Galaxie für mittlere Öffnungen in reizvollem Sternfeld. Bei kleiner Vergrößerung erscheint sie sehr klein und ziemlich hell als Endpunkt einer kleinen gebogenen Dreierkette von Sternen. Dies ist schon mit drei Zoll zu sehen. Im Fünfzöller fällt bei 170× der sehr helle längliche Kern auf, der eine deutliche sternförmige asymmetrisch sitzende Kondensation zeigt. Der hellere Bereich der Galaxie ist oval in Ost-West Richtung, von einem schwachen viel länglicheren Halo umgeben. Ein sehr schwacher Stern steht im Westen vor den Außenbereichen von NGC 1023.

Aufsuchen: β ➡ 2,2° SW ➡ π ➡ 2° SW ➡ 16 ➡ 2° WNW

M 34 ★★★☆☆

Charles Messier 1764

Schwach ist M 34 bei sehr gutem Himmel schon mit dem bloßen Auge zu sehen.

Ein Fernglas enthüllt die Haufennatur: 15 deutliche Sterne sind zu zählen. Mit einem 70mm-Glas werden etwa 40–50 Sterne sichtbar; M 34 gilt als klassisches Fernglasobjekt, denn der beste Eindruck des über 30' messenden Haufens erhält man mit mindestens 1,5° wahrem Gesichtsfeld.

Trotzdem ist es interessant, schon mit einem kleinen Teleskop das Zentrum von M 34 herauszuvergrößern.

Zwei 8^m-Sterne im Nordwesten bilden den 20" weiten Doppelstern Herschel 1123. Nur wenig östlich steht Herschel 2155, den 8^m-Hauptstern begleitet eine 10^m-Komponente in 17" Abstand.

Aufsuchen: β ➡ 5,5° WNW

NGC 1245 ★☆☆☆☆

Wilhelm Herschel 1786

Südlich des Sternhaufens um α Persei befindet sich dieser schwache Offene Sternhaufen.

Mit einem größeren Fernglas ist an der Stelle nur ein schwacher diffuser Nebel von knapp 10' Durchmesser zu sehen.

Auch mit einem kleinen Fernrohr ist eine geringe Vergrößerung angebracht. Mit zweieinhalb Zoll Öffnung ist NGC 1245 ein sehr schwaches, aber großes Objekt, das nur schwer in Einzelsterne aufzulösen ist und neblig bleibt. Da die Mehrzahl der Haufensterne unter 13^{m} liegt, wird NGC 1245 erst in mittleren Teleskopen sehenswert. 40–50 Sterne sind dann zu sehen, in auffälligen Ketten und Girlanden angeordnet. Als Wegweiser steht am südlichen Haufenrand ein 8^{m}-Stern.

*Aufsuchen: M 31 ➡ 1,2° SW ➡ *7ᵐ ➡ 45' SW ➡ 3* 9ᵐ ➡ 25' SW*

Mel 20 ★★☆☆☆

Giovanni Batista Hodierna 1654

Ein einfaches und schönes Deep-Sky-Objekte der Herbstmilchstraße – und dennoch relativ unbekannt – ist der große Perseus Bewegungshaufen um α Persei, auch bekannt unter der Katalognummer Melotte 20.

Knapp 50 Sonnen werden zu dieser Gruppe gerechnet, die durch eine gemeinsame Eigenbewegung Richtung Pegasus-Quadrat erkannt werden können. Dazu gehört der Groß-teil der Sterne von $4–10^{m}$ um α Per, aber auch weiter entferntere Sterne wie δ, υ und ν Persei. α selbst, auch mit dem arabischen Namen Mirphak bekannt, ist das hellste Mitglied des Haufens.

Vergleicht man dieses Objekt mit den Plejaden, die der Erde um ein Drittel näher stehen, wird der lockere Charakter von Melotte 20 deutlich.

Mit dem bloßen Auge sind in einem Radius von 1,5° um α 6–12 Sterne in einer traubenförmigen Anordnung zu sehen. Das Gros der Mitgliedssterne tummelt sich südlich von α Per bis hin zu δ Per.

In 50mm-Gläsern sind bereits mehr als 50 Sterne aller Helligkeiten versammelt, gemeinsam eines der reichsten Felder des Himmels bildend. Melotte 20 ist aber nur in Geräten mit mehr als 4° Gesichtsfeld gut abgebildet und verliert mit zu großer Vergrößerung schnell an Glanz. Deshalb ist ein Teleskop ungeeignet zur Beobachtung dieses hellen Sternhaufens.

β Per, Algol ★★★★☆

G. Montanari 1667

Algol ist der klassische Veränderliche Stern und wird als Übungsobjekt viel beobachtet. Schon im Altertum ahnte man wohl etwas von seiner besonderen Natur, da dieser Stern als das Symbol des Gorgonenkopfes betrachtetet und Teufelsstern genannt wurde.

Mit der Präzision eines Uhrwerks tritt alle 2 Tage, 20 Stunden, 48 Minuten und 56 Sekunden ein Minimum mit $3^{m}{,}4$ ein, das etwa 10 Stunden dauert; die Normalhelligkeit des Sterns ist $2^{m}{,}1$.

Im Minimum ist Algol etwa so hell wie der benachbarte ρ Per, er bleibt aber im Maximum unter der Helligkeit von α Per ($1^{m}{,}8$). Dieser Lichtwechsel wurde schon vor 200 Jahren als Ergebnis von gegenseitigen Bedeckungen zweier Sterne erklärt. β Per ist also ein sehr enges Doppelsternsystem, dessen Natur nur über die Veränderlichkeit visualisiert werden kann. Die Tiefpunkte der Helligkeit sind in jedem astronomischen Jahrbuch tabuliert.

NGC 1528 ★★★☆☆

Wilhelm Herschel 1790

NGC 1528 ist einer der weniger bekannten, aber trotzdem lohnenden Sternhaufen.

Im Fernglas ein auffälliger runder und großer Nebel zu sehen, der bei genauerem Hinsehen schon in viele schwache Einzelsterne aufgelöst ist, aus dem ein 9^{m}-Stern herausblitzt.

Ein kleiner Refraktor zeichnet bei mittlerer, aber nicht zu niedriger Vergrößerung das Bild eines reichen Offenen Haufens mit vielen gleichhellen schwachen Sternen von $10–12^{m}$. Die Sterndichte ist über den ganzen Haufen gleich. Mit mittleren Öffnungen wird der Anblick noch einmal deutlich gesteigert, weil die vielen schwachen der etwa 50 Mitgliedssterne erscheinen. Östlich des Zentrums sind schöne gebogene Sternketten zu sehen. NGC 1528 ist ein schönes Objekt für alle Öffnungen, und es ist interessant, den Eindruck in verschiedenen Teleskopen zu vergleichen.

Aufsuchen: α ➡ 7° O ➡ λ ➡ 1,8° ONO

NGC 1499, Californianebel ★☆☆☆☆

Edward Emerson Barnard 1885

NGC 1499 ist der große Kalifornien-Nebel, ein sehr schwacher Galaktischer Nebel. Die enorme Größe der Gaswolke verlangt ein Gesichtsfeld von wenigstens 3°, mit weniger Feld ist immer nur ein Teil des Objektes sichtbar. Es empfiehlt sich daher, mit der maximalen Austrittspupille bzw. der niedrigsten sinnvollen Vergrößerung zu beobachten; im Dreizöller sind also 10–15×, für den Sechszöller 25–30× anzusetzen. Die Verwendung von so großen Austrittspupillen hat aber nur Sinn, wenn der Himmelshintergrund absolut dunkel ist und nicht von menschlichen Quellen aufgehellt wird. Da NGC 1499 ein Emissionsnebel ist, ist zusätzlich die Benutzung eines Schmalband-Nebelfilters oder eines Hβ-Linienfilters anzuraten.

Unter dunklem Himmel ist NGC 1499 mit einem kleinen Fernglas, das mit zwei Filtern bestückt ist, einfach als diffuse Ost-West orientierte Wolke zu erkennen.

Diese Wahrnehmung steigert sich noch mit einem 80mm-Refraktor bei 10× und Filter: jetzt zeigt sich die charakteristische Form des Staates Kalifornien. Beides gelingt jedoch nur unter Gebirgshimmel, moderate Lichtverschmutzung vereitelt bereits jeden Versuch.

Einzelheiten im Nebel zeigen mittlere Teleskope mit Filter; die nördliche und südliche Begrenzung des Nebels erscheinen als die hellsten Bereiche, das Objekt kann aber nicht mehr ganz überblickt werden. Das östliche Ende des Nebels wird von einem Paar von 8^m-Sternen markiert, das am südlichen Rand steht. Ohne Filter ist NGC 1499 mit allen Öffnungen eine Herausforderung, die nur bei exzellenten Bedingungen zu meistern ist. Störend wirkt das helle Licht des nahen ξ Per, der außerhalb des Gesichtsfeldes gehalten werden sollte.

Aufsuchen: ξ ➡ 40' N

Per
Ari
Psc

Aries (Ari)

Atlas Karte 8

Aries, der Widder, ist eines der zwölf Sternbilder des antiken Tierkreises. Es besteht hauptsächlich aus zwei hellen Sternen in 6° Abstand und γ Ari als Anhängsel nach Süden. Dieser bildet als berühmter Doppelstern auch das einzige sehenswerte Objekt für kleine Fernrohre, an denen der sternarme Herbsthimmel hier besonders wenige zu bieten hat.

γ Ari	$1^h\ 53{,}5^{min}$	+19° 18'	$4\overset{m}{,}5/4\overset{m}{,}6$	7,4"	1°	170 Lj	DS	schönes Paar	50mm
NGC 772	$1^h\ 59{,}3^{min}$	+19° 0'	$10\overset{m}{,}3$	2'	$23\overset{m}{,}0$	100 Mio. Lj	Gx	schwach, rund	80mm
ε Ari	$2^h\ 59{,}2^{min}$	+21° 20'	$5\overset{m}{,}2/5\overset{m}{,}5$	1,3"	209°	360 Lj	DS	Testpaar für 100mm	100mm

Pisces (Psc)

Atlas Karte 8, 16, 23

Pisces sind die Fische, eines der zwölf klassischen Sternbilder des Tierkreises. In dunklen Nächten erkennt man südöstlich des Pegasusquadrats ein aus Sternketten gebildetes spitz zulaufendes V, an dessen Spitze der Stern α Piscium steht. Diese beiden Sternketten repräsentieren die Laichschnüre, mit denen der nördliche Fisch um τ und der südliche Fisch um γ verbunden sind. Die Fische enthalten an Sehenswürdigkeiten lediglich eine Galaxie aus dem Messier-Katalog.

19 Psc	$23^h\ 46{,}4^{min}$	+3° 29'	$5\overset{m}{,}0$	$5\overset{m}{,}5$	unreg.	800 Lj	Vr	Kohlenstoffstern, TX Psc	bloßes Auge
65 Psc	$0^h\ 49{,}9^{min}$	+27° 43'	$6\overset{m}{,}3/6\overset{m}{,}3$	4,4"	115°	290 Lj	DS	gleichhelle Komponenten	50mm
ζ Psc	$1^h\ 13{,}7^{min}$	+7° 35'	$5\overset{m}{,}2/6\overset{m}{,}3$	22,8"	63°	130 Lj	DS	schwächerer Stern sehr enges Paar	10x50
NGC 524	$1^h\ 24{,}8^{min}$	+9° 32'	$10\overset{m}{,}3$	1,5'	$21\overset{m}{,}7$	78 Mio. Lj	Gx	weit entfernt, rund	80mm
M 74	$1^h\ 36{,}7^{min}$	+15° 47'	$9\overset{m}{,}4$	3,5'	$23\overset{m}{,}6$	24 Mio. Lj	Gx	groß, lichtschwach	50mm
α Psc	$2^h\ 2{,}0^{min}$	+2° 46'	$4\overset{m}{,}1/5\overset{m}{,}2$	1,9"	261°	160 Lj	DS	helles enges Paar	80mm

γ Ari ★★★☆☆

Robert Hooke 1664

γ Arietis gehört zu den am längsten bekannten Doppelsternsystemen und ist ein klassisches Ziel für Einsteiger.

Zwei weiß glitzernde nahezu gleichhelle Sterne stehen in knapp 8" Abstand nebeneinander, bequem trennbar für das kleinste Fernrohr bei mittlerer Vergrößerung. Es kann im mittleren Fernrohr bei höherer Vergrößerung interessant sein festzustellen, ob der minimale Helligkeitsunterschied der Komponenten gesehen werden kann.

M 74 ★☆☆☆☆

Pierre Méchain 1780

M 74 gilt als eines der schwierigsten Objekte des Messier-Kataloges, denn diese Galaxie besitzt sowohl eine geringe Gesamt- wie auch Flächenhelligkeit.

Nur bei guten Bedingungen erscheint die Galaxie schon in einem 10×50-Fernglas als schwacher nebliger Schimmer. Schon ein nur wenig aufgehellter Himmel lässt die Galaxie komplett unsichtbar werden.

Kleine Fernrohre zeigen ebenfalls kaum mehr als einen diffusen Nebelfleck. Die Detektion ist viel schwieriger als bei M 33. Bei leichter Lichtverschmutzung ist es besser, nicht mit der kleinsten Vergrößerung zu beobachten, sondern einen Kompromiss zu suchen, bei dem der Hintergrund etwas dunkler ist.

Mit mittleren Fernrohren erkennt man einen kleinen kompakten und wie ein 10^m-Stern erscheinenden Kern, der von einer ziemlich großen, aber sehr schwachen Nebelscheibe umgeben wird. Dieser diffuse Nebelhalo ist das verwaschene Licht der schwachen Spiralarme der M 74-Galaxie; die Arme selbst werden aber erst in sehr großen Teleskopen als solche visuell sichtbar. Während der helle Galaxienkern höhere Vergrößerungen verträgt, erkennt man den Halo im Sechszöller am besten mit der Minimalvergrößerung - wenn man diese denn aufgrund der Lichtverschmutzung einsetzen kann.

Aufsuchen: η → 1,3° ONO

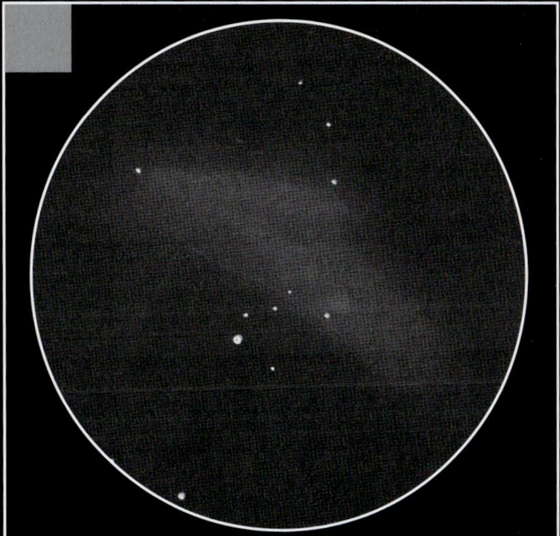

NGC 1499, 60mm-Refraktor, 9×

NGC 1528, 70mm-Refraktor, 37×

M 74, 70mm-Refraktor, 37×

Cetus (Cet)

Atlas Karte 16, 24

Cetus, der bedrohliche Walfisch aus der griechischen Perseus-Sage, nimmt mit seinem weitläufigen und sternarmen Sternbild einen Großteil des herbstlichen Himmels ein. Der Kopf des Walfischs wird von dem Trapez der vier hellen Sterne α, γ, ξ und μ Ceti gebildet, im westlichen Teil ist vor allem β Ceti, genannt Deneb Kaitos, auffällig. ο Ceti ist der berühmte veränderliche Stern Mira, die Wunderbare, die von einem leichten Objekt für das bloße Auge mit 2^m zu einem schwierigen Objekt im Fernglas mit fast 10^m werden kann. Cetus steht weitab von der Milchstraße und enthält keine galaktischen Nebel und Sternhaufen. Zwei Galaxien und ein Planetarischer Nebel können für kleine Optiken empfohlen werden.

NGC 246	$0^h\,47{,}1^{min}$	-11° 53'	$10^{m}{,}9$	4'×3'	$12^{m}{,}0$	2500 Lj	PN	Sterne im Nebel	80mm
NGC 247	$0^h\,47{,}1^{min}$	-20° 46'	$9^{m}{,}2$	15'×3'	$23^{m}{,}0$	11 Mio. Lj	Gx	sehr schwach	10×50
Σ 186	$1^h\,55{,}9^{min}$	+1° 51'	$6^{m}{,}8$/$6^{m}{,}8$	0,6"	75°	130 Lj	DS	Umlaufszeit 170 Jahre	180mm
ο Cet	$2^h\,19{,}3^{min}$	-2° 58'	$2^{m}{,}0$	$9^{m}{,}6$	332 Tage	300 Lj	Vr	Mira, sehenswertes Spektrum	8×30
NGC 1055	$2^h\,41{,}8^{min}$	+0° 26'	$10^{m}{,}6$	3'×1'	$22^{m}{,}9$	63 Mio. Lj	Gx	bei M 77	80mm
M 77	$2^h\,42{,}7^{min}$	-0° 1'	$8^{m}{,}9$	2'	$22^{m}{,}1$	47 Mio. Lj	Gx	klein, hell	8×30
γ Cet	$2^h\,43{,}3^{min}$	+3° 14'	$3^{m}{,}5$/$6^{m}{,}2$	2,0"	299°	75 Lj	DS	Farben weiß-gelb	100mm

Cet

NGC 246 ★★☆☆☆

Wilhelm Herschel 1785

Dieser große Planetarische Nebel ist ein Objekt für mittlere Teleskope, leider oft im herbstlichen Horizontdunst verschwindend.

Mit einem kleinen Refraktor kann eine schwache ovale Nebelwolke erkannt werden. Im Nebel steht ein Paar von 12^m-Sternen, ein weiterer gleich heller Stern markiert den Nordrand. Ein 13^m-Sternchen steht südwestlich knapp außerhalb des Nebels. Die Sterne sind erst in mittleren Teleskopen schön zu sehen.

Nimmt man einen Schmalbandfilter zu Hilfe, erscheint die West- und Nordkante des Nebels deutlich heller als das Innere. Um die beiden Sterne, von denen einer der Zentralstern ist, sind Strukturen schemenhaft angedeutet, der Ostrand ist durch Dunkelflecke unterbrochen. Diese Strukturen zeigen große Teleskope deutlich.

Für den ersten Eindruck ist die Benutzung einer geringen Vergrößerung sinnvoll. Lichtverschmutzung am Horizont macht NGC 246 jedoch insgesamt unsichtbar.

Aufsuchen: η ➡ 4,5° W ➡ ϕ^2 ➡ 1,5° S

ο Cet, Mira ★★★★☆

David Fabricius 1596

Mira, die Wunderbare, wird dieser berühmte veränderliche Stern seit den Zeiten von Hevelius genannt; es war der erste bekannte Veränderliche und gleichzeitig der einzige, der noch vor der Erfindung des Teleskopes beobachtet wurde.

Mira ist im Maximum, das etwa alle elf Monate eintritt, für wenige Wochen ein helles Objekt mit dem bloßen Auge. Die Maximalhelligkeit ist genauso wie die des Minimums nicht bei jeder Periode gleich und schwankt zwischen $2^{m}{,}0$ und $4^{m}{,}8$.

Im Minimum kann der Stern auch in einem Fernglas nicht mehr gesehen werden, er kann bis zu $9^{m}{,}6$ abstürzen und ein kleines Teleskop wird zur genauen Identifikation benötigt. Mira strahlt dann in einer intensiv roten Farbe, die beim folgenden Helligkeitsanstieg wieder verblasst. Auch die Periode des Lichtwechsels ist unregelmäßig veränderlich und kann 320 bis 370 Tage betragen. Die ungefähr zu erwartenden Zeitpunkte der Maxima sind: September 2020, August 2021, Juli 2022, Juni 2023, Mai 2024, April 2025.

Die Beobachtung in einem vierteljährlichen Zeitraum um das gegebene Datum ist sinnvoll, will man das Maximum nicht verpassen. Beachtung verdient das schon mit kleiner Optik und einem Spektroskop beobachtbare linienreiche Spektrum des Sterns.

Aufsuchen: δ ➡ 6° SW

NGC 247 ★★☆☆☆

Wilhelm Herschel 1784

Diese sehr südlich stehende Galaxie geringer Flächenhelligkeit verlangt einen sehr dunklen Himmel und gute Horizontsicht, um sie von Mitteleuropa aus zu beobachten.

Mit einem 70mm-Glas ist ein großer, sehr schwacher elongierter Schimmer auszumachen. Schon bei geringer Lichtverschmutzung besteht jedoch keine Chance.

Auch kleine Refraktoren zeigen kaum mehr, die Benutzung einer möglichst kleinen Vergrößerung ist anzuraten. Mit mittlerer Öffnung ist unter dunklem Alpenhimmel die ansehnliche Größe der Galaxie zu erfassen; ein fast 20' langer schmaler Lichtbalken in Nord-Süd-Ausrichtung wird von einem asymmetrisch sitzenden hellen Zentralbereich markiert. Ein 10^m-Stern steht auf der südlichen Spitze der Galaxie. Bei auch nur gering aufgehelltem Himmel bleibt NGC 247 unsichtbar.

Aufsuchen: β ➡ 2,5° SSW

M 77 ★★★☆☆

Robert Hooke 1664

M 77 gehört zu den sogenannten Aktiven Galaxien, also Objekten, die durch besondere Leuchtkraft ihres Kernes, Linienemission und Radiostrahlung auffallen.

Im Fernglas ist M 77 deutlich zu sehen, erscheint aber nahezu stellar und ist nur schwer zu identifizieren.

Ein kleines Fernrohr zeigt sie als unscharfen Stern. Mit mehr Öffnung und höheren Vergrößerungen, die ohne Probleme bei M 77 angewandt werden können, ist ein nur 2' im Durchmesser großes Oval mit hellem flächigen Kern auszumachen. Die äußeren Spiralstrukturen sind nur in großen Teleskopen zu erfassen. Ein 13^m-Stern steht wenig südöstlich der Galaxie. Nur 20' nördlich ist im selben Gesichtsfeld bei kleiner Vergrößerung NGC 1055 zu erkennen, ein schwacher Lichtstreif in Ost-West Ausrichtung, der ein nahezu gleichseitiges Dreieck mit zwei nördlich stehenden 7^m-Sternen bildet.

Aufsuchen: δ ➡ 45' OSO

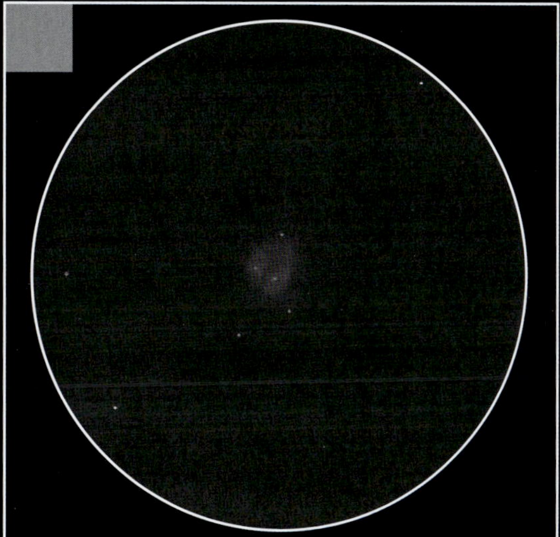

NGC 246, 120mm-Refraktor, Schmalbandfilter, 102×

M 77, 70mm-Refraktor, 93×

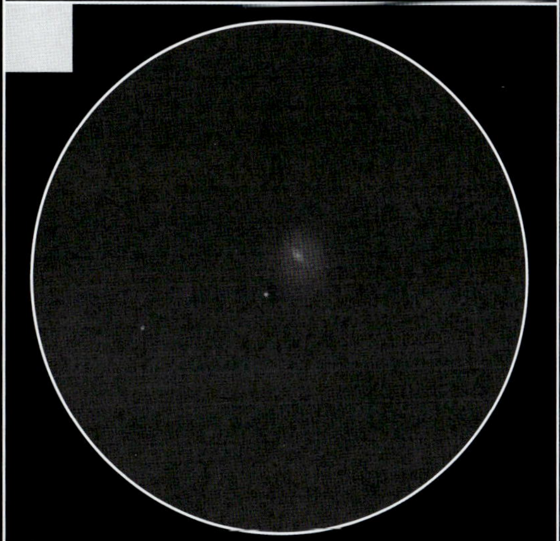

M 77, 120mm-Refraktor, 170×

Atlas Karte 24

Sculptor (Scl) Südteil Seite 228

Sculptor, der Bildhauer, ist ein unscheinbares neuzeitliches Sternbild; tief am herbstlichen Horizont für Mitteleuropa. Es wurde 1752 von Abbé Lacaille an den Himmel gesetzt, der von 1751 bis 1755 am Kap der Guten Hoffnung beobachtete und dabei auch zahlreiche Nebel und Sternhaufen als erster auffand. Südlich des westlichen Cetus mit Deneb Kaitos gelegen, erreichen die hellsten Sculptor-Sterne nur $4^{m}{,}3$; das Sternbild ist kaum als solches zu fassen. Von Mitteleuropa aus kann nur der nördliche Teil gesehen werden, der südliche Part ist im Abschnitt Südhimmel besprochen. Der Bildhauer ist bekannt für eine der größten und schönsten Galaxien des Himmels, NGC 253.

NGC 7793	$23^{h}\ 57{,}8^{min}$	-32° 36'	$9^{m}{,}0$	6'×3,5'	$22^{m}{,}0$	12 Mio. Lj	Gx	oval, strukturlos	80mm
κ^{1} Scl	$0^{h}\ 9{,}4^{min}$	-27° 59'	$6^{m}{,}1/6^{m}{,}2$	1,3"	258°	220 Lj	DS	Testpaar für 100mm	100mm
NGC 253	$0^{h}\ 47{,}6^{min}$	-25° 17'	$7^{m}{,}6$	20'×4'	$22^{m}{,}1$	10 Mio. Lj	Gx	Kantenlage	8×30
NGC 288	$0^{h}\ 52{,}8^{min}$	-26° 35'	$8^{m}{,}1$	6'	$12^{m}{,}6$	29.000 Lj	GC	2° südöstlich von NGC 253	10×50
NGC 613	$1^{h}\ 34{,}3^{min}$	-29° 25'	$9^{m}{,}9$	4'×1,5'	$21^{m}{,}6$	72 Mio. Lj	Gx	Balkenspirale, länglich	80mm

NGC 253, Sculptor-Galaxie ★★★☆☆

Karoline Herschel 1783

NGC 253, die Sculptor-Galaxie, ist nach M 31 die hellste Galaxie des Himmels, die Magellanschen Wolken ausgenommen. Würde sie nicht für mitteleuropäische Beobachter so tief über dem Südhorizont stehen, wäre sie sicher ein Schauobjekt ersten Ranges.

Mit einem 50mm-Fernglas von den Alpen aus ist bereits ein großer länglicher Nebel zu sehen, an dessen Südseite zwei deutliche Sterne einen Kontrast mit dem Lichtbalken bilden. Unter gutem Landhimmel hat man ebenfalls noch Chancen, NGC 253 im Fernglas zu sichten.

Mit einem kleinen Refraktor beherrscht eine helle Galaxie von 20' Länge das Gesichtsfeld. NGC 253 ist in Nordost-Südwest-Richtung im Längenverhältnis von 5:1 ausgebildet. Schon geringe Lichtverschmutzung macht die Sichtung an sich jedoch zu einer Herausforderung.

In einer Nacht mit guter Horizontsicht bemerkt man mit einem mittleren Fernrohr und nicht zu kleiner Vergrößerung leichte Unregelmäßigkeiten und schwach angedeutete Strukturen im Nebel. In großen Teleskopen ist der Anblick spektakulär.

Zwei schwache Vordergrundsterne aus unserer eigenen Galaxis stehen vor dem Glimmen des weit entfernten Sternsystems. NGC 253 bildet zusammen mit NGC 247 im Cetus, die nur 5° nördlich steht, und NGC 55 die Sculptor-Galaxiengruppe.

Aufsuchen: β Cet ➡ 4° S ➡ 3 6^{m} ➡ 3° S*

NGC 288 ★☆☆☆☆

Wilhelm Herschel 1785

Nur 1,8° südöstlich der schönen Galaxie NGC 253 steht der Kugelsternhaufen NGC 288.

Im Fernglas bietet sich der seltene Anblick eines Kugelsternhaufens und einer Galaxie im selben Feld; allerdings muss man dazu in die Alpen oder an einen dunklen Mittelmeer-Standort reisen.

In kleinen Refraktoren ist NGC 288 als runder Nebel zu erkennen. Zwar erreichen die hellsten Sterne eine Helligkeit von $12^{m}{,}6$, was eine Auflösbarkeit des Haufens mit vier- bis sechzölligen Optiken einfach machen sollte, aber von Deutschland aus kommt NGC 288 auf nicht viel mehr als 10° über dem Horizont. Im Kampf gegen die horizontnahen Dunstschichten und Lichtquellen kann man froh sein, überhaupt eine Spur des Kugelsternhaufens zu erhaschen; die Auflösung in Einzelsterne kann also zu einer unerwartet schweren Aufgabe werden. Mit mittleren Teleskopen von einem Standpunkt auf der Südhemisphäre ist NGC 288 jedenfalls ein komplett aufgelöstes Objekt, die geringe Konzentration des Haufens lässt Einzelsterne bis ins Zentrum erkennen und erinnert eher an reiche Offene Sternhaufen als typische Kugelsternhaufen.

Aufsuchen: NGC 253 ➡ 1,8° SO

NGC 253 und NGC 288, 60mm-Refraktor, 24×

NGC 253, 70mm-Refraktor, 25×

NGC 253, 120mm-Refraktor, 102×

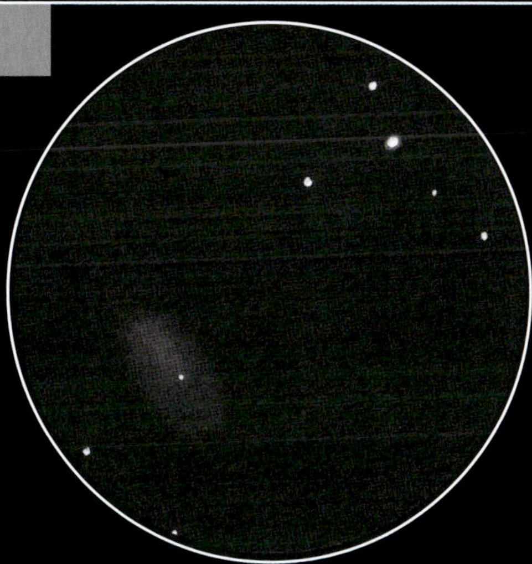

NGC 1360, 120mm-Refraktor, 64×

NGC 1535, 70mm-Refraktor, 37×

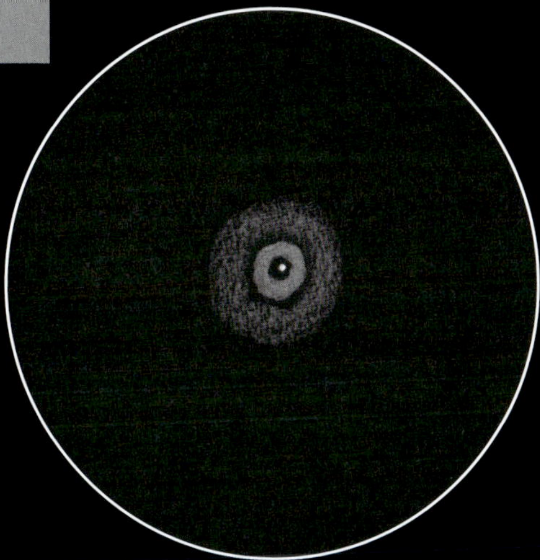

NGC 1535, 120mm-Refraktor, 255×

Atlas Karte 24, 25

Fornax (For) Südteil Seite 229

Fornax, der Chemische Ofen, ist eine von Abbé Lacailles Erfindungen, datiert von 1752. Mit diesem Namen ist ein sternarmes Gebiet in einer Windung des Himmelsflusses Eridanus bezeichnet, seine hellsten Sterne α und β For erreichen gerade 4^{m}. Fornax ist Heimat des gleichnamigen Galaxienhaufens im Südteil des Sternbilds, der im Südhimmel-Abschnitt beschrieben ist.

α For	3^{h} $12{,}1^{min}$	-28° 59'	$4\overset{m}{,}0/7\overset{m}{,}2$	5,4"	301°	46 Lj	DS	Abstand vergrößert sich	50mm
NGC 1360	3^{h} $33{,}3^{min}$	-25° 51'	$9\overset{m}{,}4$	6,5'	$11\overset{m}{,}0$	1800 Lj	PN	groß, heller Zentralstern	10×50

NGC 1360 ★★★☆☆

Lewis Swift 1859

Dieser Planetarische Nebel gehört zu den größeren und helleren seiner Art, steht allerdings sehr weit südlich.

Schon mit einem 50mm-Fernglas ist ohne Lichtverschmutzung ein kleines Nebelwölkchen zu sehen.

Mittlere Öffnungen zeigen dann einen nicht schwachen ovalen Nebel, der den deutlichen 11^{m}-Zentralstern umgibt. Schmalband-Nebelfilter helfen deutlich bei der Beobachtung. Bei guter Horizontsicht erscheinen Strukturen, so ist der Nebel nordöstlich des Zentralsterns diffus heller, was ohne Filter besser zu erkennen ist. Von einem Standort auf der Südhemisphäre wird NGC 1360 in jedem Fernrohr zu einem leichten Objekt.

Aufsuchen: τ^{5} *Eri ➡ 4° S*

Atlas Karte 17, 25

Eridanus (Eri) Südteil Seite 230

Eridanus, der Strom, breitet sich langgestreckt am Winter- und Südhimmel aus. Er beginnt mit β Eridani, nordwestlich von Rigel in Orion, verläuft dann nach Westen, windet sich mit einer Schleife dem Sternbild Cetus zu, an dessen Grenze er nach Süden strömt, nördlich an Fornax vorbei. Hier verliert sich für mitteleuropäische Beobachter das Sternbild im Horizontdunst, der weitere Verlauf und die dort befindlichen Objekte können nur am Südhimmel studiert werden.

NGC 1300	3^{h} $19{,}7^{min}$	-19° 25'	$10\overset{m}{,}3$	3'×2'	$13\overset{m}{,}8$	77 Mio. Lj	Gx	Balkenspirale	63mm
NGC 1535	4^{h} $14{,}2^{min}$	-12° 44'	$9\overset{m}{,}6$	0,3'	$11\overset{m}{,}6$	5800 Lj	PN	klein, hell, Doppelringstruktur	50mm
ο Eri	4^{h} $15{,}2^{min}$	-7° 39'	$4\overset{m}{,}4/9\overset{m}{,}3/11\overset{m}{,}2$	83"/7,9"	102°/330°	16 Lj	DS	heller Begleiter ist Weißer Zwerg	50mm
NGC 1909	5^{h} $6{,}4^{min}$	-7° 16'	-	18'×117'	-	860 Lj	GN	(IC 2118), Hexenkopfnebel, Nebelfilter hilft nicht	10×50

NGC 1535 ★★☆☆☆

Wilhelm Herschel 1785

NGC 1535 ist ein typischer Vertreter der sehr kleinen, aber hellen Planetarischen Nebel, die dankbare Beobachtungsobjekte für kleine Fernrohre liefern.

Mit einem Fernglas oder Fernrohrsucher ist nichts weiter als ein 10^{m}-Sternchen zu sehen.

Das kleine Nebelscheibchen zeigt erst ein kleines Fernrohr mit mittlerer Vergrößerung. Mit einem mittleren Teleskop ist bei hoher Vergrößerung die schöne Doppelringstruktur des Nebels zu sehen: Das Innere bildet eine helle Scheibe, in der der 12^{m}-Zentralstern in einem kleinen dunklen Gebiet steht. Während die innere Schale scharf nach außen abgegrenzt ist, macht der umgebende äußere Ring einen diffusen und verwaschenen Eindruck, er ist schwächer als das Zentralgebiet. Ein schwacher Stern darin ist mit großen Teleskopen sichtbar.

Aufsuchen: γ *➡ 1° NNO ➡ *6^{m} ➡ 1,2° O ➡ *6^{m} ➡ 2,5° O*

Winterhimmel

Sternbilder

Glanzlichter

Auriga (Aur)

Auriga, der Fuhrmann, bildet die Brücke zwischen Herbst- und Wintermilchstraße. Die Konstellation aus fünf Hauptsternen mit der 0^m hellen Kapella an der Nordwestecke ist unverkennbar und selbst aus lichtverschmutzten Gegenden deutlich. Der nördliche Bereich des Fuhrmanns ist in Mitteleuropa zirkumpolar – Kapella leuchtet in Sommernächten tief über dem Nordhorizont. Der südliche helle Stern ζ des Sternbilds ist gleichzeitig β Tauri, das nördliche Horn des Stiers. Die in diesem Bereich recht matte Milchstraße zieht von Westen nach Süden durch das Sternbild. Ähnlich den Nachbarkonstellationen ist auch Auriga die Heimat vieler schöner Offener Sternhaufen, darunter drei nah beieinander stehende aus Messiers Katalog.

IC 405	5^h 16,2^{min}	+34° 16'	-	15'	-	1200 Lj	GN	schwach, umgibt AE Aur	10×50
α Aur	5^h 16,7^{min}	+46° 0'	0^m,1	-	-	43 Lj	St	interessantes Spektrum	100mm
IC 410	5^h 22,6^{min}	+33° 31'	-	15'×10'	-	10.000 Lj	GN	heller als IC 405, umschließt OC NGC 1893	10×50
NGC 1907	5^h 28,1^{min}	+35° 20'	8^m,2	4'	11^m,3	5100 Lj	OC	südlich M 38, klein	63mm
M 38	5^h 28,6^{min}	+35° 50'	6^m,4	25'	9^m,5	3500 Lj	OC	π-förmig, sternreich	3,5×15
NGC 1931	5^h 31,5^{min}	+34° 15'	10^m,1	1'	20:^{m}	7500 Lj	GN	sehr klein	63mm
M 36	5^h 36,1^{min}	+34° 8'	6^m,0	12'	8^m,7	4300 Lj	OC	kompakt, Sternketten	3,5×15
M 37	5^h 52,5^{min}	+32° 33'	5^m,6	16'	9^m,2	4500 Lj	OC	sehr sternreich	3,5×15
IC 2149	5^h 56,4^{min}	+46° 6'	8^m,8	0,2'	11^m,6	9100 Lj	PN	sehr klein, elliptisch	80mm
NGC 2281	6^h 49,3^{min}	+41° 4'	5^m,4	25'×18'	7^m,3	1700 Lj	OC	hellerer Zentralbereich	8×30

IC 405, IC 410 ★☆☆☆☆ ★☆☆☆☆

Johann Schaeberle 1892, Max Wolf 1892

Zwei Emissionsnebel im zentralen Bereich des Fuhrmanns sind Herausforderungen für kleine und mittlere Teleskope, benötigend jedoch beide zwingend einen dunklen Himmel.

IC 405 umgibt den Stern AE Aurigae. Die schwachen Nebelschwaden bestehen aus Emissions- und Reflexionsanteilen, deshalb hilft ein Schmalband-Nebelfilter nicht sehr. Der visuell sichtbare Nebel ist wesentlich weniger ausgedehnt als auf Fotos ersichtlich und zeigt kaum Struktur. AE Aurigae stört bei der Beobachtung merklich.

IC 410 steht etwa 1,5° südöstlich von IC 405. Der schwache Emissionsnebel legt sich hufeisenförmig um den Sternhaufen NGC 1893, der Haufen selbst steht teilweise vor dunklem Hintergrund. Hier hilft ein Schmalbandfilter deutlich, er vergrößert den Umfang des Nebels beachtlich und verstärkt die Kontraste zum zentralen dunklen Gebiet.

Schon geringe Lichtverschmutzung zerstört den Eindruck beider Objekte.

Aufsuchen: β Tau ➡ 5° NNW ➡ 16 ➡ 1° N bzw. 50' O

M 38 ★★★☆☆

Giovanni Batista Hodierna 1654

M 38 ist der nördlichste und westlichste der drei Messier-Sternhaufen im Sternbild Auriga.

Unter besten Bedingungen sind alle drei Objekte mit bloßem Auge zu sehen, unter typischen mitteleuropäischen Sichtbarkeitsbedingungen wird dies aber kaum möglich sein.

In einem kleinen 30mm- oder 40mm-Fernglas erscheint nur ein nebliger Fleck. Mit 50mm Öffnung werden die ersten Einzelsterne sichtbar, die 9^m erreichen.

Ein kleines Fernrohr bei 30–50x löst einen schönen und interessant strukturierten Haufen auf. Von Norden dringt eine gewundene Sternkette zum Zentrum vor; beobachtet man bei kleiner Vergrößerung, so scheint es, als seien die hellsten Sterne in einem Kreuz oder wie ein π angeordnet. Der Sternhaufen ist hell und ein schönes Objekt für kleine Teleskope bei kleinen und großen Vergrößerungen.

Aufsuchen: β Tau ➡ 6° N ➡ ϕ ➡ 1,5° N

NGC 1907 ★☆☆☆☆

Wilhelm Herschel 1787

Nur wenige Bogenminuten südlich von M 38 ist im kleinen Teleskop als schwacher Nebelfleck NGC 1907 zu erkennen. Dieser kleine Offene Sternhaufen kommt aber erst mit großen Fernrohren und unter dunklem Himmel zur Geltung, weil die Helligkeit der Einzelsterne $11^{m}_{,}3$ nicht übersteigt.

Aufsuchen: M 38 ➡ 30′ S

NGC 1931 ★☆☆☆☆

Wilhelm Herschel 1795

NGC 1931 ist ein kleiner kompakter Emissionsnebel von hoher Flächenhelligkeit, aber nur 1′ Durchmesser.

Erst bei genügender Vergrößerung ist der Nebel im sehr dichten Milchstraßenfeld sichtbar. Ein zweieinhalbzölliger Refraktor zeigt ihn unter dunklem Himmel deutlich. Mit einem guten Fünfzöller kann man in einer ruhigen Nacht über 200× vergrößern und erkennt eine Gruppe von vier eng beieinander stehenden Sternen im Nebel, die wegen des hellen Hintergrunds nicht leicht zu sehen ist.

Aufsuchen: β Tau ➡ 6° N ➡ ϕ ➡ 45′ O

M 36 ★★★☆☆

Giovanni Batista Hodierna 1654

M 36 ist der mittlere der drei Messier-Sternhaufen in Auriga, sowohl was seine Position als auch seine Gesamthelligkeit angeht.

Ein kleiner Feldstecher oder Fernrohrsucher zeigt einen hellen Nebelfleck, der schon im 10×50-Glas in einen dichten Sternhaufen aufgelöst wird.

Ein kleiner Refraktor lässt einen schönen konzentrierten Haufen von etwa 20–30 Sternen beobachten. Im Zentrum steht ein helles enges Pärchen, weitere schwache Paare sind zu sehen, und Sternketten scheinen vom Zentrum nach außen zu führen. Der Haufen behält auch bei höherer Vergrößerung den Eindruck eines dichten Sternschwarms.

Aufsuchen: β Tau ➡ 6° N ➡ ϕ ➡ 1,7° O

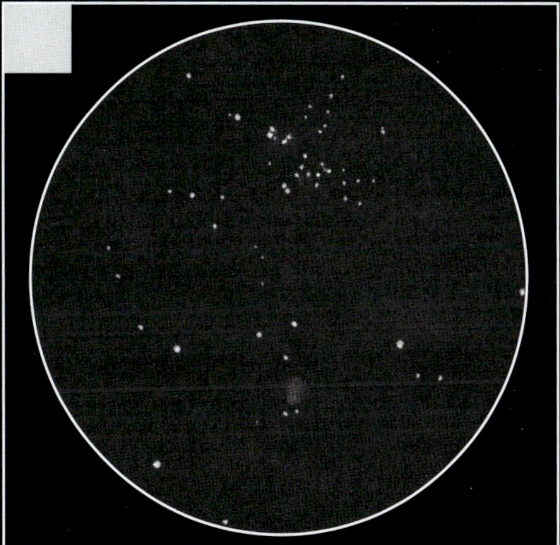

M 38, 70mm-Refraktor, 37×

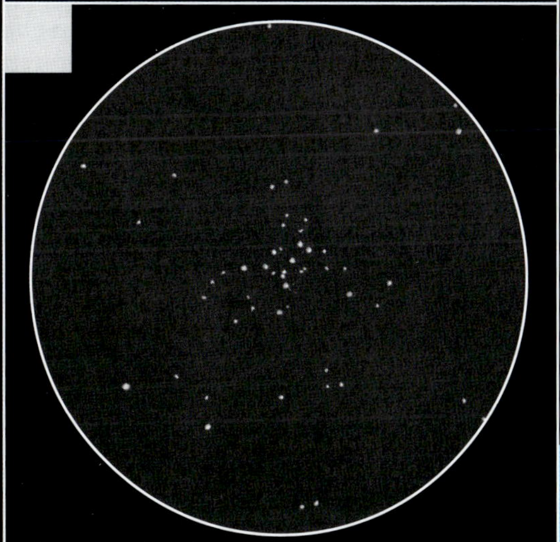

M 36, 70mm-Refraktor, 37×

M 37, 70mm-Refraktor, 37×

Aur

Mel 25, Hyaden ★★★☆☆

seit dem Altertum bekannt

Die Hyaden, himmlische Halbschwestern der Plejaden, sind in klaren Winternächten inmitten des Stiers als V-förmige Sterngruppe zu sehen. Anders als bei den Plejaden sind uns aber nicht die Namen der sieben hellsten Sterne überliefert, sie tragen nur Flamsteed-Nummern.

Die Hyaden sind nach dem Bärenstrom, der die Sterne des Großen Wagens und seiner Nachbarschaft umfasst, der von uns aus gesehen nächste Sternhaufen: Nur 150 Jahre sind vergangen, als das heute empfangene Licht ausgesandt wurde. Aldebaran steht rötlich glimmend am östlichen Rand des Haufens, allerdings mit 66 Lichtjahren Distanz zur Erde deutlich im Vordergrund.

Die Hyaden sind ein Sternhaufen, der mit dem bloßen Auge unter dunklem Himmel am besten zu beobachten ist. Bis zu 23 Sterne können gezählt werden, die das markante V-förmige Muster ergeben. Besonders in der südlichen Flanke des V sind einige enge Paare zu sehen, dabei gilt θ Tauri als echter Augenprüfer mit 5,7' Abstand, aber noch andere Pärchen sind auszumachen.

Mit dem Opernglas kann der Haufen gerade so noch zusammen im Gesichtsfeld gesehen werden, die engen Paare werden jetzt deutlicher. Schon ein kleiner Feldstecher ist ungeeignet, denn der Haufen ist nicht mehr als solcher wahrzunehmen.

M 1, Crab-Nebel ★★★☆☆

John Bevis 1731

M 1 ist berühmt als der hellste Supernova-Überrest des Himmels. Bei dieser gewaltigen, durch einen Gravitationskollaps ausgelösten Im- und Explosion eines massereichen Sterns werden die äußeren Hüllen in den Raum geschleudert. Dort reagieren sie mit dem interstellaren Gas der Umgebung. Ein weiteres, in diesem Buch behandeltes Beispiel ist der Cirrusnebel in Cygnus.

Im Zentrum des auch als Crab-Nebels bekannten M 1 steht ein Pulsar, der intensive Magnetfelder in seiner Umgebung erzeugt. Er sendet dabei gleichzeitig hochenergetische Strahlung aus, die mit den Magnetfeldern in Wechselwirkung gerät. Die so entstehende sogenannte Synchrotonstrahlung bildet den Nebel, der in kleinen Teleskopen beobachtet werden kann.

M 1 existiert erst seit knapp 1000 Jahren. Im Jahr 1054 war im Stier an der Stelle des Nebels ein sehr heller »neuer Stern« zu sehen: Die Supernova. M 1 gehört damit zu den jüngsten sichtbaren Himmelsobjekten, noch später entstand etwa der Homunculus-Nebel um η Carinae.

Mit einem 10x50-Fernglas ist nur unter dunklem Himmel ein sehr mattes kleines Wölkchen zu sehen. Bereits mäßige Lichtverschmutzung lässt M 1 unsichtbar werden.

Kleine Refraktoren zeigen bei mittleren Vergrößerungen deutlich ein kleines gefaltetes Flämmchen. Lichtverschmutzung setzt M 1 jedoch arg zu, oft kann man froh sein, das Objekt unter Vorort-Himmel überhaupt zu sehen.

Mit größeren Fernrohren wird die leicht unregelmäßig ovale Form des Nebels sichtbar. Er erscheint als diffuse Wolke mit nur schwer zu fassenden Einzelheiten. Nimmt man sich Zeit zur Beobachtung, werden schwache Ausläufer und ein keilförmiger heller Zentralbereich sichtbar. Schmalband-Nebelfilter helfen nicht, denn die Synchrotonstrahlung sendet ein Kontinuumsspektrum aus.

Der zentrale Pulsar und die feinen Filamente des Supernovarestes erfordern große Teleskope, gutes Seeing und sehr dunklen Himmel.

Aufsuchen: ζ → 1,2° NW

NGC 1647 ★★☆☆☆

Wilhelm Herschel 1784

Wenig bekannt, befindet sich vor dem aufgerissenen Maul der Hyaden ein interessanter Sternhaufen für kleine Geräte.

Im 10×50-Glas ist ein schwacher, sehr zerstreuter Haufen bereits aufgelöst sichtbar, da das Dutzend der hellsten Sterne heller als 9^m ist.

Mit kleinen Refraktoren erscheint NGC 1647 groß, mit ca. 20 bis 30 Sternen; einige Pärchen stehen im Zentrum. Südlich außerhalb des Haufens steht ein oranger 6^m-Stern.

Aufsuchen: α → 3,5° NO

M 45, 60mm-Refraktor, 9×

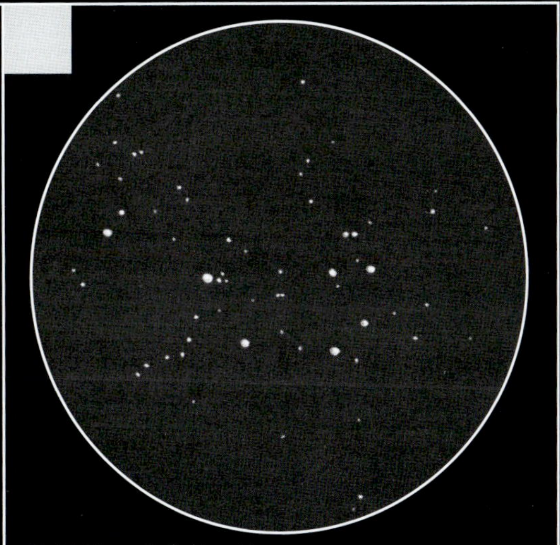

M 45, 70mm-Refraktor, 14×

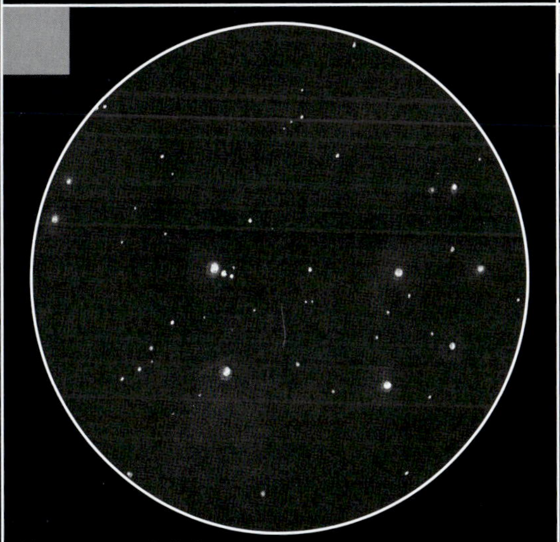

M 45, 120mm-Refraktor, 64×

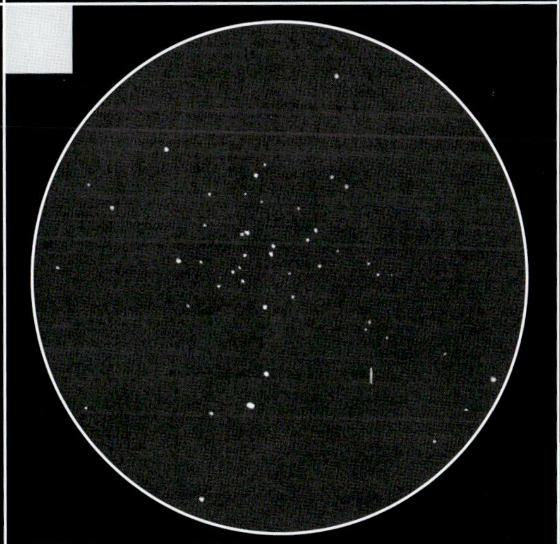

NGC 1647, 70mm-Refraktor, 37×

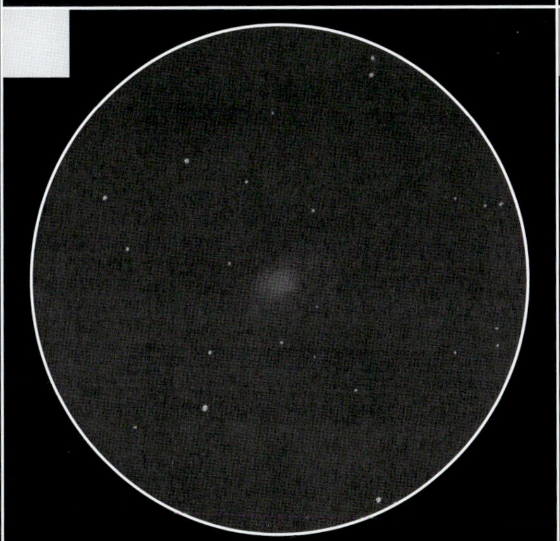

M 1, 70mm-Refraktor, 37×

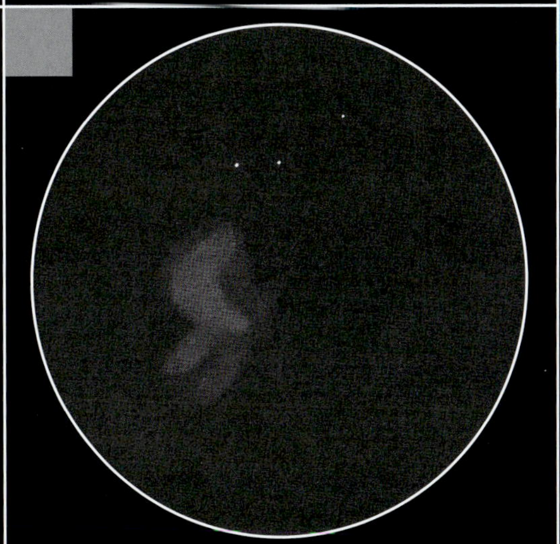

M 1, 120mm-Refraktor, Schmalbandfilter, 170×

Atlas Karte 17

Orion (Ori)

Orion, der Himmelsjäger, ist durch das großartigste Sternbild am Himmel verewigt. Frostige Winternächte beherrschend, steht er in endlosem Kampf mit Taurus dem Stier. Kopf, Schultern, Gürtel und Füße sind durch helle Sterne eindrucksvoll markiert, aber auch das Schwertgehänge um θ Ori, der dem Stier entgegengehaltene Schild mit π Ori und das zum Schlag erhobene Schwert im Arm der linken Hand sind am Sternhimmel zu finden. Orion ist neben Scorpius das einzige Sternbild, dessen Namensgebung auch vielen Laien eindrücklich klar ist und das durch seinen Anblick mit dem bloßen Auge allein fasziniert.

Der Orion ist aber nicht nur als Konstellation beeindruckend, sondern auch eine überquellende Schatztruhe teleskopischer Himmelsobjekte. Die Nebellandschaft des Großen Orionnebels M 42 ist am Himmel unübertroffen, aber auch die hellsten Reflexionsnebel sind hier zu finden und Doppelsterne für jedes Fernrohr.

NGC 1788	5^{h} 6,9^{min}	-3° 21'	9:^{m}	4'x2'	21:^{m}	1200 Lj	GN	kleiner Reflexionsnebel	10x50
14 Ori	5^{h} 7,9^{min}	+8° 30'	5^{m}8/6^{m}7	1,0"	282°	200 Lj	DS	Abstand wird größer	120mm
β Ori	5^{h} 14,5^{min}	-8° 12'	0^{m}3/6^{m}8	9,7"	202°	860 Lj	DS	Rigel, großer Helligkeitsunterschied	50mm
η Ori	5^{h} 24,5^{min}	-2° 24'	3^{m}6/4^{m}9	1,8"	77°	2100 Lj	DS	hellerer Stern spektroskopisch dreifach	8x30
Cr 69	5^{h} 35,0^{min}	+9° 56'	2^{m}8	30'	3^{m}4	1300 Lj	OC	Sterne um λ Ori	bloßes Auge
Σ 747	5^{h} 35,0^{min}	-6° 1'	4^{m}7/5^{m}5	36"	224°	1200 Lj	DS	in NGC 1980	10x50
NGC 1980	5^{h} 35,2^{min}	-5° 55'	2^{m}5	15'	2^{m}8	1200 Lj	OC	südlich M 42	bloßes Auge
NGC 1981	5^{h} 35,2^{min}	-4° 25'	4^{m}6	25'	6^{m}3	1200 Lj	OC	nördlich M 42	bloßes Auge
θ Ori	5^{h} 35,3^{min}	-5° 24'	5^{m}1/6^{m}7/ 6^{m}7/8^{m}0	12,8"/ 13,4"/8,7"	-	1300 Lj	DS	Trapez in M 42	63mm
M 42	5^{h} 35,4^{min}	-5° 27'	3^{m}5	25'x30'	20:^{m}	1300 Lj	GN	Großer Orionnebel	bloßes Auge
NGC 1977	5^{h} 35,5^{min}	-4° 52'	6^{m}5	10'x5'	23:^{m}	1100 Lj	GN	Reflexionebel	10x50
Cr 70	5^{h} 35,6^{min}	-1° 5'	0^{m}6	3°x1°	1^{m}7	3000 Lj	StC	Sternwolke um Gürtelsterne	bloßes Auge
M 43	5^{h} 35,6^{min}	-5° 16'	8:^{m}	6'x3'	22:^{m}	1300 Lj	GN	Teil von M 42	10x50
NGC 1999	5^{h} 36,5^{min}	-6° 43'	-	1'	-	1200 Lj	GN	Reflexionsnebel, mit dunklem Fleck	100mm
σ Ori	5^{h} 38,7^{min}	-2° 36'	3^{m}8/8^{m}8/ 6^{m}5/6^{m}3	11"/13"/ 41"	239°/84°/ 62°	1100 Lj	DS	Mehrfachstern	63mm
B 33	5^{h} 41,0^{min}	-2° 28'	-	4'	-	1100 Lj	GN	Pferdekopfnebel, mit Hβ-Filter	150mm
IC 434	5^{h} 41,0^{min}	-2° 24'	-	44'x10'	-	1100 Lj	GN	südlich von ζ Ori, enthält Barnard 33	63mm
NGC 2024	5^{h} 42,0^{min}	-1° 50'	7^{m}5	20'x15'	22:^{m}	1400 Lj	GN	Reflexionsnebel	10x50
M 78	5^{h} 46,7^{min}	+0° 5'	8^{m}0	5'x4'	21:^{m}	1300 Lj	GN	Reflexionsnebel	10x50
52 Ori	5^{h} 48,0^{min}	+6° 27'	6^{m}0/6^{m}0	1,0"	220°	410 Lj	DS	Testpaar für 120mm	120mm
Sh 2-276	5^{h} 50,0^{min}	-0° 50'	-	7,5°x0,7°	-	1400 Lj	GN	Barnards Loop, mit Hβ-Filter	10x50
α Ori	5^{h} 55,2^{min}	+7° 25'	0^{m}0	1^{m}3	420 Tage	550 Lj	Vr	Beteigeuze, hellster Veränderlicher	bloßes Auge
NGC 2169	6^{h} 8,4^{min}	+13° 58'	5^{m}9	5'	6^{m}9	3500 Lj	OC	klein, enthält Doppelstern Struve 848	8x30
NGC 2174	6^{h} 9,6^{min}	+20° 29'	-	10'	-	6400 Lj	GN	nur mit Nebelfilter	63mm

NGC 1788 ★☆☆☆☆

Wilhelm Herschel 1795

NGC 1788 nahe an der Grenze zu Eridanus ist kein Gas-, sondern ein Staubnebel. Fast das gesamte Sternbild wird von verdunkelnden Staubwolken eingehüllt; dort, wo Sterne in ihnen stehen, werden sie beleuchtet, und ein Reflexionsnebel wird sichtbar. Es gibt nur wenige helle Objekte dieses Typus, andere in diesem Buch besprochene sind M 78 und NGC 1977, ebenfalls im Orion, NGC 2261 in Monoceros und die Plejadennebel. Da sie ein kontinuierliches Spektrum aufweisen, helfen die bei Gasnebeln so nützlichen Schmalband-Nebelfilter nicht.

NGC 1788 ist ein recht schwaches Objekt, ein 10×50-Glas zeigt zwei winzige Nebelfleckchen dicht nebeneinander, der nordwestliche von beiden leicht heller; das ist aber nur in den besten Nächten zu sehen. Kleinere Teleskope zeigen den Nebel deutlich, schon bei niedrigen Vergrößerungen erkennt man ein längliches Nebelgebiet, am Südostende deutlich heller, hier ist ein sehr schwacher Stern in einen dichten Nebelhalo eingehüllt. Große Teleskope zeigen dies sehr auffällig.

An der Nordwestseite steht ein 11^m-Stern im Nebel. Schon geringe Lichtverschmutzung macht es jedoch unmöglich, NGC 1788 zu beobachten.

Aufsuchen: β Eri → 1,8° N

β Ori, Rigel ★★★☆☆

Wilhelm Herschel 1781

Rigel, der hellste Stern des Himmelsjägers, ist ein schönes Doppelsternsystem für mittlere Fernrohre, und ein Test für einen guten zweieinhalbzölligen Refraktor. Wichtigste Voraussetzung für eine erfolgreiche Beobachtung ist allerdings eine sehr geringe Luftbewegung. Schwierig ist der Stern wegen des immensen Helligkeitsunterschieds von fast 7^m, der tiefblaue Begleiter steht südwestlich des gleißenden Hauptsterns. In einer normalen Nacht ist Rigel auch für vierzöllige Teleskope eine Herausforderung.

NGC 1788, 120mm-Refraktor, 102×

NGC 1977, 120mm-Refraktor, 64×

M 42, 8×30-Fernglas

Ori

M 42, Orionnebel, θ^2 Ori, Trapez ★★★★★ ★★★★☆

Nicholas Peiresc 1610, Galileo Galilei 1617

M 42 ist das grandiose und unübertroffene Glanzlicht dieser wundervollen Himmelsregion, der hellste aller Galaktischen Nebel, und für viele das schönste Himmelsobjekt schlechthin.

Mit bloßem Auge fällt das sogenannte Schwertgehänge des Orion unterhalb der drei Gürtelsterne als senkrechte Ansammlung von Sternen auf. In dunklen Nächten lassen sich von Norden aus die vier Komponenten NGC 1981, 42 und 45 Orionis, θ Orionis mit M 42 sowie ι Orionis mit NGC 1980 unterscheiden. Lichtverschmutzung schluckt die beiden nördlichen Teile. Der Orionnebel an sich ist jedoch kaum schon ohne optische Hilfsmittel zu sehen.

Kleinere Feldstecher, also solche, die man noch ohne Anstrengungen ohne Stativ halten kann, zeigen bereits θ^1 und θ^2 Ori deutlich getrennt, auch die B-Komponente von θ^2 ist schon sichtbar. Von θ^1 Ori aus zieht sich in hauchzarten Filamenten ein Nebelschleier nach Süden. M 42 zeigt sich im 10×70-Glas deutlich detaillierter: Zwischen das unaufgelöste Trapez und die Komponenten von θ^2 Ori schiebt sich eine dunkle Wolke in den hellen Nebel, und schwache Ausläufer fließen weich aus dem Zentralbereich in die Tiefe der Nacht. Der hellste und schönste von ihnen endet kurz vor einem Paar aus 7^m-Sternen, nachdem es eine elegante Kurve nach Osten hin beschrieben hat.

Ein kleines Fernrohr, und sei es ein noch so kleiner Refraktor, hat den großen Vorteil der variablen Vergrößerung gegenüber dem lichtstärksten Fernglas. Betrachtet man den Orionnebel bei 50× oder mehr im Zweizöller, erkennt man die vier dicht zusammenstehenden hellen Sterne im Nebelzentrum: θ^1 das bekannte Trapez. Erst auf den zweiten Blick sieht man, dass seine Komponenten nicht gleich hell sind, zwei von ihnen sind sogar veränderlich, so dass wechselnde Anblicke entstehen können. Mit einem guten vierzölligen Refraktor kann man die berühmten schwachen Trapezkomponenten E und F erkennen, zwei 11^m-Sterne, die das Vier- zum Sechsergestirn machen. Voraussetzung ist allerdings gute Luftruhe, damit man 100–200× vergrößern kann.

Das Trapez steht in einer klar abgegrenzten Zentralregion des Orionnebels, der Huygensregion. Schon mit 50mm Öffnung demonstriert dieser Bereich eine beeindruckende Vielfalt an verschiedenen Intensitäten, Dunkelzonen und Helligkeitsinseln. In mittleren und großen Teleskopen ist dieser Bereich überwältigend detailreich.

Die helle Zentralregion wird nach Südosten scharf begrenzt: Die sogenannte Frons. Sie bildet einen spitzen Winkel mit dem dunklen Einschub des Sinus Magnus, der Großen Bucht. Der Sinus Magnus wird mit mittleren Öffnungen einer der interessantesten Bereiche des Nebels, wenn man mittlere bis hohe Vergrößerungen einsetzt. Etwa 1,5' östlich vom Trapez erkennt man schon ansatzweise im Zweieinhalbzöller, besser mit vier oder sechs Zoll, eine schwache Nebelbrücke, die die Dunkelbucht quert. Dieses feine Detail wird Pons Schroeteri, Schröters Brücke genannt. In großen Öffnungen ist sie eine deutliche Markierung.

Faszinierend ist es, die beiden großen Ausläufer des Nebels nach Süden im Okular bei 50–100× zu verfolgen und ihre schemenhaften Formen wahrzunehmen. In diesen schwächeren Außenbereichen kann ein Schmalband-Nebelfilter gewinnbringend zum Einsatz kommen: Viel mehr schwache Einzelheiten und Nebelbahnen sind zu erkennen. In sehr guten Nächten bei niedriger Vergrößerung ist dann schon im Zweieinhalbzöller zu sehen, wie sich die beiden hellsten Filamente im Süden vereinigen und einen matten Nebelring bilden. Lichtverschmutzung dagegen beeinträchtigt vor allem die äußeren Nebelregionen stark.

M 43 ★★☆☆☆

Jean-Jacques de Mairan 1733

M 43 wurde von den frühen teleskopischen Beobachtern für einen separaten Nebel gehalten, aber er ist nur ein kleines Anhängsel des großen M 42.

Im 50mm-Fernglas ist er matt um einen 7^m-Stern unmittelbar nördlich von M 42 zu sehen, 3' breiter dunkler Zwischenraum trennt beide Objekte.

M 43 zeigt auch mit kleinen Teleskopen nicht allzuviel; der Nebel erscheint rund um den Zentralstern, ein deutlicher kommaförmiger Fortsatz reicht nach Nordosten. Erst große Öffnungen zeigen feine Dunkelnebel innerhalb von M 43 und auch die schwache Nebelbrücke zu M 42.

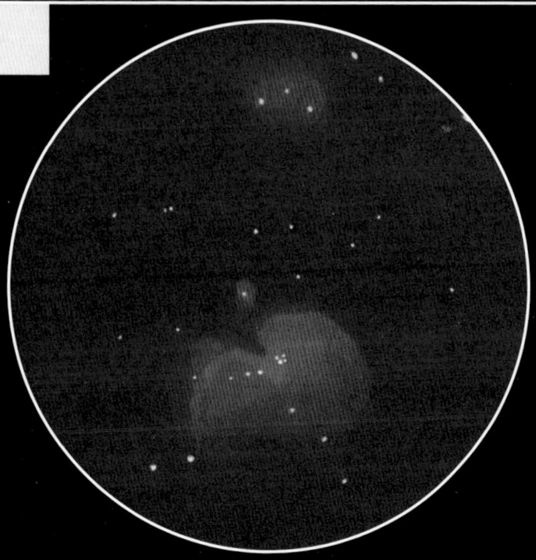
M 42, 70mm-Refraktor, 37×

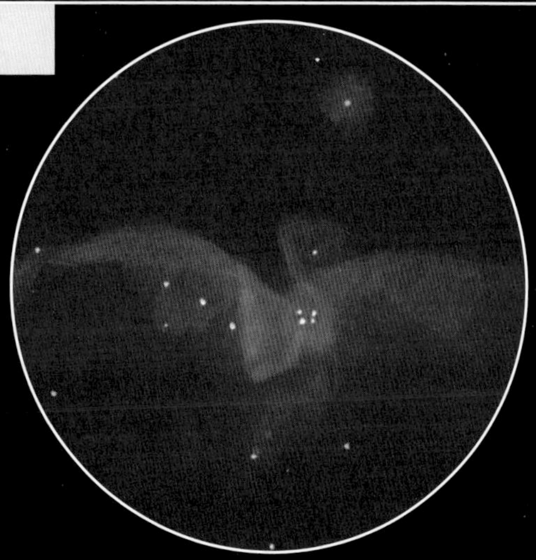
M 42, 70mm-Refraktor, 93×

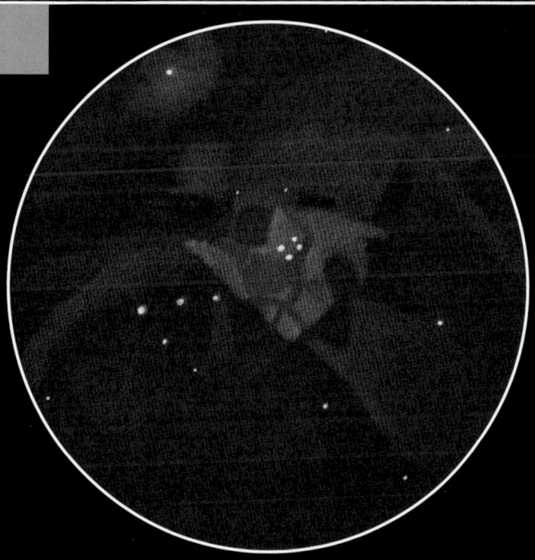
M 42, 120mm-Refraktor, 170×

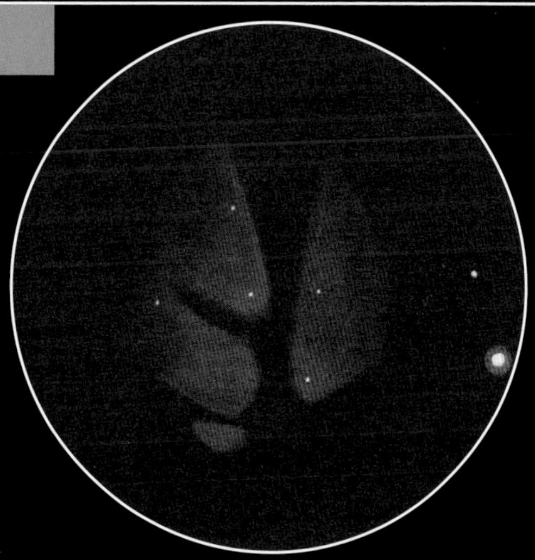
NGC 2024, 120mm-Refraktor, 25×

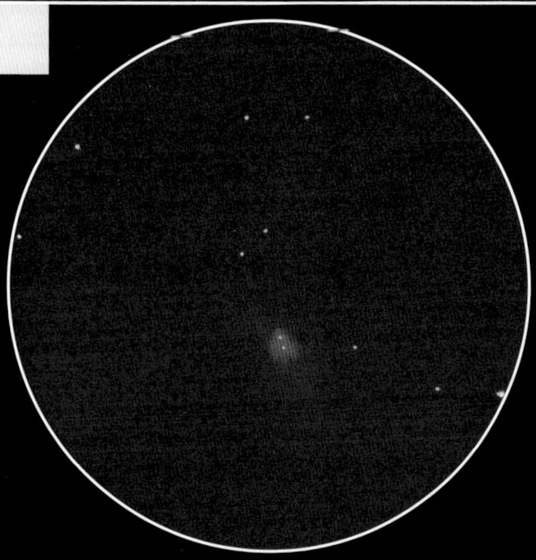
M 78, 70mm-Refraktor, 37×

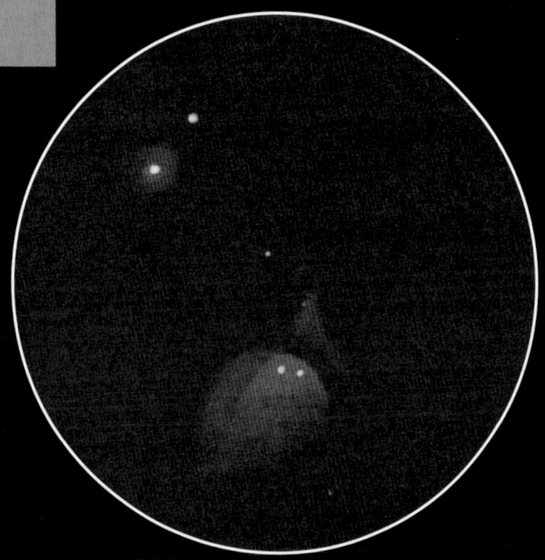
M 78, 120mm-Refraktor, 102×

Jn-Er 1 ★☆☆☆☆

R. Jones, R. Emberson 1939

Dieser sehr schwache Planetarische Nebel ist eine besondere Herausforderung für mondlose Nächte ohne Lichtverschmutzung. Dann schafft es ein mittleres Teleskop mit [OIII]-Linienfilter, eine große geisterhafte Nebelscheibe zu zeigen. Erst in großen Öffnungen lässt sich die Unterteilung von Jones-Emberson 1 in zwei Nebelhälften sehen.

*Aufsuchen: κ, ι UMa ➡ 9° ONO ➡ *4ᵐ ➡ 2,5° NO*

NGC 2419 ★☆☆☆☆

Wilhelm Herschel 1788

Der »Intergalaktische Wanderer« befindet sich außerhalb unserer Milchstraße. Im mittleren Teleskop zeigt sich ein schwaches kleines Nebelbällchen, angeordnet neben drei auf das Objekt weisenden Sternen. Einzelsterne sind selbst mit großen Optiken nicht ansatzweise zu sehen.

*Aufsuchen: α Gem ➡ 2,8° NNO ➡ ο Gem ➡ 3,8° N ➡ *6ᵐ ➡ 40′ NW*

Atlas Karte 10

Gemini (Gem)

Gemini, die Zwillinge, gehören zu den klassischen Tierkreissternbildern und bilden den nordöstlichen Abschluss des sternreichen Winterhimmels. Die beiden Hauptsterne tragen die Namen der beiden Geschwister aus der griechischen Sage, Kastor und Pollux. Von beiden Sternen gehen Sternreihen nach Südwesten aus, dies sind die Körper der beiden Brüder. Die Zwillinge ragen mit dem südwestlichen Teil in die Wintermilchstraße herein und haben deshalb auch Anteil an den Sternhaufen und Nebeln unserer Galaxis. Der Offene Sternhaufen M 35 und der Planetarische Nebel NGC 2392 stehen dabei für besonders eindrucksvolle Vertreter ihrer Objektgruppen.

NGC 2129	6h 0,7min	+23° 19′	6ᵐ7	5′	7ᵐ3	6300 Lj	OC	klein, rechtwinklige Anordnung	10×50
NGC 2158	6h 7,4min	+24° 6′	8ᵐ6	2,5′	12ᵐ4	15.000 Lj	OC	klein, bei M 35	50mm
M 35	6h 8,9min	+24° 20′	5ᵐ1	28′	8ᵐ2	3900 Lj	OC	hell und sternreich	bloßes Auge
δ Gem	7h 20,1min	+21° 59′	3ᵐ6/8ᵐ2	5,5″	229°	61 Lj	DS	großer Helligkeitsunterschied	50mm
Abell 21	7h 29,0min	+13° 15′	11ᵐ6	10′	16ᵐ0	1500 Lj	PN	Medusanebel, lichtschwache Sichel	120mm
NGC 2392	7h 29,2min	+20° 55′	9ᵐ2	0,8′	10ᵐ5	4500 Lj	PN	Eskimonebel	10×50
α Gem	7h 34,6min	+31° 53′	1ᵐ9/3ᵐ0	5,4″	52°	51 Lj	DS	Kastor	50mm
NGC 2420	7h 38,5min	+21° 34′	8ᵐ3	8′	9ᵐ4	8300 Lj	OC	sternreich	10×50

M 35 ★★★★☆

Philippe Loys de Chéseaux 1746

M 35 gilt als der sternreichste Offene Sternhaufen des Winterhimmels und ist in der Tat ein gutes Objekt für Ferngläser und kleine Fernrohre.

Mit dem bloßen Auge ist nördlich von η Gemini ein großer schwacher Nebelfleck sichtbar.

Nimmt man ein Fernglas zur Hand, wird aus dem Nebelfleck ein schon mit kleinster Optik herrlich aufgelöster dichter Haufen von etwa 20–30 Sternen. Großfeldstecher zeigen in M 35 nahezu 50 Sterne auf 20′ Durchmesser.

In einem zweizölligen Refraktor stehen die Sterne bei 15× noch so dicht, dass sie teilweise einen nebligen Hintergrund bilden. Vergrößert man auf 30–50×, werden 50–70 Sterne von 8–11ᵐ sichtbar. Jede Vergrößerung der Optik bringt weitere schwache Haufensterne zum Vorschein. Im Drei- bis Vierzöller können schon über 100 Sterne gezählt werden. Interessant ist die Gliederung vieler Sterne in auffälligen Mustern und Sternketten. Eine besonders prägnante Kette beginnt im nordöstlichen Teil des Haufens mit dem hellsten Stern und läuft über 6′ gebogen Richtung Westen, wo sie mit einem anderen 8ᵐ-Stern endet.

Aufsuchen: η ➡ 2° NW

M 79, 60mm-Refraktor, 47×

NGC 2683, 70mm-Refraktor, 20×

NGC 2683, 120mm-Refraktor, 102×

M 35, 70mm-Refraktor, 37×

NGC 2392, 70mm-Refraktor, 93×

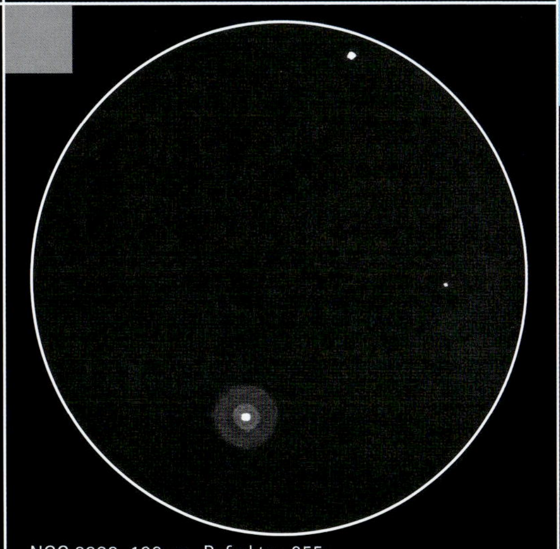
NGC 2392, 120mm-Refraktor, 255×

NGC 2158 ★☆☆☆☆

Wilhelm Herschel 1784

NGC 2158 ist ein sehr kleiner und sehr weit entfernter Offener Sternhaufen unmittelbar südwestlich von M 35.

Kleine Teleskope zeigen im gleichen Gesichtsfeld mit M 35 einen matten Nebelschimmer. Da die hellsten Sterne nur 15^m erreichen, gelingt eine Auflösung auch mit mittlerer Öffnung nicht, der Fünfzöller zeigt lediglich ein granuliertes Nebelchen. Erst große Teleskope lösen einen schönen dichten Sternschwarm auf. An seiner Südostseite steht ein 11^m-Stern.

Unter lichtverschmutzten Bedingungen leidet vor allem die Wahrnehmung in kleineren Teleskopen, die noch keine Einzelsterne zeigen.

Aufsuchen: M 35 ➡ 20' SW

NGC 2392, Eskimo-Nebel ★★★☆☆

Wilhelm Herschel 1787

Der hellste Planetarische Nebel des Winterhimmels ist NGC 2392 in den Zwillingen, ein ganz typischer Vertreter seiner Klasse. NGC 2392 ist ein sehr kleiner Nebel – er misst noch nicht einmal 1' im Durchmesser.

Mit dem Fernglas erkennt man nur zwei Nord-Süd ausgerichtete, etwa gleich helle Sterne. Obwohl beide stellar aussehen, sieht man an der lebendig grünblauen Farbe und dem fehlenden Funkeln, dass der südliche der beiden der Planetarische Nebel ist.

NGC 2392 ist ein dankbares Objekt für kleine Refraktoren, nur sollte mindestens 50×, besser 80–100× vergrößert werden. Dann zeigt schon ein Zweizöller einen runden, flächigen und sehr hellen Nebel, in dessen Zentrum der helle 10^m-Zentralstern steht. Mit vier Zoll und Vergrößerungen von 150× an aufwärts erkennt man um den Stern zwei unterschiedliche Nebelschalen: Die innere ist deutlich heller und nicht mehr als 20" im Durchmesser, sie wird von einer äußeren etwas schwächeren Schale eingehüllt, die nicht mehr als 45" misst.

Im mittleren Teleskop sieht man, dass die innere Schale nicht ganz konzentrisch um den Zentralstern sitzt und im Innern dunkle Stellen angedeutet sind. In sehr großen Teleskopen ergeben diese dunklen Stellen zusammen mit dem hellen Zentralstern den Eindruck eines Gesichtes, um das sich der äußere Ring wie eine Kapuze legt: Deshalb auch der gebräuchliche Name Eskimonebel für NGC 2392. Allerdings verlangen diese Beobachtungen ein gutes Fernrohr, ruhige Luft und ein geübtes Auge. Wichtig ist auch ein perfektes Scharfstellen, dazu dient der nur 2' nördlich des Nebels stehende 9^m-Stern.

*Aufsuchen: δ ➡ 2° OSO ➡ Kette *7^m ➡ 40' SSO*

α Gem, Kastor ★★★☆☆

Giovanni Domenico Cassini 1678

Kastor, der nördliche der beiden hellen Zwillingssterne, ist ein schöner Doppelstern für kleine Fernrohre. Beide Komponenten bewegen sich deutlich merkbar zueinander, und schon nach wenigen Jahren kann man ein anderes Bild betrachten. Der mögliche Maximalabstand mit 6,5" wurde 1880 erreicht, die engste Begegnung fand 1965 mit 1,8" statt. Die gesamte Umlaufperiode wird zu etwa 460 Jahren berechnet. Die Ephemeride für die nächsten Jahre lautet:

Jahr	Distanz	Positionswinkel
2020	5,4"	52°
2025	5,7"	50°
2030	6,0"	48°

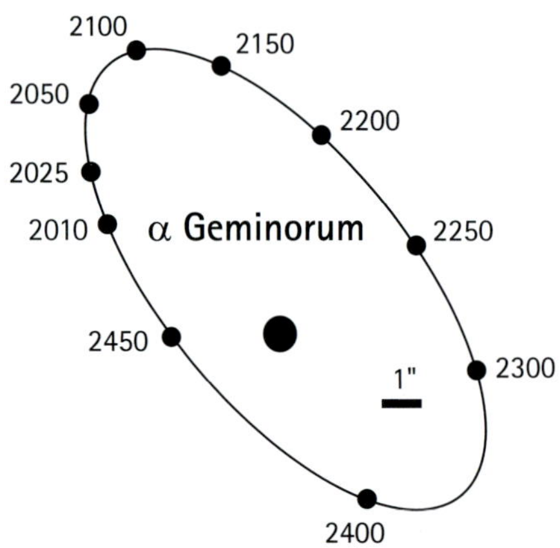

Noch ein dritter Stern gehört zum System; ein $9^{m}{,}8$-Sternchen steht 70" südlich der beiden hellen Komponenten.

Schon mit einem 40mm-Refraktor sollte man alle drei Sterne einfach sehen können. Alle drei sind noch einmal doppelt, was aber mit optischen Mitteln nicht beobachtet werden kann. So ist Kastor tatsächlich ein einzigartiges Sechsfachsystem.

NGC 2420 ★★☆☆☆

Wilhelm Herschel 1785

Als neblige Wolke erscheint dieser recht unbekannte Sternhaufen in einem 10×50-Fernglas.

Mit einem kleinen Fernrohr können die hellsten Sterne ab 9^m aufgelöst werden. Mittlere Öffnung zeigt bereits einen beeindruckend reichen Haufen von etwa 30 oder 40 Sternen bis 13^m Helligkeit, dicht gedrängt auf einer dreieckigen Fläche von 5' Durchmesser. Der hellste Stern des Haufens steht etwas abseits westlich des engsten Bereiches.

*Aufsuchen: δ ➡ 2° OSO ➡ Kette *7^m ➡ 2,5° O*

Abell 21, Medusa-Nebel

George Ogden Abell 1955 ★☆☆☆☆

Der Medusanebel ist relativ groß und sehr schwach. Die Sichtung gelingt mit mittleren Teleskopen nur bei besten Bedingungen ohne Lichtverschmutzung. Ein [OIII]-Linienfilter ist zusätzlich eine unabdingbare Voraussetzung. Dann zeigt sich ein geisterhaftes Leuchten von ca. 10' Durchmesser, dessen Form an einen breiten Sichelmond erinnert. Mit großen Teleskopen wird die Form deutlicher, einzelne Nebenfilamente sind zu erkennen. Aufgehellter Himmel lässt den Medusanebel jedoch auch dann trotz Nebelfilter unsichtbar werden.

*Aufsuchen: β CMi ➡ 3,5° N ➡ *5^m ➡ 1,2° N*

Canis Minor (CMi)

Atlas Karte 18

Canis Minor ist der Kleine Hund. Er wird beherrscht vom hellen Hauptstern Prokyon, einem der Sterne des Wintersechsecks. Das sehr kleine Sternbild steht nicht weit entfernt von der winterlichen Milchstraße, enthält aber dennoch keine Ziele für Deep-Sky-Beobachter.

Monoceros (Mon)

Atlas Karte 18

Das Einhorn, lateinisch Monoceros, gehört zu den nachträglich an den Himmel versetzten Sternbildern, ist also keines der klassischen Bilder des Winterhimmels. Wie viele andere dieser »Füllsternbilder« ist seine Figur am Himmel kaum zu erkennen, es umfasst die eher sternleere Gegend zwischen Orion, dem Kleinen und Großen Hund sowie Puppis. Die Wintermilchstraße zieht zentral durch das Sternbild, das mit Sternhaufen und Nebeln reich gesegnet ist. Einige davon, wie der Weihnachtsbaumsternhaufen und der Rosettennebel, gehören zu den schönsten des Winterhimmels. Der Beobachter sollte sich von der an hellen Aufsuchsternen armen Region nicht abschrecken lassen, die Schätze im Reich des Einhorns zu entdecken.

NGC 2170	$6^h\ 7{,}5^{min}$	-6° 24'	–	1'	–	3100 Lj	GN	hellster einer Gruppe von kleinen Reflexionsnebeln	100mm
NGC 2232	$6^h\ 28{,}0^{min}$	-4° 51'	$3^m{,}9$	12'	$5^m{,}0$	1100 Lj	OC	um Stern 10 Mon	10×50
β Mon	$6^h\ 28{,}8^{min}$	-7° 2'	$4^m{,}5$/$5^m{,}0$/ $5^m{,}4$	7,1"/9,9"	133°/126°	690 Lj	DS	Dreifachstern	63mm
NGC 2237–9/46	$6^h\ 32{,}3^{min}$	+5° 3'	$6{:}^m$	80'×60'	$14{:}^m$	5100 Lj	GN	Rosettennebel	10×50
NGC 2244	$6^h\ 32{,}4^{min}$	+4° 52'	$4^m{,}8$	23'	$5^m{,}8$	5100 Lj	OC	im Rosettennebel	bloßes Auge
NGC 2261	$6^h\ 39{,}2^{min}$	+8° 44'	$9^m{,}5$	1,5'×1'	$19{:}^m$	2600 Lj	GN	Hubbles Veränderlicher Nebel	50mm
NGC 2264	$6^h\ 41{,}1^{min}$	+9° 53'	$3^m{,}9$	20'	$4^m{,}6$	2400 Lj	OC	Weihnachtsbaum-Sternhaufen	bloßes Auge
NGC 2301	$6^h\ 51{,}8^{min}$	+0° 28'	$6^m{,}0$	8'	$8^m{,}0$	2800 Lj	OC	länglich, helle Sterne	8×30
M 50	$7^h\ 3{,}2^{min}$	-8° 20'	$5^m{,}9$	20'	$7^m{,}6$	2900 Lj	OC	brillant, rötliches Mitglied	8×30
IC 2177	$7^h\ 5{,}9^{min}$	-11° 13'	–	40'×30'	–	5200 Lj	GN	sehr groß, sehr schwach	80mm
NGC 2343	$7^h\ 8{,}1^{min}$	-10° 37'	$6^m{,}7$	6'	$8^m{,}4$	3500 Lj	OC	IC 2177 40' westlich	10×50
NGC 2353	$7^h\ 14{,}5^{min}$	-10° 16'	$7^m{,}1$	20'	$6^m{,}0$	3900 Lj	OC	heller Stern südlich, rund	8×30

Gem
CMi
Mon

β Mon ★★☆☆☆

Benedetto Castelli 1617

Schon Herschel beschrieb diesen Dreifachstern als »einen der schönsten Anblicke am Himmel«. Drei weiße, nahezu gleich helle Sterne bilden ein spitzes Dreieck. Durch die relativ großen Abstände ist das System schon im Zweizöller schön aufgelöst – ein lohnendes Objekt gerade für Einsteiger. Die Sterne zeigen kaum Bewegung zueinander, die Umlaufszeiten dürften also sehr groß sein. Ein weiterer Stern, der ebenfalls physisch zum System gehört, steht nordnordwestlich in 4' Entfernung; er besitzt $7\overset{m}{.}6$ und ist ebenfalls von weißlicher Farbe.

NGC 2244, NGC 2237–9/46 Rosettennebel ★★★☆☆ ★☆☆☆☆

Johann Elert Bode 1782,
Lewis Swift 1865

NGC 2244 bezeichnet den in den Nebel eingebetteten hellen Sternhaufen. NGC 2237–9/46 ist die Bezeichnung für den umgebenden Rosettennebel.

Der Sternhaufen ist bei vorsichtiger Beobachtung schon mit dem bloßen Auge zu erkennen, denn seine beiden hellsten Sterne sind um die 6^m hell.

Eindrucksvoller wird der Anblick im Fernglas, mit einem 8×50-Sucher sind bereits zehn Sterne auf einem Durchmesser von 20' erkennbar. Nur unter dunkelstem Himmel in einem 10×50 oder 7×50-Glas ist ein schwacher diffuser Nebelhalo zu erkennen, der den Sternhaufen ganz einhüllt und an seiner Nordseite am auffälligsten wirkt. Ein Schmalband-Nebelfilter hilft sehr.

Mit einem mittleren Fernrohr kann versucht werden, bei 15–30× und möglichst mehr als 1,5° Gesichtsfeld mit einem Schmalbandfilter helle und dunkle Markierungen im Nebel zu unterscheiden. Der Sternhaufen steht dabei größtenteils in einem fast nebelfreien Gebiet. Auffallend ist die orange-gelbliche Farbe des hellsten Haufensterns.

Aufsuchen: α Ori ➡ 7,5° OSO ➡ ε ➡ 2° O

NGC 2261, Hubbles Veränderlicher Nebel ★★☆☆☆

Wilhelm Herschel 1783

Schon ein kleiner Refraktor zeigt bei geringer Vergrößerung einen kleinen Nebelfleck hoher Flächenhelligkeit. Bei 50× wird die typische Form deutlich, die ihm und ähnlichen Objekten den Namen Kometarische Nebel eingebracht hat: Von einem 11^m-Stern an der Spitze des Nebels geht ein nach Norden weisender, schwächer werdender Schweif aus, etwa 1,5' lang. Der Stern an der Spitze des Miniaturkometen ist der unregelmäßige Veränderliche R Monocerotis. Zusammen mit dem Stern verändert auch der Nebel schwache Details seiner Struktur; das ist aber nur mit großen Fernrohren nachzuvollziehen. Mit mittleren Öffnungen kann der Nebel bei 150× und mehr am besten beobachtet werden; deutlich sind die helleren Nebelkanten und der in einem ganz kleinen hellen Nebelknoten eingebettete Stern. NGC 2261 reagiert empfindlich auf Lichtverschmutzung, er ist ein Reflexionsnebel mit kontinuierlichem Spektrum, Nebelfilter helfen deshalb nicht.

Aufsuchen: NGC 2264 ➡ 1° SSW

NGC 2264, Weihnachtsbaumhaufen

Wilhelm Herschel 1784 ★★★☆☆

Passend zur Jahreszeit steht am Winterhimmel ein Weihnachtsbaum am Himmel: NGC 2264. Allerdings muss man mit dem umkehrenden Fernrohr, also astronomisch richtiger Orientierung ohne Zenitprisma beobachten, um ihn auch als solchen zu erkennen. Der helle Stern 15 Monocerotis markiert den Stamm des Baums, und weitere 7–10^m helle Sterne bilden den ½° großen Baum und Wipfel, die Spitze – nach Süden gerichtet – wird wieder von einem helleren Stern markiert.

Der Sternhaufen und der Stern 15 Mon sind deutlich schon mit bloßem Auge in der Einhorn-Milchstraße zu sehen.

Ferngläser zeigen den Weihnachtsbaum schön, allerdings auf dem Kopf stehend.

Im Teleskop auffällig ist 15 Mon, ein interessantes Vielfachsystem, die beiden engen Komponenten mit den Helligkeiten $4\overset{m}{.}7$ und $7\overset{m}{.}6$ stehen nur 3" auseinander; ihre Trennung erfordert mindestens einen vierzölligen Refraktor und gute Luftruhe. Mit mittelgroßen Öffnungen unter dunklem Himmel kann man versuchen, den schwachen Reflexionsnebel im Sternhaufen zu erhaschen. Er umgibt einen helleren Stern etwa 7' südwestlich von 15 Mon. Dunkelster Himmel und saubere Optik sind nötig, um den Nebel zu sehen.

Aufsuchen: ξ Gem ➡ 3° SSW

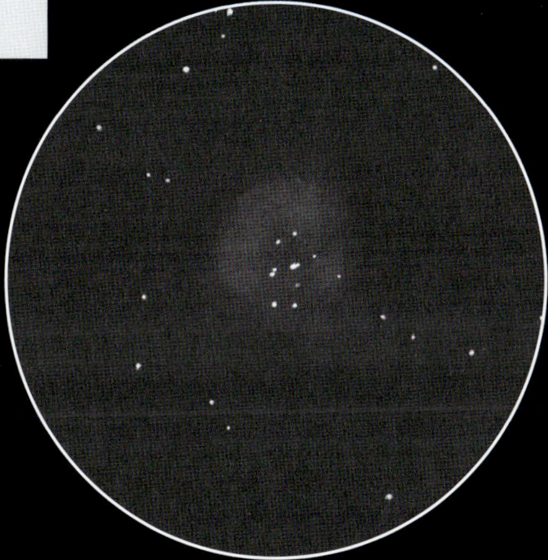

NGC 2244, 70mm-Refraktor, Schmalbandfilter, 14×

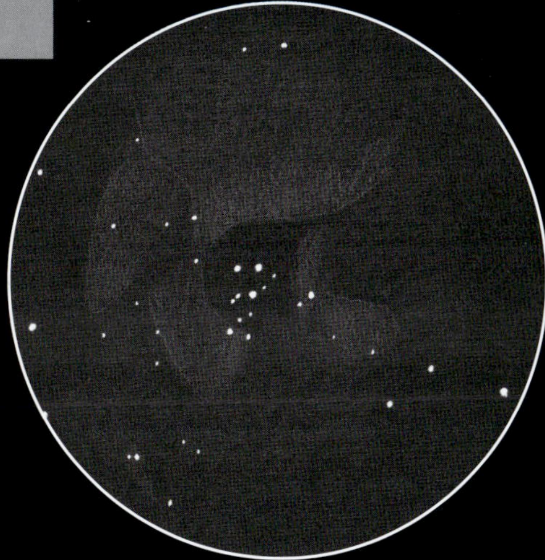

NGC 2244, 120mm-Refraktor, Schmalbandfilter, 25×

NGC 2261, 70mm-Refraktor, 93×

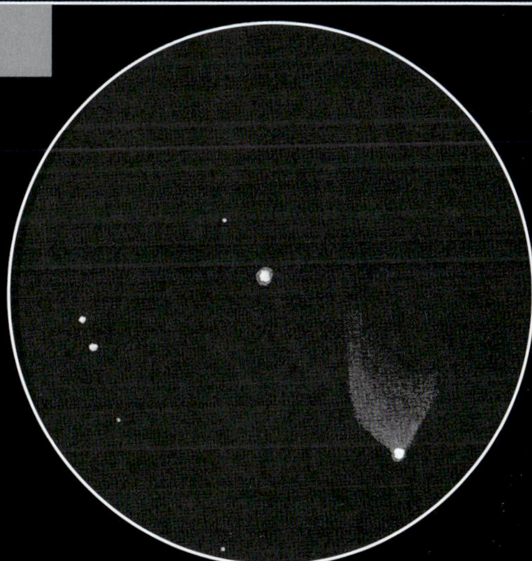

NGC 2261, 120mm-Refraktor, 102×

NGC 2264, 70mm-Refraktor, 37×

NGC 2301, 70mm-Refraktor, 93×

NGC 2301 ★★☆☆☆

Wilhelm Herschel 1786

Ein recht unbekannter, aber dennoch für Feldstecher und kleine Fernrohre reizvoller Sternhaufen ist NGC 2301.

Mit einem 8×50-Sucherfernrohr erscheint ein großer, Nord-Süd ausgerichteter Haufen; die hellsten Sterne sind in spindelartiger Form an einer Kette arrangiert. Unaufgelöste schwächere Haufensterne ergeben einen nebligen Hintergrund.

Benutzt man ein kleines Fernrohr, erkennt man, dass die helle schon im Fernglas sichtbare gebogene Nord-Süd-Kette gar nicht zum Haufen gehört, sondern nur direkt im Süden auf sein Zentrum zuweist. Mittlere Teleskope lassen einen dichten Schwarm von 15–20 $10–13^m$-Sternen auf nur 8' Durchmesser erkennen, der durch den Kontrast zu den hellen $7–8^m$-Sternen im Feld und direkt vor dem Haufen besonders reizvoll wird. Auffallend sind parallel verlaufende schwache Sternketten; ein helles Nord-Süd ausgerichtetes Pärchen steht im Zentrum, der helle Stern nördlich davon hat einen schwach orangen Farbton.

Aufsuchen: δ ➡ 5° WNW

M 50 ★★★☆☆

Wilhelm Herschel 1783

Ein 10×50-Fernglas zeigt einen brillanten hellen Haufen: etwa zehn Sterne blitzen vor granularem nebligen Hintergrund im nördlichen rundlichen Teil, südwestlich davon steht ein einzelner heller Mitgliedstern umgeben vom Glimmen nicht aufgelöster Sterne. Der gesamte Haufen erscheint oval in Nordost-Südwest-Ausrichtung.

In größeren Instrumenten mutiert M 50 zu einem wundervollen Feld blauweißer Sterne, von einem orangen Diamanten südlich des Haufenzentrums gekrönt. Mit sechs Zoll füllen an die 100 Sonnen das Feld mit Helligkeiten von 8^m bis zur teleskopischen Grenzgröße. Dieser Haufen ist eines der Glanzlichter des Winterhimmels und wird zu unrecht oft ignoriert.

Aufsuchen: α CMa ➡ 5° NO ➡ θ CMa ➡ 4° NO

Canis Major (CMa)

Atlas Karte 26

Mon
CMa

Canis Major ist der Große Hund, eines der klassischen Wintersternbilder. Sein Hauptstern ist der hellste Punkt am Nachthimmel; Sirius, der »Hundsstern« leuchtet mit -1^m5 in nur 8,6 Lichtjahren Distanz – der nächste von Mitteleuropa mit dem bloßen Auge sichtbare Stern. Sirius selbst bildet den Kopf des Hundes, während sein Hinterteil durch η, δ und ε symbolisiert wird. Canis Major wird in der östlichen Hälfte von der Milchstraße durchzogen und ist deshalb reich an galaktischen Himmelsobjekten. Vor allem Offene Sternhaufen finden sich in seinen Grenzen, wobei der schon mit bloßem Auge sichtbare M 41 zu den schönsten des Himmels gehört. Die optimale Beobachtungszeit von Mitteleuropa ist mit dem Höchststand des Sternbildes über dem Horizont im Januar und Februar erreicht.

α CMa	$6^h 45{,}1^{min}$	-16° 43'	$-1^m5/8^m4$	11,2"	68°	8,6 Lj	DS	Begleiter sehr schwach	100mm
M 41	$6^h 47{,}0^{min}$	-20° 44'	4^m5	40'	6^m9	2300 Lj	OC	südlich Sirius	bloßes Auge
μ CMa	$6^h 56{,}1^{min}$	-14° 3'	$5^m3/7^m1$	2,9"	343°	950 Lj	DS	Helligkeitsunterschied	80mm
h 3945	$7^h 16{,}6^{min}$	-23° 19'	$5^m0/5^m8$	27"	50°	370/2700 Lj	DS	Farbkontrast orange-blau	10×50
NGC 2360	$7^h 17{,}8^{min}$	-15° 37'	7^m2	8'	10^m4	3500 Lj	OC	oval, Sterne schwach	10×50
Ced 90	$7^h 5{,}2^{min}$	-12° 20'	-	7'	-	3400 Lj	GN	IC 2177 (Mon) nördlich	120mm
NGC 2359	$7^h 18{,}6^{min}$	-13° 12'	$9{:}^m$	9'×6'	$13{:}^m$	13.000 Lj	GN	Wolf-Rayet-Nebel	10×50
NGC 2362	$7^h 18{,}8^{min}$	-24° 57'	4^m1	8'	4^m4	4200 Lj	OC	τ CMa-Haufen	63mm
VY CMa	$7^h 23{,}0^{min}$	-25° 46'	6^m5	9^m6	unreg.	3900 Lj	Vr	in kleinem Nebel	10×50
Cr 140	$7^h 24{,}1^{min}$	-31° 54'	3^m5	1°	5^m4	1200 Lj	OC	weit südlich, wenige Sterne	bloßes Auge

M 50, 70mm-Refraktor, 37×

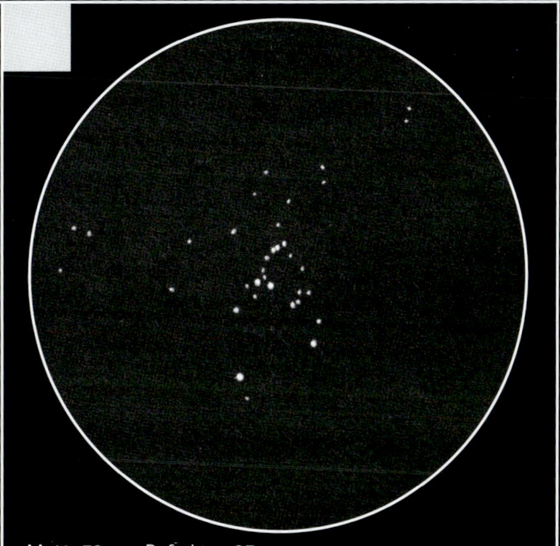

M 41, 70mm-Refraktor, 37×

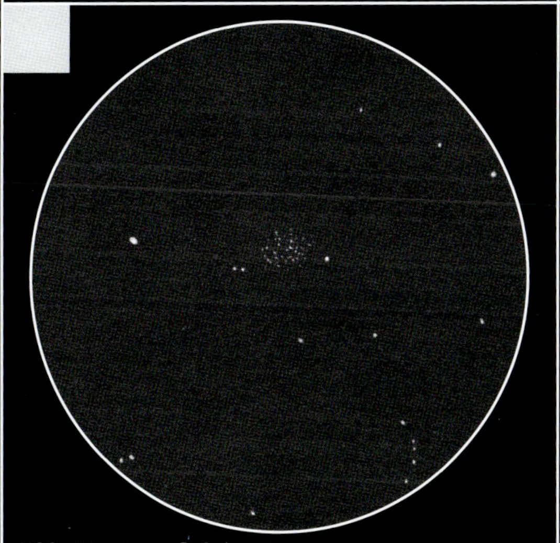

NGC 2360, 70mm-Refraktor, 37×

NGC 2359, 120mm-Refraktor, ohne Filter, 64×

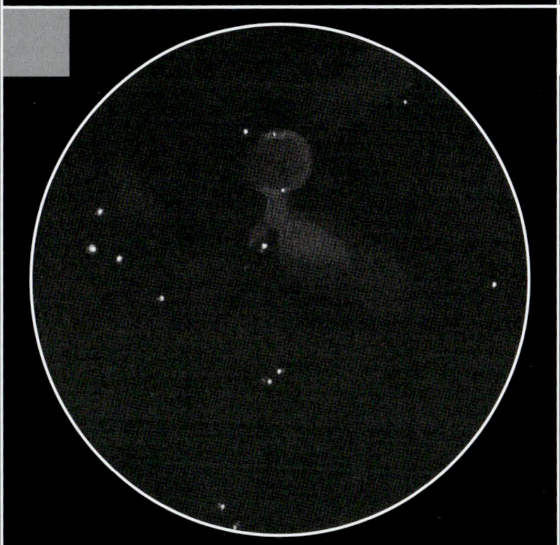

NGC 2359, 120mm-Refraktor, Schmalbandfilter, 64×

NGC 2362, 70mm-Refraktor, 93×

CMa

α CMa, Sirius ★☆☆☆☆

Alvan G. Clark 1862

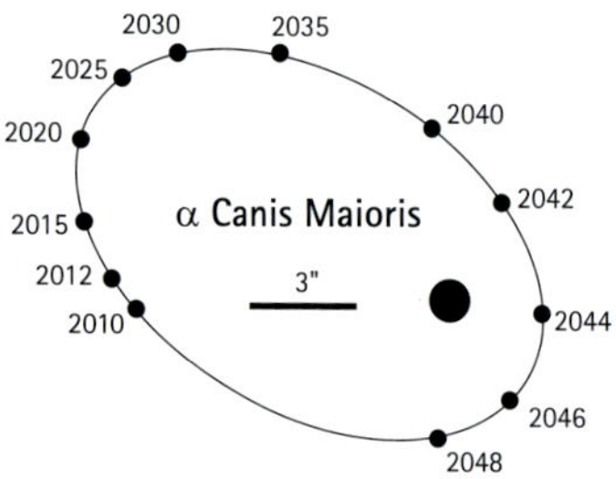

Der hellste Stern des Himmels ist gleichzeitig einer der bekanntesten, aber auch schwierigsten Doppelsterne überhaupt. Der nur $8^{m}.4$ schwache Begleiter, ein Weißer Zwerg, wird vom $-1^{m}.4$ hellen Hauptstern völlig überstrahlt, wenn sich dieser nahe des Minimalabstands von 3,7" befindet. Seit 1993 vergößert sich die Distanz und wird bis zum Jahr 2022 auf 11,4" angewachsen sein.

Derzeit bietet sich mit einem Fernrohr ab 100mm Öffnung bei hervorragendem Seeing die Möglichkeit, Sirius zu trennen. Bei größeren Teleskopen ist ein Neutralfilter hilfreich, um die Überstrahlung zu minimieren. Sirius gehört zu den schwersten Doppelsternen in diesem Buch, seine Beobachtung kann als besondere Herausforderung für mittlere Teleskope betrachtet werden.

h 3945 ★★☆☆☆

John Herschel 1837

Dieses schöne Objekt, von vielen Beobachtern der »Albireo des Winterhimmels« in Anlehnung an β Cyg genannt, ist manchmal auch unter der Bezeichnung 145 CMa verzeichnet.

In fast 30" Abstand, die jedes Fernrohr und auch ein auf einem Stativ befestigter Feldstecher trennen können, stehen zwei helle Sterne, umgeben von einem reizvollen Sternfeld. Während der Hauptstern gold-gelb leuchtet, wird der Begleiter meist als bläulich beschrieben, tatsächlich ist es aber ein hellgelber oder weißer Stern. Die Wahrnehmung der blauen Farbe ist also ein Konstrastphänomen, wie es von einer Reihe anderer Doppelsterne bekannt ist (γ Leo ist ein gutes Beispiel). Dazu kommt, dass Herschel 3945 gar kein eigentlicher Doppelstern ist, wie lange angenommen wurde, sondern beide Sterne nur sehr nahe unserer irdischen Sichtlinie stehen und eigentlich weit voneinander entfernt sind; es handelt sich also um einen optischen Doppelstern. Dessen ungeachtet bleibt die Attraktivität für kleine Optiken.

Aufsuchen: o^2 ➡ 3° O

M 41 ★★★☆☆

Giovanni Batista Hodierna 1654

M 41 gehört zu den fünf schönsten von Mitteleuropa aus sichtbaren Sternhaufen, und das Seherlebnis sollte von keinem Beobachter in einer kalten Winternacht versäumt werden.

Mit dem bloßen Auge ist ein schwacher Nebelfleck unterhalb von Sirius zu sehen, wenn keine Lichtverschmutzung stört.

Im Opernglas erscheint der Haufen noch neblig, aber die ersten Sterne scheinen schon mit 3,5×15 durch. Dies zeigt, wie schlecht die von Hodierna, Flamsteed, Le Gentil und Messier benutzten Optiken waren, wenn sie den Haufen nicht auflösen konnten. Heute schafft das jeder 8×30-Feldstecher, mit einem 10×50-Glas ist M 41 ein faszinierend brillantes Objekt, funkelnd über dem winterlichen Südhorizont. Ist dieser jedoch aufgehellt, verblasst der Eindruck stark.

In Fernrohren ist die Vergrößerung meist zu hoch, und der Haufen nimmt ein zerstreutes und weniger eindrucksvolles Aussehen an. Ein Zweizöller zeigt bereits 40 Sterne, darunter ein helles enges Paar im Haufenzentrum und einen leicht orangefarbenen Stern, der mit mittleren Teleskopen augenfällig wird. Mit größeren Optiken erscheinen auch schnell viele schwache Sterne im Hintergrund, die die hellen Haufensterne noch heller und glänzender erscheinen lassen.

Aufsuchen: α ➡ 4° S

NGC 2360 ★☆☆☆☆

Karoline Herschel 1785

Die Nummer NGC 2360 bezeichnet einen relativ unbekannten, aber für kleine Instrumente lohnenden Haufen.

Im 10×50-Fernglas steht ein ziemlich auffälliger rundlicher Nebel vor dem Hintergrund, wenn der Himmel dunkel ist. Schon bei geringer Lichtverschmutzung wird er unsichtbar.

Reizvoll wird die Beobachtung ab vier Zoll Öffnung: Westlich eines hellen Sternes, der einen engen Begleiter hat, verteilen sich etwa 30–40 gleichhelle Sterne auf einem Areal von 10′. Die Form ist deutlich oval in Ost-West-Richtung. Eine Dreierkette in Nord-Süd-Richtung im Zentrum springt ab 100x ins Auge.

*Aufsuchen: α ➡ 4,5° ONO ➡ γ ➡ 3° O ➡ *6ᵐ ➡ 10′ O*

NGC 2359 ★★☆☆☆

Wilhelm Herschel 1785

Mit dem Fernglas ist NGC 2359, ein Gasnebel im Großen Hund, nicht zu sehen; höchstens noch mit großen Gläsern von mehr als 70mm Öffnung unter Gebirgshimmel.

Mit einem kleinen Refraktor hat das Objekt bei 20× ein eher sternhaufenartiges Aussehen mit nebligem Zusatz. Um überhaupt etwas zu sehen ist jedoch dunkler Landhimmel nötig, bereits geringe Lichtverschmutzung lässt das Objekt komplett verschwinden.

In mittleren Fernrohr erscheint bei höheren Vergrößerungen ein undefinierter verschwommener und recht schwacher Nebelfleck. Ein Wunder geschieht jedoch, wenn man einen Schmalband-Nebelfilter ins Okular schraubt: Vor dem jetzt dunkleren Himmel glimmt ein heller und verführend detailreicher Nebel – eine Offenbarung! Es gibt wenige Objekte für kleine Fernrohre, die die Wirkungsweise eines Nebelfilters so beeindruckend zeigen wie NGC 2359, allerdings muss auch dafür der Himmel dunkel sein.

Im mittleren Teleskop ist vor reichem Sternfeld ein heller Nebelbarren zu sehen, der von Ostnordost nach Westsüdwest verläuft und etwa 6' lang und 2' breit ist, an seiner Südostecke steht ein 10^m-Stern. Von der nördlichen Seite des Barrens, gegenüber dem Stern, wölbt sich eine schwache Nebelblase nach Norden, etwa 5' im Durchmesser und an den Rändern deutlich heller. Ein 12^m-Stern steht im Zentrum, ein weiterer am nördlichen Rand der Blase. Bei genauer Beobachtung unter sehr guten Bedingungen kann man einen schwachen Nebelstreifen sehen, der von der Nebelblase nach Nordwesten 5' durchs Nebelfeld zieht; dieser Ausläufer wird auch als IC 468 bezeichnet. Unmittelbar neben dem Sternchen auf dem nördlichen Rand der konzentrischen Blase ist eine helle Kondensation der dünnen Nebelschale sichtbar. Beeindruckend ist die Perfektion der Formen und die Schönheit des Sternfelds, die NGC 2359 zu einem ganz besonderen Ziel für mittlere und große Teleskope werden lassen.

*Aufsuchen: α ➡ 4,5° ONO ➡ γ ➡ 3° O ➡ *6^m ➡ 1,2° N*

NGC 2362, τ CMa-Haufen

Wilhelm Herschel 1785 ★★★☆☆

NGC 2362 ist der τ Canis Majoris-Haufen, ein schönes Objekt für mittlere Teleskope.

In den meisten Ferngläsern ist nicht viel mehr als der dominierende τ CMa zu sehen; große Gläser können einen schwachen Nebelhauch um ihn herum zeigen.

Schon ein kleiner Refraktor lässt einen einzigartigen Haufen erkennen: In der Mitte τ CMa mit $4{,}^m4$, um ihn herum schwache, nur schwer sichtbare Sterne, die am besten bei mittelhohen Vergrößerungen sichtbar werden. Für mittlere Teleskope ist NGC 2362 ein Augenschmaus: Inmitten eines dichtgedrängten Glitzerns von $10-12^m$-Sternen steht der gleißend weiße Brillant τ CMa, das Auge zum Betrachten fesselnd. Vergrößert man auf 150× und mehr, zeigt der helle Hauptstern zwei $10-11^m$-Begleiter in seiner unmittelbaren Nähe. Ein Schmuckstück!

Aufsuchen: δ ➡ 2,5° NO

Cr 140 ★☆☆☆☆

Nicolas de Lacaille 1751

Dieses schöne Fernglasobjekt ist das winterliche Gegenstück zum Kleiderbügelhaufen in Vulpecula, obwohl ihm die auffällige namensgebende Form fehlt. In der Südostecke des Sternbilds gelegen, gelangt Collinder 140 nur 10° über den mitteleuropäischen Horizont; allerdings sind fünf seiner Sterne heller als 7^m, deswegen ist es trotz des südlichen Stands ein empfehlenswertes Beobachtungsziel.

Von einem südlichen Beobachtungsstandort ist der Haufen leicht als nebliger Sternknoten mit bloßem Auge zu sehen, wie schon Lacaille vor 250 Jahren bemerkt hat.

Im Fernglas sieht man eine Nordost-Südwest verlaufende Kette von sieben Sternen, an die im westlichen Teil weitere Sterne südlich angelagert sind. Insgesamt sind aber auch mit großen Öffnungen nicht mehr als 15 Sterne dem Haufen zuzuordnen, darin ähnelt er sehr seinem Namensvetter mit der Nr. 399 am Sommerhimmel. Mit höheren Vergrößerungen verliert Collinder 140 schnell an Reiz; wichtig für eine genussreiche Beobachtung ist ein Gesichtsfeld von mehr als 2°, das oft nur Ferngläser zu bieten haben.

Aufsuchen: η ➡ 2,5° S

Puppis (Pup) Südteil Seite 238

Puppis bildet zusammen mit Pyxis, Vela und Carina die antike Konstellation Argo Navis, die 1877 in die heute bestehenden Sternbilder aufgeteilt wurde. Puppis symbolisiert das Hintderdeck des Argonautenschiffes, das als einziger Teil dieser großen alten Konstellation zusammen mit Pyxis über den mitteleuropäischen Horizont ragt. Der Hauptteil von Puppis bleibt uns immer verborgen, dieser Teil des Sternbilds ist im Südhimmel-Abschnitt besprochen. Puppis ist reich gesegnet mit fantastischen Sternhaufen, deren hellste leider für Mitteleuropa nur sehr tief über oder gar unter dem Horizont stehen. Aber auch die fünf hellen für uns sichtbaren Sternhaufen, darunter drei Messier-Objekte, sind einen Besuch wert.

M 47	$7^{h}\,36{,}6^{min}$	-14° 30'	$4\overset{m}{,}4$	30'×20'	$5\overset{m}{,}7$	1600 Lj	OC	hell, wenige Sterne	bloßes Auge
NGC 2423	$7^{h}\,37{,}1^{min}$	-13° 52'	$6\overset{m}{,}7$	15'	$9\overset{m}{,}0$	3000 Lj	OC	schwache Sterne	8×30
κ Pup	$7^{h}\,38{,}8^{min}$	-26° 48'	$4\overset{m}{,}4/4\overset{m}{,}6$	9,9"	318°	390 Lj	DS	helles einfaches Paar	50mm
NGC 2439	$7^{h}\,40{,}8^{min}$	-31° 42'	$6\overset{m}{,}0$	5'	$8\overset{m}{,}9$	12.000 Lj	OC	kompakt und sternreich	10×50
M 46	$7^{h}\,41{,}8^{min}$	-14° 49'	$6\overset{m}{,}1$	20'×15'	$8\overset{m}{,}7$	4900 Lj	OC	sehr sternreich	3,5×15
NGC 2438	$7^{h}\,41{,}8^{min}$	-14° 44'	$10\overset{m}{,}8$	1,1'	$17\overset{m}{,}5$	4900 Lj	PN	in M 46	100mm
NGC 2440	$7^{h}\,41{,}9^{min}$	-18° 13'	$9\overset{m}{,}1$	0,3'	$18\overset{m}{,}9$	4200 Lj	PN	klein, mit schwachen Ausläufern	50mm
M 93	$7^{h}\,44{,}6^{min}$	-23° 52'	$6\overset{m}{,}2$	25'	$8\overset{m}{,}2$	3400 Lj	OC	dreieckig	8×30
NGC 2467	$7^{h}\,52{,}4^{min}$	-26° 27'	–	4'	–	16.000 Lj	GN	oval, schwächere Nebel östlich	80mm
NGC 2527	$8^{h}\,5{,}0^{min}$	-28° 9'	$5\overset{m}{,}5$	12'	$8\overset{m}{,}6$	2100 Lj	OC	gebogene Sternketten	8×30
NGC 2539	$8^{h}\,10{,}7^{min}$	-12° 50'	$6\overset{m}{,}5$	25'×20'	$9\overset{m}{,}2$	4200 Lj	OC	sternreich, 19 Pup am Südrand	10×50
NGC 2571	$8^{h}\,18{,}9^{min}$	-29° 45'	$7\overset{m}{,}0$	10'	$8\overset{m}{,}8$	4300 Lj	OC	konzentriert, sternreich	10×50

M 47 ★★★☆☆

Giovanni Batista Hodierna vor 1654

M 47 ist das Fernglasobjekt unter den von Mitteleuropa aus sichtbaren Puppis-Sternhaufen.

Schon mit dem bloßen Auge ist ein Sternknoten sichtbar.

Der kleinste Feldstecher oder Fernrohrsucher enthüllt M 47 als reiches Sternfeld mit einem dutzend markant angeordneten hellen Haufensternen. Ein 10×50- oder 11×80-Glas gibt den eindrücklichsten Anblick des Haufens.

Der hellste Stern im Westen der Gruppe hat einen $9\overset{m}{,}5$ schwachen Begleiter in 19" Abstand, wie im kleinen Fernrohr zu sehen ist. Im südlichen Bereich formen die hellen Sterne eine schöne gebogene Dreiergruppe, im Norden fällt ein Muster ähnlich dem Kopf des Cetus auf. Der hellste Stern dieser Gruppe – nach Süden zugewandt – ist der trennbare Doppelstern Struve 1121 mit zwei $7\overset{m}{,}9$ hellen Komponenten in 7,5" Distanz. M 47 ist ein relativ junger Sternhaufen mit vielen leuchtkräftigen blauen Sternen, vergleichbar mit den Plejaden, aber mehr als drei Mal so weit entfernt.

*Aufsuchen: α CMa ➡ 4,5° O ➡ γ CMa ➡ 7° O ➡ 2*6^{m} ➡ 40' O*

NGC 2423 ★☆☆☆☆

Wilhelm Herschel 1786

Nördlich von M 47 steht der viel schwächere NGC 2423.

Im Fernglas ist nur ein matter Nebel sichtbar; mit 50mm und mehr Öffnung blitzen daraus die hellsten Einzelsterne hervor.

Ein kleines oder mittleres Fernrohr zeigt einen lockeren Sternhaufen über 15' verteilt. Auffällig viele Mitglieder sind in Pärchen angeordnet. Ein deutlich hellerer Stern von 9^{m} steht vor den vielen schwachen Mitgliedern ab 11^{m}. Mit Gesichtsfeldern von über 1° hat man NGC 2423 zusammen mit M 47 im Feld und kann den unterschiedlichen Charakter der beiden Haufen studieren.

Aufsuchen: M 47 ➡ 40' N

M 46, NGC 2438

★★★☆☆
★☆☆☆☆

Charles Messier 1771,
Wilhelm Herschel 1786

M 46 ist zusammen mit dem im Vordergrund mitten unter den Haufensternen stehendem Planetarischen Nebel NGC 2438 ein einzigartiges Paar. Bei kleiner Vergrößerung stehen noch M 47 und NGC 2423 mit im Gesichtsfeld - vier Objekte auf einen Streich.

Im Sucher erscheint M 46 nur als ein großer Nebel mit einem deutlich herausblitzendem Stern im Westen, wenn der Himmel dunkel ist. Unter lichtverschmutztem Bedingungen ist der Haufen im Fernglas unsichtbar.

Erst kleine Refraktoren zeigen den reichen Haufen. 50–70 Sterne von 11^m und schwächer stehen in einem dichten Gewimmel vor dunklem Hintergrund – »ein Schwarm himmlischer Glühwürmchen«. Bei 100× im Vierzöller füllen unzählige locker und gleichmäßig gestreute Sterne das Gesichtsfeld, aus dem ein hellerer Stern deutlich heraussticht.

Im nördlichen Bereich des Haufens ist im mittleren Teleskop schwach die Scheibe von NGC 2438 zu sehen. Mit einem Schmalband oder [OIII]-Linienfilter wird der Planetarische Nebel deutlicher; allerdings verschwinden dann die schwachen Haufensterne und rauben so den Schwarmcharakter von M 46.

Bei höherer Vergrößerung mit Nebelfilter ist die nicht perfekte Ringform des Nebels zu sehen, leicht oval im Umriss. Ein 13^m-Stern steht in der Mitte des Nebels, ein weiterer knapp außerhalb östlich. Der eigentliche Zentralstern ist jedoch nicht zu sehen und auch in sehr großen Optiken schwierig. Aufgehellter Himmel setzt dem Planetarischen Nebel sehr zu und kann ihn ganz unsichtbar machen - auch Nebelfilter helfen dann nicht.

Etwa 1° östlich von M 46 steht das helle Paar aus 2 und 4 Puppis. 2 Puppis ist ein schöner Doppelstern für kleinste Fernrohre; schon bei 25× ist das Paar aus dem $6^m_{,}1$-Hauptstern und dem $6^m_{,}9$-Begleiter schön aufgelöst.

Aufsuchen: M 47 ➡ 1,3° O

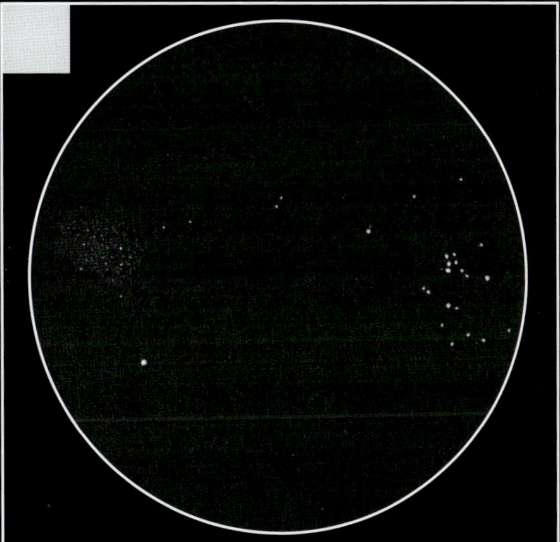

M 47 und M 46, 70mm-Refraktor, 20×

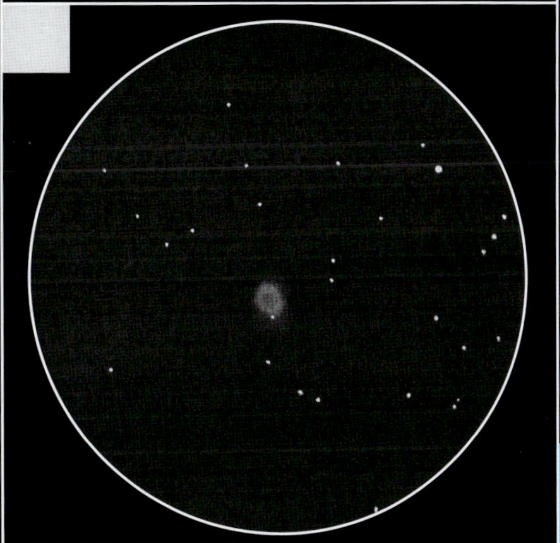

NGC 2438, 120mm-Refraktor, Schmalbandfilter, 120×

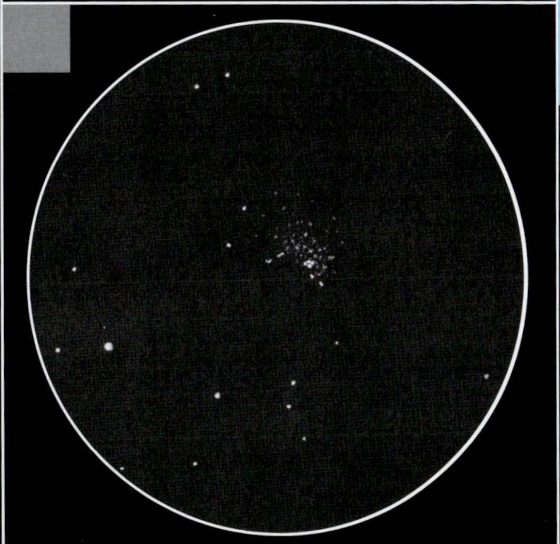

M 93, 70mm-Refraktor, 37×

M 93 ★★☆☆☆

Charles Messier 1781

M 93 gehört noch zu den von Mitteleuropa aus sichtbaren Puppis-Sternhaufen, zu unrecht leicht übersehen wegen seiner südlichen Stellung.

Im 10×50-Fernglas zeigt sich ein heller und kleiner Haufen, dessen Zentralteil ein nach Westen spitz zulaufender Ost-West ausgerichteter Knoten aus einem halben Dutzend Sternen ist. Umgebend hüllt ein schwacher Halo aus etwa 15 Sternen gerade an der Grenze der Auflösbarkeit die Zentralgruppe ein.

Mit einem kleinen Fernrohr sind etwa 50 Sterne zu sehen, dicht an dicht in markanten Dreiecksmustern gruppiert. Lichtverschmutzung am Horizont setzt diesem schönen Objekt leider sehr zu.

Aufsuchen: ξ ➙ 1,5° NW

NGC 2539 ★★☆☆☆

Wilhelm Herschel 1785

Relativ unbekannt ist der im östlichen Bereich des Sternbildes stehende Sternhaufen NGC 2539. NGC 2539 ist der nördlichste der Puppis-Haufen und bietet im kleinen Teleskop einen reizvollen Anblick, der durchaus mit M 47 konkurrieren kann.

Im Fernglas zeigt sich eine große rundliche Nebelwolke, die Auflösung in Einzelsterne gelingt gerade, im Feld mit dem hellen Stern 19 Puppis am Südostrand.

Im Fernrohr beeindruckt der Kontrast von hellem Stern und schwachem Haufen; etwa 40 Sterne von 9–12^m stehen locker verstreut auf fast ½° messendem Feld. Bei über 60× füllt der Haufen das Gesichtsfeld, und hübsche Sterngruppen und -Reihen fallen auf.

Aufsuchen: M 47 ➙ 8,5° ONO ➙ 19 ➙ 5' NW

NGC 2440 ★☆☆☆☆

Wilhelm Herschel 1790

NGC 2440 ist ein kleiner Planetarischer Nebel. Bei kleiner Vergrößerung wirkt er wie ein 9^m-Stern. Erst gutes Seeing, wie es beim tiefen Stand dieses Objekts selten zu erwarten ist, lässt bei Vergrößerungen von 100× und mehr das unregelmäßige Nebelscheibchen erkennen.

Aufsuchen: M 47 ➙ 4° SSO

Cancer (Cnc)

Atlas Karte 11, 19

Cancer, der Krebs, verbindet Winter- und Frühlingshimmel durch die Ekliptik, die quer durch das Sternbild zieht. Die hellsten Sterne erreichen nur $3^m{,}5$, und so ist Cancer nicht als auffällige Konstellation zu betrachten. Markiert wird das Sternbild durch den hellen Sternhaufen M 44, der im Zentrum des Krebses steht. Neben M 44 beheimatet der Krebs noch ein weiteres, aber oft übergangenes Messier-Objekt, M 67.

ζ Cnc	$8^h\,12{,}2^{min}$	+17° 39'	$5^m{,}3/6^m{,}3/5^m{,}9$	1,1"/6,3"	4°/65°	82 Lj	DS	Dreifachsystem	120mm
ϕ^2 Cnc	$8^h\,26{,}8^{min}$	+26° 56'	$5^m{,}5/6^m{,}2$	5,2"	219°	340 Lj	DS	einfaches gleichhelles Paar	50mm
M 44	$8^h\,40{,}1^{min}$	+19° 59'	$3^m{,}1$	70'	$6^m{,}3$	610 Lj	OC	Praesepe	bloßes Auge
ι Cnc	$8^h\,46{,}7^{min}$	+28° 46'	$4^m{,}1/6^m{,}0$	31"	308°	350 Lj	DS	Farben orange-blau	10×50
M 67	$8^h\,50{,}4^{min}$	+11° 49'	$6^m{,}9$	15'	$9^m{,}7$	3200 Lj	OC	dichte Wolke, sehr alt	8×30
57 Cnc	$8^h\,54{,}2^{min}$	+30° 35'	$6^m{,}1/6^m{,}4$	1,5"	309°	380 Lj	DS	Testpaar für 80mm	80mm
X Cnc	$8^h\,55{,}4^{min}$	+17° 14'	$6^m{,}0$	$6^m{,}5$	180 Tage	1900 Lj	Vr	interessantes Spektrum	8×30
NGC 2775	$9^h\,10{,}3^{min}$	+7° 2'	$10^m{,}3$	1,5'	$13^m{,}3$	66 Mio. Lj	Gx	schwach, oval	80mm
RS Cnc	$9^h\,10{,}6^{min}$	+30° 58'	$5^m{,}3$	$6^m{,}8$	120 Tage	490 Lj	Vr	interessantes Spektrum	8×30

M 44, Praesepe ★★★★☆

seit dem Altertum bekannt

M 44 ist die Praesepe, lateinisch für »Krippe«, einer der schönsten Sternhaufen des Himmels für das bloße Auge und Fernglas. Nördlich und südlich wird sie durch die »Eselssterne« γ und δ Cancri begleitet. Aufmerksamkeit erhält M 44 durch vorbeiziehende Planeten oder den Mond, denn die Ekliptik befindet sich nur 1,5° südlich. So kommt es des öfteren zu Durchgängen von Planeten durch den Haufen oder Bedeckungen durch den Mond.

👁 Ohne optische Hilfsmittel ist die Preasepe leicht am Nachthimmel zu sehen, aber nur als nebliger Fleck, denn die hellsten Sterne erreichen nur $6\overset{m}{,}5$ und stehen dicht beieinander. In der Antike galt ihr Unsichtbarwerden als Anzeichen für aufziehendes Schlechtwetter, heute sind es eher irdische Lichtquellen, die die Sichtbarkeit beeinträchtigen. Ist M 44 nicht sichtbar, kann das als Anzeichen für einen besonders lichtverschmutzten Himmel gelten.

Im 8×30-Fernglas bricht die neblige Wolke in einen brillanten Sternhaufen auseinander. Es ist interessant, mit einem kleinen Fernrohr die Beobachtungen der frühen teleskopischen Beobachter nachzuvollziehen. Galilei sah 36, Hodierna 38 Sterne. Mit einem kleinen Spektiv von 30mm Objektivdurchmesser ist dies heute leicht zu schaffen, ebenso mit einem fest aufgestellten kleinen Fernglas. Da der Sternhaufen 1,1° im Durchmesser misst, sollte das Gesichtsfeld für eine genussreiche Beobachtung mindestens 2°, besser noch größer sein. Diese Bedingung erfüllen auch kleine Fernrohre nicht, und so bleibt das Fernglas die optimale Instrumentenwahl für die Praesepe.

Wunderschön ist der Anblick im 10×70-Glas: Die hellsten Sterne sind in einem engen V-Muster, das nach Osten offen ist, angeordnet. Auffallend sind zwei helle Dreierpärchen, die sich stark ähneln, beide Dreigestirne sind auch schön im kleinen Teleskop aufgelöst, jedes von ihnen kann in einem 1' Kreis untergebracht werden.

Aufsuchen: δ ➡ 2° NW

NGC 2539, 60mm-Refraktor, 36×

M 44, 70mm-Refraktor, 14×

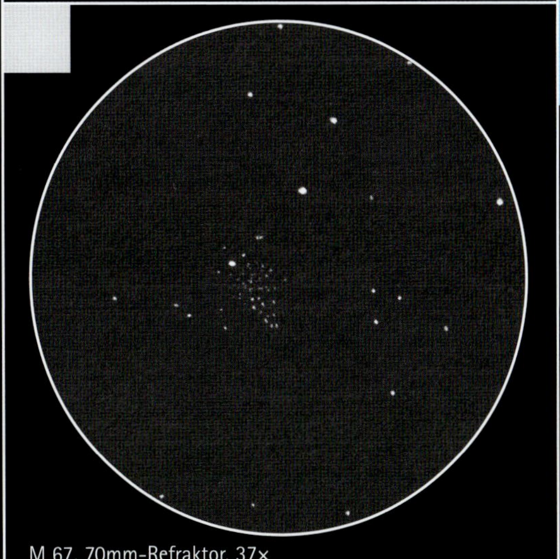

M 67, 70mm-Refraktor, 37×

Pup
Cnc

ζ Cnc ★★★☆☆

John Flamsteed 1680

ζ Cancri ist für mittlere Fernrohre ein interessantes Mehrfachsystem am Himmel: Drei Komponenten bieten einen schönen Anblick im Teleskop, und das enge Paar erlaubt mit einer Umlaufszeit von knapp 60 Jahren direkt den Nachweis der Doppelsternnatur am Okular.

ζ Cancri ist insgesamt $4^{m},7$ hell; der äußere Stern von $5^{m},9$ steht 6" östlich des Hauptsterns und ist mit jedem kleinen Fernrohr leicht zu trennen. Die beiden inneren Sterne sind zwischen 0,6" und 1,1" voneinander entfernt und damit erst für Fernrohre ab 90mm Öffnung geeignet. Der weiteste Abstand war im Jahr 2018 erreicht, seitdem verringert sich die Distanz wieder langsam.

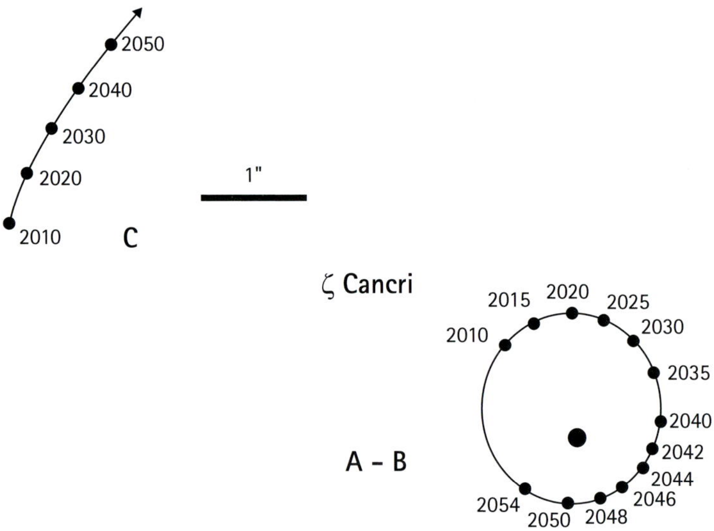

Die Ephemeride für die nächsten Jahre lautet:

Jahr	Abstand	PW
2020	1,1"	4°
2030	1,0"	328°

Damit benötigt man zunächst noch mindestens einen Vierzöller zur Auflösung. Beide Begleiter stehen etwa östlich vom Hauptstern, ein faszinierender Anblick im Teleskop.

Aufsuchen: δ ➦ 3° W ➦ θ ➦ 4,5° W

Cnc

M 67 ★★★☆☆

Wilhelm Herschel 1785

M 67 ist ein reizvoller Sternhaufen für kleine Instrumente, er wird aber gern zugunsten der vielen Milchstraßenobjekte übersehen.

Mit einem kleinen Fernglas ist M 67 ein milchiges deutliches Wölkchen. Mit dem 10×50-Glas erscheint ein heller einfacher Nebel, an dessen Nordseite ein heller Stern und an der Südseite ein schwächeres Paar steht. Der Haufen ist gerade an der Auflösungsgrenze, leichte Granularität ist schon auszumachen. Lichtverschmutzung zerstört diesen Eindruck und kann den Haufen sogar insgesamt für das Fernglas unsichtbar machen.

Im kleinen Fernrohr stehen knapp 30 Sterne von etwa gleicher Schwäche eng an eng in 10' aufeinander. Der helle, nordöstlich befindliche Stern gehört nicht zum Haufen. Mittlere Optiken zeigen bei mehr als 100× weit über 100 Sterne auf kleinstem Areal, zwischen den helleren Sternen winden sich schwache Ketten und kleine Gruppen sind dazwischen gestreut. Auffallend ist der Sternreichtum und die gleichmäßige Verteilung über etwa 12' im Durchmesser, ohne zentrale Konzentration, aber sehr gut begrenzt zur sternarmen Umgebung.

Aufsuchen: α ➦ 2° W

Südhimmel

Sternbilder

Glanzlichter

Antlia (Ant)

Atlas Karte 27

Antlia, die Luftpumpe, ist ein sehr unscheinbares Sternbild des Südhimmels zwischen Vela und Hydra. Abbé Lacaille schuf das obskure Sternbild 1752, mit vollem Namen Antlia Pneumatica genannt – es soll die Hilfsmittel für die Luftzufuhr bei der Herstellung von Teleskopoptiken versinnbildlichen. Antlia liegt weitab der Milchstraße und bietet wenig Sehenswertes für Beobachter mit kleinen Amateurteleskopen.

ζ^1 Ant	$9^h 30{,}8^{min}$	-31° 53'	$6^m{,}2/6^m{,}8$	8,3"	212°	340 Lj	DS	einfach, Farben gelblich	50mm
NGC 3271	$10^h 30{,}4^{min}$	-35° 22'	$11^m{,}8$	1,5'×1'	$22^m{,}2$	180 Mio. Lj	Gx	im Antlia-Galaxienhaufen	120mm

Vela (Vel)

Atlas Karte 27, 34

Vela, das Segel des großen antiken Schiffes Argo Navis, füllt den Raum zwischen dem zum mitteleuropäischen Winterhimmel weisenden Sternbild Puppis und Carina, aus. Das aufgespannte Segeltuch wird von den Sternen γ, δ und κ sowie λ als Mastspitze markiert. Das Sternbild wird quer von der Milchstraße durchzogen. Vela ist wie Carina und Puppis die Heimat einiger faszinierender Sternhaufen, aber auch ein heller Planetarischer Nebel ist hier zu finden.

γ Vel	$8^h 9{,}5^{min}$	-47° 20'	$1^m{,}9/4^m{,}1/7^m{,}2/9^m{,}3$	41"/62"/94"	221°/152°/142°	1100 Lj	DS	Vierfachstern, Spektrum	50mm
NGC 2547	$8^h 10{,}7^{min}$	-49° 16'	$4^m{,}7$	25'×20'	$6^m{,}5$	1300 Lj	OC	brillant, X-Muster	bloßes Auge
NGC 2626	$8^h 25{,}6^{min}$	-40° 40'	–	2'	–	2800 Lj	GN	Reflexionsnebel, klein	80mm
h 4104	$8^h 29{,}1^{min}$	-47° 56'	$5^m{,}5/7^m{,}2$	3,5"	244°	2200 Lj	DS	Helligkeitsunterschied	50mm
IC 2391	$8^h 40{,}2^{min}$	-53° 4'	$2^m{,}5$	50'	$3^m{,}6$	500 Lj	OC	Omicron-Velorum-Haufen	bloßes Auge
IC 2395	$8^h 42{,}5^{min}$	-48° 7'	$4^m{,}6$	10'	$5^m{,}5$	2300 Lj	OC	wenige helle Sterne	bloßes Auge
NGC 2660	$8^h 42{,}6^{min}$	-47° 12'	$8^m{,}0$	1,5'	$13^m{,}0$	9700 Lj	OC	schwierig aufzulösen	10×50
Tr 10	$8^h 47{,}8^{min}$	-42° 28'	$5^m{,}0$	30'	$6^m{,}4$	1400 Lj	OC	wenige helle Sterne	bloßes Auge
NGC 2736	$9^h 0{,}4^{min}$	-45° 54'	–	23'×5'	–	820 Lj	GN	hellstes Filament des Vela-Supernovarests, sehr schwer	150mm
NGC 2792	$9^h 12{,}4^{min}$	-42° 26'	$11^m{,}6$	0,2'	$17^m{,}2$	9500 Lj	PN	rund, homogenes Scheibchen	80mm
h 4220	$9^h 33{,}7^{min}$	-49° 0'	$5^m{,}5/6^m{,}2$	2,0"	220°	860 Lj	DS	Farben gelblich-weiß	50mm
NGC 3132	$10^h 7{,}0^{min}$	-41° 27'	$9^m{,}2$	0,8'	$10^m{,}1$	3700 Lj	PN	oval, ringförmig	50mm
NGC 3201	$10^h 17{,}6^{min}$	-46° 25'	$6^m{,}9$	5'	$11^m{,}7$	16.000 Lj	GC	leicht aufgelöst	8×30
NGC 3228	$10^h 21{,}4^{min}$	-51° 43'	$6^m{,}0$	20'	$7^m{,}0$	1600 Lj	OC	lose, Sterngruppen	8×30

Ant
Vel

γ Vel ★★★☆☆

John Herschel 1835

γ Velorum ist ein einfacher und schöner Vierfachstern für kleinste Optiken. Das Hauptpaar besteht aus zwei 2^m- und 4^m-Sonnen, die mehr als 40" auseinander stehen. Diese Distanz ist selbst für Ferngläser leicht zu meistern.

Zwei schwächere Sterne, die ebenfalls zum System gerechnet werden, stehen südöstlich des Hauptsterns. γ Velorum A, der Hauptstern, ist außerdem bekannt als der hellste Vertreter der Wolf-Rayet-Sterne, einer besonders leuchtkräftigen Gruppe von engen wechselwirkenden Doppelsternen, die ihre äußeren Gashüllen in den Raum blasen. Ein Prisma oder Spektroskop macht das »brillanteste und schönste Spektrum am Himmel« mit hellen Emissionslinien wie bei Gasnebeln sichtbar.

NGC 2547, 60mm-Refraktor, 36×

IC 2395, 60mm-Refraktor, 20×

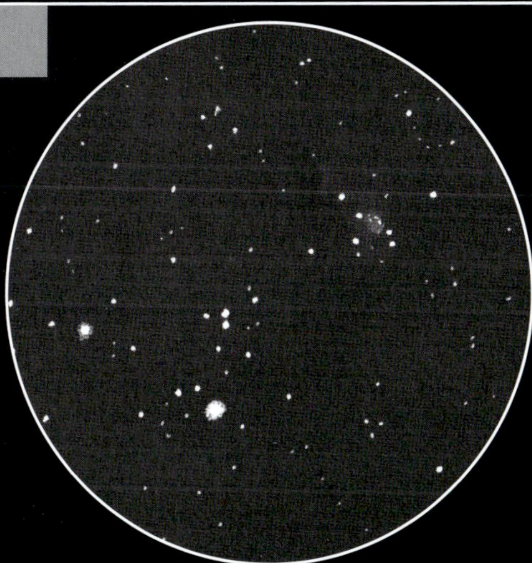

IC 2391, 60mm-Refraktor, 20×

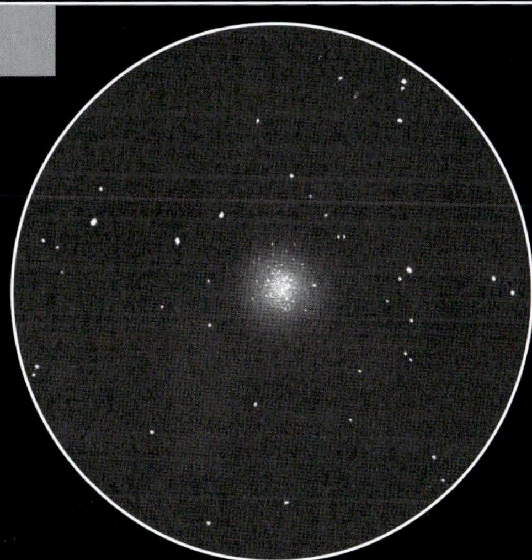

NGC 3201, 60mm-Refraktor, 47×

NGC 3132, 60mm-Refraktor, 99×

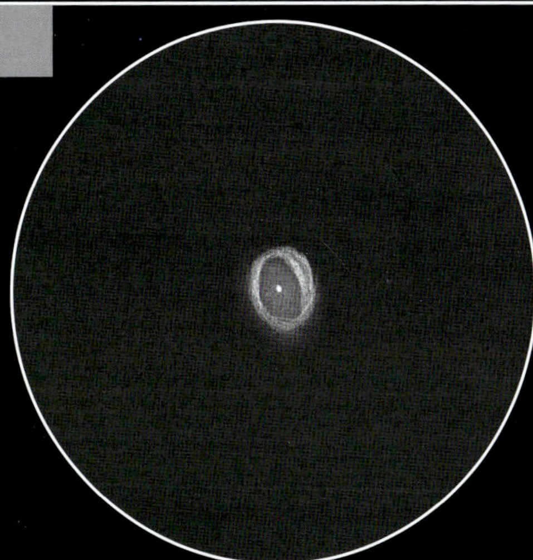

NGC 3132, 280mm-Reflektor, 280×

NGC 2547 ★★★☆☆

Nicolas de Lacaille 1751

Dieser Sternhaufen ist schon als kleiner Nebel mit dem bloßen Auge sichtbar.

Im 3,5×15-Monokular wird ein deutlicher kleiner gesprenkelter Nebel sichtbar, mit einem 10×50-Glas steigert sich der Anblick zu einem Haufen von 15 Sternen vor nebligem Hintergrund. Die hellsten Sterne sind in einer gebogenen Kette angeordnet.

Mit kleinen Teleskopen tritt ein brillanter Haufen von ca. 30–40 unregelmäßig gruppierten Sternen ab 6^m hervor. Auffallend sind sternleere, wie »Löcher« anmutende Gebiete im Sternhaufen. Bei hohen Vergrößerungen verliert er jedoch seine Wirkung.

Aufsuchen: γ ➡ 2° S

IC 2395 ★★★☆☆

Nicolas de Lacaille 1751

Dieser helle Sternhaufen steht im Segeltuch des Argonautenschiffes. Bereits mit bloßem Auge ist er als winziges Nebelchen sichtbar.

Ein Fernglas enthüllt einen Haufen von einem halben Dutzend Sternen vor nebligem Hintergrund.

IC 2395 wird in kleinen Fernrohren ganz aufgelöst, wobei die beiden hellsten Sonnen mit 6^m deutlich hervorstrahlen. Besonders bei kleinen Vergrößerungen gibt dieser Haufen einen attraktiven Anblick. Das umgebende Feld ist reich an interessanten Sterngruppen – eine davon 17' südwestlich – und übersät von schwachen Milchstraßensonnen.

Aufsuchen: δ ➡ 2° NW ➡ IC 2391 ➡ 5° NNW

NGC 3201 ★★☆☆☆

Nicolas de Lacaille 1751

NGC 3201 ist ein relativ kleiner, aber nicht stark konzentrierter Kugelsternhaufen.

Im Fernglas erscheint er als kleines sehr helles Nebelbällchen unter den Sternen.

Bereits ein Vierzöller zeigt den Haufen am Rand deutlich aufgelöst, besonders an seiner Westsei-te gelingt dies leicht. Mit etwas größeren Optiken werden schöne Sternreihen im Sterngewimmel des Kugelhaufens sichtbar.

Aufsuchen: λ ➡ 8° OSO ➡ 4-Kette ➡ 4° O*

IC 2391, o-Vel-Haufen ★★★★☆

Al Sufi 10. Jh

IC 2391 ist der Omicron-Velorum-Sternhaufen, einer der besten Südhimmel-Sternhaufen für das bloße Auge. In dunkler mondloser Nacht sind Vergleiche mit NGC 2451 in Puppis oder M 6 und M 7 durchaus angebracht. Ohne Hilfsmittel fällt unmittelbar nördlich neben dem falschen Kreuz des Südens ein heller, von Sternen gesprenkelter Nebelfleck auf.

Mit 15mm Öffnung kommt der Sternhaufen voll zur Geltung; etwa ein halbes Dutzend Sterne von 3^m–6^m stehen locker gruppiert zusammen. Schon ein 10×50-Glas zeigt nur noch eine lose helle Gruppe, die aus einem zentralen Dreigestirn und davon östlich gelegenen Paar besteht, umgeben von etwa zehn schwächeren Sternen.

Mit einem kleinen Fernrohr bei Vergrößerungen von mehr als 20× verliert der fast 1° große Haufen gänzlich sein brillantes Aussehen. IC 2391 ist ein typisches Fernglasobjekt. Nur 1° östlich befindet sich der viel kleinere und schwächere 6^m-Sternhaufen NGC 2669. Seine etwa zehn im Fernglas sichtbaren Sterne kontrastieren schön mit dem lockeren IC 2391 im Fernglasokular.

Aufsuchen: δ ➡ 2° NW

NGC 3132 ★★☆☆☆

John Herschel 1835

Als bester Planetarischer Nebel des Südhimmels verdient NGC 3132 einen Besuch.

Im Fernglas ist der Nebel nur sehr schwer als winziges sehr schwaches Nebelscheibchen zu erahnen.

Erst im Teleskop wird NGC 3132 zu einem einfach zu beobachtenden Objekt. Mit einem kleinen Fernrohr ist der 10^m-Zentralstern im Zentrum des deutlich ovalen Nebels zu erkennen. Durch mittelgroße Teleskope zeigt die diffuse Nebelscheibe deutlich hellere Kanten, der Nebel macht den Eindruck eines verformten Rings. Mittels eines Schmalbandfilters kann versucht werden, die Ringform besser herauszuarbeiten und Unregelmäßigkeiten im Umriss zu fassen. Die bei kleinen Vergrößerungen lebendige blaue Farbe verschwindet allerdings bei der hochvergrößernden Detailbetrachtung.

Aufsuchen: λ ➡ 5° NO ➡ ψ ➡ 7° O

Vel

Carina (Car)

Atlas Karte 33, 34

Carina, der Schiffskiel, bildet zusammen mit Vela, Puppis und Pyxis das alte Sternbild Argo Navis, den Kiel des Argonautenschiffes repräsentierend. Sein hellster Stern steht weit abseits der Milchstraßenfelder im Westen: Canopus, der zweithellste Stern am Himmel. Carina wird von einem deutlich helleren Bereich der Milchstraße markiert, die hier so hell leuchtet wie sonst nur im Schützen. Viele der ausgewählten Himmelsobjekte sind schon mit dem bloßen Auge sichtbar. Nirgendwo sonst am Himmel stehen himmlische Kostbarkeiten so dicht nebeneinander wie in diesem Sternbild: die Südlichen Plejaden, der η Carinae-Nebel, und NGC 3532, einer der beeindruckendsten Sternhaufen des Firmaments.

IC 2220	$7^h\,56{,}8^{min}$	-59° 7'	–	2'	–	1400 Lj	GN	um 7^m-Vr V 341 Car	150mm
NGC 2516	$7^h\,58{,}3^{min}$	-60° 52'	$3\overset{m}{,}8$	33'	$5\overset{m}{,}8$	1300 Lj	OC	sehr hell	bloßes Auge
NGC 2808	$9^h\,12{,}0^{min}$	-64° 52'	$6\overset{m}{,}1$	6'	$13\overset{m}{,}8$	31.000 Lj	GC	kompakt, gut aufgelöst	bloßes Auge
NGC 2867	$9^h\,21{,}4^{min}$	-58° 19'	$9\overset{m}{,}5$	12"	$16\overset{m}{,}6$	7300 Lj	PN	ringförmig, klein	80mm
R Car	$9^h\,32{,}2^{min}$	-62° 47'	$3\overset{m}{,}9$	$10\overset{m}{,}5$	309 Tage	590 Lj	Vr	rot, interessantes Spektrum	10×50
IC 2501	$9^h\,38{,}8^{min}$	-60° 5'	$10\overset{m}{,}3$	5"	$14\overset{m}{,}5$	9400 Lj	PN	sehr klein	50mm
NGC 3114	$10^h\,2{,}7^{min}$	-60° 7'	$4\overset{m}{,}2$	40'×30'	$7\overset{m}{,}3$	3300 Lj	OC	offen, sternreich	bloßes Auge
NGC 3199	$10^h\,17{,}1^{min}$	-57° 55'	–	7'×3'	–	10.000 Lj	GN	sichelförmig	10×50
NGC 3293	$10^h\,35{,}8^{min}$	-58° 14'	$4\overset{m}{,}7$	5'	$6\overset{m}{,}5$	8100 Lj	OC	klein, nebliger Hintergrund	bloßes Auge
NGC 3324	$10^h\,37{,}3^{min}$	-58° 38'	–	1'×6'	–	8500 Lj	GN	groß, rundlich	50mm
Mel 101	$10^h\,42{,}1^{min}$	-65° 5'	$8\overset{m}{,}4$	12'	$9\overset{m}{,}7$	7000 Lj	OC	klein, neblig, südlich IC 2602	10×50
Cr 228	$10^h\,43{,}0^{min}$	-60° 0'	$4\overset{m}{,}4$	15'	$6\overset{m}{,}3$	8500 Lj	OC	größter Sternhaufen in NGC 3372	8×30
IC 2602	$10^h\,43{,}2^{min}$	-64° 24'	$1\overset{m}{,}9$	1,5°	$2\overset{m}{,}8$	500 Lj	OC	Südliche Plejaden	bloßes Auge
NGC 3372	$10^h\,43{,}8^{min}$	-59° 52'	$3{:}^m$	1,3°×1°	$22{:}^m$	8500 Lj	GN	η Carinae-Nebel	bloßes Auge
η Car	$10^h\,45{,}0^{min}$	-59° 41'	$-0\overset{m}{,}8$	$8{:}^m$	unreg.	8500 Lj	Vr	eingebettet in NGC 3372	10×50
NGC 3503	$11^h\,1{,}3^{min}$	-59° 51'	–	1,5'	–	8000 Lj	GN	kleiner Reflexionsnebel	80mm
NGC 3532	$11^h\,6{,}4^{min}$	-58° 40'	$3\overset{m}{,}0$	1°×0,5°	$7\overset{m}{,}1$	1600 Lj	OC	sternreich, sehr hell	bloßes Auge
NGC 3581	$11^h\,12{,}2^{min}$	-61° 18'	–	7'×4'	–	9800 Lj	GN	Gruppe kleiner Emissionsnebel	50mm
NGC 3603	$11^h\,15{,}1^{min}$	-61° 15'	–	2'	–	31.000 Lj	GN	sehr weit entfernt	50mm

NGC 2516 ★★★★☆

Nicolas de Lacaille 1751

Schon mit bloßem Auge ist ein sehr heller und einfach zu sehender Nebelfleck wahrzunehmen, NGC 2516 gehört zu den hellsten Offenen Haufen überhaupt.

15mm Öffnung bei 3,5x zeigt einen sternigen Knoten, um den etwa zehn Sterne gesprenkelt sind. Im 10×50-Glas glitzern etwa 20–30 Sterne vieler Helligkeiten vor neblig bleibendem Hintergrund, ein Juwel!

Mit einem kleinen Fernrohr sind etwa 50 Sterne, darunter einige 5^m–7^m-Sonnen, in unregelmäßiger Form über ein fast 1° messendes Feld gestreut. Es sieht so aus, als ob von Westen und Osten dunkle Bereiche in das Zentrum des Haufens eingreifen und ihn »zuschnüren«, mit großen Öffnungen sind auch diese Gegenden von schwachen Sternen erfüllt. Südwestlich des Haufenzentrums steht der einfache Doppelstern Herschel 4031, der aus zwei $7\overset{m}{,}2$ und $8\overset{m}{,}0$ hellen Sternen in 5,5" Abstand besteht.

Aufsuchen: ε ➡ 3° SW

Car

NGC 2808 ★★★☆☆

James Dunlop 1826

NGC 2808 gehört zusammen mit NGC 3201 zu den wenigen hellen Kugelsternhaufen des herbstlichen Südhimmels.

Schon mit einem 3,5×15-Monokular ist er schwach und stellar zu sehen. Ein 10×50-Glas zeigt ein kompaktes kleines symmetrisches Nebelbällchen ohne stellaren Kern.

Im kleinen Teleskop wird der typische Charakter deutlich: Die Ränder des ziemlich kleinen Kugelsternhaufens sind aufgelöst, aber im hellen hervorstechenden Zentrum sind die Einzelsterne so stark konzentriert, dass selbst ein mittleres Teleskop zur vollständigen Auflösung nicht ausreicht. Große Öffnungen zeigen deshalb ein besonders beeindruckend sternreiches Erscheinungsbild.

Aufsuchen: β ➡ 4,5° N

IC 2602, Südliche Plejaden ★★★★☆

Nicolas de Lacaille 1751

Die Südlichen Plejaden wird er auch genannt, der hellste Sternhaufen des Südhimmels.

Ohne optische Hilfsmittel sieht man etwa fünf bis acht helle Sterne um den 3^m-Stern θ Carinae, die zu einem gemeinsamen hellen Nebelfleck verschwimmen, die Brillanz rechtfertigt durchaus den Vergleich mit den Plejaden, wenn auch deren glanzvolle Dichte nicht erreicht wird.

Wie bei den Plejaden bietet ein Fernglas bei niedriger Vergrößerung den besten Anblick. Im 3,5×15-Glas sind es zehn, mit 50mm Öffnung schon 20 Sterne, die in einer recht sternleeren Gegend südlich der Carina-Milchstraßenwolke stehen, ein Genuss für Fernglasbeobachter. Insgesamt 12 Sterne sind heller als 7^m und innerhalb eines 1,5°-Feldes zu finden, ein sternleeres Gebiet östlich von θ Car nimmt aber etwas vom Glanz des Haufens.

Nur 0,6° südlich im selben Sternfeld steht der Sternhaufen Melotte 101, ein dichter Schwarm von 50 10^m–12^m-Sternen. Bemerkenswert ist die gleiche Helligkeit der meisten Sterne und der homogene Gesamteindruck, der den Haufen sehr gut vom Hintergrund abhebt. Die Wirkung ist mit größeren Teleskopen noch beeindruckender. IC 2602 und Melotte 101 bilden ein schönes unterschiedliches Sternhaufenpaar am Himmel. Besonders nördlich des Haufens sind in dunklen Nächten mit großem Gesichtsfeld Dunkelnebelfelder zu sehen.

Aufsuchen: η ➡ 4,5° S

NGC 3114 ★★★☆☆

James Dunlop 1826

NGC 3114 ist ein schönes Objekt für Feldstecher und kleine Fernrohre.

NGC 3114 zeigt sich schon einfach als nebliges Sternsprenkeln dem bloßen Auge, die hellsten Sterne erreichen 7^m.

Ein 3,5×15-Glas enthüllt einen großen Haufen, gerade an der Grenze der Auflösung, zwei helle Sonnen stechen besonders hervor. Eine große keilartige Einbuchtung von Osten ist mit dem 10×50-Feldstecher noch deutlicher. NGC 3114 ist nun ein reizvolles Schaustück von etwa 40–50 Sternen, die sich um die beiden hellsten gruppieren. Durch viele gekrümmte Sternketten erhält man einen spinnenartigen Eindruck.

Mit mittleren Öffnungen ab etwa vier Zoll hebt sich der Haufen nicht mehr sehr gut vom reichen Milchstraßenhintergrund ab, kleine Teleskope sind besser geeignet. Eine schöne gebogene Sternkette begrenzt den Sternhaufen nach Südwesten. Zahlreiche Pärchen und Dreiergruppen sind zwischen den locker gestreuten Sternen auszumachen.

Aufsuchen: η ➡ 5° W

NGC 3293 ★★★★☆

Nicolas de Lacaille 1751

Zu den Glanzlichtern des Sternbilds gehört NGC 3293, in reicher Umgebung nur 2° nordwestlich des η Carinae-Komplexes. Auf nur 5' Durchmesser drängen sich 20 Diamanten von 6^m und schwächer, klar abgegrenzt gegen die umgebende Milchstraße.

NGC 3293 ist als kleiner Sternknoten mit bloßem Auge sichtbar.

Im Fernglas sind die einzelnen Sterne kaum zu trennen, es bleibt ein kompakter Eindruck.

Steigert man die Vergrößerung im Teleskop, fallen enge Pärchen und interessant angeordnete Muster auf engstem Raum auf. Selbst bei 150× behält der Haufen seinen gedrängten Charakter; ein deutlich rötlicher Stern strahlt mit den rein weißen Brillanten um die Wette. Schwacher Nebel liegt hinter NGC 3293.

Aufsuchen: η ➡ 2° NW

Car

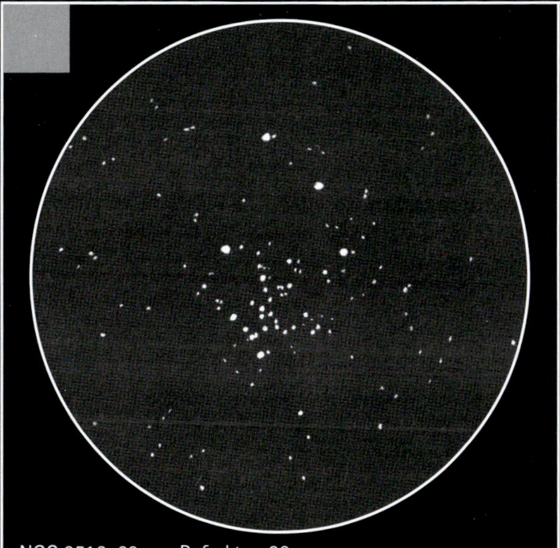
NGC 2516, 60mm-Refraktor, 20×

NGC 2808, 60mm-Refraktor, 47×

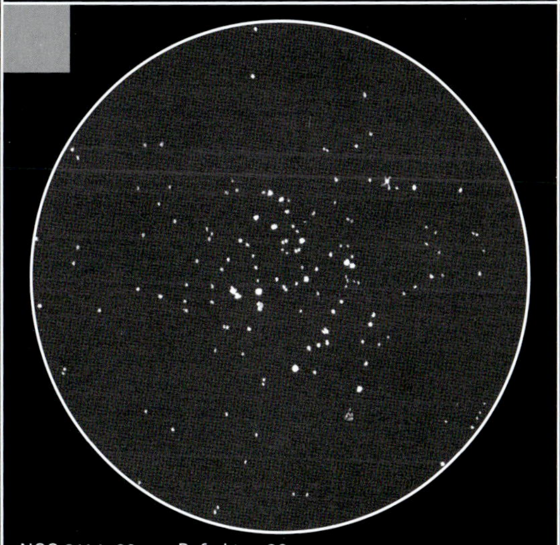
NGC 3114, 60mm-Refraktor, 20×

NGC 3293, 60mm-Refraktor, 47×

IC 2602, 10×50-Fernglas

IC 2602, 60mm-Refraktor, 20×

η Car, NGC 3372, η-Car-Nebel ★★★★★ ★★★★☆

Nicolas de Lacaille 1751, Edmond Halley 1677

Der η-Carinae-Nebel bildet das leuchtende Kronjuwel der Südmilchstraße, hell, strukturiert und von unvergleichlicher Schönheit.

η Carinae steht dort, wo die Milchstraße eine ihrer auffälligsten Wolken zeigt: Die Carinawolke, die nur knapp hinter der Großen Sagittariuswolke zurücksteht. Die Milchstraße ist hier so hell, dass sie schon in der Dämmerung auftaucht, und der hellste in ihr mit bloßem Auge zu sehende Nebelfleck ist NGC 3372.

Der Nebel ist zwar von der Flächenhelligkeit schwächer als der Orionnebel, aber wesentlich größer: Über 2° Feld im Durchmesser sind von leuchtendem Gas überzogen. Im Fernglas erkennt man zwei Teile: Einen nördlichen helleren, der nach Süden spitz zuläuft und nach Norden langsam in die Milchstraße übergeht, besonders an der Westseite gut begrenzt, und ein großer südlicher Teil, der die Spitze des nördlichen Parts aufnimmt und sich mit weiten Ausläufern nach Westen, Süden und Osten erstreckt. Beide sind durch markante, von Nordwesten und Osten eindringende Dunkelwolken voneinander getrennt.

Mit einem kleinen Fernrohr offenbart der Nebel viele Details; er ist so groß, dass man ihn langsam abfahren muss, um alle Nebelfelder zu erkunden. Dort, wo der nördliche Nebelteil spitz nach Süden sein Ende findet, steht eine Traube von 20 hellen Sternen dicht zusammen: Der Offene Sternhaufen Collinder 232, ein mitreißender Anblick inmitten der wilden Nebellandschaft. Der hellste Stern in diesem Haufen ist η Carinae, der dem Nebel den Namen gegeben hat. Er gehört zu den leuchtkräftigsten Sternen unserer Galaxis und ist ein unregelmäßig veränderlicher Stern. Als Halley ihn 1677 beobachtete, leuchtete er mit 4^m, erreichte 1730 2^m, um zum Ende des 18. Jahrhunderts wieder auf 4^m zu fallen. Etwa 1820 begann ein stetiger nochmaliger Helligkeitsanstieg, 1827 war er 1^m hell und nach einem kurzzeitigen Abfall und folgendem schnellen Anstieg 1843 dann der zweithellste Stern am Himmel und schien mit $-0\overset{m}{.}8$ sogar heller als Canopus. Nach einem kontinuierlichen Sinken der Helligkeit bis 8^m fanden im 20. Jahrhundert nur kleinere Fluktuationen statt. In den letzten Jahren hat die Helligkeit von η kontinuierlich zugenommen auf derzeit etwa 4^m.

Nördlich befinden sich die hellsten Nebelpartien von NGC 3372. Etwa 3' nordwestlich von η Car erkennt man einen etwa 5' langen, von Norden nach Süden gewundenen dunklen Nebelschlauch, den Schlüsselloch-Nebel. Die klassische Form hat sich zwar in den letzten 200 Jahren verändert, aber deutlich sind die Dunkelkammern und verbindenden Schläuche dunkler Materie zu sehen. Auch in der näheren Umgebung zeigt sich der Nebel stark strukturiert und von dunklen und hellen Merkmalen gezeichnet. Schön begrenzt ist die Nebelgrenze nach Westen, die wie eine Küste mit Vorsprüngen und Buchten gegliedert ist. Nahe an dieser »Küste« steht 12' nordwestlich von η Car ein weiterer Sternhaufen im Nebel, Trümpler 14. Noch ein deutlicher, aber wesentlich kleinerer Sternhaufen steht noch weiter nördlich, Trümpler 15.

Südlich des Sternhaufens um η Car folgt erst eine Dunkelwolke, dann wieder feine Schwaden schwachen Nebels. Die hellsten Nebelstellen des südlichen Teils findet man um eine lockere Sterngruppe etwa 25' südlich von η Car, die als Collinder 228 bezeichnet wird. Über ½° sind von hier aus schwache Nebelfilamente nach Osten, Westen und Nordwesten zu verfolgen; von Süden dringt ein dunkler Schlauch in den Nebel vor. Interessant ist es, mit einem Schmalband-Nebelfilter auf die Jagd nach den flüchtigen Nebelschwaden zu gehen.

Homunculus-Nebel ★☆☆☆☆

Ernest Gaviola 1950

Vergrößert man mit mittleren und großen Teleskopen mindestens 150–200×, dann bemerkt man, dass η Car in einen sehr kleinen ovalen Nebel von sehr hoher Flächenhelligkeit eingebettet ist. Dies ist der Homunculus-Nebel, das wohl jüngste Nebelobjekt, das man in einem Teleskop visuell sehen kann. Er ist zur Zeit etwa 15" groß und wächst mit 7" pro Jahrhundert, was darauf schließen lässt, dass seine Entstehung mit dem Helligkeitsausbruch von η Car vor 150 Jahren zusammenhängt. Auffallend ist die leuchtend orange Farbe des Nebels, besonders mit größeren Öffnungen. Interessant ist es zudem, ein Spektroskop zu benutzen und η Car zu betrachten. Schon mit kleiner Öffnung fallen viele helle und dunkle Linien auf, besonders hell ist die Hβ-Linie im blau-grünen Bereich und Hα, die wie eine schwache Lampe am roten Ende des Spektrums scheint.

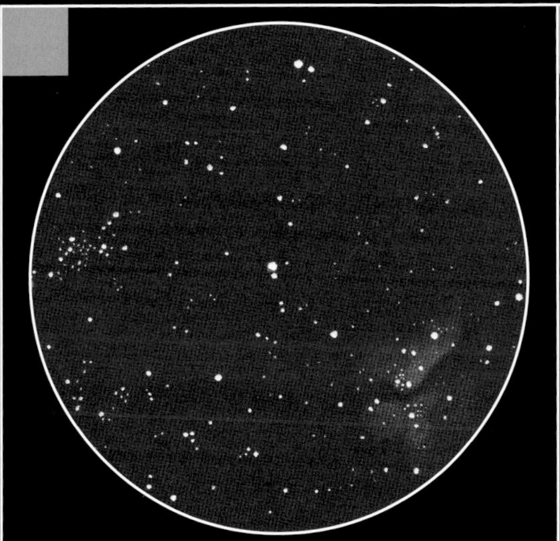

NGC 3372 und NGC 3532, 10×50-Fernglas

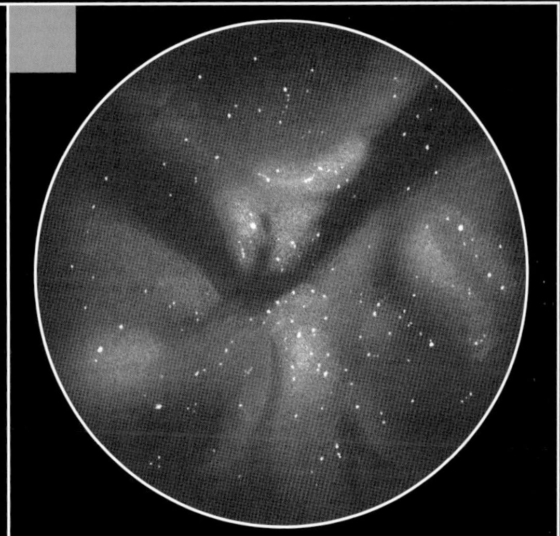

NGC 3372, 60mm-Refraktor, 36×

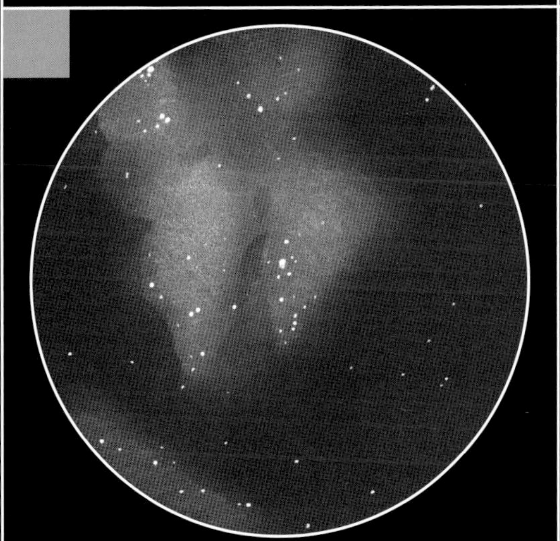

NGC 3372, 60mm-Refraktor, 99×

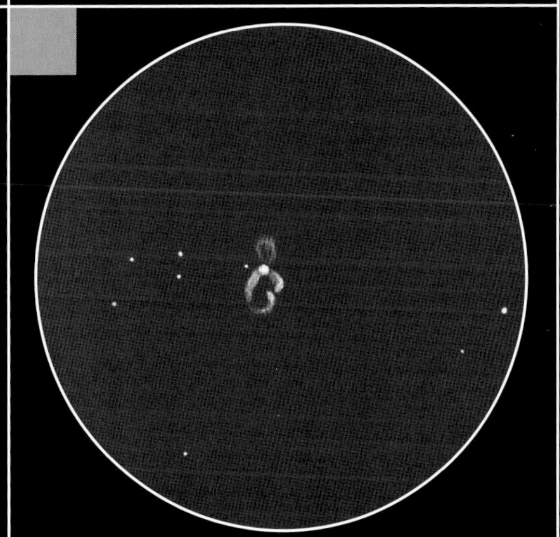

Homunculus-Nebel, 280mm-Reflektor, 460×

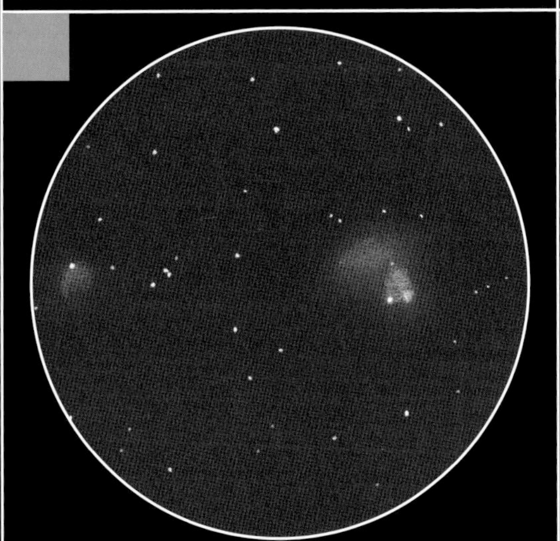

NGC 3603 und NGC 3581, 60mm-Refraktor, 71×

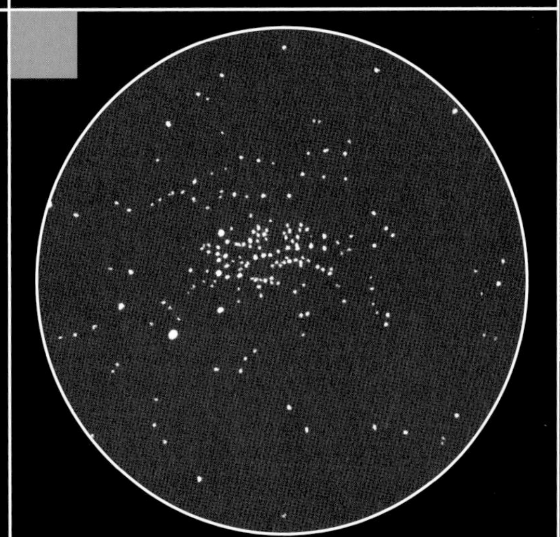

NGC 3532, 60mm-Refraktor, 20×

NGC 3532 ★★★★★

Nicolas de Lacaille 1751

Einer der beeindruckendsten Sternhaufen des gesamten Himmels steht nur 3° nordöstlich des großartigen η Carinae-Nebels: NGC 3532.

Mit dem bloßen Auge ist ein heller länglicher Fleck zu sehen.

Mit dem 3,5×15-Monokular liegt der Sternschwarm gerade an der Auflösungsgrenze. Aber schon im 10×50-Glas explodiert der Haufen zu einem stellaren Augenschmaus: Mehr als 50 helle Sterne stehen in einer ovalen Wolke, der Anblick erinnert an einen nach Osten schwimmenden Fisch, der hellste Stern im Haufen mit leicht orangem Touch ist das Auge. Am Rand des Fernglasokulars funkelt noch NGC 3372.

Im kleinen Fernrohr sind 100 Sterne zu sehen, die dicht an dicht ein Areal von ½°×1° bevölkern, oval in Ost-West-Richtung. Beeindruckend ist die große Anzahl heller Sterne, angeordnet in Ost-West-orientierten Sternstraßen. Trotz der Lage in der reichen Milchstraßenregion hebt sich der Haufen sehr gut von der Umgebung ab. Der 4^m helle Stern x Carinae ist südöstlich dem Haufen vorgelagert und besticht durch seine schöne goldorange Färbung.

Aufsuchen: η ➡ 3° ONO

NGC 3603, NGC 3581 ★☆☆☆☆

John Herschel 1834

NGC 3603 ist ein sehr kleiner und auf den ersten Blick sehr unscheinbarer Nebel.

Im Fernglas nicht sichtbar, zeigt 50mm Öffnung einen 6^m-Stern, umgeben von einem kaum 2' großen diffusen Leuchten.

Mittlere Teleskope zeigen bei mehr als 100facher Vergrößerung, dass mehrere schwache Sterne das helle Zentralobjekt unmittelbar umstehen. Tatsächlich handelt es sich um einen sehr weit entfernten Sternhaufen, dessen Kern der helle »Zenteralstern« darstellt. Der umgebende Emissionsnebel reagiert auf Schmalband-Nebelfilter, wird aber auch mit diesem nicht wesentlich größer.

25' westlich befindet sich eine zerklüftete Landschaft aus sehr schwachen kleinen Nebeln, die ab 150mm Öffnung mit Nebelfilter sichtbar werden. Insgesamt besteht der Komplex aus vier Gruppen, die auf einer Fläche von 15'×6' verteilt sind. Das hellste Objekt NGC 3581-2 in der Mitte des Gebietes ist 3' lang in Nordost-Südwest-Richtung, aber kaum breiter als 1'. NGC 3586 ist 4' südwestlich zu finden. Durch eine Dunkelwolke von NGC 3581-2 getrennt, schließt sich nach Norden NGC 3579 und NGC 3584 an. Das Areal wird von einem schwachem Emissionsnebel eingerahmt, der mit NGC 3576 bezeichnet ist. Mit großen Teleskopen gehört diese Gegend zu den spektakulärsten des Himmels.

Aufsuchen: η ➡ 3° ONO ➡ NGC 3532 ➡ 2,5° S

Volans (Vol)

Atlas Karte 34

Volans, der fliegende Fisch, ist ein Sternbild des tiefen Südhimmels. Es tauchte 1603 zum ersten Mal auf Johann Bayers Sternatlas auf und beschreibt einen Halbkreis zwischen Carina und Großer Magellanscher Wolke.

γ Vol	$7^h\ 8{,}8^{min}$	-70° 30'	$3^m{,}9/5^m{,}4$	14"	298°	140 Lj	DS	Farbe gelb-weiß	50mm
NGC 2442	$7^h\ 36{,}3^{min}$	-69° 32'	$10^m{,}4$	3' ×1,5'	$23^m{,}0$	65 Mio. Lj	Gx	irreguläre Spirale	80mm

Car
Vol
Cha

Chamaeleon (Cha)

Atlas Karte 38

Chamaeleon ist dem kleinen Reptil mit der Fähigkeit der Farbveränderung gewidmet, es wurde von Johann Bayer 1803 eingeführt. Es befindet sich am tiefen Südhimmel zwischen Carina und Octans. Weite Bereiche des unscheinbaren Sternbilds sind mit dunklen Nebeln überzogen, die an einigen Stellen hell als Reflexionsnebel zutage treten.

NGC 3195	$10^h\ 9{,}4^{min}$	-80° 51'	$11^m{,}4$	40"	$15^m{,}3$	7000 Lj	PN	schwach, rund	80mm
IC 2631	$11^h\ 9{,}8^{min}$	-76° 37'	-	2'	-	620 Lj	GN	hellster einer Gruppe	80mm

Musca (Mus)

Atlas Karte 35

Musca, die Fliege, ist eines der Sternbilder der tiefsüdlichen Milchstraße. Es besteht aus einem schiefen Trapez aus 3^m-Sternen, dem nach Nordwesten ein Anhängsel zweier 4^m-Sonnen angefügt ist. Unmittelbar nördlich grenzt das Kreuz des Südens an, dessen auf den südlichen Pol weisender Hauptbalken auch mitten in die Fliege hinein zeigt. Die zwei teleskopischen Glanzlichter von Musca sind ein heller Kugelsternhaufen und ein ungewöhnlicher Planetarischer Nebel.

h 4498	$12^h 6{,}4^{min}$	-65° 43'	$6^m1/7^m7$	8,8"	59°	380 Lj	DS	Farben gelb-weiß	8×30
Sandqvist 141/3/5	$12^h 25{:}^{min}$	-71° 30:'	–	150'×15'	–	–	GN	lange gebogene Dunkelwolke	8×30
NGC 4372	$12^h 25{,}8^{min}$	-72° 40'	7^m2	5'	12^m2	19.000 Lj	GC	durch Staub geschwächt	10×50
β Mus	$12^h 46{,}3^{min}$	-68° 6'	$3^m5/4^m0$	1,0"	59°	320 Lj	DS	Testpaar für 120mm	120mm
NGC 4833	$12^h 59{,}6^{min}$	-70° 52'	8^m4	3,5'	12^m4	21.000 Lj	GC	kompakt, auflösbar	8×30
NGC 5189	$13^h 33{,}5^{min}$	-65° 59'	9^m9	1,5'	14^m0	2500 Lj	PN	Spiral-PN	63mm

NGC 4833 ★★☆☆☆

Nicolas de Lacaille 1751

Obwohl einer der schwächeren Kugelsternhaufen des Südhimmels, ist NGC 4833 dennoch ein lohnendes Ziel für kleine Fernrohre.

Mit Feldstechern scheint Lacailles Beschreibung eines sternlosen Nebels gerechtfertigt. Lediglich ein 9^m-Stern 2,5' nördlich des Zentrums erscheint im Okular.

Doch schon mit kleinen Teleskopen beginnt der Haufen Einzelsterne zu zeigen, und mit mittlerer Optik ist der lockere Charakter des Objekts deutlich, gipfelnd in einem kompakten Kern. Besonders nach Südosten zeigen sich schwache Haufensternchen in Ketten aus dem Haufenzentrum wandernd, mit hoher Vergrößerung ein netter Anblick zusammen mit dem hellen Stern am nördlichen Haufenrand.

Aufsuchen: δ ➡ 40' N

NGC 5189, Spiral-PN ★★★☆☆

John Herschel 1835

Dieser Planetarische Nebel ist eines der ungewöhnlichsten Objekte am Himmel, voll interessanter Struktur. John Herschel nannte ihn »very strange«, und spätere Beobachter verglichen ihn mit einer Spiralgalaxie.

Diese seltsame Form ist auch im kleinen Teleskop zu sehen: Der Hauptkörper ist ein 50" langer Balken in Ost-West-Orientierung mit einem hellen Knoten am Ostende. Ein kurzer Ausläufer zieht sich vom westlichen Ende gekrümmt nach Norden, das Ostende ist nach Süden abgebogen. Ein 11^m-Stern steht im nordwestlichen Teil der »Balkenspirale«, zwei 13^m-Sterne sind südlich des Balkens im Nebel eingebettet.

Mit größeren Öffnungen ist die Umgebung des Zentralteils mit 1,5' in Nebel gehüllt, was man besonders gut mit einem Schmalbandfilter sieht. Das Objekt ist dann der vielleicht spektakulärste Planetarische Nebel des Himmels.

*Aufsuchen: β ➡ 3° O ➡ η ➡ 1,1° N ➡ * 6^m ➡ 2° NO*

Mus

Sandqvist 141/3/5 ★☆☆☆☆

Aage Sandqvist 1977

Ein besonderes Ziel für Ferngläser ist dieser längliche Dunkelnebel. In seinem südlichen Teil überdeckt er den Kugelsternhaufen NGC 4372 teilweise. Er ist ziemlich groß, hat die Form eines Boomerangs und benötigt dunklen Himmel und ein großes Gesichtsfeld.

Aufsuchen: γ ➡ 1° NW

Crux (Cru)

Atlas Karte 35

Crux, das berühmte Kreuz des Südens, gehört zu den klassischen Sternbildern der Südmilchstraße. Es ist das flächenmäßig kleinste Sternbild des Himmels, die vier hellen Sterne α, der Fußstern, β, der östliche Kreuzbalken, γ, der Kopfstern, und δ Crucis, der westliche Balkenstern, bilden das so oft zitierte Muster. Für Südhimmelunerfahrene ist es allerdings möglich, das echte Kreuz mit dem »falschen« zu verwechseln, das aus Sternen der Sternbilder Carina und Vela gebildet wird, in westlicher Richtung die Milchstraße hinab. Crux befindet sich mitten in der Milchstraße, die aber hier deutlich an Helligkeit abnimmt und nicht mehr den Glanz der westlich gelegenen Felder in Centaurus und Carina hat. Mit bloßem Auge dominiert der Kohlensack das Sternbild. Crux ist nicht so reich an Himmelsobjekten wie die Nachbarsternbilder Carina und Centaurus; die wenigen hellen aber sind von erlesener Schönheit.

NGC 4349	$12^{h}\,24{,}1^{min}$	-61° 52'	$7\overset{m}{.}4$	20'	$8\overset{m}{.}4$	6300 Lj	OC	groß, helle Sterne	8x30
α Cru	$12^{h}\,26{,}6^{min}$	-63° 6'	$1\overset{m}{.}3/1\overset{m}{.}6/4\overset{m}{.}8$	3,5"/89"	111°/203°	320 Lj	DS	Dreifachsystem	50mm
γ Cru	$12^{h}\,31{,}2^{min}$	-57° 7'	$1\overset{m}{.}6$	–	–	89 Lj	St	rot, Spektrum!	bloßes Auge
Kohlensack	$12^{h}\,52{:}^{min}$	-63° 18'	-	7°×4°	-	-	GN	sehr groß, nur mit bloßem Auge	bloßes Auge
NGC 4755	$12^{h}\,53{,}6^{min}$	-60° 20'	$4\overset{m}{.}2$	8'	$5\overset{m}{.}6$	6600 Lj	OC	Schmuckkästchen	bloßes Auge

α Cru, Acrux ★★★★☆

Jean-Baptiste de Fontenay 1685

Das Dreifachsystem von α Crucis gehört zu den schönsten des südlichen Sternhimmels. Der blaue, $0\overset{m}{.}8$ helle Stern kann schon mit einem Zweizöller in zwei helle Komponenten getrennt werden. In 90" Distanz steht südwestlich ein weiterer 5^{m}-Begleiter. Es ist faszinierend, das enge Paar am dunkelblauen Taghimmel mit einem kleinen Fernrohr zu trennen.

NGC 4755, Schmuckkästchen ★★★★☆

Nicolas de Lacaille 1751

Das berühmte Schmuckkästchen gehört zu den schönsten Sternhaufen überhaupt.

Mit dem bloßen Auge ist ein kleiner heller Sternknoten zu sehen.

Der Feldstecher offenbart sechs helle Sterne in markanter Dreiecksform vor dem Nebelschimmer weiterer schwacher Mitglieder.

Erst im Teleskop erwacht der Haufen aber richtig: Fünf der hellen Sterne, der hellste am Südende ist κ Crucis, funkeln blauweiß in unübertroffenem Kontrast zu einem orangeroten Stern im Zentrum. Etwa 20 schwächere Sterne bilden einen reichen Hintergrund: John Herschel übertrieb nicht, ein wahres Schmuckstück.

Aufsuchen: β → 30' SO

Kohlensack ★★★★★

Seefahrer im 16. Jahrhundert

Der Kohlensack ist der prominenteste Dunkelnebel für die Beobachtung mit bloßem Auge. Licht absorbierender Staub steht vor den hellen Milchstraßenwolken und blockiert ihre Strahlung. Nur mit dem bloßen Auge bekommt man den Gesamtanblick: Ein dunkler nachtschwarzer Schatten füllt den Raum südlich β und östlich α Crucis aus, die Ränder vor allem zum Kreuz des Südens hin sind deutlich markiert. Der Kohlensack scheint dunkler zu sein als der milchstraßenlose Nachthimmel, dies ist aber nur ein täuschender Kontrasteffekt. Für die Ureinwohner Australiens war der Kohlensack nur der Kopf des himmlischen Emus, einer gigantischen Dunkelfigur vor der hellen Milchstraße, die ihren Hals durch Circinus und Norma reckt und den Körper im Skorpion und Ophiuchus versteckt.

Mit dem Fernglas verliert der Kohlensack seine bedrohliche klumpenartige Dunkelheit, denn die Dunkelschwaden lösen sich in einzelne Flecke auf. Besonders eindrucksvolle Dunkelnebel befinden sich südöstlich α Crucis, von hier aus ziehen in Großfeldstechern beobachtbare Flocken in Ketten weit in die Sternbilder Musca und Centaurus hinein.

Aufsuchen: α → 2° O

NGC 4833, 60mm-Refraktor, 47×

NGC 5189, 60mm-Refraktor, 99×

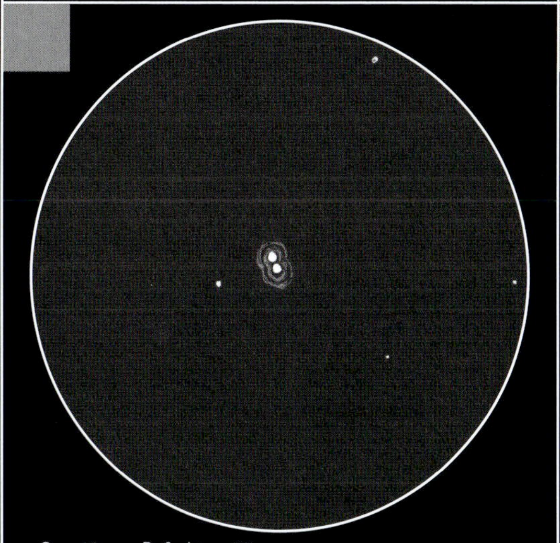
α Cru, 60mm-Refraktor, 99×

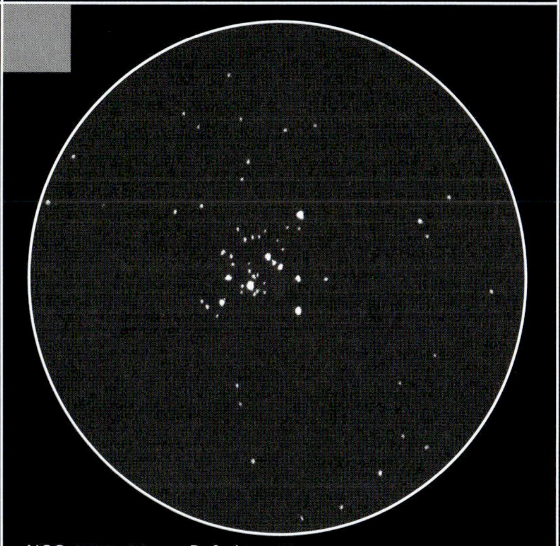
NGC 4755, 60mm-Refraktor, 71×

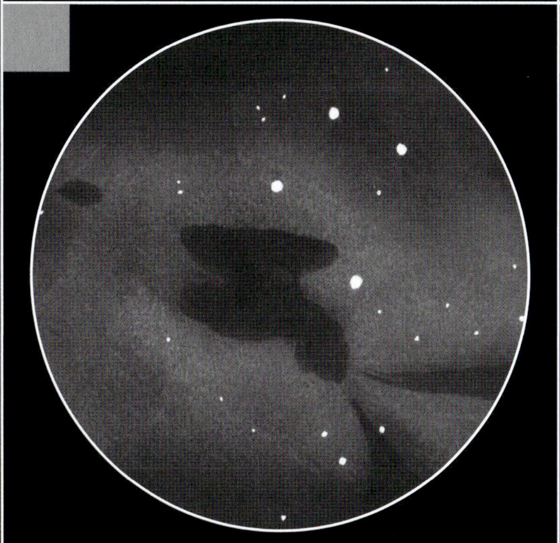
Kohlensack, bloßes Auge

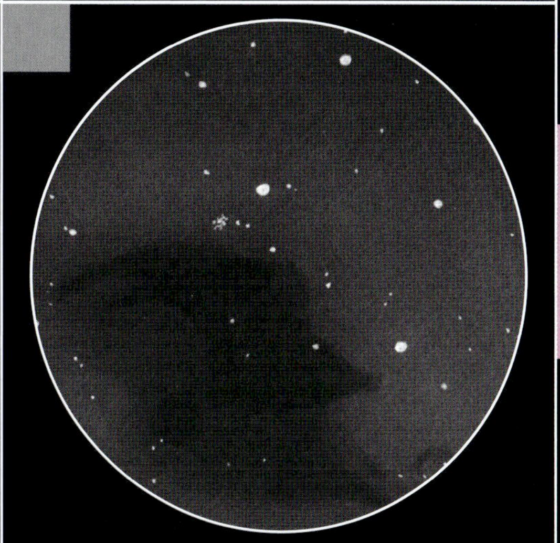
Kohlensack, 10×50-Fernglas

Atlas Karte 28, 35

Centaurus (Cen)

Centaurus, der Zentaur, gehört zu den flächengrößten Sternbildern am Himmel. Es ist Teil der antiken Himmelswelt, da das Sternbild vor 2000 Jahren gut 10° höher über dem Horizont als heute stand. Von Mitteleuropa sind seine nördlichsten Ausläufer noch sichtbar. Der größte Teil seiner Fläche gehört jedoch dem Südhimmel an. Markant stechen die beiden nah zusammen stehenden hellen Hauptsterne α (Toliman) und β (Hadar) hervor, deren westwärtige Verlängerung als Zeiger auf das Kreuz des Südens weist. Centaurus berührt zweimal die Milchstraße, getrennt vom Feld des Kreuz des Südens. Zahlreiche sehenswerte Sternhaufen und Nebel liegen in seinen Grenzen. Dazu gehört die bemerkenswerte Galaxie Centaurus A und der hellste Kugelsternhaufen des Himmels, ω Centauri.

BrsO 5	11^h 24,7^{min}	-61° 39'	$7^m6/8^m6$	4,4"	242°	40 Lj	DS	Abstand vergrößert sich	50mm
NGC 3699	11^h 28,0^{min}	-59° 57'	10^m9	1'	16^m7	7100 Lj	PN	durch Dunkellinie geteilt	63mm
NGC 3766	11^h 36,1^{min}	-61° 37'	5^m3	12'	7^m2	6700 Lj	OC	sternreich, hell	bloßes Auge
IC 2944/8	11^h 38,8^{min}	-63° 32'	–	50'×30	–	7800 Lj	GN	λ Cen-Nebel, schwach und groß	10×50
NGC 3918	11^h 50,3^{min}	-57° 11'	8^m1	0,2'	13^m2	5100 Lj	PN	sehr hell, klein, rund	50mm
γ Cen	12^h 41,5^{min}	-48° 58'	$2^m9/2^m9$	0,4"	29°	130 Lj	DS	Umlaufszeit 85 Jahre	200mm
NGC 4696	12^h 48,8^{min}	-41° 19'	10^m2	2'	22^m1	120 Mio. Lj	Gx	im Centaurus-Galaxienhaufen	80mm
NGC 4945	13^h 5,1^{min}	-49° 28'	8^m4	10'×1,5'	22^m9	12 Mio. Lj	Gx	schwach, stark elongiert	80mm
NGC 5102	13^h 22,0^{min}	-36° 38'	9^m5	6'×2'	21^m8	12 Mio. Lj	Gx	ι Cen direkt daneben	50mm
NGC 5128	13^h 25,5^{min}	-43° 1'	6^m8	10'×8'	22^m6	12 Mio. Lj	Gx	Centaurus A, dunkles Staubband	8×30
NGC 5139	13^h 26,8^{min}	-47° 29'	3^m7	32'	11^m5	17.000 Lj	GC	Omega Centauri	bloßes Auge
NGC 5253	13^h 39,9^{min}	-31° 39'	10^m0	2'×1'	21^m1	12 Mio. Lj	Gx	Zwerggalaxie, schwach	10×50
NGC 5286	13^h 46,4^{min}	-51° 22'	7^m3	2,5'	12^m1	38.000 Lj	GC	heller Stern direkt südöstlich	8×30
NGC 5281	13^h 46,5^{min}	-62° 55'	5^m9	5'	6^m6	5200 Lj	OC	klein, konzentriertes Zentrum	10×50
NGC 5307	13^h 51,1^{min}	-51° 12'	11^m1	10"	14^m7	10.000 Lj	PN	sehr klein, elliptisch	80mm
NGC 5367	13^h 57,7^{min}	-39° 59'	–	2'	–	2200 Lj	GN	umgibt Doppelstern h 4636	150mm
NGC 5460	14^h 7,6^{min}	-48° 19'	5^m6	25'	8^m0	2400 Lj	OC	groß, mit Doppelstern	3,5×15
R Cen	14^h 16,6^{min}	-59° 55'	5^m3	11^m8	550 Tage	2900 Lj	Vr	interessantes Spektrum	10×50
NGC 5617	14^h 29,7^{min}	-60° 43'	6^m0	15'	9^m7	7600 Lj	OC	nahe α Cen	10×50
Proxima Centauri	14^h 30,2^{min}	-62° 41'	12^m1b	13^m1b	unreg.	4,2 Lj	Vr	V 645 Cen, nächster Stern	100mm
α Cen	14^h 39,6^{min}	-60° 50'	$0^m0/1^m3$	5,5"	345°	4,4 Lj	DS	Toliman, hellster Doppelstern	50mm

Cen

NGC 3766 ★★★★☆

Nicholas de Lacaille 1751

Zwischen Crux und Carina steht dieser Sternhaufen in einer aufregenden Himmelsregion, und er trägt selbst maßgeblich zu deren Attraktivität bei.

- Bereits mit dem bloßen Auge ist NGC 3766 ein schwacher Sternknoten.
- Schon mit einem üblichen Fernglas zeigt sich ein brillanter Nebelfleck in interessanter Himmelsgegend.
- Im Teleskop drängen sich 20 Sterne ab 7^m auf 10' Feld, ein heller und dichter Haufen. Es bleibt noch ein glimmender Hintergrundnebel bei kleiner Vergrößerung. Mit mittleren Teleskopen gehört NGC 3766 zu den großartigsten Sternhaufen überhaupt, der helle Sterne und Kompaktheit gleichermaßen vereint.

Aufsuchen: λ ➡ 1,5° NNW

NGC 3918 ★★☆☆☆

John Herschel 1834

Dieser kleine Planetarische Nebel gehört zu den hellsten Objekten seiner Art. Er hat viele Beobachter aufgrund seiner tiefblauen Farbe fasziniert, die im mittleren Teleskop bei niedriger Vergrößerung eindrucksvoll zu sehen ist.

Der Nebel erscheint auch bei über 200× als 12" kleine Scheibe ohne Einzelheiten. Der Zentralstern ist kaum zu sehen, da er im hellen Nebellicht geradezu ertrinkt. Interessant ist eine spektroskopische Beobachtung, die den Nebel als Abbild weniger Spektrallinien zeigt, während das kontinuierliche Spektrum des Zentralsterns mit mittleren Öffnungen wie eine Nadel heraussticht.

Aufsuchen: δ Cru ➡ 3,5° W

NGC 4945 ★★☆☆☆

James Dunlop 1826

Dies ist eine ungewöhnliche Galaxie, wie es sie kaum am Nordhimmel gibt.

Die Galaxie kann schon in größeren Feldstechern leicht gesehen werden, die hellen Sterne behindern aber die Wahrnehmung merklich.

Im Fernrohr ist ein schmaler Lichtstreif von 10' Länge zu sehen, nur 90" breit und diffus durch ein abwechslungsreiches Sternfeld laufend. Bei kleiner Vergrößerung stehen die beiden ξ Centauri-Sterne noch mit im Gesichtsfeld und setzen ihr helles Licht als Kontrapunkt zum schwachen Nebel von NGC 4945. Mit mittleren Optiken wirkt die Galaxie unregelmäßig strukturiert, ohne dass eine bestimmte Textur zu fassen wäre. Eine Dunkelwolke in der Galaxie, die in den nördlichen Teil von Osten her eindringt, ist deutlich. Stände sie nicht so nahe an der Milchstraße, wo ihr Licht von dessen Staub abgeschwächt wird, wäre sie mit 7^m eines der beeindruckendsten extragalaktischen Objekte am Himmel.

Aufsuchen: γ ➡ 4° O ➡ ξ^1 ➡ 15' O

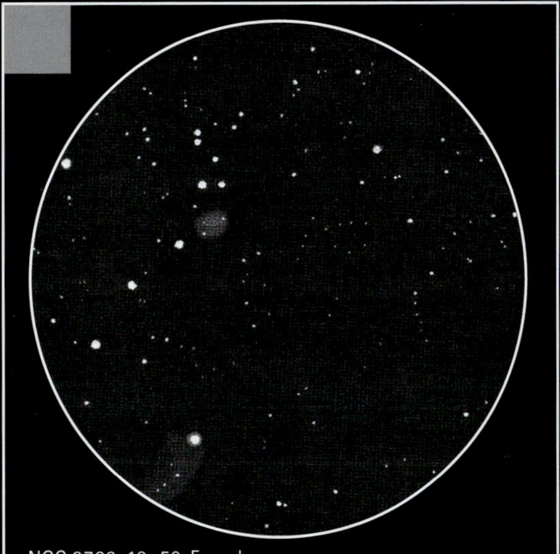

NGC 3766, 10×50-Fernglas

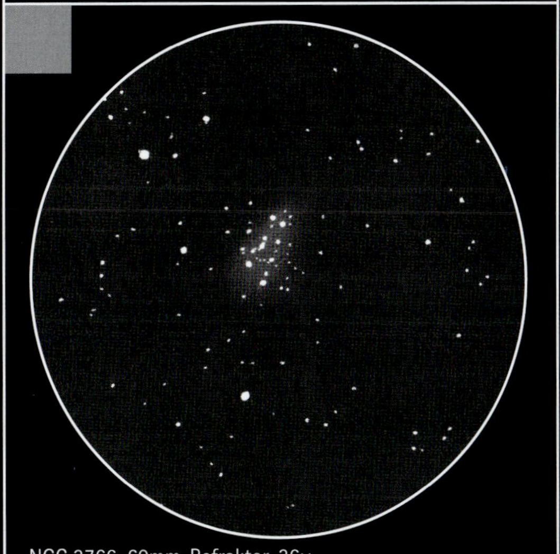

NGC 3766, 60mm-Refraktor, 36×

NGC 3918, 60mm-Refraktor, 99×

NGC 5128, Centaurus A ★★★★☆

James Dunlop 1827

NGC 5128 ist die berühmte irreguläre Galaxie Centaurus A, eine der prominentesten Sehenswürdigkeiten des südlichen Sternhimmels.

Schon im Fernglas ist ein schwacher kleiner Nebelball sichtbar, ähnlich wie M 83 weiter nördlich, aber kleiner.

Kleine Fernrohre zeigen einen großen runden Nebel mit diffusem Rand, der von einem 1' breiten Dunkelstreifen geteilt wird. Diese Struktur ist schon mit Großfeldstechern sichtbar, gewinnt aber erst in mittleren Optiken an eigentümlicher Ausdruckskraft. Dann ist es spannend, bei höherer Vergrößerung den Bereich der Dunkellinie abzufahren und auf Unregelmäßigkeiten zu achten. Eine feine helle Linie durchzieht den Dunkelstreifen parallel zu den Rändern, was aber nur in einer guten Nacht und von südlichem Standpunkt aus zu erhaschen ist. Mehrere schwache Sterne sind über die Galaxie verstreut, einer direkt vor der Dunkellinie.

In großen Teleskopen sind zahlreiche feine Details entlang des dunklen Balkens zu sehen, zusammen mit den Sternen ein unvergleichlicher Anblick.

Aufsuchen: μ ➡ 4,3° W

NGC 5281 ★☆☆☆☆

Nicolas de Lacaille 1751

Mit dem bloßen Auge ist der Sternhaufen nur schwierig sichtbar, da er sich in einer Gruppe von 7^{m}-Sternen befindet.

Ein kleines Fernglas enthüllt einen sehr hellen nebligen Fleck von nur 5' Durchmesser.

Erst ein Fernrohr bei mittlerer Vergrößerung kann den Haufen voll auflösen und die eigenartige Anordnung der Sterne zeigen. Etwa zehn Sterne zeigen sich mit kleiner Öffnung. Der mit 7^{m} hellste Stern steht im Nordosten des nur 3' messenden Zentralbereichs, wo sich zwei helle gebogene Sternketten zu einem großen X kreuzen. Ohne diese hellste Sonne hätte der Haufen nur eine Helligkeit von $6\overset{\mathrm{m}}{,}8$. Mit mehr Öffnung sind die verschiedenen Farben der Sterne von gelblich bis bläulich deutlich, wozu man aber mindestens 100× vergrößern sollte.

*Aufsuchen: β ➡ 3° S ➡ * 5^{m} ➡ 1,5° WNW*

Cen

NGC 5139, Omega Centauri ★★★★★

Edmond Halley 1677

ω Centauri ist der gängige Name für den hellsten und größten aller Kugelsternhaufen. Ab 40° geographischer Breite, etwa von Griechenland, Südspanien oder Süditalien aus, wird dieses Schaustück ersten Ranges sichtbar.

Die Gegenüberstellung mit M 13 macht die enormen Werte dieses Objekts deutlich:

	M 13	ω Cen
Helligkeit	$5\overset{\mathrm{m}}{,}7$	$3\overset{\mathrm{m}}{,}7$
Größe	8'	32'
Einzelsterne ab	$11\overset{\mathrm{m}}{,}9$	$11\overset{\mathrm{m}}{,}5$

Entscheidend ist, dass ω Cen wesentlich weniger konzentriert und viermal so groß (!) wie M 13 ist. Der prächtigere Anblick wird nicht durch die helleren Einzelsterne verursacht; beispielsweise ist der hellste Stern in M 4 um 1^{m} heller als in NGC 5139, auch M 22 präsentiert sich hier besser. Vom Beobachtungserlebnis aber kann lediglich NGC 104 in Tucana mit ω Cen konkurrieren.

Mit bloßem Auge wirkt ω Cen wie ein 3^{m}-Stern, kein Wunder dass ihm Bayer einen Buchstaben im Sternbild Centaurus zuwies.

Der neblige Charakter wird im Opernglas oder kleinen Fernglas evident, ebenso die enorme Größe des Haufens. Schon im 10×50-Glas beginnt der Haufen ein »angelöstes« granuliertes Aussehen anzunehmen, ein 11×80-Fernglas zeigt bereits einzelne Sterne um die Nebelscheibe, die visuell ähnlich groß erscheint wie der Vollmond.

Im kleinen Refraktor bei 50–100× erscheinen nicht nur am Rand feine Sternpünktchen, sondern auch über die ganze Fläche verstreut. Auffällig besonders bei kleiner Vergrößerung ist die ovale Form in Ost-West-Richtung, die schon im Fernglas bemerkt werden kann. Bei höherer Vergrößerung muss man aufpassen, nicht nur noch Teile des Haufens im Gesichtsfeld halten zu können, damit der faszinierende Gesamtanblick nicht verloren geht.

Mittlere Öffnungen zeigen ω Cen in tausende von Sternen aufgelöst, der Haufen nimmt bei hohen Vergrößerungen einen sehr offenen Charakter an, wobei er aufgrund seiner enormen Größe nicht mehr ganz ins Feld passt. Bemerkenswert sind zwei dunkle Bereiche, die sich nach eingängiger Beobachtung wie dunkle »Augen« vor dem hellen Hintergrund abheben.

Aufsuchen: ε ➡ 6° NNW

NGC 4945, 60mm-Refraktor, 71×

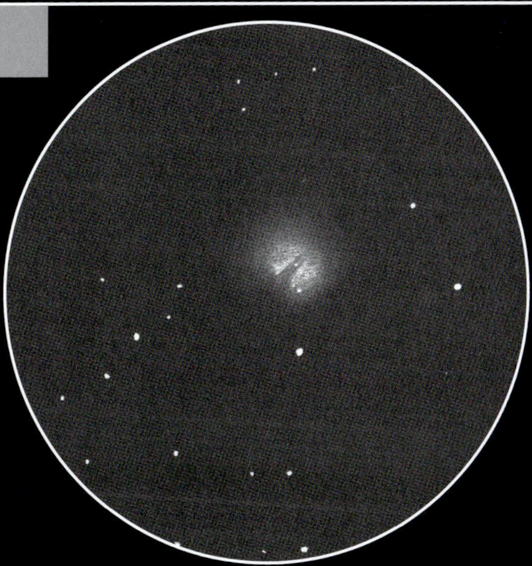
NGC 5128, 60mm-Refraktor, 71×

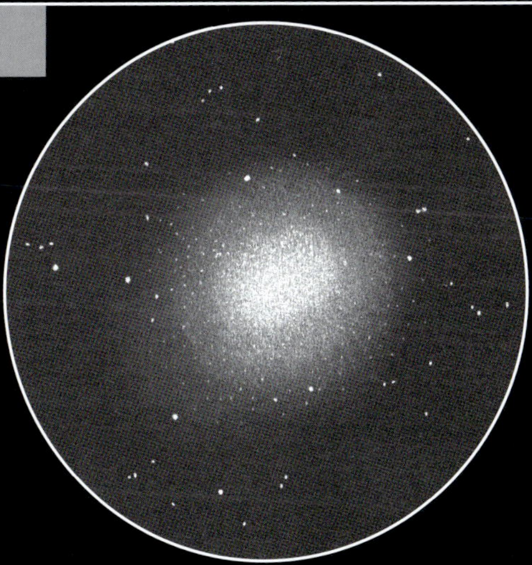
NGC 5139, 60mm-Refraktor, 47×

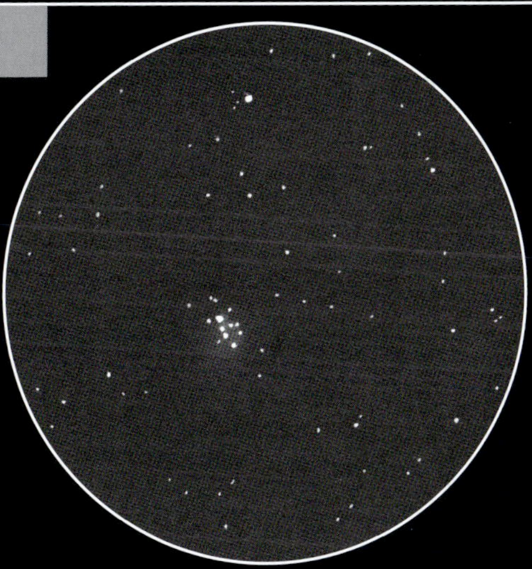
NGC 5281, 60mm-Refraktor, 36×

NGC 5460, 60mm-Refraktor, 47×

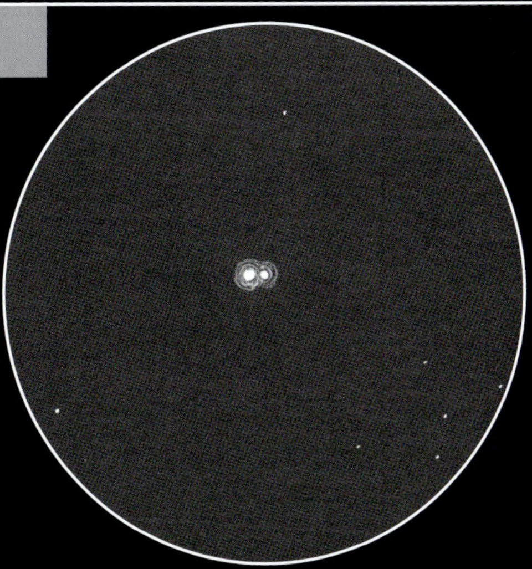
α Cen, 60mm-Refraktor, 99×

NGC 5460 ★★☆☆☆

James Dunlop 1826

Ein kleiner Feldstecher zeigt einen großen Nebelfleck, aus dem der hellste Stern mit 8^{m} herausleuchtet.

Mit einem kleinen Refraktor wird der Haufen in zwei Dutzend Sterne aufgelöst, voneinander getrennt in Gruppen stehend. Auffällig ist ein Halbkreis heller Sterne nördlich des Zentrums, darin ein heller oranger Stern und das Paar Herschel 4647 ($9^{\mathrm{m}}3$–$9^{\mathrm{m}}4$, 11"). 20' nördlich des Halbkreises, in den Außenbereichen des Haufens, steht die Galaxie ESO 221-G26, schwach mit mittlerer Öffnung unter dunklem Himmel sichtbar.

Aufsuchen: ζ → 2,2° OSO

Proxima Centauri ★☆☆☆☆

R. T. A. Innes 1915

Proxima Centauri gehört zum Doppelsternsystem von α Centauri, er steht mit 11^{m} in 2° Distanz. Mit 4,2 Lichtjahren Entfernung ist genaugenommen nur er der nächste Stern zur Sonne. Proxima ist ein Flare-Stern, der seine Helligkeit innerhalb weniger Minuten um 1^{m} verändern kann, und wird deshalb auch als Veränderlicher V 645 Centauri geführt.

Aufsuchen: α → 2,2° SSW → 2 6^{m} → 1,5° W → 4* 8^{m} → 1,5° S → Y-Muster 8^{m} → 40' SW*

α Cen, Toliman ★★★★☆

Jean Richaud 1689

Den Besuch von α Centauri mit eigenen Augen sollte sich kein Himmelsbeobachter bei einer Reise in südliche Gefilde entgehen lassen, denn es handelt sich um den hellsten Doppelstern des Himmels. Gleichzeitig ist dies das nächste Sternsystem in unserer Nachbarschaft, knapp viereinhalb Jahre braucht das Licht bis zu uns. Der $1^{\mathrm{m}}3$ helle Begleiter umkreist den $0^{\mathrm{m}}0$ hellen Hauptstern in 80 Jahren.

Der Abstand ist recht groß und lässt die Trennung mit praktisch jedem Fernrohr zu. Beeindruckend ist der Anblick der beiden hellen Sterne bei hoher Vergrößerung mit viel dunklem Zwischenraum. Die Distanz wird sich nach dem Jahr 2015 deutlich erhöhen, dann werden geringe Vergrößerungen ausreichen, um das Paar zu zeigen.

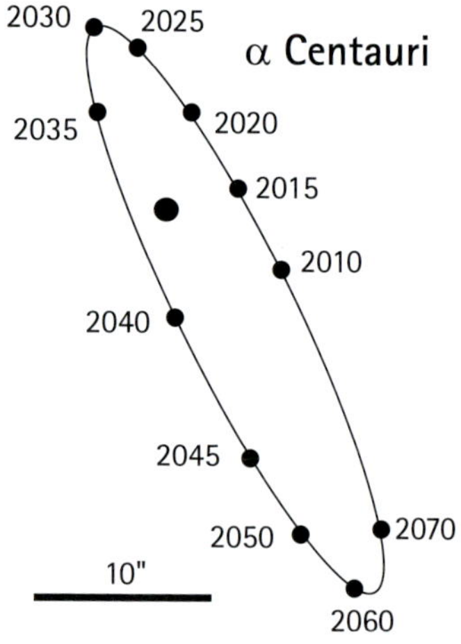

Die Ephemeride für die nächsten Jahre:

Jahr	Abstand	Positionswinkel
2020	5,5"	346°
2025	8,8"	9°
2030	10,4"	20°

Cen
Cir

Circinus (Cir)

Atlas Karte 35

Circinus, der Zirkel, ist ein sehr kleines Sternbild in der Südmilchstraße zwischen Centaurus und Norma. Hier beginnt die Zweiteilung der Milchstraße, die sich nach Norden bis in das Sternbild Cygnus fortsetzt. Die hellsten drei Sterne, den spitzen Winkel des Zeicheninstruments symbolisierend, stehen ganz im Schatten der benachbarten α und β Centauri. Die Deep-Sky-Objekte im Zirkel sind nur Sehenswürdigkeiten zweiter Klasse.

NGC 5315	13^{h} $54{,}0^{\mathrm{min}}$	-66° 31'	$9^{\mathrm{m}}7$	5"	$14^{\mathrm{m}}4$	6600 Lj	PN	sternförmig, hell	50mm
ESO 97-13	14^{h} $13{,}2^{\mathrm{min}}$	-65° 20'	10:^{m}	2'×1'	$21^{\mathrm{m}}9$	14 Mio. Lj	Gx	Circinus-Galaxie	150mm

Atlas Karte 35, 36

Triangulum Australe (TrA)

Das Südliche Dreieck ist größer und heller als sein nördlicher Gegenpart. Es gehört zu den wenigen einprägsamen Sternbildern des südlichen Himmels, obwohl es in der sternreichen Milchstraße zwischen Centaurus, Ara und Norma steht. Seine Figur erschien zum ersten Mal auf dem monumentalen Sternatlas von Johann Bayer 1603, wurde aber schon ein Jahrhundert früher von Pieter Theodor geschaffen. Das hellste Objekt für den Himmelsbeobachter ist ein Offener Sternhaufen auf der Grenze zum benachbarten Norma.

NGC 5979	$15^h\ 47{,}7^{min}$	-61° 13'	$11^m{,}7$	0,3'	$15^m{,}3$	9800 Lj	PN	klein, elliptisch	120mm
NGC 6025	$16^h\ 3{,}3^{min}$	-60° 26'	$5^m{,}1$	15'	$7^m{,}1$	2500 Lj	OC	heller reicher Haufen	bloßes Auge

NGC 6025 ★★★☆☆

Nicolas de Lacaille 1751

NGC 6025 gehört zu den Sehenswürdigkeiten der südlichen Milchstraße, die auch mit kleinster Optik einen eindrücklichen Anblick liefern.

Der Haufen ist als länglicher Nebelfleck schon mit bloßem Auge zu sehen.

Bereits mit einem kleinen Fernglas zeigt sich ein dichter Schwarm von 20 Sternen 7–9^m auf nur 15' Durchmesser. Sofort auffällig ist die eigentümliche Anordnung der Sterne in Nord-Süd-Richtung. Zwei helle Paare rahmen den Sternhaufen ein.

Im Teleskop bei höheren Vergrößerungen gelingt es, die schwächeren Sternketten und Pärchen herauszuarbeiten. Es ist interessant, das Aussehen mit NGC 6087 und NGC 6067 in Norma zu vergleichen, die beide nicht allzuweit entfernt stehen und entfernt an die drei Messier-Sternhaufen in Auriga erinnern.

Aufsuchen: β ➞ 3° N ➞ 3 6^m ➞ 1° O*

Atlas Karte 29, 35

Lupus (Lup)

Lupus, der Wolf, ist eines der antiken Sternbilder. Obwohl es sich heute für uns am Südhimmel befindet, war es vor 2000 Jahren vollständig von Südeuropa aus sichtbar. Die nördlichsten Bereiche sind dies auch noch, aber dieser Bereich südlich der Waage zeichnet sich nur durch wenig helle Sterne aus. Der mittlere und südliche Teil dagegen ist dicht bevölkert mit 2–4^m-Sternen, lässt sich aber kaum gegen den benachbarten Centaurus abgrenzen.

IC 4406	$14^h\ 22{,}4^{min}$	-44° 9'	$10^m{,}1$	1,5'	$17^m{,}4$	5900 Lj	PN	rechteckig	80mm
π Lup	$15^h\ 5{,}1^{min}$	-47° 3'	$4^m{,}6/4^m{,}6$	1,8"	65°	480 Lj	DS	Testpaar für 80mm	80mm
NGC 5822	$15^h\ 5{,}2^{min}$	-54° 21'	$6^m{,}5$	40'x30'	$10^m{,}0$	2700 Lj	OC	sehr groß	8x30
NGC 5882	$15^h\ 16{,}8^{min}$	-45° 39'	$9^m{,}4$	0,1"	$13^m{,}4$	6500 Lj	PN	sehr klein, hell	63mm
μ Lup	$15^h\ 18{,}5^{min}$	-47° 53'	$4^m{,}9/5^m{,}0/6^m{,}3$	0,8"/23"	114°/128°	340 Lj	DS	Dreifachstern	120mm
NGC 5927	$15^h\ 28{,}0^{min}$	-50° 40'	$8^m{,}0$	3'	$14^m{,}5$	25.000 Lj	GC	kaum aufgelöst, weit entfernt	63mm
NGC 5986	$15^h\ 46{,}1^{min}$	-37° 47'	$7^m{,}1$	2'	$13^m{,}2$	34.000 Lj	GC	schwierig aufzulösen	10x50
ξ Lup	$15^h\ 56{,}9^{min}$	-33° 58'	$5^m{,}1/5^m{,}6$	10,3"	50°	220 Lj	DS	Horizontobjekt für Mitteleuropa	50mm

NGC 5822 ★★☆☆☆

John Herschel 1836

NGC 5822 gehört zu den nahezu unbekannten Sternhaufen des Südhimmels.

Im mittleren Fernglas ist ein ausgedehnter Nebelfleck zu sehen. Großfeldstecher zeigen eine eher an eine Sternwolke erinnnernde Sternansammlung von über 100 Sonnen schwächer als 11^m. Die Form ist deutlich abgeplattet und misst bis zu 40'. Da der Haufen in einem sehr reichen Milchstraßenfeld steht, hebt er sich mit größeren Öffnungen schnell schlechter vom Hintergrund ab. Der beste Anblick bietet sich im 80–100mm-Glas und im drei- bis vierzölligen Teleskop bei schwacher Vergrößerung und 2° Gesichtsfeld.

Aufsuchen: ε ➡ 1,5° SW

NGC 5986 ★☆☆☆☆

James Dunlop 1826

NGC 5986 ist ein kaum bekannter Kugelsternhaufen im Sternbild Wolf.

Schon in einem kleinen Fernglas ist er schwach zu sehen.

Ein kleines Teleskop zeigt einen hellen kleinen Nebelfleck, der eckig wirkt. Mit mittlerer Öffnung beginnt erst die Auflösung in Einzelsterne, kleine Teleskope zeigen nur einen einzelnen Stern am Rand.

*Aufsuchen: η ➡ 2,5° W ➡ * 6^m ➡ 10' NW*

Norma (Nor)

Atlas Karte 36

Norma, das Winkelmaß, gehört zu den neuzeitlich erfundenen Sternbildern des Südhimmels; es wurde von Lacaille 1752 als »Norma et Regula« eingeführt. Ähnlich wie Scutum am Nordhimmel ist es kaum durch seine Einzelsterne zu erkennen, vielmehr durch die helle Milchstraßenwolke, die seinen südlichen Teil ausfüllt. Die Normawolke ist von Helligkeit und Brillanz mit der Schildwolke durchaus gleichzusetzen. Norma steht von Mitteleuropa aus unbeobachtbar zwischen Skorpion, Wolf, Centaurus, Triangulum Australe und Ara. Zwei helle Sternhaufen sind die Glanzlichter der Norma-Sternwolke.

NGC 6067	$16^h\,13{,}2^{min}$	-54° 13'	$5^m{,}6$	30'	$8^m{,}3$	6900 Lj	OC	kompakt, hell	bloßes Auge
Mz 2	$16^h\,14{,}5^{min}$	-54° 57'	$12^m{,}0$	0,4'	–	6700 Lj	PN	Menzel 2, kleines Scheibchen	80mm
NGC 6087	$16^h\,18{,}9^{min}$	-57° 54'	$5^m{,}4$	15'	$7^m{,}9$	3100 Lj	OC	locker, hell	bloßes Auge
NGC 6164-5	$16^h\,34{,}0^{min}$	-48° 6'	–	2'×1'	–	3800 Lj	GN	Wolf-Rayet-Nebel, sehr schwach	120mm
NGC 6167	$16^h\,34{,}6^{min}$	-49° 46'	$6^m{,}0$	20'	$7^m{,}6$	4800 Lj	OC	neblig im Sucher	10×50

NGC 6067 ★★★☆☆

James Dunlop 1826

Als kleiner Fleck ist NGC 6067 bereits mit bloßem Auge in der Norma-Sternwolke zu sehen.

Im Fernglas glänzt ein nebliger Schimmer vor einem der reichsten Felder des Himmels.

Mit einem kleinem Refraktor oder im Großfeldstecher mausert sich NGC 6067: Auf knapp 30' Durchmesser stehen dicht gedrängt Sterne vor nebligem Hintergrund, da nicht alle schwachen Sterne aufgelöst werden können. Der gesamte Haufen ist oval in Nordwest-Südost-Richtung. Im mittleren Teleskop hält der gute Eindruck nur bei kleiner Vergrößerung und großem Gesichtsfeld, mehr als 50 Sterne können gezählt werden, die hellsten strahlen wie Leuchttürme im Sternenmeer.

Aufsuchen: γ ➡ 4° S

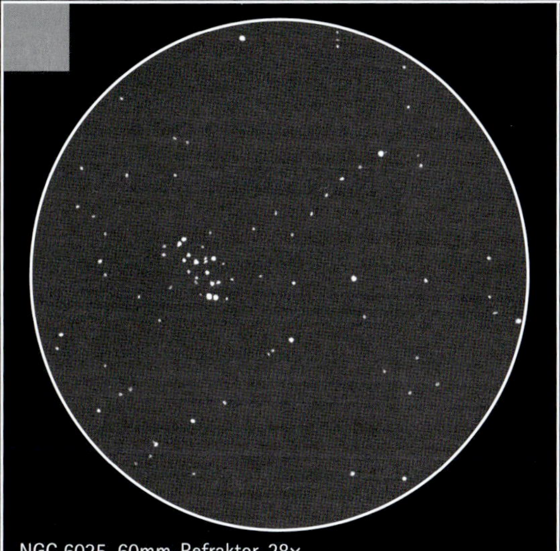
NGC 6025, 60mm-Refraktor, 28×

NGC 5822, 60mm-Refraktor, 9×

NGC 5986, 60mm-Refraktor, 47×

NGC 6067, 60mm-Refraktor, 28×

NGC 6087, 60mm-Refraktor, 28×

NGC 6397, 60mm-Refraktor, 99×

NGC 6087 ★★★☆☆

James Dunlop 1826

NGC 6087 gehört zu den vielen Haufen am Südhimmel, die deutlich mit bloßem Auge sichtbar sind.

Ein kleines Fernglas zeigt eine verstreute Gruppe von 15 hellen Sternen ab 7^m. Südlich steht NGC 6025 und nördlich NGC 6067 noch mit im Feld - das südliche Gegenstück zu den drei Sternhaufen im Fuhrmann.

Mit einem Teleskop erkennt man die hellen Sterne vor dem reichen Hintergrund des Milchstraßenfelds, der hellste und zentral gelegene Stern fällt durch seine deutliche orange Färbung auf. NGC 6087 ist ein schönes Objekt für Öffnungen von 30–60mm, mit größeren Geräten wird der Haufeneindruck schnell zerstört, und es bleibt ein reiches Sternfeld mit verstreuten hellen Sternen.

Aufsuchen: γ ➡ 4° S ➡ NGC 6067 ➡ 4° S

Ara (Ara)

Atlas Karte 36

Ara, der Altar, gehört zu den wenigen aus dem Altertum überlieferten Sternbildern des Südhimmels. Von Mitteleuropa aus ist nichts von diesem einprägsamen Muster zu sehen, es befindet sich genau südlich des Skorpions in der Milchstraße. Sieben helle Sterne bilden zwei miteinander verbundene Sterntrapeze, die Figur hebt sich im Gegensatz zu einigen Nachbarsternbildern gut ab. Ara ist die Heimat eines der schönsten Kugelsternhaufen des Himmels sowie eines interessanten Feldes von kombiniertem Sternhaufen und Nebel.

NGC 6188	16^h 40,5^{min}	-48° 47'	-	20'×12'	-	3900 Lj	GN	umgibt NGC 6193	10×50
NGC 6193	16^h 41,3^{min}	-48° 46'	5^m,2	12'×7'	5^m,3	3900 Lj	OC	reiches Feld	8×30
h 4876	16^h 41,3^{min}	-48° 46'	5^m,7/8^m,4/6^m,8	1,7"/10,2"	11°/265°	4700 Lj	DS	in NGC 6193	80mm
NGC 6221	16^h 52,8^{min}	-59° 13'	10^m,0	2,5'×1,5'	21^m,5	39 Mio. Lj	Gx	nahe η Ara	80mm
h 4949	17^h 26,9^{min}	-45° 51'	5^m,6/6^m,5	2,1"	251°	650 Lj	DS	wird langsam enger	63mm
NGC 6362	17^h 31,9^{min}	-67° 3'	7^m,7	4'	12^m,8	25.000 Lj	GC	auflösbar	10×50
NGC 6397	17^h 40,7^{min}	-53° 40'	5^m,3	10'	10^m,0	7500 Lj	GC	nächster Kugelsternhaufen	bloßes Auge

NGC 6188, NGC 6193 ★☆☆☆☆ ★☆☆☆☆

John Herschel 1836, James Dunlop 1826

Diese beiden Objekte bilden ein reizvolles Feld in der südlichen Milchstraße, auch wenn die Helligkeiten und Dimensionen nicht so groß ausfallen wie bei den bekannten Objekten in Carina und Centaurus.

Im Fernglas ist ein heller Stern zu sehen, umgeben von einem halben Dutzend Sonnen bis 9^m.

Am Teleskop verrät hohe Vergrößerung den Zentralstern als dreifach, mit einem 7^m-Stern in 10" Abstand, ein weiterer 9^m-Begleiter steht nur 1,6" entfernt. Dieses System ist auch als Herschel 4876 katalogisiert. Etwa 30 Sterne bis 13^m sind vor allem im Südosten des Doppelsterns locker gruppiert, viele davon auffällig in Gruppen angeordnet. Beobachtet man das Feld bei kleiner Vergrößerung, fällt der Reichtum an Dunkelwolken und schwach leuchtendem Nebel auf. Ein Schmalbandfilter hilft sehr, den hellsten Nebelteil etwa 10' westlich des Sternhaufens zu erkennen; hier zieht sich ein leuchtender Nebelvorhang 20' von Nord nach Süd. Die komplizierte Gliederung durch eingelagerte Dunkelnebel ist nur bei sehr guten Bedingungen mit mittlerer Öffnung nachzuvollziehen. Dann allerdings ist ein Feld von 1° Durchmesser voll glitzernden Sternreichtums und schwacher Nebelmaterie zu genießen.

Aufsuchen: γ Nor ➡ 3° NNO ➡ ε Nor ➡ 3° OSO

NGC 6397 ★★★★☆

Nicolas de Lacaille 1751

NGC 6397 gehört zu den nahestehendsten der hellen Kugelsternhaufen, allenfalls vergleichbar mit M 4 in Scorpius. Er ist wesentlich heller und leichter aufzulösen als M 13, wie die Gegenüberstellung verdeutlicht:

	M 13	NGC 6397
Helligkeit	$5^{m}{,}8$	$5^{m}{,}3$
hellste Einzelsterne	$11^{m}{,}9$	$10^{m}{,}0$
Masse der Haufensterne ab	$15^{m}{,}0$	$12^{m}{,}9$
Durchmesser	8'	10'

👁 Mit dem bloßen Auge ist ein runder deutlicher Nebelfleck zu sehen; er ist recht einfach in dunklen Nächten zu erkennen.

Mit einem 10×50-Fernglas erscheint der Haufen als großer runder heller Nebel.

Schon im kleinen Refraktor ist NGC 6397 schön aufgelöst, die hellsten Sterne sind schon im Zweizöller sichtbar. Mit mittleren Öffnungen ist der Kugelsternhaufen ein gewaltiger Anblick, ein riesiger Sternschwarm entfaltet sich im Okular, Sternketten und Grüppchen sind zu sehen, dies steigert sich noch in großen Teleskopen. Von manchen Beobachtern wird der Haufen als dreieckig oder mit einem »fehlenden« Stück an der westlichen Seite beschrieben.

Aufsuchen: $\alpha \rightarrow$ *5,5° S* $\rightarrow \beta \rightarrow$ *2° O Linie* α–β

Scorpius (Sco) Nordteil Seite 110

Atlas Karte 29

Scorpius, der Skorpion, ist von Mitteleuropa aus nur teilweise zu sehen. Die gesamte beeindruckende Figur mit Scheren und Stachel ist von einem südlichen Standpunkt ein großartiges Erlebnis – der Skorpion konkurriert in der Eindrücklichkeit des Musters nur mit Orion. Zu den Objekten im südlichen, von Mitteleuropa aus unsichtbaren Teil der Sternbilds zählen einige der schönsten Sternhaufen des Himmels.

NGC 6124	$16^{h}\,25{,}6^{min}$	-40° 40'	$5^{m}{,}8$	30'	$8^{m}{,}7$	2100 Lj	OC	Sternketten	bloßes Auge
NGC 6231	$16^{h}\,54{,}0^{min}$	-41° 48'	$2^{m}{,}6$	15'	$4^{m}{,}7$	5300 Lj	OC	sehr hell und kompakt	bloßes Auge
NGC 6242	$16^{h}\,55{,}7^{min}$	-39° 28'	$6^{m}{,}4$	10'	$7^{m}{,}3$	4200 Lj	OC	hellster Stern orange	8x30
IC 4628	$16^{h}\,57{,}0^{min}$	-40° 20'	-	60'×32'	-	6000 Lj	GN	Emissionsnebel nördlich NGC 6231	10×50
B 50	$17^{h}\,2{,}9^{min}$	-34° 24'	-	30'×15'	-	-	GN	ehr kontrastreich	8x30
NGC 6281	$17^{h}\,4{,}8^{min}$	-37° 54'	$5^{m}{,}4$	8'	$7^{m}{,}9$	1700 Lj	OC	Pyramidenform	bloßes Auge
NGC 6302	$17^{h}\,13{,}7^{min}$	-37° 6'	$9^{m}{,}6$	0,9'	$16^{m}{,}0$	2100 Lj	PN	Bugnebel, klein	80mm
h 4926	$17^{h}\,14{,}5^{min}$	-39° 46'	$6^{m}{,}7/10^{m}{,}1/10^{m}{,}5$	14"/16"	335°/209°	5900 Lj	DS	Dreifachsystem	50mm
NGC 6334	$17^{h}\,20{,}5^{min}$	-35° 43'	-	46'×23'	-	5500 Lj	GN	Katzenpfotennebel, sehr schwach	150mm
NGC 6357	$17^{h}\,24{,}6^{min}$	-34° 10'	-	9'×4'	-	5500 Lj	GN	fotografisch viel größer	80mm
NGC 6388	$17^{h}\,36{,}3^{min}$	-44° 44'	$6^{m}{,}7$	3,5'	$14^{m}{,}8$	32.000 Lj	GC	nicht aufgelöst	8x30
NGC 6441	$17^{h}\,50{,}2^{min}$	-37° 3'	$7^{m}{,}2$	2'	$15^{m}{,}4$	38.000 Lj	GC	nicht aufgelöst, heller Stern 5' westlich	63mm

NGC 6124 ★★☆☆☆

Nicolas de Lacaille 1751

Sehr schwach ist dieser Sternhaufen bereits mit dem bloßen Auge unter dunklem Himmel sichtbar.

Das Fernglas enthüllt einen Haufen von 15 Sternen in dichter Anordnung, ein schönes Objekt.

Ein kleiner Refraktor zeigt eine Ansammlung von 30–40 Sternen auf ½° Durchmesser. Durch die sternarme Umgebung hebt sich der Haufen gut vom Feld ab. Die Sternmuster erwecken den Eindruck eines nach Südwesten fliegenden tropischen Vogels mit Vorder- und Hinterschwingen. Im mittelgroßen Teleskop ist NGC 6124 ein reicher Haufen von über 50 Sternen, der allerdings zur genussvollen Betrachtung ein großes Gesichtsfeld verlangt.

Aufsuchen: μ ➦ 5,5° SW

NGC 6242 ★★☆☆☆

Nicolas de Lacaille 1751

2½° nördlich von NGC 6231 steht ein weiterer heller Sternhaufen, zwar wesentlich schwächer als dieser, aber ebenso eines der Glanzstücke für Himmelsbeobachter im Skorpion: NGC 6242.

Im Fernglas ist ein 7^m-Stern sichtbar, der nach Norden von einem nebligen »Schweif« begleitet wird.

Dieser löst sich schon im Zweizöller in einen dichten Schwarm von 25 Sternen $10–12^m$ auf. Im mittleren Teleskop fällt die orange Farbe des hellsten Sterns auf, der Haufeneindruck verstärkt sich durch die inzwischen 50 Sterne auf nur 8' Durchmesser. Während der Haufen nach Norden und Westen allmählich in das dichte Milchstraßenfeld übergeht, ist der Südostrand scharf begrenzt.

Aufsuchen: μ ➦ 1,5° SSO

NGC 6231 ★★★★☆

Giovanni Baptista Hodierna 1654

Der von Mitteleuropa aus unsichtbare südliche Teil des Skorpion beherbergt mit NGC 6231 einen der hellsten Sternhaufen des Himmels, der in einem Atemzug mit den Plejaden, IC 2602, NGC 3532, dem Omicron-Velorum-Haufen und NGC 2451 genannt werden muss. Erst von der geographischen Breite Siziliens oder Athens aus wird der Sternhaufen sichtbar.

NGC 6231 ist einfach mit dem bloßen Auge zu erkennen; direkt nördlich des hellen Dreiergestirns ζ Sco ist ein heller 3^m-Nebelfleck zu sehen, aus dem die hellsten Haufensterne mit 5^m herausblitzen.

Selbst mit der kleinsten Optik bietet der Haufen einen grandiosen Anblick: Dutzende Sterne von $5–8^m$ stehen auf nur 15' Durchmesser eng zusammen.

Mit größerer Optik wird der Eindruck noch besser; der Zentralbereich, in dem etwa 30 Sterne dichtgedrängt funkeln, darunter allein 13 heller als 8^m, misst nur 5'×7'! Die Sterne zeigen weißliche und gelbe Färbung und sind in engen Pärchen und Ketten angeordnet – eine interessante Himmelslandschaft bei hoher Vergrößerung.

Aufsuchen: μ ➦ 3,5° S

NGC 6281 ★★★☆☆

James Dunlop 1826

Inmitten der reichen Skorpion-Milchstraße steht dieser für kleine Optiken sehr geeignete Haufen. Theoretisch gelangt er für Süddeutschland 3–4° über den Horizont; die Beobachtung wird jedoch in den allermeisten Nächten durch den sommerlichen Horizontdunst zunichte gemacht. M 7, der wesentlich größer ist und hellere Einzelsterne besitzt, besitzt eine 3° nördlichere Deklination.

Von einem Standpunkt in Südeuropa oder auf der Südhalbkugel der Erde bietet NGC 6281 schon im 10×50-Fernglas bereits den Anblick eines rechtwinkligen Sternknotens, eingerahmt von zwei hellen Sternen.

Kann man die Vergrößerung mit einem kleinen Teleskop auf 50–100× steigern, fällt die einzigartige Form auf, die einer Pyramide oder einem chinesischen Tempeltor ähnelt. Der Haufen erscheint auf jeden Fall unregelmäßig dreieckig, mit zwei von Südost nach Nordwest verlaufenden Sternketten, die von einer dritten genau rechtwinklig zu einem »Tor« ergänzt werden. Die beiden hellsten Sterne leuchten in deutlichem Orange aus dem Weiß des Sternhaufens. Bei hoher Vergrößerung sind schon im kleinen Refraktor zehn schwache Sterne innerhalb des »Tors« zu sehen.

Aufsuchen: μ ➦ 2,5° O

Sco

NGC 6124, 60mm-Refraktor, 20×

NGC 6231, 60mm-Refraktor, 47×

NGC 6242, 60mm-Refraktor, 47×

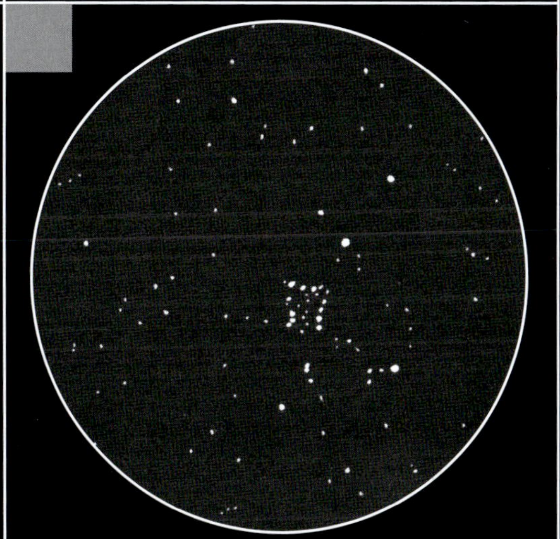

NGC 6281, 60mm-Refraktor, 36×

NGC 6302, 60mm-Refraktor, 99×

NGC 6723, 60mm-Refraktor, 47×

NGC 6302, Bug-Nebel ★☆☆☆☆

James Dunlop 1826

Dieses kleine Objekt ist ein interessanter Planetarischer Nebel. Im englischen Sprachraum ist er auch wegen seiner einzigartigen Form als »Käfer-Nebel« (Bug Nebula) bekannt.

Ein kleines Fernrohr zeigt bei 100× einen sehr diffusen kleinen Nebel in leicht ovaler Form, während man mit einem Großfeldstecher froh sein muss, das Objekt überhaupt zu sehen. Mit mittleren Teleskopen ist bei guter Luftruhe und Vergrößerungen über 200× die merkwürdige unregelmäßige Form zu erkennen, ohne dass diskrete Einzelheiten richtig zu fassen wären. Große Teleskope zeigen die Dunkellinie, die den Nebel von Nord nach Süd in zwei ungleiche Teile trennt, und wie »Fühler« aussehende Anhängsel in alle Richtungen.

NGC 6302 steht in einer eher sternarmen Region, die von vielen Dunkelwolken in der Umgebung herrührt. Unter außergewöhnlichen Bedingungen ist der Bug-Nebel auch von einem Alpenstandort tief am Horizont zu sehen.

Aufsuchen: μ ➡ 2,5° O ➡ NGC 6281 ➡ 2° ONO

NGC 6334, 6357 ★☆☆☆☆ ★☆☆☆☆

John Herschel 1837

Zwei schwache Nebelgebiete liegen mitten in der Milchstraße am östlichen Rand des Sternbilds.

NGC 6334 ist auch bekannt als Katzenpfotennebel. Das 46′ × 23′ messende Nebelareal ist in mehrere schwache Kleckse unterteilt. Dunker Himmel, mittlere Öffnung und ein Schmalband-Nebelfilter sind nötig, um es bei niedriger Vergrößerung zu erfassen.

Kaum 2° nordwestlich liegt der viel kleinere, aber auch hellere NGC 6357, ein länglicher kleiner Nebelfleck im mittleren Teleskop. Die auf Fotografien zu erkennenden umfangreichen Außenbereiche sind visuell unsichtbar.

Aufsuchen: λ, ν ➡ 3° NW

Sagittarius (Sgr) Nordteil Seite 128

Atlas Karte 30

Nur ein Objekt im Schützen steht so weit südlich, dass es normalerweise von Mitteleuropa aus nicht beobachtet werden kann. Bei einem Südhimmelbesuch lohnt es aber in jedem Fall, auch die von zu Hause bekannten Schaustücke anzusehen, da sich aufgrund der höheren Horizonthöhe wesentlich bessere Beobachtungsbedingungen bieten.

NGC 6723	18^h $59,6^{min}$	-36° 38'	$7^m,3$	6'	$12^m,8$	28.000 Lj	GC	weit südlich, fast in Corona Australis	10×50

NGC 6723 ★☆☆☆☆

John Herschel 1834

Der weitaus südlichste der hellen Sagittarius-Sternhaufen ist NGC 6723 hart an der Grenze zu Corona Australis. Für Norddeutschland unsichtbar, kommt er auch von einem Alpenstandort nur etwa 5° über den Horizont. Von Südeuropa wird es hingegen schon leicht möglich, diesen Kugelsternhaufen zu beobachten.

Im kleinen Fernrohr zeigt sich ein deutlicher Nebelfleck, der bei genauem Hinsehen nicht ganz rund ist. Dies ist im mittleren Teleskop noch einfacher zu sehen. Gelangt der Haufen mindestens 10° über den Horizont, enthüllt sich mit mittlerer Vergrößerung ein sternreich aufgelöstes Objekt. Bemerkenswert ist der sehr offene Charakter, der ihm eine gewisse Ähnlichkeit mit M 55 verleiht. Ein verdichteter Kern ist kaum noch erkennbar.

Einen Abstecher wert ist die von großen Dunkelwolken gezeichnete nähere Umgebung: Nur etwa ½° südöstlich, jenseits der Sternbildgrenze in Corona Australis, befindet sich der für mittlere Teleskope leichte Reflexionsnebel NGC 6726–7 um ein Pärchen von 7^m und 8^m-Sternen. Der direkt daneben stehende 6^m-Stern Brisbane 14 ist ein schönes Doppelobjekt für kleine Fernrohre mit $6^m,6$ und $6^m,8$-Komponenten in 13″ Abstand.

Aufsuchen: ε CrA ➡ 30′ NNO

Corona Australis (CrA)

Atlas Karte 30

Die südliche Krone gehört zu den 48 antiken Sternbildern aus Ptolemäus' Aufstellung. Die hellsten sechs Sterne bilden einen Halbkreis, der südlich des Schützen zu finden ist. Corona Australis befindet sich auf ähnlichen Deklinationswerten wie der Stachel des Skorpion und ist deshalb nicht mehr von Mitteleuropa aus zu sehen. Die Milchstraße verläuft durch den westlichen Teil der Konstellation und ist mit einem Kugelsternhaufen prominent vertreten.

h 5014	$18^h\,6{,}8^{min}$	-43° 26'	$5^m{,}7/5^m{,}7$	1,8"	358°	140 Lj	DS	Umlaufszeit 191 Jahre	80mm
NGC 6541	$18^h\,8{,}0^{min}$	-43° 42'	$6^m{,}1$	6'	$12^m{,}1$	23.000 Lj	GC	hell, auflösbar	8x30
BrsO 14	$19^h\,1{,}1^{min}$	-37° 4'	$6^m{,}6/6^m{,}8$	13"	281°	520 Lj	DS	im Reflexionsnebel IC 1812	50mm
NGC 6726-7	$19^h\,1{,}7^{min}$	-36° 53'	-	2'	-	500 Lj	GN	zweigeteilter Reflexionsnebel	80mm
NGC 6729	$19^h\,1{,}9^{min}$	-36° 57'	-	1,5'×0,5'	-	410 Lj	GN	veränderlicher Reflexionsnebel um R CrA	80mm
γ CrA	$19^h\,6{,}4^{min}$	-37° 4'	$4^m{,}5/6^m{,}4$	1,5"	329°	57 Lj	DS	Abstand vergrößert sich	80mm

NGC 6541 ★★★☆☆

Niccolò Cacciatore 1826

NGC 6541 gehört zu der Reihe der von Mitteleuropa verborgenen sehenswerten Kugelsternhaufen des Südhimmels.

Im Fernglas erscheint ein heller kondensierter Nebelfleck, schön kontrastierend mit dem reichen Sternfeld.

Die nebelartige Erscheinung bleibt auch in kleinen Refraktoren, der Nebelball ist sehr hell mit deutlichem Zentrum, vergleichbar mit M 92 am Nordhimmel. In Teleskopen von drei bis vier Zoll gelingt die teilweise Auflösung, mit einem Sechszöller von einem Standort auf der Südhalbkugel ist dieser glitzernd aufgelöste Sternhaufen ein Erlebnis.

Direkt nordwestlich von NGC 6541 steht der enge Doppelstern Herschel 5014 mit zwei 6^m-Komponenten in 1,7" Distanz.

Aufsuchen: ε Tel ➡ 2° N

γ CrA ★★☆☆☆

John Herschel 1834

Der nördlichste Stern der Südlichen Krone ist ein schöner enger Doppelstern für mittlere Teleskope. Zwei um 2^m getrennte Sterne sind eineinhalb Bogensekunden getrennt; eine schöne Aufgabe für einen Drei- bis Vierzöller. Das System befindet sich zur Zeit nahe des Minimalabstands, die Umlaufszeit beträgt 122 Jahre. Während sich der Positionswinkel in den nächsten Jahren stark ändert, wird sich der Abstand nur sehr wenig vergrößern.

Ephemeride:

Jahr	Abstand	Positionswinkel
2020	1,5"	329°
2025	1,6"	312°
2030	1,8"	297°

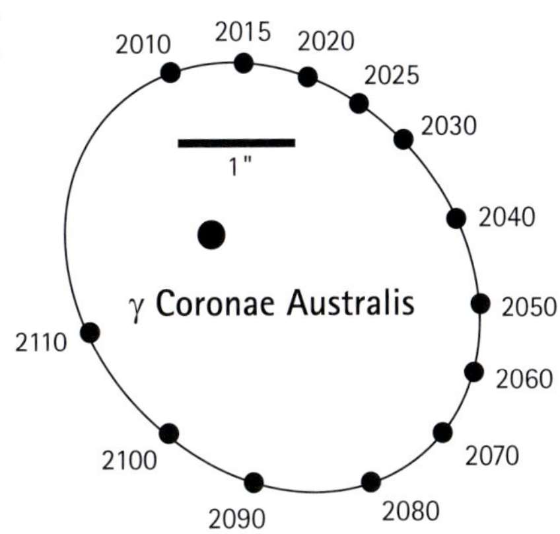

CrA

Telescopium (Tel)

Atlas Karte 36

Mehrere Autoren haben in der frühen Neuzeit versucht, ein die Erfindung des Teleskops ehrendes Sternbild zu erschaffen, aber nur das 1752 von Lacaille eingeführte Muster überlebte. Es befindet sich am Südhimmel südlich von Corona Australis und Sagittarius, seine Nordwestecke ragt noch in die Milchstraße hinein. Dennoch beherbergt es kaum sehenswerte Deep-Sky-Objekte.

NGC 6584	18^h 18,6^{min}	-52° 13'	8^m,3	2,5'	13^m,5	44.000 Lj	GC	schwer aufzulösen	80mm
Δ 227	19^h 52,6^{min}	-54° 58'	5^m,7/6^m,5	23"	149°	410 Lj	DS	Farben orange-weiß	30mm

Microscopium (Mic)

Atlas Karte 30

Das Mikroskop wurde 1752 von Lacaille an den Himmel vesetzt. Das schwache Füllsternbild befindet sich in einer sternarmen Gegend des Südhimmels zwischen Grus, Indus und Sagittarius südlich des Steinbocks. Von vielen schwachen Galaxien ist die hellste genannt.

NGC 6925	20^h 34,3^{min}	-31° 59'	11^m,3	2,5'×1'	21^m,9	97 Mio. Lj	Gx	Kantenlage	80mm

Indus (Ind)

Atlas Karte 37

Indus, der Indianer, wurde 1603 von Bayer erschaffen. Das kaum erkennbare Muster befindet sich am sternarmen Südhimmel zwischen den Bildern Tucana und Octans. Der Indianer beherbergt keine hellen Deep-Sky-Objekte.

S Ind	20^h 56,4^{min}	-54° 19'	7^m,9	17^m,0	400 Tage	2400 Lj	Vr	Mira-Veränderlicher	80mm
θ Ind	21^h 19,9^{min}	-53° 27'	4^m,5/6^m,9	7,3"	269°	98 Lj	DS	Farben gelbweiß-rötlich	50mm
IC 5152	22^h 2,7^{min}	-51° 18'	10^m,1	2'×1'	22^m,4	6,4 Mio. Lj	Gx	Zwerggalaxie, heller Stern direkt nördlich	80mm

Pavo (Pav)

Atlas Karte 36, 37

Pavo, der Pfau, gehört zu den neuzeitlichen Sternbildeinfügungen am Südhimmel, und ist wie die meisten dieser neuen Sternbilder kaum als Konstellation mit den Augen zu begreifen. 1603 führte Johann Bayer den Pfau als Sternbild in seinem monumentalen Sternatlas ein, er griff dabei auf Erfindungen holländischer Seefahrer zurück. Pavo beherbergt den vierthellsten Kugelsternhaufen des gesamten Himmels.

IC 4662	17^h 47,1^{min}	-64° 39'	10^m,7	1'	21^m,3	8,3 Mio. Lj	Gx	nördöstlich α Pav, Zwerggalaxie	80mm
NGC 6744	19^h 9,8^{min}	-63° 51'	8^m,4	5'	22^m,8	29 Mio. Lj	Gx	Pavo-Galaxie	8×30
NGC 6752	19^h 10,9^{min}	-59° 59'	5^m,3	12'	10^m,5	13.000 Lj	GC	sehr hell, leicht aufzulösen	bloßes Auge
Rmk 26	20^h 51,6^{min}	-62° 26'	6^m,2/6^m,6	2,4"	80°	240 Lj	DS	Testpaar für 50mm	50mm

NGC 6744 ★★★★★

James Dunlop 1826

NGC 6744 ist eine der herausragenden Galaxien des Südhimmels und offenbart auf Fotos eine schöne Balkenspirale.

Mit Feldstechern ist nur ein diffuser Nebelfleck zu sehen, ein dunkler Himmel ist dazu nötig.

Im Fernrohr erscheint ein heller flächiger Kern von 0,5' Durchmesser, umgeben von einem lichtschwachen Halo von fünffacher Größe.

Die Form der Galaxie ist oval in Nord-Süd-Richtung, mehrere Sterne von 12^m und schwächer sind mit mittleren Teleskopen im Vordergrund auf das Objekt projiziert. Die auf Fotografien so beeindruckenden Spiralarme sind nur mit großen Öffnungen herauszuarbeiten.

Aufsuchen: λ ➡ 2,5° SO

NGC 6752 ★★★☆☆

James Dunlop 1826

M 13 ist nur noch eine schwache Erinnerung beim Anblick dieses Kugelsternhaufens.

Mit 5^m Gesamthelligkeit ist NGC 6752 einfach mit bloßem Auge zu sehen.

Im kleinen Fernglas erscheint ein Nebelwölkchen, auf dessem westlichen Rand ein 7^m-Stern steht.

Da die hellsten Sterne schon $10^m{,}5$ erreichen, genügt ein Zweizöller für die partielle Auflösung, und mit 80mm hat man einen hellen glitzernden Sternhaufen vor sich. Gesteigert wird der Anblick durch den 7^m-Stern, der sich bei höherer Vergrößerung als Doppelstern entpuppt: in 3" Distanz steht ein 10^m-Stern, das Paar hat den Namen Herschel 5058. Mit großen Öffnungen liefert NGC 6752 unter dunklem Himmel einen Anblick, an dessen Eindruckskraft kein von Mitteleuropa aus sichtbarer Kugelsternhaufen heran-kommt.

Aufsuchen: λ ➡ 2° NNO ➡ ω ➡ 1,5° O

NGC 6541, 60mm-Refraktor, 47×

NGC 6744, 60mm-Refraktor, 47×

NGC 6752, 60mm-Refraktor, 36×

Eridanus (Eri) Nordteil Seite 164

Atlas Karte 25, 32

Eridanus, der Strom, ist ein extrem langgestrecktes Sternbild, das sich von den Füßen Orions bis nahe an die Magellanschen Wolken zieht. Der $0\overset{m}{,}5$-Stern Archernar markiert den Endpunkt des Himmelsstroms am südlichen Sternhimmel zwischen Phoenix und Hydrus. Im südlichen, von Mitteleuropa nicht sichtbaren Teil des Sternbilds steht NGC 1291 als hellste von vielen schwachen Galaxien.

θ Eri	2^{h} $58{,}3^{min}$	-40° 18'	$3\overset{m}{,}2/4\overset{m}{,}1$	8,2"	90°	160 Lj	DS	einfaches Paar	50mm
NGC 1291	3^{h} $17{,}3^{min}$	-41° 8'	$8\overset{m}{,}5$	3'	$22\overset{m}{,}3$	41 Mio. Lj	Gx	heller Zentralbereich	10×50
NGC 1531-2	4^{h} $12{,}1^{min}$	-32° 52'	$9\overset{m}{,}8$	2'	$22\overset{m}{,}7$	65 Mio. Lj	Gx	wechselwirkendes Galaxienpaar	80mm

NGC 1291 ★☆☆☆☆

James Dunlop 1826

Die Katalognummer NGC 1291 bezeichnet eine selten beobachtete, abseits gelegene Galaxie.

Ein 10×50-Fernglas zeigt sie erst bei geduldigem Beobachten schwach, aber recht groß und rundlich. Auffallend ist die schöne Lage im Sternfeld.

In Teleskopen wird der kleine sehr helle Zentralbereich mit diffusem Halo deutlich. NGC 1291 ist dann selbst für den Dreizöller unter dunklem südlichen Himmel ein leichtes Objekt. In mittleren Teleskopen zeigen sich kaum weitere Einzelheiten, die Balkenspiral-Struktur ist visuell ansatzweise erst mit großen Öffnungen zu erfassen.

Aufsuchen: θ ➡ 3,5° OSO

Horologium (Hor)

Atlas Karte 32

Horologium, die Uhr, wurde 1752 von Lacaille an den südlichen Sternhimmel vesetzt, wo das unscheinbare Muster entlang des Eridanus ausgestreckt liegt. Mit der Ausnahme eines mittelhellen Kugelsternhaufens bietet das Sternbild für Amateurbeobachter nur schwache Galaxien.

NGC 1261	3^{h} $12{,}3^{min}$	-55° 13'	$8\overset{m}{,}3$	2,5'	$12\overset{m}{,}5$	53.000 Lj	GC	konzentriert, nicht aufgelöst	10×50

Reticulum (Ret)

Atlas Karte 32

Mit Reticulum, dem Netz, war ursprünglich das Fadenkreuz bzw. die Fäden eines Mikrometers im Okular gemeint. Als Reticulum Rhoboidalis hat es Lacaille 1752 an den Himmel gesetzt. Das Muster ist am Südhimmel zwischen Archernar und der Großen Magellanschen Wolke zu finden. Die hellsten Sterne beschreiben eine einprägsame rhombusförmige Figur. Reticulum enthält keine besonders eindrucksvollen telekopischen Objekte.

θ Ret	4^{h} $17{,}7^{min}$	-63° 15'	$6\overset{m}{,}0/7\overset{m}{,}7$	6,5"	20°	470 Lj	DS	einfaches Paar	50mm
NGC 1574	4^{h} $22{,}0^{min}$	-56° 58'	$10\overset{m}{,}3$	1,5'	$22\overset{m}{,}1$	63 Mio. Lj	Gx	rund	80mm

NGC 55, 60mm-Refraktor, 20×

NGC 1291, 60mm-Refraktor, 47×

NGC 1316, 60mm-Refraktor, 47×

Fornaxhaufen, 60mm-Refraktor, 36×

Hydrus (Hyi)

Atlas Karte 32, 38

Hydrus wird die männliche Wasserschlange genannt, im Gegensatz zum Sternbild Hydra am Frühlingshimmel. Hydrus befindet sich am sternarmen Südhimmel zwischen Archernar und dem Himmelssüdpol. Der hellste Stern α Hydri begleitet Archernar in seiner Bewegun am Himmel. Hydrus bietet nur wenige schwache Objekte für die teleskopische Beobachtung mit kleinen Instrumenten. Das Sternbild war zuerst 1603 im Sternatlas Uranometria des Augsburger Rechtsanwalts Johann Bayer aufgetaucht, aber schon vorher von holländischen Seefahrern erfunden worden.

NGC 602	1^h $29{,}4^{min}$	-73° 33'	-	7'×1,5'	-	200000 Lj	GN	gehört zur Kleinen Magellanschen Wolke	80mm
h 3475	1^h $55{,}3^{min}$	-60° 19'	$7{,}^m2/7{,}^m2$	2,5"	78°	190 Lj	DS	Testpaar für 50mm	50mm

Tucana (Tuc)

Atlas Karte 32

Tucana, der exotische Vogel Tukan, ist eine unscheinbare Konstellation am südlichen Frühlingshimmel. Sie wurde von Johann Bayer 1603 verzeichnet, war aber schon einige Jahre vorher vom Holländer Pieter Keyzer eingeführt worden. In der Südostecke des Sternbilds steht die Kleine Magellansche Wolke, eine der beiden hellen Begleitgalaxien der Milchstraße. Dicht neben ihr findet sich ein anderes Glanzlicht des Himmels, der Kugelsternhaufen 47 Tucanae.

NGC 104	0^{h} 24,1^{min}	-72° 5'	$4\overset{m}{,}0$	22'	$11\overset{m}{,}7$	16.000 Lj	GC	47 Tucanae	bloßes Auge
Kleine Magellansche Wolke	0^{h} 53:^{min}	-72° 50'	$2\overset{m}{,}5$	3°×2,5°	22:^{m}	200.000 Lj	Gx	NGC 292	bloßes Auge
NGC 346	0^{h} 59,1^{min}	-72° 11'	$10\overset{m}{,}0$	4'	-	200.000 Lj	GN	in NGC 292, Nebelfilter	10×50
NGC 362	1^{h} 3,2^{min}	-70° 52'	$6\overset{m}{,}8$	5'	$12\overset{m}{,}7$	28.000 Lj	GC	gut auflösbar	8×30
NGC 371	1^{h} 3,5^{min}	-72° 3'	-	5'	-	200.000 Lj	StC	in NGC 292, Emissionsnebel im Hintergrund	10×50
NGC 456	1^{h} 13,7^{min}	-73° 18'	-	20'×15'	$9\overset{m}{,}5$	200.000 Lj	GN	in NGC 292, besteht aus mehreren Flecken	10×50

NGC 104, 47 Tucanae ★★★★★

Nicolas de Lacaille 1751

Auch als Stern 47 Tucanae katalogisiert und unter diesem Namen geläufig, steht der helle Kugelsternhaufen NGC 104 nur 2° westlich der Kleinen Magellanschen Wolke. Er ist der zweithellste Kugelsternhaufen des gesamten Himmels. Die folgende Tabelle gibt die Daten der vier hellsten Kugelsternhaufen, allesamt südlich des Äquators, und des hellsten Nordhimmel-Objekts, M 13.

	Helligkeit	Einzelsterne	Größe
NGC 5139	$3\overset{m}{,}9$	$11\overset{m}{,}5$	32'
NGC 104	$4\overset{m}{,}0$	$11\overset{m}{,}7$	22'
M 22	$5\overset{m}{,}2$	$10\overset{m}{,}7$	9'
NGC 6752	$5\overset{m}{,}3$	$10\overset{m}{,}5$	12'
M 13	$5\overset{m}{,}7$	$11\overset{m}{,}9$	8'

NGC 104 steht nur wenig hinter NGC 5139, dem vielgepriesenen ω Centauri, zurück.

Mit dem bloßen Auge ist 47 Tuc einfach zu erkennen, ein kleines deutliches Nebelbällchen von immensen 20' Durchmesser steht neben der Kleinen Magellanschen Wolke.

Im Fernglas ist NGC 104 ein ausgesprochen helles rundes Objekt. Markant ist das wesentlich hellere Zentrum. Tatsächlich ist NGC 104 ein dichter und sehr konzentrierter Kugelsternhaufen.

Im kleinen Teleskop sind die hellsten Einzelsterne am Rand aufgelöst, das Zentrum erscheint hell, aber neblig. Erst mit mittleren Öffnungen gelingt die vollständige Auflösung. Dabei bietet sich ein faszinierendes Bild: Auf einen weiten und lockeren Haufen mit hellen Einzelsternen scheint im Zentrum ein sehr dichter und reicher Kugelsternhaufen mit starker Konzentration aufgesetzt, als ob zwei verschiedene Objekte genau übereinander projiziert seien.

Dieser bemerkenswerte Eindruck macht NGC 104 mit mittleren und großen Öffnungen zum eindrucksvollsten Kugelsternhaufen am Himmel, viele Beobachter halten 47 Tuc für ein besseres teleskopisches Objekt als ω Centauri.

Aufsuchen: Kleine Magellansche Wolke → 2° W

Tuc

Kleine Magellansche Wolke

Seefahrer im 16. Jahrhundert ★★★★☆

Die Kleine Magellansche Wolke alias NGC 292 bzw. SMC gehört mit der Großen Wolke in Doradus zu den beiden hellsten Begleitgalaxien der Milchstraße. Beide sind die nächsten von uns aus beobachtbaren Galaxien, und wie sonst unüblich bei diesem Objekttyp, zeigt selbst schon das Amateurfernrohr Einzelsterne und die auch aus unserer Galaxis bekannten Einzelobjekte wie Sternhaufen und Gasnebel.

Mit dem bloßen Auge ist die Kleine Wolke ein beeindruckendes Objekt: Um einen etwa 2°×1° großen, Nordost-Südwest ausgerichteten hellen Kernbereich erstreckt sich ein asymmetrischer, nach Osten versetzter Halo von etwa 3°×2,5°. Die Wolke erscheint wie eine helle Milchstraßenregion, aber deutlich kleiner als die Große Wolke.

Den besten Anblick ergeben Ferngläser, die mehr als 5° Gesichtsfeld haben, da dann die ganze Galaxie auf ein Mal im Gesichtsfeld erscheint. Die hellsten Sterne erreichen etwa 9^m, so dass die Wolke schon im größeren Fernglas von vielen Sternen vor neblig-diffusem Hintergrund gesprenkelt ist. Mit Großfeldstechern sieht man zwar mehr Sterne und Einzelobjekte, aber die Galaxie muss immer von Feld zu Feld abgefahren werden. NGC 346 und 371 sind als Nebelchen im 10×50-Glas zu sehen. Südlich des Hauptkörpers der Galaxie ist im Fernglas nur ganz schwach ein weiteres Nebelgebiet zu erhaschen, NGC 456.

Von den vielen für mittlere und große Teleskope sichtbaren Einzelobjekten ist NGC 346 nördlich des Zentrums das auffälligste. Mit einem kleinen Fernrohr mit Schmalband-Nebelfilter wird der Nebel deutlich als runde Aufhellung sichtbar. Etwa 18' nordöstlich ist eine deutliche Sternansammlung zu sehen, die wie ein Sternhaufen in der Milchstraße aussieht; es ist ähnlich wie M 24 in Sagittarius oder NGC 206 im Andromedanebel eine Sternwolke, NGC 371. Am südlichen Galaxienrand liegt das Nebelgebiet um NGC 456. Mit mittlerer Optik zerfällt dieses Areal in drei unregelmäßig geformte Nebel in reichem Sternfeld.

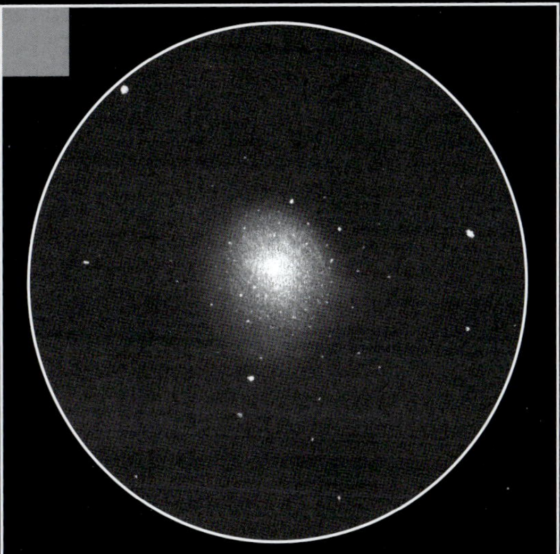

NGC 104, 60mm-Refraktor, 47×

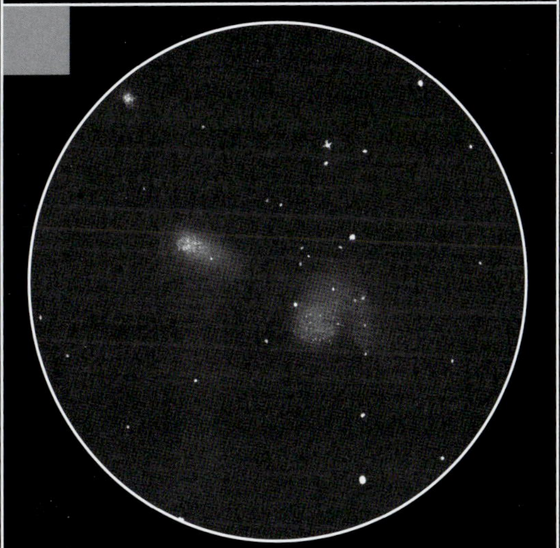

NGC 346, 60mm-Refraktor, 36×

NGC 362, 60mm-Refraktor, 47×

NGC 362 ★★☆☆☆

James Dunlop 1826

Nahe der nördöstlichen Spitze der Kleinen Magellanschen Wolke steht NGC 362, ein brillanter Kugelsternhaufen, der aber vom nahestehenden NGC 104 in den Schatten gestellt wird. NGC 362 erscheint aber ähnlich stark konzentriert und gibt ein gutes Ziel für kleine Fernrohre ab.

Im Fernglas ist ein kleines Nebelbällchen zu sehen.

Da die hellsten Sterne nur auf $12\overset{m}{,}7$ kommen, erscheint der Haufen im kleinen Teleskop kaum granuliert, erst mit mittleren Teleskopen sind die Randpartien aufgelöst. Die Kompaktheit macht ihn besonders geeignet für größere Teleskope.

Aufsuchen: Kleine Magellansche Wolke ➡ 1,5° N

Dorado (Dor)

Atlas Karte 33

Dorado, der Schwertfisch, tauchte erstmals 1603 auf Johann Bayers Sternatlas Uranometria auf. In seinem Südteil steht die gigantische Große Magellansche Wolke, die hellste und größte Begleitgalaxie der Milchstraße und eine Schatztruhe für Himmelsbeobachter. Sie reicht ins südlich angrenzende Sternbild Mensa, dem Tafelberg, hinüber, wo sie die übliche Wolkenbedeckung des namensgebenden Berges über Kapstadt symbolisiert.

NGC 1714	4^h 52,1^{min}	-66° 55'	-	15"	-	160.000 Lj	GN	weitere Nebel in der Umgebung	80mm
NGC 1743	4^h 54,1^{min}	-69° 12'	-	1,5'	-	160.000 Lj	GN	weitere Nebel in der Umgebung	10x50
NGC 1763/69	4^h 56,8^{min}	-66° 25'	-	4'×2'	-	160.000 Lj	GN	dreigeteilt, OC NGC 1761 südlich	10x50
NGC 1783	4^h 59,1^{min}	-65° 59'	$9\overset{m}{,}9$	2'	-	160.000 Lj	OC	klein, schwierig aufzulösen	10x50
NGC 1818	5^h 4,2^{min}	-66° 26'	$9\overset{m}{,}4$	40"	-	160.000 Lj	OC	klein, schwierig aufzulösen	63mm
NGC 1835	5^h 5,1^{min}	-69° 24'	$9\overset{m}{,}8$	50"	-	160.000 Lj	GC	sehr klein, nicht aufzulösen	80mm
NGC 1856/8	5^h 8,7^{min}	-68° 46'	$8\overset{m}{,}4$	7'	$14\overset{m}{,}3$	160.000 Lj	OC	NGC 1856 kaum aufgelöst, NGC 1858 größer	10x50
S Dor	5^h 18,2^{min}	-69° 15'	$9\overset{m}{,}0$	$11\overset{m}{,}5$	unreg.	162.000 Lj	Vr	hellster Einzelstern der Magellanschen Wolken	80mm
NGC 1910	5^h 18,7^{min}	-69° 14'	-	6'×4'	$9\overset{m}{,}0$	160.000 Lj	StC	am Südrand S Dor	8x30
NGC 1935-6	5^h 22,0^{min}	-67° 57'	-	40"	-	160.000 Lj	GN	zwei Objekte, vor nebligem Hintergrund	80mm
Große Magellansche Wolke	5^h 24:^{min}	-69° 50'	0:^{m}	6°×5°	22:^{m}	160.000 Lj	Gx	Begleitgalaxie der Milchstraße	bloßes Auge
NGC 1962/6	5^h 26,3^{min}	-68° 50'	$8\overset{m}{,}0$	5'	-	160.000 Lj	GN	OC NGC 1953 westlich	10x50
NGC 1983	5^h 27,7^{min}	-68° 59'	$8\overset{m}{,}0$	10'	-	160.000 Lj	StC	NGC 1962/6 nördlich im selben Feld	10x50
NGC 1978	5^h 28,8^{min}	-66° 14'	$9\overset{m}{,}9$	1,5'	-	160.000 Lj	OC	klein, nicht auflösbar, Supernovarest Henize 49 15' nördlich	80mm
NGC 2004	5^h 30,7^{min}	-67° 17'	$9\overset{m}{,}6$	1,5'	$13\overset{m}{,}0$	160.000 Lj	OC	klein, auflösbar	63mm
NGC 2014	5^h 32,3^{min}	-67° 14'	$8\overset{m}{,}0$	-	-	160.000 Lj	OC	Nebel NGC 2020 5' östlich	10x50
NGC 2032/35	5^h 35,3^{min}	-67° 34'	-	10'	-	160.000 Lj	GN	besteht aus zwei Teilen	10x50
NGC 2070	5^h 38,7^{min}	-69° 6'	$5\overset{m}{,}4$	8'	22:^{m}	160.000 Lj	GN	30 Dor, Tarantelnebel	bloßes Auge
NGC 2100	5^h 42,2^{min}	-69° 13'	$9\overset{m}{,}6$	2'	$11\overset{m}{,}8$	160.000 Lj	OC	klein auflösbar, OC NGC 2092 westlich, NGC 2108 östlich	50mm
NGC 2164	5^h 58,9^{min}	-68° 31'	$10\overset{m}{,}3$	2'	$14\overset{m}{,}7$	1600.00 Lj	OC	klein, auflösbar, OC NGC 2156 und NGC 2159 westlich, NGC 2172 südöstlich	63mm

Große Magellansche Wolke

Seefahrer im 16. Jahrhundert ★★★★★

Die Große Magellansche Wolke bildet zusammen mit der Kleinen Wolke in Tucana zwei große, wie helle Milchstraßenpartien aussehende Nebelflecken, die in jeder klaren Nacht südlich des Südlichen Wendekreises um den südlichen Himmelspol zu sehen sind. Nördlich des Äquators hat man praktisch keine Chance auf eine eindrucksvolle Beobachtung.

Mit dem bloßen Auge ist die Große Wolke in dunkler Nacht überwältigend. Deutlich sichtbar ist ein heller Balken in Ost-West-Richtung, etwa 3° lang und 1° breit, der am westlichen Ende nach Süden abbiegt, nördlich des östlichen Endes steht das hell sichtbare Feld des Tarantelnebels. Dieses Zentralgebiet umgibt ein riesiger Halo von fast 6°×5° Ausmaß, je nach den Beobachtungsbedingungen.

Selbst mit einem nur 3× vergrößernden Opernglas ist es kaum mehr möglich, die Galaxie am Stück im Gesichtsfeld unterzubringen. Mit einem 10×50-Fernglas braucht man schon eine ganze Nacht, um alle Einzelheiten zu erfassen, es gibt am gesamten Himmel keine gleichwertig reichhaltige Region für Himmelsbeobachter: Über 40 einzelne Nebel und nebelhaft erscheinende Sternhaufen zeigt schon dieses kleine Glas!

NGC 2070, der Tarantelnebel, ist als hellstes Einzelobjekt im Fernglas als verwaschener, keine deutlichen Strukturen zeigender Nebelfleck sichtbar. In seiner Umgebung sind schemenhaft weitere Details zu sehen.

Schwenkt man mit dem Fernglas Richtung Westen, kommt der längliche Galaxienkörper ins Blickfeld. NGC 1910 sticht als heller Fleck an der Nordseite heraus, an seinem Südrand ist S Doradus sichtbar, wohl der entfernteste im Fernglas sichtbare Einzelstern. Weiter westlich sind einzelne Nebelkleckse zu sehen, darunter NGC 1743.

Die für das Fernglas reichste Gegend der Wolke befindet sich nördlich des Balkens mit NGC 2014 und der Ansammlung um NGC 2032/35. Aber auch in anderen Regionen der Wolke sind interessante Felder voller Überraschungen zu entdecken.

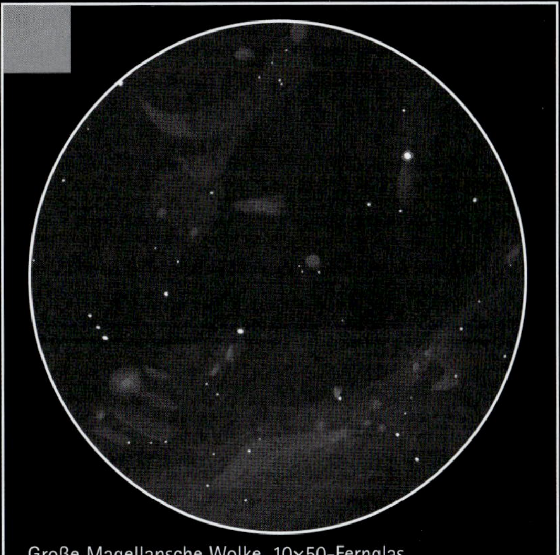

Große Magellansche Wolke, 10×50-Fernglas

NGC 2070 und Umgebung, 60mm-Refraktor, 36×

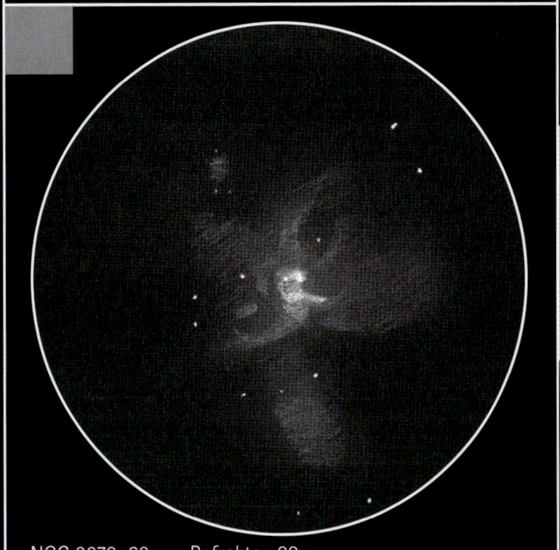

NGC 2070, 60mm-Refraktor, 99×

NGC 2070, Tarantel-Nebel ★★★☆☆

Nicolas de Lacaille 1751

NGC 2070, der Tarantelnebel, ist das hellste Einzelobjekt innerhalb der Großen Magellanschen Wolke. Der auch als 30 Doradus bezeichnete Emissionsnebel gilt als das größte bekannte Objekt seiner Art im Universum. Würde er an der Stelle des Orionnebels stehen, wäre seine Größe über 30° im Durchmesser und seine scheinbare Gesamthelligkeit würde die der Venus um ein mehrfaches übertreffen.

Im Teleskop macht der Nebel einen komplett anderen Eindruck als auf den bekannten Fotografien. Erstaunlich ist zunächst die relativ kleine Ausdehnung, die chaotische Struktur und hohe Flächenhelligkeit des Nebels. Wichtig für die detailreiche visuelle Beobachtung des Tarantelnebels ist gute Luftruhe, damit die feinen Strukturen auch auflösbar sind. Dann erwacht die Tarantel: Von einem zentralen Sternklumpen aus, der kaum aufzulösen ist und eigentlich den anregenden jungen Sternhaufen im Zentrum des Nebels bildet, ziehen kurze gewundene und gekräuselte Nebelfilamente in Bogen und Kreisen durch das Feld. Die chaotisch-feine Struktur ist einzigartig am ganzen Himmel und fesselnd am Okular im großen Teleskop. Mit einem Nebelfilter, der nicht unbedingt nötig ist, tauchen weitere schwächere Filamente sowie diffuse Nebelfelder in der Umgebung auf.

Einzelobjekte in der Großen Magellanschen Wolke

Die Große Magellansche Wolke ist ein Wunderland voller Sternhaufen und Nebel. Im Teleskop wird die Zahl der sichtbaren Einzelobjekte schnell unübersichtlich groß, schon drei Zoll dürften über 100 Objekte zeigen, sechs Zoll ca. 400.

Von NGC 2070 kann man eine interessante Rundreise durch die visuelle Wunderwelt der Magellanschen Wolke unternehmen. Etwa 1° westlich vom Tarantelnebel kommt eine kleine sternreiche Region ins Blickfeld, das ist NGC 1983. Wenig nordwestlich ist NGC 1962/6 zu sehen, ein heller Emissionsnebel und Sternhaufen. Nördlich steht ein 6^m-Stern in schönem Kontrast zum sanften Nebel. Eine Bewegung Richtung Südwesten um 1° bringt NGC 1910, eine sehr helle Sternwolke direkt am hellen Zentralbereich der Galaxie ins Blickfeld. Die hellsten Partien der Galaxie befinden sich etwa ½° südlich von NGC 1910. Eben so weit nördlich von NGC 1910 befindet sich die Nebelregion NGC 1935-6 mit zwei kleinen Emissionsnebeln, umgeben von schwächerem Leuchten.

Der östliche Rand des Galaxienbalkens zeigt einige interessante Nebelflecken, deren zwei hellste nebeneinander und gleichgroß NGC 1850 und 1856 sind. Es handelt sich um Offene Sternhaufen, die wegen ihrer Entfernung nur schwer in kleinen Teleskopen aufzulösen sind. Stößt man vom zentralen Galaxienbalken dessen Ausrichtung folgend nach Nordosten weiter vor, ist nach 2,5° ein relativ deutliches Nebelgebiet auszumachen, das sich bei näherer Betrachtung in drei einzelne Nebel aufteilen lässt (NGC 1761, 1763, 1769), die von einem gemeinsamen Hof umgeben sind. NGC 1763 ist der größte von ihnen, er steht direkt nördlich von NGC 1761, der sich als Sternhaufen entpuppt. NGC 1769 folgt östlich.

Im Norden des Tarantelnebels bildet der Komplex um NGC 2032/5 ein lohnenswertes Ziel. Das hellste Objekt ist ein Doppelnebel, NGC 2029 steht westlich und NGC 2040 kann wenig südlich gefunden werden. Im selben Feld westlich ist NGC 2014 zu finden, mit Sternen vor dem Nebel. 5' östlich davon steht der runde NGC 2020, der wie eine schwache Blase aussieht. Ein Nebelfilter hilft sehr, die Ringform zu erkennen. Kaum 30' nördlich von NGC 2014 ist NGC 2004 zu sehen, ein sehr kompakter kleiner Sternhaufen. Noch weiter nördlich und schon außerhalb des hellen Hintergrunds der Muttergalaxie steht NGC 1978, ebenfalls ein heller kompakter Sternhaufen. 15' südöstlich des Tarantelnebels steht der sehr helle kleine Sternhaufen NGC 2100, der als einer der wenigen solchen Objekte auch mit kleinen Optiken in Einzelsterne aufgelöst werden kann. Zwei kleinere Sternhaufen stehen direkt in der Nähe, NGC 2092 westlich und NGC 2108 östlich. Eine weitere Objektgruppe steht weit abseits 1,9° nordöstlich des Tarantelnebels: NGC 2164 ist der hellste von vier kleinen Sternhaufen, NGC 2172 und 2159 stehen südlich, NGC 2156 nordwestlich.

Interessant ist es, einen Schmalbandfilter zur Hand zu haben, um bei den sehr kleinen Nebelflecken zwischen Sternhaufen und Gasnebeln unterscheiden zu können. Es ist vorteilhaft, mit Vergrößerungen von 100× und mehr zu arbeiten.

NGC 1763/69, 1783, 1818, 60mm-Refraktor, 36×

NGC 1856/8, 60mm-Refraktor, 36×

NGC 1910, 60mm-Refraktor, 36×

NGC 1935-6, 60mm-Refraktor, 36×

NGC 1962/6 (oben), 1983 (Mitte), 60mm-Refraktor, 36×

NGC 2032/35, 60mm-Refraktor, 36×

Caelum (Cae)

Atlas Karte 25

Caelum, der Grabstichel, ist eines der kleinsten und unscheinbarsten Sternbilder des gesamten Himmels. Von Mitteleuropa nicht sichtbar tief am Winterhimmel, füllt es den sternarmen Raum zwischen Eridanus und Columba. Caelum wurde 1752 von Lacaille eingeführt. Für den Amateurbeobachter bleibt es ein weißer Fleck auf der Himmelskarte ohne größere Sehenswürdigkeiten.

γ Cae	$5^h\,4{,}4^{min}$	-35° 29'	$4^m{,}7/8^m{,}2$	3,2"	305°	190 Lj	DS	Farben orange-weiß	80mm

Columba (Col)

Atlas Karte 25

Columba, die Taube, steht südlich von Lepus, dem Hasen. Die helle Zentralregion, gebildet aus den Sternen α, β, γ und ε Col bildet eine unregelmäßige Zickzackkette oder W, von einem Südhimmelstandort relativ leicht in der sternarmen Umgebung zu sehen. Von Deutschland aus bleibt es nur den klarsten Winternächten vorbehalten, dieses Muster tief am Horizont zu zeigen, die Deklination liegt um die −35°.

NGC 1792	$5^h\,5{,}2^{min}$	-37° 59'	$10^m{,}0$	3,5'×1,5'	$21^m{,}9$	36 Mio. Lj	Gx	länglich, NGC 1808 15' nordöstlich	80mm
NGC 1808	$5^h\,7{,}7^{min}$	-37° 31'	$9^m{,}9$	4,5'×1,5'	$22^m{,}4$	30 Mio. Lj	Gx	länglich, NGC 1792 15' nordöstlich	80mm
NGC 1851	$5^h\,14{,}1^{min}$	-40° 3'	$7^m{,}1$	4'	$13^m{,}2$	39.000 Lj	GC	konzentriert	8×30

NGC 1851 ★★☆☆☆

James Dunlop 1826

Einsam steht NGC 1851, ein relativ heller, dennoch gänzlich unbekannter Kugelsternhaufen.

Im 10×50-Fernglas ist sehr einfach ein kleiner heller unscharfer Stern zu sehen.

Kleine Teleskope zeigen einen hellen Haufen mit stark konzentriertem Zentrum. Dieser Eindruck wird mit mittlerer Öffnung noch verstärkt, in den Randbereichen beginnt ab dieser Instrumentengröße eine teilweise Auflösung. NGC 1851 ist etwas heller als der benachbarte M 79, aber deutlich konzentrierter und kleiner.

Aufsuchen: ε → 5,5° W → γ Cae → 5,5° SSO

Puppis (Pup) Nordteil Seite 192

Atlas Karte 26, 33

Puppis bildet das Hintderdeck des Argonautenschiffes, das sich erst am Südhimmel mit den anderen Bestandteilen Vela (Segel), Kompass (Pyxis) und Kiel (Carina) zu einem gemeinsamen Bild ergänzen lässt. Auch der größte Teil des Sternbilds Puppis ist von Mitteleuropa aus nicht zu sehen, so drei helle Sternhaufen, darunter das beeindruckende Paar NGC 2451/2477.

L^2 Pup	$7^h\,13{,}5^{min}$	-44° 39'	$2^m{,}6$	$6^m{,}2$	141 Tage	185 Lj	Vr	rot	bloßes Auge
NGC 2451	$7^h\,45{,}4^{min}$	-37° 58'	$2^m{,}8$	50'	$3^m{,}6$	630 Lj	OC	sehr hell, umgibt χ Pup	bloßes Auge
NGC 2477	$7^h\,52{,}3^{min}$	-38° 33'	$5^m{,}8$	25'	$9^m{,}8$	4700 Lj	OC	extrem sternreich	8×30
h 4038	$8^h\,2{,}7^{min}$	-41° 19'	$5^m{,}5/9^m{,}0$	27"	343°	480 Lj	DS	Farben gelblich-rot	50mm
NGC 2546	$8^h\,12{,}4^{min}$	-37° 38'	$6^m{,}3$	50'	$8^m{,}2$	3100 Lj	OC	sehr locker, groß	8×30

NGC 2451 ★★★★☆

John Herschel 1835

NGC 2451 ist der hellste der Puppis-Sternhaufen und ein erstklassiges Fernglasobjekt. Ein schwacher Eindruck dieses schönen Haufens kann vielleicht schon von einem Alpenstandort mit gutem Horizontblick nach Süden gewonnen werden, man vergleiche die Deklination des 2,m8 hellen NGC 2451 von –38° mit der des 3,m3 hellen M 7 von –35°.

Bereits mit bloßem Auge ist ein heller Sternknoten um den zentralen hellsten Stern χ Puppis zu sehen.

Schon ein 3,5×15-Monokular bringt den Sternhaufen zur Geltung: etwa zehn helle Sterne sind aufgelöst, ein schöner Anblick in reizvollem Sternfeld. Mit dem 10×50-Glas tummelt sich ein Rudel von 20 6–7m-Sternen locker gestreut um den stark orange leuchtenden χ Pup. Interessant ist der direkte Vergleich mit dem nur 1,5° entfernt stehenden Sternhaufen NGC 2477.

Der teleskopische Anblick von NGC 2451 enttäuscht eher, da der Haufeneindruck der helleren Sterne schnell bei zu kleinem Gesichtsfeld verschwindet.

Aufsuchen: ζ ➡ 4° NW

NGC 2477 ★★★★☆

Nicolas de Lacaille 1751

In kleinen Feldstechern erscheint NGC 2477 nur als kleiner nebliger Fleck, und der nahe NGC 2451 stiehlt ihm die Schau. Im 10×50-Glas ist ein heller schöner Nebel sichtbar, noch sind keine Sterne aufgelöst.

Mit einem kleinen Fernrohr entfaltet der Sternhaufen seine ganze Pracht: Ein reiches glitzerndes Sternfeld von über 100 Sonnen auf nur 25' Durchmesser, voll aufgelöst bei niedriger Vergrößerung. NGC 2477 gehört sicherlich zu den Glanzlichtern des Sternbilds Puppis und ist ein Beispiel für die vielen grandiosen Sternhaufen, die der südliche Sternhimmel zu bieten hat – leider zu tief für mitteleuropäische Beobachter.

Aufsuchen: ζ ➡ 4° NW ➡ NGC 2451 ➡ 1,5° OSO

NGC 1851, 60mm-Refraktor, 47×

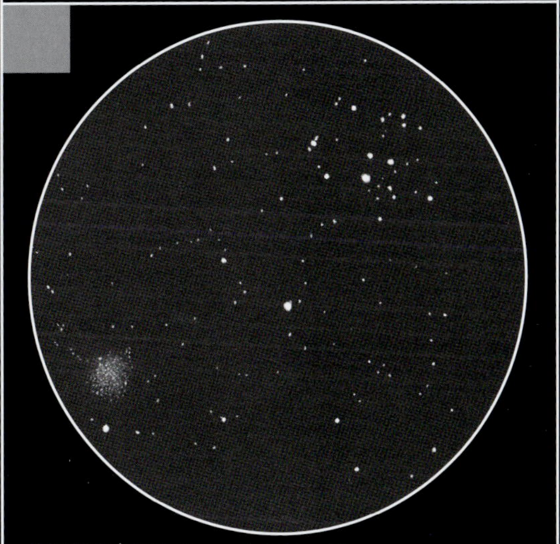

NGC 2451/2477, 60mm-Refraktor, 20×

Pyxis (Pyx)

Atlas Karte 26

Das Sternbild Pyxis symbolisiert den Kompass auf dem antiken Argonautenschiff Argo Navis, das erst Ende des 19. Jahrunderts als Sternbild aufgelöst und in die Konstellationen Vela, Puppis und Carina geteilt wurde. Pyxis, das Lacaille bereits 1752 vorgeschlagen hatte, wurde bei dieser Gelegenheit zusätzlich eingeführt. Das Sternbild steht sehr tief am mitteleuropäischen Winterhimmel östlich von Puppis und südlich des Kopfs der Hydra, weite Teile sind nicht von Mitteleuropa aus zu sehen.

NGC 2818	$9^h\ 16{,}0^{min}$	-36° 37'	$8^m{,}2$	7'	$11^m{,}3$	11.000 Lj	OC	kleiner PN innerhalb des Haufens	100mm

Pictor (Pic)

Atlas Karte 33

Lacaille meinte ursprünglich die Staffelei eines Malers, als er im Jahr 1752 das Sternbild schuf. Im Laufe der Zeit hat sich die Bezeichnung auf Pictor abgeschliffen. Das Sternbild ohne helle Einzelsterne ist westlich von Canopus zu finden. Für Beobachter mit kleinen Teleskopen ist lediglich ein Doppelstern interessant.

ι Pic	$4^h\ 50{,}9^{min}$	-53° 28'	$5^m{,}6/6^m{,}2$	12,8"	59°	140 Lj	DS	einfaches Paar	50mm
Kapteyns Stern	$5^h\ 11{,}5^{min}$	-45° 0'	$8^m{,}9$	-	-	13 Lj	St	große Eigenbewegung	80mm

Mensa (Men)

Atlas Karte 38

Mit dem Sterbild Mensa wurd dem Tafelberg über dem südafrikanischen Kapstadt ein Denkmal gesetzt. Es ist die einzige Konstellation, die mit einer tatsächlichen irdischen Landschaft in Verbindung steht. Urheber war Lacaille, der in den Jahren 1751 und 1752 selbst am Kap beobachtete und dabei zahlreiche neue Sternbilder des Südhimmels schuf. In den nördlichen Teil des von Mitteleuropa aus unsichtbaren Sternbilds ragt die Große Magellansche Wolke hinein, deren Objekte zusammen unter dem Eintrag für Dorado besprochen sind. Mensa enthält keine Beobachtungsobjekte für kleine Teleskope.

Apus (Aps)

Atlas Karte 38

Apus, der Paradiesvogel, gehörte zu den exotischen Mustern, die die ersten Seefahrer auf ihren Reisen auf die Südhalbkugel der Erde entwarfen. Das Bild erschien erstmals in Johann Bayers Sternatlas Uranometria im Jahr 1603. Apus befindet sich zwischen Triangulum Australe und Octans. Die hellsten vier Sterne bilden eine unregelmäßige Kette, wobei δ Apodis ein schöner Doppelstern für kleine Ferngläser ist. Darüber hinaus bietet Apus kaum Sehenswürdigkeiten für Deep-Sky-Beobachter.

NGC 6101	$16^h\ 25{,}8^{min}$	-72° 12'	$9^m{,}2$	3'	$14^m{,}3$	50.000 Lj	GC	schwer aufzulösen	10×50

Octans (Oct)

Atlas Karte 38

Das Sternbild Oktant erinnert an die Erfindung des astronomischen Geräts in der Mitte des 18. Jahrhunderts, und wurde 1752 von Abbé Lacaille geschaffen. Das unscheinbare Muster hat Berühmtheit durch die Lage des Südlichen Himmelspols innerhalb seiner Grenzen erlangt. Der $5^{m},5$-Stern σ Octantis steht 1° vom Pol entfernt und ist somit nur ein ungenügender Gegenpart des Polarsterns am Nordhimmel. Octans enthält kaum Deep-Sky-Objekte für kleine Teleskope.

λ Oct	$21^{h}\ 50,9^{min}$	-82° 43'	$5^{m},6/7^{m},3$	3,5"	63°	410 Lj	DS	Farben gelb-weiß	50mm

Anhang

Katalog der Sterne

Name	R.A.	Dekl.	Helligkeit	Abstand/ Min-Hell.	Positions-winkel/ Periode	Entfer-nung	Objekt-typ	Stern-bild	S.
12 Lyn	6^h 46,2^{min}	+59° 27'	$5^m{,}4/6^m{,}0/7^m{,}1$	1,9"/8,9"	65°/309°	240 Lj	DS	Lyn	180
14 Ori	5^h 7,9^{min}	+8° 30'	$5^m{,}8/6^m{,}7$	1,0"	282°	200 Lj	DS	Ori	174
16 Vul	20^h 2,0^{min}	+24° 56'	$5^m{,}8/6^m{,}2$	0,9"	128°	220 Lj	DS	Vul	120
19 Psc	23^h 46,4^{min}	+3° 29'	$5^m{,}0$	$5^m{,}5$	unreg.	800 Lj	Vr	Psc	158
34 Cyg	20^h 17,8^{min}	+38° 2'	$3^m{,}0$	$6^m{,}0$	unreg.	5200 Lj	Vr	Cyg	113
36 Oph	17^h 15,3^{min}	-26° 36'	$5^m{,}1/5^m{,}1$	5,1"	139°	19 Lj	DS	Oph	105
38 Lyn	9^h 18,8^{min}	+36° 48'	$3^m{,}9/6^m{,}1$	2,6"	223°	130 Lj	DS	Lyn	180
41 Aqr	22^h 14,3^{min}	-21° 4'	$5^m{,}6/7^m{,}1$	5,1"	113°	240 Lj	DS	Aqr	145
44 Boo	15^h 3,8^{min}	+47° 39'	$5^m{,}2/6^m{,}1$	0,3"	106°	41 Lj	DS	Boo	96
52 Ori	5^h 48,0^{min}	+6° 27'	$6^m{,}0/6^m{,}0$	1,0"	220°	410 Lj	DS	Ori	174
54 Leo	10^h 55,6^{min}	+24° 45'	$4^m{,}5/6^m{,}3$	6,8"	112°	300 Lj	DS	Leo	70
57 Cnc	8^h 54,2^{min}	+30° 35'	$6^m{,}1/6^m{,}4$	1,5"	309°	380 Lj	DS	Cnc	194
61 Cyg	21^h 6,9^{min}	+38° 45'	$5^m{,}2/6^m{,}0$	31,8"	153°	11 Lj	DS	Cyg	119
65 Psc	0^h 49,9^{min}	+27° 43'	$6^m{,}3/6^m{,}3$	4,4"	115°	290 Lj	DS	Psc	158
70 Oph	18^h 5,3^{min}	+2° 30'	$4^m{,}2/6^m{,}2$	6,6"	122°	17 Lj	DS	Oph	105
90 Leo	11^h 34,7^{min}	+16° 47'	$6^m{,}3/7^m{,}3$	3,1"	209°	1000 Lj	DS	Leo	70
95 Her	18^h 1,5^{min}	+21° 36'	$4^m{,}9/5^m{,}2$	6,4"	257°	430 Lj	DS	Her	100
α Aur	5^h 16,7^{min}	+46° 0'	$0^m{,}1$	–	–	43 Lj	St	Aur	168
α Boo	14^h 15,7^{min}	+19° 11'	$0^m{,}0$	–	–	37 Lj	St	Boo	96
α CMa	6^h 45,1^{min}	-16° 43'	$-1^m{,}5/8^m{,}4$	11,2"	68°	8,6 Lj	DS	CMa	190
α Cen	14^h 39,6^{min}	-60° 50'	$0^m{,}0/1^m{,}3$	5,5"	345°	4,4 Lj	DS	Cen	216
α Com	13^h 10,0^{min}	+17° 32'	$4^m{,}9/5^m{,}5$	0,5"	192°	58 Lj	DS	Com	82
α CrB	15^h 34,7^{min}	+26° 71'	$2^m{,}2$	–	–	77 Lj	St	CrB	96
α Cru	12^h 26,6^{min}	-63° 6'	$1^m{,}3/1^m{,}6/4^m{,}8$	3,5"/89"	111°/203°	320 Lj	DS	Cru	210
α CVn	12^h 56,0^{min}	+38° 19'	$2^m{,}9/5^m{,}5$	19,5"	230°	100 Lj	DS	CVn	77
α For	3^h 12,1^{min}	-28° 59'	$4^m{,}0/7^m{,}2$	5,4"	301°	46 Lj	DS	For	164
α Gem	7^h 34,6^{min}	+31° 53'	$1^m{,}9/3^m{,}0$	5,4"	52°	51 Lj	DS	Gem	184
α Her	17^h 14,6^{min}	+14° 23'	$3^m{,}5/5^m{,}4$	4,6"	103°	360 Lj	DS	Her	102
α Ori	5^h 55,2^{min}	+7° 25'	$0^m{,}0$	$1^m{,}3$	420 Tage	550 Lj	Vr	Ori	174
α Psc	2^h 2,0^{min}	+2° 46'	$4^m{,}1/5^m{,}2$	1,9"	261°	160 Lj	DS	Psc	158
α UMi	2^h 31,9^{min}	+89° 16'	$2^m{,}0/9^m{,}1$	18"	236°	430 Lj	DS	UMi	50
β Cyg	19^h 30,7^{min}	+27° 57'	$3^m{,}2/4^m{,}7$	34,6"	54°	360 Lj	DS	Cyg	114
β Lyr	18^h 50,1^{min}	+33° 21'	$3^m{,}3$	$4^m{,}3$	12,94 Tage	900 Lj	Vr	Lyr	103
β Mon	6^h 28,8^{min}	-7° 2'	$4^m{,}5/5^m{,}0/5^m{,}4$	7,1"/9,9"	133°/126°	690 Lj	DS	Mon	186
β Mus	12^h 46,3^{min}	-68° 6'	$3^m{,}5/4^m{,}0$	1,0"	59°	320 Lj	DS	Mus	209
β Ori	5^h 14,5^{min}	-8° 12'	$0^m{,}3/6^m{,}8$	9,7"	202°	860 Lj	DS	Ori	175
β Peg	23^h 3,8^{min}	+28° 5'	$2^m{,}5$	–	–	200 Lj	St	Peg	142
β Per	3^h 8,2^{min}	+40° 57'	$2^m{,}1$	$3^m{,}4$	2,87 Tage	90 Lj	Vr	Per	157
β Phe	1^h 6,1^{min}	-46° 43'	$4^m{,}1/4^m{,}2$	0,7"	93°	530 Lj	DS	Phe	228
β Sco	16^h 5,4^{min}	-19° 48'	$2^m{,}6/4^m{,}5$	13,4"	20°	470 Lj	DS	Sco	110
γ And	2^h 3,9^{min}	+42° 20'	$2^m{,}3/5^m{,}2$	9,6"	63°	390 Lj	DS	And	151

Name	R.A.	Dekl.	Helligkeit	Abstand/ Min-Hell.	Positions-winkel/ Periode	Entfer-nung	Objekt-typ	Stern-bild	S.
γ Ari	$1^{h}\ 53{,}5^{min}$	+19° 18'	$4^{m},5/4^{m},6$	7,4"	1°	170 Lj	DS	Ari	159
γ Cae	$5^{h}\ 4{,}4^{min}$	-35° 29'	$4^{m},7/8^{m},2$	3,2"	305°	190 Lj	DS	Cae	238
γ Cen	$12^{h}\ 41{,}5^{min}$	-48° 58'	$2^{m},9/2^{m},9$	0,4"	29°	130 Lj	DS	Cen	212
γ Cet	$2^{h}\ 43{,}3^{min}$	+3° 14'	$3^{m},5/6^{m},2$	2,0"	299°	75 Lj	DS	Cet	160
γ CrA	$19^{h}\ 6{,}4^{min}$	-37° 4'	$4^{m},5/6^{m},4$	1,5"	329°	57 Lj	DS	CrA	225
γ Crt	$11^{h}\ 24{,}9^{min}$	-17° 41'	$4^{m},1/7^{m},9$	4,4"	92°	86 Lj	DS	Crt	95
γ Cru	$12^{h}\ 31{,}2^{min}$	-57° 7'	$1^{m},6$	–	–	89 Lj	St	Cru	210
γ Del	$20^{h}\ 46{,}7^{min}$	+16° 8'	$4^{m},4/5^{m},0$	8,9"	265°	115 Lj	DS	Del	123
γ Leo	$10^{h}\ 20{,}0^{min}$	+19° 50'	$2^{m},4/3^{m},6$	4,7"	127°	130 Lj	DS	Leo	73
γ Lep	$5^{h}\ 44{,}5^{min}$	-22° 27'	$3^{m},6/6^{m},3$	96"	349°	29 Lj	DS	Lep	180
γ PsA	$22^{h}\ 52{,}5^{min}$	-32° 52'	$4^{m},5/8^{m},2$	4,0"	255°	220 Lj	DS	PsA	146
γ Vel	$8^{h}\ 9{,}5^{min}$	-47° 20'	$1^{m},9/4^{m},1/7^{m},2/9^{m},3$	41"/62"/ 94"	221°/152°/ 142°	1100 Lj	DS	Vel	200
γ Vir	$12^{h}\ 41{,}7^{min}$	-1° 27'	$3^{m},5/3^{m},5$	2,9"	358°	39 Lj	DS	Vir	86
γ Vol	$7^{h}\ 8{,}8^{min}$	-70° 30'	$3^{m},9/5^{m},4$	14"	298°	140 Lj	DS	Vol	208
δ Cep	$22^{h}\ 29{,}2^{min}$	+58° 24'	$3^{m},5$	$4^{m},4$	5,37 Tage	920 Lj	Vr	Cep	59
δ Crv	$12^{h}\ 29{,}9^{min}$	-16° 31'	$3^{m},0/8^{m},5$	24"	216°	86 Lj	DS	Crv	95
δ Gem	$7^{h}\ 20{,}1^{min}$	+21° 59'	$3^{m},6/8^{m},2$	5,5"	229°	61 Lj	DS	Gem	182
δ Sco	$16^{h}\ 0{,}4^{min}$	-22° 37'	$1^{m},6$	$2^{m},3$	unreg.	490 Lj	Vr	Sco	110
δ Ser	$15^{h}\ 34{,}8^{min}$	+10° 32'	$4^{m},2/5^{m},2$	4,0"	172°	300 Lj	DS	Ser	97
ε Ari	$2^{h}\ 59{,}2^{min}$	+21° 20'	$5^{m},2/5^{m},5$	1,3"	209°	360 Lj	DS	Ari	158
ε Boo	$14^{h}\ 45{,}0^{min}$	+27° 4'	$2^{m},6/4^{m},8$	2,8"	347°	240 Lj	DS	Boo	96
$ε^1$ Lyr AB	$18^{h}\ 44{,}3^{min}$	+39° 40'	$5^{m},2/6^{m},1$	2,3"	345°	160 Lj	DS	Lyr	104
$ε^2$ Lyr CD	$18^{h}\ 44{,}4^{min}$	+39° 37'	$5^{m},3/5^{m},4$	2,4"	75°	160 Lj	DS	Lyr	104
$ζ^1$ Ant	$9^{h}\ 30{,}8^{min}$	-31° 53'	$6^{m},2/6^{m},8$	8,3"	212°	340 Lj	DS	Ant	200
ζ Aqr	$22^{h}\ 28{,}8^{min}$	-0° 1'	$4^{m},3/4^{m},5$	2,4"	158°	94 Lj	DS	Aqr	145
ζ Boo	$14^{h}\ 41{,}1^{min}$	+13° 44'	$4^{m},5/4^{m},6$	0,3"	290°	180 Lj	DS	Boo	96
ζ Cnc	$8^{h}\ 12{,}2^{min}$	+17° 39'	$5^{m},3/6^{m},3/5^{m},9$	1,1"/6,3"	4°/65°	82 Lj	DS	Cnc	196
ζ CrB	$15^{h}\ 39{,}4^{min}$	+36° 38'	$5^{m},0/5^{m},9$	6,3"	306°	510 Lj	DS	CrB	97
ζ Her	$16^{h}\ 41{,}3^{min}$	+31° 36'	$3^{m},0/5^{m},4$	1,4"	105°	35 Lj	DS	Her	100
ζ Psc	$1^{h}\ 13{,}7^{min}$	+7° 35'	$5^{m},2/6^{m},3$	22,8"	63°	130 Lj	DS	Psc	158
ζ UMa	$13^{h}\ 23{,}9^{min}$	+54° 56'	$2^{m},2/3^{m},9$	14,6"	154°	81 Lj	DS	UMa	54
η Car	$10^{h}\ 45{,}0^{min}$	-59° 41'	$-0^{m},8$	$8{:}^{m}$	unreg.	8500 Lj	Vr	Car	206
η CrB	$15^{h}\ 23{,}2^{min}$	+30° 17'	$5^{m},6/6^{m},0$	0,4"	280°	59 Lj	DS	CrB	96
η Ori	$5^{h}\ 24{,}5^{min}$	-2° 24'	$3^{m},6/4^{m},9$	1,8"	77°	2100 Lj	DS	Ori	174
η PsA	$22^{h}\ 0{,}8^{min}$	-28° 27'	$5^{m},7/6^{m},8$	1,9"	113°	860 Lj	DS	PsA	146
θ Eri	$2^{h}\ 58{,}3^{min}$	-40° 18'	$3^{m},2/4^{m},1$	8,2"	90°	160 Lj	DS	Eri	230
θ Ind	$21^{h}\ 19{,}9^{min}$	-53° 27'	$4^{m},5/6^{m},9$	7,3"	269°	98 Lj	DS	Ind	226
θ Ori	$5^{h}\ 35{,}3^{min}$	-5° 24'	$5^{m},1/6^{m},7/6^{m},7/8^{m},0$	12,8"/ 13,4"/8,7"	–	1300 Lj	DS	Ori	176
θ Ret	$4^{h}\ 17{,}7^{min}$	-63° 15'	$6^{m},0/7^{m},7$	6,5"	20°	470 Lj	DS	Ret	230
θ Ser	$18^{h}\ 56{,}2^{min}$	+4° 12'	$4^{m},6/4^{m},9$	22"	106°	130 Lj	DS	Ser	126
θ Tau	$4^{h}\ 28{,}6^{min}$	+15° 58'	$3^{m},4/3^{m},9$	5,8'	339°	130 Lj	DS	Tau	172
ι Cnc	$8^{h}\ 46{,}7^{min}$	+28° 46'	$4^{m},1/6^{m},0$	31"	308°	350 Lj	DS	Cnc	194
ι Leo	$11^{h}\ 23{,}9^{min}$	+10° 32'	$4^{m},0/6^{m},7$	2,2"	92°	77 Lj	DS	Leo	70
ι Pic	$4^{h}\ 50{,}9^{min}$	-53° 28'	$5^{m},6/6^{m},2$	12,8"	59°	140 Lj	DS	Pic	240
κ Pup	$7^{h}\ 38{,}8^{min}$	-26° 48'	$4^{m},4/4^{m},6$	9,9"	318°	390 Lj	DS	Pup	192

Name	R.A.	Dekl.	Helligkeit	Abstand/ Min-Hell.	Positions-winkel/ Periode	Entfer-nung	Objekt-typ	Stern-bild	S.
κ^1 Scl	0^h 9,4^{min}	-27° 59'	6^m,1/6^m,2	1,3"	258°	220 Lj	DS	Scl	162
λ Oct	21^h 50,9^{min}	-82° 43'	5^m,6/7^m,3	3,5"	63°	410 Lj	DS	Oct	241
λ Oph	16^h 30,9^{min}	+1° 59'	4^m,2/5^m,2	1,4"	45°	160 Lj	DS	Oph	105
μ Boo	15^h 24,5^{min}	+37° 23'	4^m,3/7^m,1/7^m,6	109"/2,2"	172°/2°	120 Lj	DS	Boo	96
μ Cas	0^h 48,8^{min}	+50° 58'	4^m,9	–	–	25 Lj	St	Cas	60
μ Cep	21^h 43,5^{min}	+58° 46'	3^m,4	5^m,1	halbreg.	3100 Lj	Vr	Cep	59
μ CMa	6^h 56,1^{min}	-14° 3'	5^m,3/7^m,1	2,9"	343°	950 Lj	DS	CMa	188
μ Dra	17^h 5,3^{min}	+54° 28'	5^m,7/5^m,7	2,6"	6°	89 Lj	DS	Dra	56
μ Lup	15^h 18,5^{min}	-47° 53'	4^m,9/5^m,0/6^m,3	0,8"/23"	114°/128°	340 Lj	DS	Lup	217
ν Sco AB	16^h 11,9^{min}	-19° 27'	4^m,4/5^m,3	1,3"	2°	450 Lj	DS	Sco	112
ν Sco CD	16^h 12,0^{min}	-19° 27'	6^m,6/7^m,2	2,4"	56°	450 Lj	DS	Sco	112
ξ Boo	14^h 46,2^{min}	+19° 6'	4^m,8/7^m,0	5,4"	297°	22 Lj	DS	Boo	96
ξ Lup	15^h 56,9^{min}	-33° 58'	5^m,1/5^m,6	10,3"	50°	220 Lj	DS	Lup	217
ξ UMa	11^h 18,2^{min}	+31° 32'	4^m,3/4^m,8	2,2"	152°	28 Lj	DS	UMa	53
o Cap	20^h 29,9^{min}	-18° 35'	5^m,9/6^m,7	22"	239°	230 Lj	DS	Cap	138
o Cet	2^h 19,3^{min}	-2° 58'	2^m,0	9^m,6	332 Tage	300 Lj	Vr	Cet	160
o Eri	4^h 15,2^{min}	-7° 39'	4^m,4/9^m,3/11^m,2	83"/7,9"	102°/330°	16 Lj	DS	Eri	164
π Aql	19^h 48,7^{min}	+11° 49'	6^m,3/6^m,8	1,4"	105°	510 Lj	DS	Aql	124
π Lup	15^h 5,1^{min}	-47° 3'	4^m,6/4^m,6	1,8"	65°	480 Lj	DS	Lup	217
ρ Her	17^h 23,7^{min}	+37° 9'	4^m,5/5^m,4	4,1"	321°	330 Lj	DS	Her	100
σ CrB	16^h 14,7^{min}	+33° 52'	5^m,6/6^m,5	7,2"	239°	74 Lj	DS	CrB	96
σ Ori	5^h 38,7^{min}	-2° 36'	3^m,8/8^m,8/ 6^m,5/6^m,3	11"/13"/ 41"	239°/84°/ 62°	1100 Lj	DS	Ori	174
ϕ^2 Cnc	8^h 26,8^{min}	+26° 56'	5^m,5/6^m,2	5,2"	219°	340 Lj	DS	Cnc	194
χ Cyg	19^h 50,6^{min}	+32° 54'	3^m,3	14^m,2	407 Tage	520 Lj	Vr	Cyg	114
AQ Sgr	19^h 34,3^{min}	-16° 22'	6^m,6	7^m,6	unreg.	1800 Lj	Vr	Sgr	128
Barnards Pfeilstern	17^h 57,8^{min}	+4° 40'	9^m,5	–	–	6,0 Lj	St	Oph	108
BrsO 5	11^h 24,7^{min}	-61° 39'	7^m,6/8^m,6	4,4"	242°	40 Lj	DS	Cen	212
BrsO 14	19^h 1,1^{min}	-37° 4'	6^m,6/6^m,8	13"	281°	520 Lj	DS	CrA	225
β 536	3^h 46,2^{min}	+24° 12'	8^m,1/9^m,4/7^m,7	1,0"/39"	179°/308°	440 Lj	DS	Tau	170
β 800	13^h 16,9^{min}	+17° 1'	6^m,7/9^m,5	7,7"	105°	36 Lj	DS	Com	82
Δ 227	19^h 52,6^{min}	-54° 58'	5^m,7/6^m,5	23"	149°	410 Lj	DS	Tel	226
FG Sge	20^h 11,9^{min}	+20° 20'	9^m,4	13^m,6	unreg.	7400 Lj	Vr	Sge	122
HN 84	19^h 39,4^{min}	+16° 34'	6^m,4/9^m,5	28"	301°	2800 Lj	DS	Sge	122
h 3475	1^h 55,3^{min}	-60° 19'	7^m,2/7^m,2	2,5"	78°	190 Lj	DS	Hyi	231
h 3945	7^h 16,6^{min}	-23° 19'	5^m,0/5^m,8	27"	50°	370/ 2700 Lj	DS	CMa	190
h 4038	8^h 2,7^{min}	-41° 19'	5^m,5/9^m,0	27"	343°	480 Lj	DS	Pup	238
h 4104	8^h 29,1^{min}	-47° 56'	5^m,5/7^m,2	3,5"	244°	2200 Lj	DS	Vel	200
h 4220	9^h 33,7^{min}	-49° 0'	5^m,5/6^m,2	2,0"	220°	860 Lj	DS	Vel	200
h 4455	11^h 36,6^{min}	-33° 34'	6^m,0/7^m,8	3,4"	240°	370 Lj	DS	Hya	74
h 4498	12^h 6,4^{min}	-65° 43'	6^m,1/7^m,7	8,8"	59°	380 Lj	DS	Mus	209
h 4876	16^h 41,3^{min}	-48° 46'	5^m,7/8^m,4/6^m,8	1,7"/10,2"	11°/265°	4700 Lj	DS	Ara	220
h 4926	17^h 14,5^{min}	-39° 46'	6^m,7/10^m,1/10^m,5	14"/16"	335°/209°	5900 Lj	DS	Sco	221
h 4949	17^h 26,9^{min}	-45° 51'	5^m,6/6^m,5	2,1"	251°	650 Lj	DS	Ara	220
h 5003	17^h 59,1^{min}	-30° 15'	5^m,2/7^m,0	5,7"	105°	2500 Lj	DS	Sgr	128

Name	R.A.	Dekl.	Helligkeit	Abstand/ Min-Hell.	Positions-winkel/ Periode	Entfer-nung	Objekt-typ	Stern-bild	S.
h 5014	18^h 6,8^{min}	-43° 26'	5^m,7/5^m,7	1,8"	358°	140 Lj	DS	CrA	225
Kapteyns Stern	5^h 11,5^{min}	-45° 0'	8^m,9	–	–	13 Lj	St	Pic	240
L^2 Pup	7^h 13,5^{min}	-44° 39'	2^m,6	6^m,2	141 Tage	185 Lj	Vr	Pup	238
M 40	12^h 22,4^{min}	+58° 5'	9^m,0/9^m,3	49"	~75°	490 Lj/ 1900 Lj	DS	UMa	54
Proxima Cen-tauri	14^h 30,2^{min}	-62° 41'	12^m,1b	13^m,1b	unreg.	4,2 Lj	Vr	Cen	216
R Aqr	23^h 43,8^{min}	-15° 17'	5^m,8	12^m,4	387 Tage	1300 Lj	Vr	Aqr	145
R Car	9^h 32,2^{min}	-62° 47'	3^m,9	10^m,5	309 Tage	590 Lj	Vr	Car	203
R Cen	14^h 16,6^{min}	-59° 55'	5^m,3	11^m,8	550 Tage	2900 Lj	Vr	Cen	212
R CrB	15^h 48,6^{min}	+28° 9'	5^m,7	14^m,8	unreg.	4300 Lj	Vr	CrB	97
R Hya	13^h 29,7^{min}	-23° 17'	4^m,2	9^m,8	387 Tage	480 Lj	Vr	Hya	74
R Leo	9^h 47,6^{min}	+11° 25'	4^m,4	11^m,3	312 Tage	230 Lj	Vr	Leo	72
R Lep	4^h 59,6^{min}	-14° 48'	5^m,5	11^m,7	432 Tage	1500 Lj	Vr	Lep	180
R LMi	9^h 45,5^{min}	+34° 31'	6^m,3	13^m,2	327 Tage	950 Lj	Vr	LMi	70
R Lyn	7^h 1,3^{min}	+55° 20'	7^m,7	14^m,3	388 Tage	3200 Lj	Vr	Lyn	181
R Tri	2^h 37,0^{min}	+34° 16'	5^m,4	12^m,6	267 Tage	1300 Lj	Vr	Tri	152
RS Cnc	9^h 10,6^{min}	+30° 58'	5^m,3	6^m,8	120 Tage	490 Lj	Vr	Cnc	194
Rmk 26	20^h 51,6^{min}	-62° 26'	6^m,2/6^m,6	2,4"	80°	240 Lj	DS	Pav	226
S Dor	5^h 18,2^{min}	-69° 15'	9^m,0	11^m,5	unreg.	160.000 Lj	Vr	Dor	234
S Ind	20^h 56,4^{min}	-54° 19'	7^m,9	17^m,0	400 Tage	2400 Lj	Vr	Ind	226
Σ 186	1^h 55,9^{min}	+1° 51'	6^m,8/6^m,8	0,6"	75°	130 Lj	DS	Cet	160
Σ 484	4^h 7,7^{min}	+62° 20'	9^m,6/10^m,5	5,6"	132°	3500 Lj	DS	Cam	66
Σ 485	4^h 7,8^{min}	+62° 20'	6^m,9/6^m,9	18"	306°	3500 Lj	DS	Cam	66
Σ 747	5^h 35,0^{min}	-6° 1'	4^m,7/5^m,5	36"	224°	1200 Lj	DS	Ori	174
Σ 958	6^h 48,2^{min}	+55° 42'	6^m,3/6^m,3	4,5"	256°	140 Lj	DS	Lyn	181
Σ 1009	7^h 5,6^{min}	+52° 46'	6^m,9/7^m,0	4,4"	148°	330 Lj	DS	Lyn	181
Σ 2375	18^h 45,5^{min}	+5° 30'	6^m,3/6^m,7	2,6"	120°	480 Lj	DS	Ser	126
Σ 2470	19^h 8,7^{min}	+34° 46'	7^m,0/8^m,4	13,8"	267°	1300 Lj/ 485 Lj	DS	Lyr	102
Σ 2474	19^h 9,4^{min}	+34° 36'	6^m,8/7^m,9	16,2"	263°	160 Lj	DS	Lyr	102
Σ 2725	20^h 46,2^{min}	+15° 54'	7^m,5/8^m,2	6,2"	12°	120 Lj	DS	Del	123
Σ 2942	22^h 44,1^{min}	+39° 28'	6^m,2/8^m,9/11^m,7	3,2"/9,0"	277°/247°	830 Lj	DS	Lac	142
T CrB	15^h 59,5^{min}	+25° 55'	2:^{m}	10^m,8	unreg.	3000 Lj	Vr	CrB	96
T Lyr	18^h 32,3^{min}	+37° 0'	7^m,8	9^m,6	unreg.	1400 Lj	Vr	Lyr	102
U Hya	10^h 37,6^{min}	-13° 23'	4^m,8	5^m,9	unreg.	560 Lj	Vr	Hya	74
V Aql	19^h 4,4^{min}	-5° 41'	6^m,6	8^m,0	353 Tage	1400 Lj	Vr	Aql	124
V Hya	10^h 51,6^{min}	-21° 15'	10^m,9	16:^{m}	531 Tage	1400 Lj	Vr	Hya	74
VY CMa	7^h 23,0^{min}	-25° 46'	6^m,5	9^m,6	unreg.	3900 Lj	Vr	CMa	188
VY UMa	10^h 45,0^{min}	+67° 25'	5^m,8	7^m,0	unreg.	1400 Lj	Vr	UMa	50
X Cnc	8^h 55,4^{min}	+17° 14'	6^m,0	6^m,5	180 Tage	1900 Lj	Vr	Cnc	194
Y CVn	12^h 45,1^{min}	+45° 26'	5^m,2	5^m,6	157 Tage	1000 Lj	Vr	CVn	77

Katalog der Nebel, Sternhaufen und Galaxien

Name	R.A.	Dekl.	Hellig-keit	Größe	spez. Angabe	Entfernung	Objekt-typ	Stern-bild	S.
3C 273	12^h 29,1^{min}	+2° 3'	$12^m{,}8$	<0,1'	–	2500 Mio. Lj	Qs	Vir	88
Abell 21	7^h 29,0^{min}	+13° 15'	$11^m{,}6$	10'	$16^m{,}0$	1500 Lj	PN	Gem	185
B 33	5^h 41,0^{min}	-2° 28'	–	4'	–	1100 Lj	GN	Ori	179
B 50	17^h 2,9^{min}	-34° 24'	–	30'×15'	–	–	GN	Sco	221
B 59/65-67/77-78	17^h 32:^{min}	-26:°	–	6,5°×4,5°	–	470 Lj	GN	Oph	105
B 86	18^h 3,0^{min}	-27° 53'	–	5'	–	6200 Lj	GN	Sgr	130
B 92	18^h 15,5^{min}	-18° 14'	–	15'×9'	–	650 Lj	GN	Sgr	128
B 103	18^h 39,4^{min}	-6° 38'	–	1°×0,5°	–	500 Lj	GN	Sct	125
B 111	18^h 49,5^{min}	-4° 45'	–	1,8°×1°	–	500 Lj	GN	Sct	125
B 133	19^h 6,1^{min}	-6° 50'	–	10'	–	650 Lj	GN	Aql	124
B 142-3	19^h 40,7^{min}	+10° 57'	–	80'×50'	–	1000 Lj	GN	Aql	124
B 168	21^h 50:^{min}	+47° 30'	–	2°×0,3°	–	2500 Lj	GN	Cyg	119
Ced 90	7^h 5,2^{min}	-12° 20'	–	7'	–	3400 Lj	GN	CMa	188
Cr 69	5^h 35,0^{min}	+9° 56'	$2^m{,}8$	30'	$3^m{,}4$	1300 Lj	OC	Ori	174
Cr 70	5^h 35,6^{min}	-1° 5'	$0^m{,}6$	3°×1°	$1^m{,}7$	3000 Lj	StC	Ori	174
Cr 140	7^h 24,1^{min}	-31° 54'	$3^m{,}5$	1°	$5^m{,}4$	1200 Lj	OC	CMa	191
Cr 228	10^h 43,0^{min}	-60° 0'	$4^m{,}4$	15'	$6^m{,}3$	8500 Lj	OC	Car	206
Cr 285	12:^{h}	+58:°	–	23°	$1^m{,}8$	80 Lj	OC	UMa	54
Cr 399	19^h 25,4^{min}	+20° 11'	$3^m{,}6$	60'	$5^m{,}2$	–	Ast	Vul	120
CRL 2688	21^h 2,3^{min}	+36° 42'	$13^m{,}5$	0,3'	–	1400 Lj	GN	Cyg	112
ESO 97-13	14^h 13,2^{min}	-65° 20'	10:^{m}	2'×1'	$21^m{,}9$	14 Mio. Lj	Gx	Cir	216
G 1	0^h 32,8^{min}	+39° 35'	$13^m{,}7$	3"	$22^m{,}5$	2,5 Mio. Lj	GC	And	151
Große Magellansche Wolke	5^h 24:^{min}	-69° 50'	0:^{m}	6°×5°	22:^{m}	160.000 Lj	Gx	Dor	235
IC 405	5^h 16,2^{min}	+34° 16'	–	15'	–	1200 Lj	GN	Aur	168
IC 410	5^h 22,6^{min}	+33° 31'	–	15'×10'	–	10.000 Lj	GN	Aur	168
IC 418	5^h 27,5^{min}	-12° 42'	$9^m{,}5$	0,2'	$10^m{,}2$	4400 Lj	PN	Lep	180
IC 434	5^h 41,0^{min}	-2° 24'	–	44'×10'	–	1100 Lj	GN	Ori	179
IC 1295	18^h 54,6^{min}	-8° 50'	$12^m{,}3$	1,5'	15:^{m}	4500 Lj	PN	Sct	125
IC 1318	20^h 27,9^{min}	+40° 0'	–	50'×40'	–	4900 Lj	GN	Cyg	118
IC 1340	20^h 56,2^{min}	+31° 4'	–	15'	–	2400 Lj	GN	Cyg	116
IC 1396	21^h 39,1^{min}	+57° 30'	4^m	2,5°×2°	22^m	3000 Lj	GN	Cep	58
IC 1805	2^h 33,4^{min}	+61° 26'	–	1,5°×1°	–	6800 Lj	GN	Cas	66
IC 1848	2^h 51,3^{min}	+60° 25'	–	1,5°×0,5°	–	7300 Lj	GN	Cas	66
IC 2149	5^h 56,4^{min}	+46° 6'	$8^m{,}8$	0,2'	$11^m{,}6$	9100 Lj	PN	Aur	168
IC 2177	7^h 5,9^{min}	-11° 13'	–	40'×30'	–	5200 Lj	GN	Mon	185
IC 2220	7^h 56,8^{min}	-59° 7'	–	2'	–	1400 Lj	GN	Car	203
IC 2391	8^h 40,2^{min}	-53° 4'	$2^m{,}5$	50'	$3^m{,}6$	500 Lj	OC	Vel	202
IC 2395	8^h 42,5^{min}	-48° 7'	$4^m{,}6$	10'	$5^m{,}5$	2300 Lj	OC	Vel	202
IC 2501	9^h 38,8^{min}	-60° 5'	$10^m{,}3$	5"	$14^m{,}5$	9400 Lj	PN	Car	203
IC 2602	10^h 43,2^{min}	-64° 24'	$1^m{,}9$	1,5°	$2^m{,}8$	500 Lj	OC	Car	204
IC 2631	11^h 9,8^{min}	-76° 37'	–	2'	–	620 Lj	GN	Cha	208
IC 2944/8	11^h 38,8^{min}	-63° 32'	–	50'×30	–	7800 Lj	GN	Cen	212

Name	R.A.	Dekl.	Hellig-keit	Größe	spez. Angabe	Entfernung	Objekt-typ	Stern-bild	S.
IC 4406	$14^h\,22{,}4^{min}$	-44° 9'	$10\overset{m}{,}1$	1,5'	$17\overset{m}{,}4$	5900 Lj	PN	Lup	217
IC 4628	$16^h\,57{,}0^{min}$	-40° 20'	–	60'×32'	–	6000 Lj	GN	Sco	221
IC 4662	$17^h\,47{,}1^{min}$	-64° 39'	$10\overset{m}{,}7$	1'	$21\overset{m}{,}3$	8,3 Mio. Lj	Gx	Pav	226
IC 4665	$17^h\,46{,}3^{min}$	+5° 43'	$4\overset{m}{,}2$	70'	$6\overset{m}{,}9$	1100 Lj	OC	Oph	108
IC 4703	$18^h\,18{,}9^{min}$	-13° 50'	–	45'×20'	–	5500 Lj	GN	Ser	126
IC 4756	$18^h\,39{,}0^{min}$	+5° 27'	$4\overset{m}{,}6$	70'	$8\overset{m}{,}7$	1500 Lj	OC	Ser	126
IC 4954-5	$20^h\,4{,}7^{min}$	+29° 13'	–	6'×2'	–	7200 Lj	GN	Vul	120
IC 4997	$20^h\,20{,}1^{min}$	+16° 44'	$10\overset{m}{,}7$	0,1'	$14\overset{m}{,}4$	16.000 Lj	PN	Sge	122
IC 5067/70	$20^h\,50{,}8^{min}$	+44° 21'	$7{:}^m$	40'×30'	$23{:}^m$	3400 Lj	GN	Cyg	118
IC 5146	$21^h\,54{,}3^{min}$	+67° 20'	–	7'	–	2600 Lj	GN	Cyg	119
IC 5148/50	$21^h\,59{,}6^{min}$	-39° 23'	$12\overset{m}{,}0$	2'	–	4500 Lj	PN	Gru	228
IC 5152	$22^h\,2{,}7^{min}$	-51° 18'	$10\overset{m}{,}1$	2'×1'	$22\overset{m}{,}4$	6,4 Mio. Lj	Gx	Ind	226
IC 5217	$22^h\,23{,}9^{min}$	+50° 58'	$11\overset{m}{,}2$	0,1'	$15\overset{m}{,}5$	15.000 Lj	PN	Lac	142
Jn 1	$23^h\,35{,}9^{min}$	+30° 28'	$11\overset{m}{,}5$	5'	$16\overset{m}{,}1$	3300 Lj	PN	Peg	144
Jn-Er 1	$7^h\,57{,}9^{min}$	+53° 25'	$12\overset{m}{,}1$	6,3'	$16\overset{m}{,}8$	3100 Lj	PN	Lyn	182
Kembles Kas-kade	$4{:}^h$	+63:°	–	2,8°	$5-9^m$	–	Ast	Cam	67
Kleine Magel-lansche Wolke	$0^h\,53{:}^{min}$	-72° 50'	$2\overset{m}{,}5$	3°×2,5°	$22{:}^m$	200.000 Lj	Gx	Tuc	232
Kohlensack	$12^h\,52{:}^{min}$	-63° 18'	–	7°×4°	–	–	GN	Cru	210
M 1	$5^h\,34{,}5^{min}$	+22° 1'	$8\overset{m}{,}4$	5'×4'	$20{:}^m$	6500 Lj	GN	Tau	172
M 1-92	$19^h\,36{,}3^{min}$	+29° 33'	$11\overset{m}{,}7$	0,3'	–	8000 Lj	GN	Cyg	116
M 2	$21^h\,33{,}5^{min}$	-0° 49'	$6\overset{m}{,}4$	6'	$13\overset{m}{,}1$	39.000 Lj	GC	Aqr	146
M 3	$13^h\,42{,}2^{min}$	+28° 23'	$5\overset{m}{,}9$	7'	$21\overset{m}{,}6$	34.000 Lj	GC	CVn	80
M 4	$16^h\,23{,}4^{min}$	-26° 32'	$5\overset{m}{,}8$	12'	$10\overset{m}{,}8$	5900 Lj	GC	Sco	111
M 5	$15^h\,18{,}6^{min}$	+2° 5'	$5\overset{m}{,}7$	6'	$12\overset{m}{,}2$	24.000 Lj	GC	Ser	97
M 6	$17^h\,40{,}1^{min}$	-32° 13'	$4\overset{m}{,}2$	25'×20'	$6\overset{m}{,}2$	1600 Lj	OC	Sco	112
M 7	$17^h\,53{,}9^{min}$	-34° 49'	$3\overset{m}{,}3$	80'	$5\overset{m}{,}6$	980 Lj	OC	Sco	112
M 8	$18^h\,3{,}8^{min}$	-24° 23'	$5\overset{m}{,}8/4\overset{m}{,}6$	20'×10'/7'	$22{:}^m/6\overset{m}{,}9$	4100 Lj	GN+OC	Sgr	130
M 9	$17^h\,19{,}2^{min}$	-18° 31'	$7\overset{m}{,}6$	3'	$13\overset{m}{,}5$	26.000 Lj	GC	Oph	108
M 10	$16^h\,57{,}1^{min}$	-4° 6'	$6\overset{m}{,}6$	8'	$12\overset{m}{,}0$	14.000 Lj	GC	Oph	106
M 11	$18^h\,51{,}1^{min}$	-6° 16'	$5\overset{m}{,}8$	7'	$8\overset{m}{,}0$	6100 Lj	OC	Sct	125
M 12	$16^h\,47{,}2^{min}$	-1° 57'	$6\overset{m}{,}8$	5'	$12\overset{m}{,}2$	16.000 Lj	GC	Oph	106
M 13	$16^h\,41{,}7^{min}$	+36° 28'	$5\overset{m}{,}7$	8'	$11\overset{m}{,}9$	26.000 Lj	GC	Her	100
M 14	$17^h\,37{,}6^{min}$	-3° 15'	$7\overset{m}{,}6$	3'	$14\overset{m}{,}0$	30.000 Lj	GC	Oph	108
M 15	$21^h\,30{,}0^{min}$	+12° 10'	$6\overset{m}{,}0$	6'	$12\overset{m}{,}6$	33.000 Lj	GC	Peg	144
M 16	$18^h\,18{,}8^{min}$	-13° 47'	$6\overset{m}{,}0$	10'	$8\overset{m}{,}2$	5600 Lj	OC	Ser	126
M 17	$18^h\,20{,}8^{min}$	-16° 11'	$7{:}^m$	20'×15'	$21{:}^m$	5900 Lj	GN	Sgr	132
M 18	$18^h\,19{,}9^{min}$	-17° 8'	$6\overset{m}{,}9$	8'	$8\overset{m}{,}7$	4200 Lj	OC	Sgr	134
M 19	$17^h\,2{,}6^{min}$	-26° 16'	$6\overset{m}{,}7$	3'×2,5'	$14\overset{m}{,}0$	29.000 Lj	GC	Oph	108
M 20	$18^h\,2{,}6^{min}$	-23° 2'	$8\overset{m}{,}5$	15'×10'	$22{:}^m$	2700 Lj	GN	Sgr	129
M 21	$18^h\,4{,}6^{min}$	-22° 30'	$5\overset{m}{,}9$	7'	$7\overset{m}{,}3$	3900 Lj	OC	Sgr	129
M 22	$18^h\,36{,}4^{min}$	-23° 54'	$5\overset{m}{,}1$	9'	$10\overset{m}{,}7$	9800 Lj	GC	Sgr	134
M 23	$17^h\,56{,}8^{min}$	-19° 1'	$5\overset{m}{,}5$	25'	$9\overset{m}{,}2$	2100 Lj	OC	Sgr	129
M 24	$18^h\,16{,}9^{min}$	-18° 29'	$4\overset{m}{,}6$	1,5°×0,5°	$6\overset{m}{,}5$	–	StC	Sgr	132
M 25	$18^h\,31{,}6^{min}$	-19° 15'	$4\overset{m}{,}6$	30'	$6\overset{m}{,}7$	2000 Lj	OC	Sgr	134

Name	R.A.	Dekl.	Hellig-keit	Größe	spez. Angabe	Entfernung	Objekt-typ	Stern-bild	S.
M 26	$18^h 45,2^{min}$	-9° 24'	$8^m,0$	8'	$10^m,3$	5200 Lj	OC	Sct	125
M 27	$19^h 59,6^{min}$	+22° 44'	$7^m,3$	8'×4'	$13^m,8$	1200 Lj	PN	Vul	120
M 28	$18^h 24,5^{min}$	-24° 52'	$6^m,8$	5'	$12^m,0$	18.000 Lj	GC	Sgr	134
M 29	$20^h 23,9^{min}$	+38° 32'	$6^m,6$	6'	$8^m,6$	3700 Lj	OC	Cyg	116
M 30	$21^h 40,4^{min}$	-23° 11'	$7^m,3$	5'	$12^m,1$	27.000 Lj	GC	Cap	138
M 31	$0^h 42,7^{min}$	+41° 16'	$3^m,4$	3°×1°	$22^m,5$	2,5 Mio. Lj	Gx	And	150
M 32	$0^h 42,7^{min}$	+41° 52'	$8^m,1$	4'×3'	$21^m,6$	2,5 Mio. Lj	Gx	And	150
M 33	$1^h 33,9^{min}$	+30° 48'	$5^m,7$	30'×20'	$23^m,1$	3 Mio. Lj	Gx	Tri	152
M 34	$2^h 42,0^{min}$	+42° 47'	$5^m,2$	35'	$7^m,3$	1600 Lj	OC	Per	156
M 35	$6^h 8,9^{min}$	+24° 20'	$5^m,1$	28'	$8^m,2$	3900 Lj	OC	Gem	182
M 36	$5^h 36,1^{min}$	+34° 8'	$6^m,0$	12'	$8^m,7$	4300 Lj	OC	Aur	169
M 37	$5^h 52,5^{min}$	+32° 33'	$5^m,6$	16'	$9^m,2$	4500 Lj	OC	Aur	170
M 38	$5^h 28,6^{min}$	+35° 50'	$6^m,4$	25'	$9^m,5$	3500 Lj	OC	Aur	168
M 39	$21^h 32,2^{min}$	+48° 26'	$4^m,6$	31'	$6^m,8$	1000 Lj	OC	Cyg	119
M 41	$6^h 47,0^{min}$	-20° 44'	$4^m,5$	40'	$6^m,9$	2300 Lj	OC	CMa	190
M 42	$5^h 35,4^{min}$	-5° 27'	$3^m,5$	25'×30'	$20:^m$	1300 Lj	GN	Ori	176
M 43	$5^h 35,6^{min}$	-5° 16'	$8:^m$	6'×3'	$22:^m$	1300 Lj	GN	Ori	176
M 44	$8^h 40,1^{min}$	+19° 59'	$3^m,1$	70'	$6^m,3$	610 Lj	OC	Cnc	195
M 45	$3^h 47,0^{min}$	+24° 7'	$1^m,2$	1,8°×1,2°	$2^m,9$	440 Lj	OC	Tau	171
M 46	$7^h 41,8^{min}$	-14° 49'	$6^m,1$	20'×15'	$8^m,7$	4900 Lj	OC	Pup	193
M 47	$7^h 36,6^{min}$	-14° 30'	$4^m,4$	30'×20'	$5^m,7$	1600 Lj	OC	Pup	192
M 48	$8^h 13,8^{min}$	-5° 48'	$5^m,8$	50'×30'	$8^m,2$	2500 Lj	OC	Hya	76
M 49	$12^h 29,8^{min}$	+8° 0'	$8^m,4$	5'	$21^m,6$	60 Mio. Lj	Gx	Vir	85
M 50	$7^h 3,2^{min}$	-8° 20'	$5^m,9$	20'	$7^m,6$	2900 Lj	OC	Mon	188
M 51	$13^h 29,9^{min}$	+47° 13'	$8:^m$	8'×4'	$21^m,9$	30 Mio. Lj	Gx	CVn	80
M 52	$23^h 24,2^{min}$	+61° 35'	$6^m,9$	10'	$8^m,2$	4600 Lj	OC	Cas	62
M 53	$13^h 12,9^{min}$	+18° 10'	$7^m,5$	4'	$13^m,8$	59.000 Lj	GC	Com	84
M 54	$18^h 55,1^{min}$	-30° 29'	$7^m,6$	2,5'	$15^m,5$	87.000 Lj	GC	Sgr	136
M 55	$19^h 40,0^{min}$	-30° 58'	$6^m,4$	12'	$11^m,2$	18.000 Lj	GC	Sgr	136
M 56	$19^h 16,6^{min}$	+30° 11'	$8^m,3$	3'	$13^m,0$	33.000 Lj	GC	Lyr	105
M 57	$18^h 53,6^{min}$	+33° 2'	$8^m,8$	1,2'	$14^m,7$	2600 Lj	PN	Lyr	104
M 58	$12^h 37,7^{min}$	+11° 49'	$9^m,7$	2,5'×1,5'	$21^m,9$	60 Mio. Lj	Gx	Vir	94
M 59	$12^h 42,0^{min}$	+11° 39'	$9^m,6$	1,5'×1,0'	$21^m,4$	60 Mio. Lj	Gx	Vir	94
M 60	$12^h 43,7^{min}$	+11° 33'	$8^m,8$	2'	$21^m,7$	60 Mio. Lj	Gx	Vir	94
M 61	$12^h 21,9^{min}$	+4° 28'	$9^m,7$	3'	$22^m,3$	60 Mio. Lj	Gx	Vir	85
M 62	$17^h 1,2^{min}$	-30° 7'	$6^m,7$	3,5'	$13^m,0$	22.000 Lj	GC	Oph	106
M 63	$13^h 15,8^{min}$	+42° 2'	$8^m,6$	4'×2,5'	$22^m,5$	30 Mio. Lj	Gx	CVn	80
M 64	$12^h 56,7^{min}$	+21° 41'	$8^m,5$	4,5'×2,5'	$21^m,3$	22 Mio. Lj	Gx	Com	84
M 65	$11^h 18,9^{min}$	+13° 5'	$9^m,3$	5'×1,5'	$21^m,3$	40 Mio. Lj	Gx	Leo	72
M 66	$11^h 20,2^{min}$	+12° 59'	$8^m,9$	4,5'×2'	$21^m,4$	40 Mio. Lj	Gx	Leo	72
M 67	$8^h 50,4^{min}$	+11° 49'	$6^m,9$	15'	$9^m,7$	3200 Lj	OC	Cnc	196
M 68	$12^h 39,5^{min}$	-26° 45'	$7^m,7$	5'	$12^m,6$	34.000 Lj	GC	Hya	76
M 69	$18^h 31,4^{min}$	-32° 21'	$7^m,6$	2,5'	$13^m,2$	29.000 Lj	GC	Sgr	136
M 70	$18^h 43,2^{min}$	-32° 18'	$8^m,0$	3'	$14^m,0$	29.000 Lj	GC	Sgr	136
M 71	$19^h 53,8^{min}$	+18° 47'	$8^m,0$	6'	$12^m,1$	13.000 Lj	GC	Sge	122
M 72	$20^h 53,5^{min}$	-12° 32'	$9^m,3$	3'	$14^m,2$	55.000 Lj	GC	Aqr	145

Name	R.A.	Dekl.	Hellig-keit	Größe	spez. Angabe	Entfernung	Objekt-typ	Stern-bild	S.
M 73	20^h 59,1^{min}	-12° 38'	8^m,9	1'	10^m,0p	–	Ast	Aqr	145
M 74	1^h 36,7^{min}	+15° 47'	9^m,4	3,5'	23^m,6	30 Mio. Lj	Gx	Psc	158
M 75	20^h 6,1^{min}	-21° 55'	8^m,5	1,5'	14^m,6	68.000 Lj	GC	Sgr	136
M 76	1^h 42,4^{min}	+51° 34'	10^m,1	1'	15^m,9	2400 Lj	PN	Per	154
M 77	2^h 42,7^{min}	-0° 1'	8^m,9	2'	22^m,1	47 Mio. Lj	Gx	Cet	161
M 78	5^h 46,7^{min}	+0° 5'	8^m,0	5'×4'	21:^{m}	1300 Lj	GN	Ori	179
M 79	5^h 24,5^{min}	-24° 33'	7^m,8	5'	13^m,1	42.000 Lj	GC	Lep	180
M 80	16^h 17,0^{min}	-22° 59'	7^m,3	5'	13^m,4	33.000 Lj	GC	Sco	112
M 81	9^h 55,6^{min}	+69° 4'	6^m,9	12'×5'	22^m,9	11 Mio. Lj	Gx	UMa	52
M 82	9^h 55,8^{min}	+69° 41'	8^m,4	6'×2'	21^m,7	11 Mio. Lj	Gx	UMa	52
M 83	13^h 37,0^{min}	-29° 52'	7^m,6	7'×5'	22^m,1	20 Mio. Lj	Gx	Hya	76
M 84	12^h 25,0^{min}	+12° 53'	9^m,1	1,5'	21^m,2	60 Mio. Lj	Gx	Vir	90
M 85	12^h 25,4^{min}	+18° 11'	9^m,1	2'×1,5'	21^m,9	60 Mio. Lj	Gx	Com	90
M 86	12^h 26,2^{min}	+12° 57'	8^m,9	2'	22^m,8	60 Mio. Lj	Gx	Vir	90
M 87	12^h 30,8^{min}	+12° 23'	8^m,6	3'	21^m,6	60 Mio. Lj	Gx	Vir	92
M 88	12^h 31,9^{min}	+14° 25'	9^m,5	3'×1,5'	21^m,5	60 Mio. Lj	Gx	Com	92
M 89	12^h 35,7^{min}	+12° 33'	9^m,7	1,5'	21^m,2	60 Mio. Lj	Gx	Vir	94
M 90	12^h 36,8^{min}	+13° 10'	9^m,5	4'×1,5'	22^m,5	60 Mio. Lj	Gx	Vir	94
M 91	12^h 35,5^{min}	+14° 30'	10^m,1	2'×1,5'	22^m,2	60 Mio. Lj	Gx	Com	92
M 92	17^h 17,1^{min}	+43° 8'	6^m,4	7'	12^m,1	27.000 Lj	GC	Her	102
M 93	7^h 44,6^{min}	-23° 52'	6^m,2	25'	8^m,2	3400 Lj	OC	Pup	194
M 94	12^h 50,9^{min}	+41° 7'	8^m,2	3'	22^m,4	20 Mio. Lj	Gx	CVn	80
M 95	10^h 44,0^{min}	+11° 42'	9^m,7	4'×3,5'	22^m,4	40 Mio. Lj	Gx	Leo	72
M 96	10^h 46,8^{min}	+11° 49'	9^m,2	3,5'×3'	21^m,8	40 Mio. Lj	Gx	Leo	72
M 97	11^h 14,8^{min}	+55° 0'	9^m,9	3,3'	16^m,0	2800 Lj	PN	UMa	53
M 98	12^h 13,8^{min}	+14° 54'	10^m,1	5'×2'	22^m,0	60 Mio. Lj	Gx	Com	90
M 99	12^h 18,8^{min}	+14° 25'	9^m,8	2,5'	21^m,9	60 Mio. Lj	Gx	Com	90
M 100	12^h 22,9^{min}	+15° 49'	9^m,3	3'	21^m,9	60 Mio. Lj	Gx	Com	90
M 101	14^h 3,2^{min}	+54° 21'	7^m,9	18'×11'	22^m,9	25 Mio. Lj	Gx	UMa	55
M 102	15^h 6,5^{min}	+55° 46'	9^m,9	2'×1'	22^m,0	40 Mio. Lj	Gx	Dra	56
M 103	1^h 33,2^{min}	+60° 42'	7^m,4	6'	10^m,6	7200 Lj	OC	Cas	64
M 104	12^h 40,0^{min}	-11° 37'	8^m,0	7'×2'	20^m,5	50 Mio. Lj	Gx	Vir	86
M 105	10^h 47,8^{min}	+12° 35'	9^m,3	2,5'×2'	21^m,0	40 Mio. Lj	Gx	Leo	72
M 106	12^h 19,0^{min}	+47° 18'	8^m,4	8'×3,5'	22^m,7	30 Mio. Lj	Gx	CVn	77
M 107	16^h 32,5^{min}	-13° 3'	8^m,1	2,5'	13^m,0	21.000 Lj	GC	Oph	106
M 108	11^h 11,5^{min}	+55° 40'	10^m,0	5'×1,5'	21^m,9	45 Mio. Lj	Gx	UMa	53
M 109	11^h 57,6^{min}	+53° 23'	9^m,8	3'×1,5'	22^m,4	60 Mio. Lj	Gx	UMa	54
M 110	0^h 40,4^{min}	+41° 41'	8^m,1	10'×5'	22^m,8	2,5 Mio. Lj	Gx	And	150
Mel 20	3^h 22:^{min}	+49:°	1^m,2	3°	1^m,8	570 Lj	OC	Per	157
Mel 25	4^h 27^{min}	+16:°	0^m,5	5°×4°	3^m,4	150 Lj	OC	Tau	172
Mel 101	10^h 42,1^{min}	-65° 5'	8^m,4	12'	9^m,7	7000 Lj	OC	Car	204
Mel 111	12^h 25,0^{min}	+26:°	1^m,8	3,5°	4^m,4	280 Lj	OC	Com	82
Mz 2	16^h 14,5^{min}	-54° 57'	12^m,0	0,4'	–	6700 Lj	PN	Nor	218
NGC 40	0^h 13,0^{min}	+72° 31'	12^m,3	1'	11^m,6	4400 Lj	PN	Cep	60
NGC 55	0^h 14,9^{min}	-39° 11'	8^m,1	20'×2,5'	22^m,5	6,5 Mio. Lj	Gx	Scl	228
NGC 104	0^h 24,1^{min}	-72° 5'	4^m,0	22'	11^m,7	16.000 Lj	GC	Tuc	232

Name	R.A.	Dekl.	Helligkeit	Größe	spez. Angabe	Entfernung	Objekttyp	Sternbild	S.
NGC 129	0^h $30{,}0^{min}$	+60° 13'	$6^m,5$	15'	$8^m,6$	6000 Lj	OC	Cas	60
NGC 188	0^h $47{,}5^{min}$	+85° 15'	$8^m,1$	10'	$11^m,6$	6100 Lj	OC	Cep	58
NGC 206	0^h $40{,}5^{min}$	+40° 44'	–	4'×2,5'	–	2,5 Mio. Lj	StC	And	150
NGC 246	0^h $47{,}1^{min}$	–11° 53'	$10^m,9$	4'×3'	$12^m,0$	2500 Lj	PN	Cet	160
NGC 247	0^h $47{,}1^{min}$	–20° 46'	$9^m,2$	15'×3'	$23^m,0$	11 Mio. Lj	Gx	Cet	161
NGC 253	0^h $47{,}6^{min}$	–25° 17'	$7^m,6$	20'×4'	$22^m,1$	10 Mio. Lj	Gx	Scl	162
NGC 281	0^h $52{,}8^{min}$	+56° 37'	$7:^m$	20'×15'	$23:^m$	8900 Lj	GN	Cas	62
NGC 288	0^h $52{,}8^{min}$	–26° 35'	$8^m,1$	6'	$12^m,6$	27000 Lj	GC	Scl	162
NGC 300	0^h $54{,}9^{min}$	–37° 41'	$8^m,1$	5'×3'	$23^m,0$	6,5 Mio. Lj	Gx	Scl	228
NGC 346	0^h $59{,}1^{min}$	–72° 11'	$10^m,0$	4'	–	200.000 Lj	GN	Tuc	233
NGC 362	1^h $3{,}2^{min}$	–70° 52'	$6^m,8$	5'	$12^m,7$	28.000 Lj	GC	Tuc	234
NGC 371	1^h $3{,}5^{min}$	–72° 3'	–	5'	–	200.000 Lj	StC	Tuc	233
NGC 404	1^h $9{,}4^{min}$	+35° 43'	$10^m,0$	1'	$22^m,0$	9,8 Mio. Lj	Gx	And	151
NGC 456	1^h $13{,}7^{min}$	–73° 18'	–	20'×15'	$9^m,5$	200.000 Lj	GN	Tuc	233
NGC 457	1^h $19{,}1^{min}$	+58° 20'	$6^m,4$	15'×10'	$8^m,6$	9400 Lj	OC	Cas	64
NGC 524	1^h $24{,}8^{min}$	+9° 32'	$10^m,3$	1,5'	$21^m,7$	78 Mio. Lj	Gx	Psc	158
NGC 602	1^h $29{,}4^{min}$	–73° 33'	–	7'×1,5'	–	200.000 Lj	GN	Hyi	231
NGC 604	1^h $34{,}5^{min}$	+30° 48'	–	0,5'	–	3,0 Mio. Lj	GN	Tri	152
NGC 613	1^h $34{,}3^{min}$	–29° 25'	$9^m,9$	4'×1,5'	$21^m,6$	72 Mio. Lj	Gx	Scl	162
NGC 625	1^h $35{,}1^{min}$	–41° 26'	$11^m,1$	3'×1'	$22^m,7$	11 Mio. Lj	Gx	Phe	228
NGC 654	1^h $44{,}1^{min}$	+61° 53'	$6^m,5$	5'×3'	$7^m,4$	9500 Lj	OC	Cas	64
NGC 663	1^h $46{,}0^{min}$	+61° 15'	$7^m,1$	15'	$8^m,2$	9300 Lj	OC	Cas	64
NGC 752	1^h $57{,}8^{min}$	+37° 41'	$5^m,7$	50'	$9^m,0$	1400 Lj	OC	And	151
NGC 772	1^h $59{,}3^{min}$	+19° 0'	$10^m,3$	2'	$23^m,0$	100 Mio. Lj	Gx	Ari	158
NGC 869	2^h $19{,}0^{min}$	+57° 9'	$5^m,3$	20'	$6^m,6$	7600 Lj	OC	Per	156
NGC 884	2^h $22{,}4^{min}$	+57° 7'	$6^m,1$	25'	$8^m,1$	7600 Lj	OC	Per	156
NGC 891	2^h $22{,}6^{min}$	+42° 21'	$10^m,0$	10'×2'	$22^m,6$	30 Mio. Lj	Gx	And	151
NGC 896	2^h $24{,}8^{min}$	+61° 55'	–	24'×22'	–	6800 Lj	GN	Cas	66
NGC 925	2^h $27{,}3^{min}$	+33° 35'	$9^m,9$	4'×2'	$23^m,7$	28 Mio. Lj	Gx	Tri	152
NGC 1023	2^h $40{,}4^{min}$	+39° 4'	$9^m,3$	4'×1,5'	$22^m,0$	34 Mio. Lj	Gx	Per	156
NGC 1049	2^h $39{,}7^{min}$	–34° 17'	$12^m,9$	20"	$18^m,4$	490.000 Lj	GC	For	229
NGC 1055	2^h $41{,}8^{min}$	+0° 26'	$10^m,6$	3'×1'	$22^m,9$	63 Mio. Lj	Gx	Cet	161
NGC 1245	3^h $14{,}7^{min}$	+47° 15'	$8^m,4$	9'	$11^m,2$	10.000 Lj	OC	Per	157
NGC 1261	3^h $12{,}3^{min}$	–55° 13'	$8^m,3$	2,5'	$12^m,5$	53.000 Lj	GC	Hor	230
NGC 1275	3^h $19{,}8^{min}$	+41° 31'	$11^m,7$	1'	$21^m,9$	200 Mio. Lj	Gx	Per	154
NGC 1291	3^h $17{,}3^{min}$	–41° 8'	$8^m,5$	3'	$22^m,3$	40 Mio. Lj	Gx	Eri	230
NGC 1300	3^h $19{,}7^{min}$	–19° 25'	$10^m,3$	3'×2'	$13^m,8$	77 Mio. Lj	Gx	Eri	164
NGC 1316	3^h $22{,}7^{min}$	–37° 12'	$8^m,2$	3'×2'	$13^m,3$	57 Mio. Lj	Gx	For	229
NGC 1317	3^h $22{,}7^{min}$	–37° 6'	$11^m,1$	1'	$13^m,2$	55 Mio. Lj	Gx	For	229
NGC 1333	3^h $29{,}0^{min}$	+31° 25'	–	6'×2'	–	970 Lj	GN	Per	154
NGC 1360	3^h $33{,}3^{min}$	–25° 51'	$9^m,4$	6,5'	$11^m,0$	1800 Lj	PN	For	164
NGC 1365	3^h $33{,}6^{min}$	–36° 8'	$9^m,3$	2'	$13^m,6$	55 Mio. Lj	Gx	For	229
NGC 1399	3^h $38{,}5^{min}$	–35° 27'	$8^m,8$	0,3'	$13^m,1$	72 Mio. Lj	Gx	For	229
NGC 1435	3^h $46{,}3^{min}$	+23° 57'	–	21'×9'	–	440 Lj	GN	Tau	171
NGC 1444	3^h $49{,}4^{min}$	+52° 40'	$6^m,6$	2,5'	$6^m,7$	3800	OC	Per	154
NGC 1491	4^h $3{,}2^{min}$	+51° 20'	–	5'×2'	–	11.000 Lj	GN	Per	154

Name	R.A.	Dekl.	Hellig-keit	Größe	spez. Angabe	Entfernung	Objekt-typ	Stern-bild	S.
NGC 1499	$4^{h}\,0{,}7^{min}$	+36° 37'	$6{:}^{m}$	2,5°×0,8°	$23{:}^{m}$	1400 Lj	GN	Per	158
NGC 1501	$4^{h}\,7{,}0^{min}$	+60° 55'	$11^{m}_{,}8$	0,9'	$14^{m}_{,}4$	4000 Lj	PN	Cam	67
NGC 1502	$4^{h}\,7{,}7^{min}$	+62° 20'	$5^{m}_{,}7$	7'	$6^{m}_{,}9$	3500 Lj	OC	Cam	67
NGC 1528	$4^{h}\,15{,}4^{min}$	+51° 14'	$6^{m}_{,}4$	18'	$8^{m}_{,}8$	3300 Lj	OC	Per	157
NGC 1531-2	$4^{h}\,12{,}1^{min}$	-32° 52'	$9^{m}_{,}8$	2'	$22^{m}_{,}7$	65 Mio. Lj	Gx	Eri	230
NGC 1535	$4^{h}\,14{,}2^{min}$	-12° 44'	$9^{m}_{,}6$	0,3'	$11^{m}_{,}6$	5800 Lj	PN	Eri	164
NGC 1545	$4^{h}\,20{,}9^{min}$	+50° 15'	$6^{m}_{,}2$	15'	$7^{m}_{,}1$	2300 Lj	OC	Per	154
NGC 1574	$4^{h}\,22{,}0^{min}$	-56° 58'	$10^{m}_{,}3$	1,5'	$22^{m}_{,}1$	63 Mio. Lj	Gx	Ret	230
NGC 1647	$4^{h}\,46{,}0^{min}$	+19° 4'	$6^{m}_{,}4$	35'	$8^{m}_{,}6$	1900 Lj	OC	Tau	172
NGC 1714	$4^{h}\,52{,}1^{min}$	-66° 55'	-	15"	-	160.000 Lj	GN	Dor	234
NGC 1743	$4^{h}\,54{,}1^{min}$	-69° 12'	-	1,5'	-	160.000 Lj	GN	Dor	234
NGC 1746	$5^{h}\,3{,}8^{min}$	+23° 46'	$6^{m}_{,}1$	30'	$8^{m}_{,}0$	-	StC	Tau	170
NGC 1763/69	$4^{h}\,56{,}8^{min}$	-66° 25'	-	4'×2'	-	160.000 Lj	GN	Dor	236
NGC 1783	$4^{h}\,59{,}1^{min}$	-65° 59'	$9^{m}_{,}9$	2'	-	160.000 Lj	OC	Dor	234
NGC 1788	$5^{h}\,6{,}9^{min}$	-3° 21'	$9{:}^{m}$	4'×2'	$21{:}^{m}$	1200 Lj	GN	Ori	175
NGC 1792	$5^{h}\,5{,}2^{min}$	-37° 59'	$10^{m}_{,}0$	3,5'×1,5'	$21^{m}_{,}9$	36 Mio. Lj	Gx	Col	238
NGC 1807	$5^{h}\,10{,}7^{min}$	+16° 31'	$7^{m}_{,}0$	15'	$8^{m}_{,}6$	3100 Lj	OC	Tau	170
NGC 1808	$5^{h}\,7{,}7^{min}$	-37° 31'	$9^{m}_{,}9$	4,5'×1,5'	$22^{m}_{,}4$	30 Mio. Lj	Gx	Col	238
NGC 1818	$5^{h}\,4{,}2^{min}$	-66° 26'	$9^{m}_{,}4$	40"	-	160.000 Lj	OC	Dor	234
NGC 1835	$5^{h}\,5{,}1^{min}$	-69° 24'	$9^{m}_{,}8$	50"	-	160.000 Lj	GC	Dor	234
NGC 1851	$5^{h}\,14{,}1^{min}$	-40° 3'	$7^{m}_{,}1$	4'	$13^{m}_{,}2$	39.000 Lj	GC	Col	238
NGC 1856/8	$5^{h}\,8{,}7^{min}$	-68° 46'	$8^{m}_{,}4$	7'	$14^{m}_{,}3$	160.000 Lj	OC	Dor	234
NGC 1907	$5^{h}\,28{,}1^{min}$	+35° 20'	$8^{m}_{,}2$	4'	$11^{m}_{,}3$	5100 Lj	OC	Aur	169
NGC 1909	$5^{h}\,6{,}4^{min}$	-7° 16'	-	18'×117'	-	800 Lj	GN	Eri	164
NGC 1910	$5^{h}\,18{,}7^{min}$	-69° 14'	-	6'×4'	$9^{m}_{,}0$	160.000 Lj	OC	Dor	234
NGC 1931	$5^{h}\,31{,}5^{min}$	+34° 15'	$10^{m}_{,}1$	1'	$20{:}^{m}$	7500 Lj	GN	Aur	169
NGC 1935-6	$5^{h}\,22{,}0^{min}$	-67° 57'	-	40"	-	160.000 Lj	GN	Dor	234
NGC 1962/6	$5^{h}\,26{,}3^{min}$	-68° 50'	$8^{m}_{,}0$	5'	-	160.000 Lj	GN	Dor	234
NGC 1977	$5^{h}\,35{,}5^{min}$	-4° 52'	$6^{m}_{,}5$	10'×5'	$23{:}^{m}$	1100 Lj	GN	Ori	178
NGC 1978	$5^{h}\,28{,}8^{min}$	-66° 14'	$9^{m}_{,}9$	1,5'	-	160.000 Lj	OC	Dor	234
NGC 1980	$5^{h}\,35{,}2^{min}$	-5° 55'	$2^{m}_{,}5$	15'	$2^{m}_{,}8$	1200 Lj	OC	Ori	178
NGC 1981	$5^{h}\,35{,}2^{min}$	-4° 25'	$4^{m}_{,}6$	25'	$6^{m}_{,}3$	1200 Lj	OC	Ori	178
NGC 1983	$5^{h}\,27{,}7^{min}$	-68° 59'	$8^{m}_{,}0$	10'	-	160.000 Lj	StC	Dor	234
NGC 1999	$5^{h}\,36{,}5^{min}$	-6° 43'	-	1'	-	1200 Lj	GN	Ori	174
NGC 2004	$5^{h}\,30{,}7^{min}$	-67° 17'	$9^{m}_{,}6$	1,5'	$13^{m}_{,}0$	160.000 Lj	OC	Dor	234
NGC 2014	$5^{h}\,32{,}3^{min}$	-67° 14'	$8^{m}_{,}0$	-	-	160.000 Lj	OC	Dor	234
NGC 2017	$5^{h}\,39{,}4^{min}$	-17° 51'	$5{:}^{m}$	5'	$6^{m}_{,}4$	3600 Lj	OC	Lep	180
NGC 2024	$5^{h}\,42{,}0^{min}$	-1° 50'	$7^{m}_{,}5$	20'×15'	$22{:}^{m}$	1400 Lj	GN	Ori	178
NGC 2032/35	$5^{h}\,35{,}3^{min}$	-67° 34'	-	10'	-	160.000 Lj	GN	Dor	234
NGC 2070	$5^{h}\,38{,}7^{min}$	-69° 6'	$5^{m}_{,}4$	8'	$22{:}^{m}$	160.000 Lj	GN	Dor	236
NGC 2100	$5^{h}\,42{,}2^{min}$	-69° 13'	$9^{m}_{,}6$	2'	$11^{m}_{,}8$	160.000 Lj	OC	Dor	234
NGC 2129	$6^{h}\,0{,}7^{min}$	+23° 19'	$6^{m}_{,}7$	5'	$7^{m}_{,}3$	6300 Lj	OC	Gem	182
NGC 2158	$6^{h}\,7{,}4^{min}$	+24° 6'	$8^{m}_{,}6$	2,5'	$12^{m}_{,}4$	15.000 Lj	OC	Gem	184
NGC 2164	$5^{h}\,58{,}9^{min}$	-68° 31'	$10^{m}_{,}3$	2'	$14^{m}_{,}7$	160.000 Lj	OC	Dor	234
NGC 2169	$6^{h}\,8{,}4^{min}$	+13° 58'	$5^{m}_{,}9$	5'	$6^{m}_{,}9$	3500 Lj	OC	Ori	174
NGC 2170	$6^{h}\,7{,}5^{min}$	-6° 24'	-	1'	-	3100 Lj	GN	Mon	185

Name	R.A.	Dekl.	Hellig-keit	Größe	spez. Angabe	Entfernung	Objekt-typ	Stern-bild	S.
NGC 2174	6^{h} 9,6^{min}	+20° 29'	–	10'	–	6400 Lj	GN	Ori	174
NGC 2232	6^{h} 28,0^{min}	-4° 51'	3^{m},9	12'	5^{m},0	1100 Lj	OC	Mon	185
NGC 2237-9/46	6^{h} 32,3^{min}	+5° 3'	6:^{m}	80'×60'	14:^{m}	5100 Lj	GN	Mon	186
NGC 2244	6^{h} 32,4^{min}	+4° 52'	4^{m},8	23'	5^{m},8	5100 Lj	OC	Mon	186
NGC 2261	6^{h} 39,2^{min}	+8° 44'	9^{m},5	1,5'×1'	19:^{m}	2600 Lj	GN	Mon	186
NGC 2264	6^{h} 41,1^{min}	+9° 53'	3^{m},9	20'	4^{m},6	2400 Lj	OC	Mon	186
NGC 2281	6^{h} 49,3^{min}	+41° 4'	5^{m},4	25'×18'	7^{m},3	1700 Lj	OC	Aur	170
NGC 2301	6^{h} 51,8^{min}	+0° 28'	6^{m},0	8'	8^{m},0	2800 Lj	OC	Mon	188
NGC 2343	7^{h} 8,1^{min}	-10° 37'	6^{m},7	6'	8^{m},4	3500 Lj	OC	Mon	185
NGC 2353	7^{h} 14,5^{min}	-10° 16'	7^{m},1	20'	6^{m},0	3900 Lj	OC	Mon	185
NGC 2359	7^{h} 18,6^{min}	-13° 12'	9:^{m}	9'×6'	13:^{m}	13.000 Lj	GN	CMa	191
NGC 2360	7^{h} 17,8^{min}	-15° 37'	7^{m},2	8'	10^{m},4	3500 Lj	OC	CMa	190
NGC 2362	7^{h} 18,8^{min}	-24° 57'	4^{m},1	8'	4^{m},4	4200 Lj	OC	CMa	191
NGC 2392	7^{h} 29,2^{min}	+20° 55'	9^{m},2	0,8'	10^{m},5	4500 Lj	PN	Gem	184
NGC 2403	7^{h} 36,9^{min}	+65° 36'	8^{m},4	7'×4'	23^{m},5	10 Mio. Lj	Gx	Cam	67
NGC 2419	7^{h} 38,1^{min}	+38° 53'	10^{m},4	1,5'	17^{m},3	270.000 Lj	GC	Lyn	182
NGC 2420	7^{h} 38,5^{min}	+21° 34'	8^{m},3	8'	9^{m},4	8300 Lj	OC	Gem	185
NGC 2423	7^{h} 37,1^{min}	-13° 52'	6^{m},7	15'	9^{m},0	3000 Lj	OC	Pup	192
NGC 2438	7^{h} 41,8^{min}	-14° 44'	10^{m},8	1,1'	17^{m},5	4900 Lj	PN	Pup	193
NGC 2439	7^{h} 40,8^{min}	-31° 42'	6^{m},0	5'	8^{m},9	12.000 Lj	OC	Pup	192
NGC 2440	7^{h} 41,9^{min}	-18° 13'	9^{m},1	0,3'	18^{m},9	4200 Lj	PN	Pup	194
NGC 2442	7^{h} 36,3^{min}	-69° 32'	10^{m},4	3' ×1,5'	23^{m},0	65 Mio. Lj	Gx	Vol	208
NGC 2451	7^{h} 45,4^{min}	-37° 58'	2^{m},8	50'	3^{m},6	630 Lj	OC	Pup	238
NGC 2467	7^{h} 52,4^{min}	-26° 27'	–	4'	–	16.000 Lj	GN	Pup	192
NGC 2477	7^{h} 52,3^{min}	-38° 33'	5^{m},8	25'	9^{m},8	4700 Lj	OC	Pup	239
NGC 2516	7^{h} 58,3^{min}	-60° 52'	3^{m},8	33'	5^{m},8	1300 Lj	OC	Car	203
NGC 2527	8^{h} 5,0^{min}	-28° 9'	5^{m},5	12'	8^{m},6	2100 Lj	OC	Pup	192
NGC 2539	8^{h} 10,7^{min}	-12° 50'	6^{m},5	25'×20'	9^{m},2	4200 Lj	OC	Pup	194
NGC 2546	8^{h} 12,4^{min}	-37° 38'	6^{m},3	50'	8^{m},2	3100 Lj	OC	Pup	238
NGC 2547	8^{h} 10,7^{min}	-49° 16'	4^{m},7	25'×20'	6^{m},5	1300 Lj	OC	Vel	202
NGC 2571	8^{h} 18,9^{min}	-29° 45'	7^{m},0	10'	8^{m},8	4300 Lj	OC	Pup	192
NGC 2626	8^{h} 25,6^{min}	-40° 40'	–	2'	–	2800 Lj	GN	Vel	200
NGC 2660	8^{h} 42,6^{min}	-47° 12'	8^{m},0	1,5'	13^{m},0	9700 Lj	OC	Vel	200
NGC 2683	8^{h} 52,7^{min}	+33° 25'	9^{m},8	6'×1'	21^{m},8	29 Mio. Lj	Gx	Lyn	181
NGC 2736	9^{h} 0,4^{min}	-45° 54'	–	23'×5'	–	820 Lj	GN	Vel	200
NGC 2775	9^{h} 10,3^{min}	+7° 2'	10^{m},3	1,5'	13^{m},3	66 Mio. Lj	Gx	Cnc	194
NGC 2792	9^{h} 12,4^{min}	-42° 26'	11^{m},6	0,2'	17^{m},2	9500 Lj	PN	Vel	200
NGC 2808	9^{h} 12,0^{min}	-64° 52'	6^{m},1	6'	13^{m},8	31.000 Lj	GC	Car	204
NGC 2818	9^{h} 16,0^{min}	-36° 37'	8^{m},2	7'	11^{m},3	11.000 Lj	OC	Pyx	240
NGC 2841	9^{h} 22,0^{min}	+50° 58'	9^{m},2	4'×1,5'	21^{m},3	48 Mio. Lj	Gx	UMa	52
NGC 2867	9^{h} 21,4^{min}	-58° 19'	9^{m},5	12"	16^{m},6	7300 Lj	PN	Car	203
NGC 2903	9^{h} 32,2^{min}	+21° 30'	9^{m},0	5'×3'	13^{m},4	30 Mio. Lj	Gx	Leo	70
NGC 2976	9^{h} 47,2^{min}	+67° 55'	10^{m},1	2,5'×1,5'	22^{m},2	12 Mio. Lj	Gx	UMa	50
NGC 3077	10^{h} 3,3^{min}	+68° 44'	9^{m},8	2'	22^{m},0	12 Mio. Lj	Gx	UMa	53
NGC 3079	10^{h} 2,0^{min}	+55° 41'	10^{m},7	4'×1'	22^{m},2	67 Mio. Lj	Gx	UMa	50
NGC 3114	10^{h} 2,7^{min}	-60° 7'	4^{m},2	40'×30'	7^{m},3	3300 Lj	OC	Car	204

Name	R.A.	Dekl.	Hellig-keit	Größe	spez. Angabe	Entfernung	Objekt-typ	Stern-bild	S.
NGC 3115	$10^{h}\,5{,}2^{min}$	-7° 43'	$8^{m}{,}9$	4'×1'	$21^{m}{,}0$	34 Mio. Lj	Gx	Sex	74
NGC 3132	$10^{h}\,7{,}0^{min}$	-41° 27'	$9^{m}{,}2$	0,8'	$10^{m}{,}1$	3700 Lj	PN	Vel	202
NGC 3184	$10^{h}\,18{,}3^{min}$	+41° 25'	$9^{m}{,}5$	5'	$22^{m}{,}8$	29 Mio. Lj	Gx	UMa	50
NGC 3195	$10^{h}\,9{,}4^{min}$	-80° 51'	$11^{m}{,}4$	40"	$15^{m}{,}3$	7000 Lj	PN	Cha	208
NGC 3199	$10^{h}\,17{,}1^{min}$	-57° 55'	-	7'×3'	-	10.000 Lj	GN	Car	203
NGC 3201	$10^{h}\,17{,}6^{min}$	-46° 25'	$6^{m}{,}9$	5'	$11^{m}{,}7$	16.000 Lj	GC	Vel	202
NGC 3228	$10^{h}\,21{,}4^{min}$	-51° 43'	$6^{m}{,}0$	20'	$7^{m}{,}0$	1600 Lj	OC	Vel	200
NGC 3242	$10^{h}\,24{,}8^{min}$	-18° 38'	$7^{m}{,}7$	0,6'	$12^{m}{,}1$	3400 Lj	PN	Hya	76
NGC 3271	$10^{h}\,30{,}4^{min}$	-35° 22'	$11^{m}{,}8$	1,5'×1'	$22^{m}{,}2$	180 Mio. Lj	Gx	Ant	200
NGC 3293	$10^{h}\,35{,}8^{min}$	-58° 14'	$4^{m}{,}7$	5'	$6^{m}{,}5$	8100 Lj	OC	Car	204
NGC 3324	$10^{h}\,37{,}3^{min}$	-58° 38'	-	1'×6'	-	8500 Lj	GN	Car	203
NGC 3344	$10^{h}\,43{,}5^{min}$	+24° 55'	$9^{m}{,}7$	3'	$22^{m}{,}8$	32 Mio. Lj	Gx	LMi	70
NGC 3372	$10^{h}\,43{,}8^{min}$	-59° 52'	$3{:}^{m}$	1,3°×1°	$22{:}^{m}$	8500 Lj	GN	Car	206
NGC 3384	$10^{h}\,48{,}3^{min}$	+12° 38'	$9^{m}{,}9$	2,5'×2'	$21^{m}{,}7$	33 Mio. Lj	Gx	Leo	72
NGC 3503	$11^{h}\,1{,}3^{min}$	-59° 51'	-	1,5'	-	8000 Lj	GN	Car	203
NGC 3521	$11^{h}\,5{,}8^{min}$	-0° 2'	$9^{m}{,}2$	5'×2'	$22^{m}{,}6$	43 Mio. Lj	Gx	Leo	70
NGC 3532	$11^{h}\,6{,}4^{min}$	-58° 40'	$3^{m}{,}0$	1°×0,5°	$7^{m}{,}1$	1600 Lj	OC	Car	208
NGC 3581	$11^{h}\,12{,}2^{min}$	-61° 18'	-	7'×4'	-	8800 Lj	GN	Car	208
NGC 3603	$11^{h}\,15{,}1^{min}$	-61° 15'	-	2'	-	31.000 Lj	GN	Car	208
NGC 3621	$11^{h}\,18{,}3^{min}$	-32° 49'	$9^{m}{,}4$	5'×3'	$22^{m}{,}9$	22 Mio. Lj	Gx	Hya	74
NGC 3628	$11^{h}\,20{,}3^{min}$	+13° 36'	$9^{m}{,}5$	8'×2'	$22^{m}{,}6$	34 Mio. Lj	Gx	Leo	72
NGC 3699	$11^{h}\,28{,}0^{min}$	-59° 57'	$10^{m}{,}9$	1'	$16^{m}{,}7$	7100 Lj	PN	Cen	212
NGC 3766	$11^{h}\,36{,}1^{min}$	-61° 37'	$5^{m}{,}3$	12'	$7^{m}{,}2$	6700 Lj	OC	Cen	212
NGC 3918	$11^{h}\,50{,}3^{min}$	-57° 11'	$8^{m}{,}1$	0,2'	$13^{m}{,}2$	5100 Lj	PN	Cen	213
NGC 3953	$11^{h}\,53{,}8^{min}$	+52° 19'	$9^{m}{,}8$	3'×2'	$22^{m}{,}2$	63 Mio. Lj	Gx	UMa	50
NGC 4038-9	$12^{h}\,1{,}9^{min}$	-18° 52'	$10^{m}{,}3$	4'	$21^{m}{,}3$	67 Mio. Lj	Gx	Crv	95
NGC 4088	$12^{h}\,5{,}6^{min}$	+50° 32'	$10^{m}{,}3$	3'×1'	$21^{m}{,}9$	46 Mio. Lj	Gx	UMa	50
NGC 4206	$12^{h}\,15{,}3^{min}$	+13° 1'	$12^{m}{,}0$	3,5'×1'	$23^{m}{,}0$	62 Mio. Lj	Gx	Vir	90
NGC 4216	$12^{h}\,15{,}9^{min}$	+13° 9'	$9^{m}{,}9$	5'×1'	$21^{m}{,}5$	53 Mio. Lj	Gx	Vir	90
NGC 4217	$12^{h}\,15{,}8^{min}$	+47° 5'	$11^{m}{,}3$	2'×1'	$22^{m}{,}3$	62 Mio. Lj	Gx	CVn	77
NGC 4220	$12^{h}\,16{,}2^{min}$	+47° 53'	$11^{m}{,}2$	1,5'×1'	$22^{m}{,}0$	66 Mio. Lj	Gx	CVn	77
NGC 4236	$12^{h}\,16{,}7^{min}$	+69° 28'	$10^{m}{,}1$	17'×3,5'	$23^{m}{,}9$	14 Mio. Lj	Gx	Dra	56
NGC 4244	$12^{h}\,17{,}5^{min}$	+37° 48'	$10^{m}{,}4$	10'×1'	$22^{m}{,}9$	14 Mio. Lj	Gx	CVn	77
NGC 4298	$12^{h}\,21{,}5^{min}$	+14° 36'	$11^{m}{,}4$	1'	$22^{m}{,}3$	71 Mio. Lj	Gx	Vir	88
NGC 4302	$12^{h}\,21{,}7^{min}$	+14° 36'	$11^{m}{,}9$	2'×0,5'	$21^{m}{,}6$	71 Mio. Lj	Gx	Vir	88
NGC 4349	$12^{h}\,24{,}1^{min}$	-61° 52'	$7^{m}{,}4$	20'	$8^{m}{,}4$	6300 Lj	OC	Cru	210
NGC 4361	$12^{h}\,24{,}5^{min}$	-18° 47'	$10^{m}{,}9$	0,8'	$13^{m}{,}2$	3600 Lj	PN	Crv	95
NGC 4372	$12^{h}\,25{,}8^{min}$	-72° 40'	$7^{m}{,}2$	5'	$12^{m}{,}2$	19.000 Lj	GC	Mus	209
NGC 4394	$12^{h}\,25{,}9^{min}$	+18° 13'	$10^{m}{,}8$	1,5'	$22^{m}{,}3$	60 Mio. Lj	Gx	Com	90
NGC 4435	$12^{h}\,27{,}7^{min}$	+13° 5'	$10^{m}{,}8$	1'	$21^{m}{,}7$	54 Mio. Lj	Gx	Vir	92
NGC 4438	$12^{h}\,27{,}8^{min}$	+13° 1'	$9^{m}{,}9$	4'×2'	$22^{m}{,}3$	55 Mio. Lj	Gx	Vir	92
NGC 4449	$12^{h}\,28{,}2^{min}$	+44° 6'	$9^{m}{,}6$	3'×2'	$21^{m}{,}7$	14 Mio. Lj	Gx	CVn	78
NGC 4458	$12^{h}\,29{,}0^{min}$	+13° 15'	$11^{m}{,}8$	30"	$21^{m}{,}7$	55 Mio. Lj	Gx	Vir	92
NGC 4459	$12^{h}\,29{,}0^{min}$	+13° 59'	$10^{m}{,}3$	2'	$21^{m}{,}9$	52 Mio. Lj	Gx	Com	92
NGC 4461	$12^{h}\,29{,}0^{min}$	+13° 11'	$11^{m}{,}0$	2'×1'	$21^{m}{,}6$	64 Mio. Lj	Gx	Vir	92
NGC 4473	$12^{h}\,29{,}8^{min}$	+13° 26'	$10^{m}{,}2$	2'×1'	$21^{m}{,}7$	49 Mio. Lj	Gx	Com	92

Name	R.A.	Dekl.	Hellig-keit	Größe	spez. Angabe	Entfernung	Objekt-typ	Stern-bild	S.
NGC 4477	12^{h} 30,0^{min}	+13° 38'	10^{m},4	1,5'	22^{m},0	64 Mio. Lj	Gx	Com	92
NGC 4485	12^{h} 30,5^{min}	+41° 42'	11^{m},3	1,5'	21^{m},8	29 Mio. Lj	Gx	CVn	78
NGC 4490	12^{h} 30,6^{min}	+41° 38'	9^{m},8	4'x2'	21^{m},9	29 Mio. Lj	Gx	CVn	78
NGC 4526	12^{h} 34,0^{min}	+7° 42'	9^{m},7	1,5'	21^{m},7	49 Mio. Lj	Gx	Vir	86
NGC 4559	12^{h} 36,0^{min}	+27° 58'	10^{m},0	5'x2'	23^{m},2	24 Mio. Lj	Gx	Com	82
NGC 4565	12^{h} 36,3^{min}	+25° 59'	9^{m},6	13'x1'	21^{m},8	44 Mio. Lj	Gx	Com	84
NGC 4567-8	12^{h} 36,5^{min}	+11° 15'	10^{m},9	3'	22^{m},3	98 Mio. Lj	Gx	Vir	95
NGC 4631	12^{h} 42,1^{min}	+32° 32'	9^{m},2	10'x2'	22^{m},2	24 Mio. Lj	Gx	CVn	78
NGC 4647	12^{h} 43,5^{min}	+11° 35'	11^{m},3	1'	22^{m},3	53 Mio. Lj	Gx	Vir	94
NGC 4656/7	12^{h} 44,2^{min}	+32° 12'	10^{m},5	5'x1,5'	23^{m},4	44 Mio. Lj	Gx	CVn	78
NGC 4696	12^{h} 48,8^{min}	-41° 19'	10^{m},2	2'	22^{m},1	120 Mio. Lj	Gx	Cen	212
NGC 4697	12^{h} 48,6^{min}	-5° 48'	9^{m},1	2,5'x1'	21^{m},6	40 Mio. Lj	Gx	Vir	85
NGC 4725	12^{h} 50,4^{min}	+25° 30'	9^{m},4	4'x3'	23^{m},0	42 Mio. Lj	Gx	Com	84
NGC 4754	12^{h} 52,3^{min}	+11° 19'	10^{m},5	1'	22^{m},0	52 Mio. Lj	Gx	Vir	94
NGC 4755	12^{h} 53,6^{min}	-60° 20'	4^{m},2	8'	5^{m},6	6600 Lj	OC	Cru	210
NGC 4762	12^{h} 52,9^{min}	+11° 14'	10^{m},3	3'x0,5'	22^{m},3	63 Mio. Lj	Gx	Vir	94
NGC 4833	12^{h} 59,6^{min}	-70° 52'	8^{m},4	3,5'	12^{m},4	21.000 Lj	GC	Mus	209
NGC 4889	13^{h} 0,1^{min}	+27° 59'	11^{m},5	1'	22^{m},3	330 Mio. Lj	Gx	Com	84
NGC 4945	13^{h} 5,1^{min}	-49° 28'	8^{m},4	10'x1,5'	22^{m},9	12 Mio. Lj	Gx	Cen	213
NGC 5102	13^{h} 22,0^{min}	-36° 38'	9^{m},5	6'x2'	21^{m},8	12 Mio. Lj	Gx	Cen	212
NGC 5128	13^{h} 25,5^{min}	-43° 1'	6^{m},8	10'x8'	22^{m},6	12 Mio. Lj	Gx	Cen	214
NGC 5139	13^{h} 26,8^{min}	-47° 29'	3^{m},7	32'	11^{m},5	17.000 Lj	GC	Cen	214
NGC 5189	13^{h} 33,5^{min}	-65° 59'	9^{m},9	1,5'	14^{m},0	2500 Lj	PN	Mus	209
NGC 5253	13^{h} 39,9^{min}	-31° 39'	10^{m},0	2'x1'	21^{m},1	12 Mio. Lj	Gx	Cen	212
NGC 5281	13^{h} 46,5^{min}	-62° 55'	5^{m},9	5'	6^{m},6	5200 Lj	OC	Cen	214
NGC 5286	13^{h} 46,4^{min}	-51° 22'	7^{m},3	2,5'	12^{m},1	38.000 Lj	GC	Cen	212
NGC 5307	13^{h} 51,1^{min}	-51° 12'	11^{m},1	10"	14^{m},7	10.000 Lj	PN	Cen	212
NGC 5315	13^{h} 54,0^{min}	-66° 31'	9^{m},7	5"	14^{m},4	6600 Lj	PN	Cir	216
NGC 5367	13^{h} 57,7^{min}	-39° 59'	-	2'	-	2200 Lj	GN	Cen	212
NGC 5460	14^{h} 7,6^{min}	-48° 19'	5^{m},6	25'	8^{m},0	2400 Lj	OC	Cen	216
NGC 5617	14^{h} 29,7^{min}	-60° 43'	6^{m},0	15'	9^{m},7	7600 Lj	OC	Cen	212
NGC 5634	14^{h} 29,6^{min}	-5° 59'	9^{m},5	2'	-	82.000 Lj	GC	Vir	85
NGC 5746	14^{h} 44,9^{min}	+1° 57'	10^{m},3	6'x1'	21^{m},2	99 Mio. Lj	Gx	Vir	86
NGC 5822	15^{h} 5,2^{min}	-54° 21'	6^{m},5	40'x30'	10^{m},0	2700 Lj	OC	Lup	218
NGC 5882	15^{h} 16,8^{min}	-45° 39'	9^{m},4	0,1"	13^{m},4	6500 Lj	PN	Lup	217
NGC 5897	15^{h} 17,4^{min}	-21° 1'	8^{m},7	3'	13^{m},3	41.000 Lj	GC	Lib	97
NGC 5907	15^{h} 15,9^{min}	+56° 20'	10^{m},3	7'x1'	22^{m},3	56 Mio. Lj	Gx	Dra	56
NGC 5927	15^{h} 28,0^{min}	-50° 40'	8^{m},0	3'	14^{m},5	25.000 Lj	GC	Lup	217
NGC 5979	15^{h} 47,7^{min}	-61° 13'	11^{m},7	0,3'	15^{m},3	9800 Lj	PN	TrA	217
NGC 5986	15^{h} 46,1^{min}	-37° 47'	7^{m},1	2'	13^{m},2	34.000 Lj	GC	Lup	218
NGC 6025	16^{h} 3,3^{min}	-60° 26'	5^{m},1	15'	7^{m},1	2500 Lj	OC	TrA	217
NGC 6067	16^{h} 13,2^{min}	-54° 13'	5^{m},6	30'	8^{m},3	6900 Lj	OC	Nor	218
NGC 6087	16^{h} 18,9^{min}	-57° 54'	5^{m},4	15'	7^{m},9	3100 Lj	OC	Nor	220
NGC 6101	16^{h} 25,8^{min}	-72° 12'	9^{m},2	3'	14^{m},3	50.000 Lj	GC	Aps	240
NGC 6124	16^{h} 25,6^{min}	-40° 40'	5^{m},8	30'	8^{m},7	2100 Lj	OC	Sco	222
NGC 6144	16^{h} 27,2^{min}	-26° 2'	9^{m},0	2'	13^{m},4	28.000 Lj	GC	Sco	110

Name	R.A.	Dekl.	Hellig-keit	Größe	spez. Angabe	Entfernung	Objekt-typ	Stern-bild	S.
NGC 6164-5	16^h 34,0^{min}	-48° 6'	-	2'×1'	-	3800 Lj	GN	Nor	218
NGC 6167	16^h 34,6^{min}	-49° 46'	$6^m{,}0$	20'	$7^m{,}6$	4800 Lj	OC	Nor	218
NGC 6188	16^h 40,5^{min}	-48° 47'	-	20'×12'	-	3900 Lj	GN	Ara	220
NGC 6193	16^h 41,3^{min}	-48° 46'	$5^m{,}2$	12'×7'	$5^m{,}3$	3900 Lj	OC	Ara	220
NGC 6210	16^h 44,5^{min}	+23° 48'	$8^m{,}8$	0,3'	$13^m{,}7$	6700 Lj	PN	Her	101
NGC 6221	16^h 52,8^{min}	-59° 13'	$10^m{,}0$	2,5'×1,5'	$21^m{,}5$	39 Mio. Lj	Gx	Ara	220
NGC 6229	16^h 47,0^{min}	+47° 32'	$9^m{,}4$	1'	$15^m{,}5$	99.000 Lj	GC	Her	100
NGC 6231	16^h 54,0^{min}	-41° 48'	$2^m{,}6$	15'	$4^m{,}7$	5300 Lj	OC	Sco	222
NGC 6242	16^h 55,7^{min}	-39° 28'	$6^m{,}4$	10'	$7^m{,}3$	4200 Lj	OC	Sco	222
NGC 6281	17^h 4,8^{min}	-37° 54'	$5^m{,}4$	8'	$7^m{,}9$	1700 Lj	OC	Sco	222
NGC 6293	17^h 10,2^{min}	-26° 35'	$8^m{,}2$	2'	$14^m{,}3$	31.000 Lj	GC	Oph	105
NGC 6302	17^h 13,7^{min}	-37° 6'	$9^m{,}6$	0,9'	$16^m{,}0$	2100 Lj	PN	Sco	224
NGC 6309	17^h 14,1^{min}	-12° 55'	$11^m{,}4$	0,2'	13:^{m}	8700 Lj	PN	Oph	105
NGC 6334	17^h 20,5^{min}	-35° 43'	-	46'×23'	-	5500 Lj	GN	Sco	224
NGC 6356	17^h 23,6^{min}	-17° 49'	$8^m{,}3$	3'	$15^m{,}1$	50.000 Lj	GC	Oph	108
NGC 6357	17^h 24,6^{min}	-34° 10'	-	9'×4'	-	5500 Lj	GN	Sco	224
NGC 6362	17^h 31,9^{min}	-67° 3'	$7^m{,}7$	4'	$12^m{,}8$	25.000 Lj	GC	Ara	220
NGC 6369	17^h 29,3^{min}	-23° 45'	$11^m{,}4$	0,4'	$15^m{,}6$	3000 Lj	PN	Oph	105
NGC 6388	17^h 36,3^{min}	-44° 44'	$6^m{,}7$	3,5'	$14^m{,}8$	32.000 Lj	GC	Sco	221
NGC 6397	17^h 40,7^{min}	-53° 40'	$5^m{,}3$	10'	$10^m{,}0$	7500 Lj	GC	Ara	221
NGC 6441	17^h 50,2^{min}	-37° 3'	$7^m{,}2$	2'	$15^m{,}4$	38.000 Lj	GC	Sco	221
NGC 6503	17^h 49,4^{min}	+70° 9'	$10^m{,}2$	4'×1'	$22^m{,}1$	20 Mio. Lj	Gx	Dra	56
NGC 6520	18^h 3,4^{min}	-27° 53'	$7^m{,}6$	4'	$9^m{,}0$	5600 Lj	OC	Sgr	130
NGC 6522	18^h 3,6^{min}	-30° 2'	$8^m{,}3$	1'	$13^m{,}7$	25.000 Lj	GC	Sgr	128
NGC 6541	18^h 8,0^{min}	-43° 42'	$6^m{,}1$	6'	$12^m{,}1$	23.000 Lj	GC	CrA	225
NGC 6543	17^h 58,5^{min}	+66° 38'	$8^m{,}1$	0,3'	$10^m{,}9$	3800 Lj	PN	Dra	58
NGC 6544	18^h 7,3^{min}	-25° 0'	$7^m{,}8$	1,5'	$12^m{,}8$	15000 Lj	GC	Sgr	128
NGC 6553	18^h 9,3^{min}	-25° 55'	$8^m{,}1$	2'×1,5'	$14^m{,}7$	20.000 Lj	GC	Sgr	128
NGC 6567	18^h 13,8^{min}	-19° 4'	$10^m{,}8$	0,1'	$14^m{,}4$	5500 Lj	PN	Sgr	128
NGC 6572	18^h 12,1^{min}	+6° 51'	$8^m{,}1$	0,1'	$12^m{,}9$	4800 Lj	PN	Oph	110
NGC 6584	18^h 18,6^{min}	-52° 13'	$8^m{,}3$	2,5'	$13^m{,}5$	44.000 Lj	GC	Tel	226
NGC 6603	18^h 18,4^{min}	-18° 24'	$11^m{,}1$	4,5'	12:^{m}	9200 Lj	OC	Sgr	132
NGC 6624	18^h 23,7^{min}	-30° 22'	$7^m{,}9$	1'	$13^m{,}7$	26.000 Lj	GC	Sgr	128
NGC 6633	18^h 24,7^{min}	+6° 34'	$4^m{,}6$	20'	$7^m{,}6$	1300 Lj	OC	Oph	110
NGC 6645	18^h 32,6^{min}	-16° 53'	$8^m{,}5$	15'	$12^m{,}0$	5700 Lj	OC	Sgr	128
NGC 6712	18^h 53,1^{min}	-8° 42'	$8^m{,}1$	2,5'	$13^m{,}3$	22.000 Lj	GC	Sct	125
NGC 6723	18^h 59,6^{min}	-36° 38'	$7^m{,}3$	6'	$12^m{,}8$	28.000 Lj	GC	Sgr	224
NGC 6726-7	19^h 1,7^{min}	-36° 53'	-	2'	-	500 Lj	GN	CrA	224
NGC 6729	19^h 1,9^{min}	-36° 57'	-	1,5'×0,5'	-	410 Lj	GN	CrA	225
NGC 6744	19^h 9,8^{min}	-63° 51'	$8^m{,}4$	5'	$22^m{,}8$	29 Mio. Lj	Gx	Pav	227
NGC 6751	19^h 5,9^{min}	-5° 59'	$12^m{,}0$	0,3'	$15^m{,}4$	8000 Lj	PN	Aql	124
NGC 6752	19^h 10,9^{min}	-59° 59'	$5^m{,}3$	12'	$10^m{,}5$	13.000 Lj	GC	Pav	227
NGC 6778	19^h 18,4^{min}	-1° 36'	$12^m{,}0$	0,2'	$14^m{,}8$	9100 Lj	PN	Aql	124
NGC 6781	19^h 18,5^{min}	+6° 32'	$11^m{,}0$	2'	$16^m{,}8$	2300 Lj	PN	Aql	124
NGC 6802	19^h 30,6^{min}	+20° 16'	$8^m{,}8$	5'×1,5'	$12^m{,}9$	9600 Lj	OC	Vul	120
NGC 6804	19^h 31,6^{min}	+9° 14'	$11^m{,}0$	0,7'	$14^m{,}4$	4900 Lj	PN	Aql	124

Name	R.A.	Dekl.	Hellig-keit	Größe	spez. Angabe	Entfernung	Objekt-typ	Stern-bild	S.
NGC 6811	19^h 37,3^{min}	+46° 23'	6^m,8	10'	9^m,9	3700 Lj	OC	Cyg	113
NGC 6818	19^h 44,0^{min}	-14° 9'	9^m,3	0,4'	16^m,9	6100 Lj	PN	Sgr	138
NGC 6822	19^h 44,9^{min}	-14° 48'	9^m,2	10'×7'	23^m,7	1,6 Mio. Lj	Gx	Sgr	138
NGC 6826	19^h 44,8^{min}	+50° 31'	8^m,8	0,4'	10^m,6	4600 Lj	PN	Cyg	114
NGC 6871	20^h 5,9^{min}	+35° 47'	5^m,2	25'	6^m,8	6000 Lj	OC	Cyg	113
NGC 6888	20^h 12,0^{min}	+38° 21'	–	18'×12'	–	5400 Lj	GN	Cyg	118
NGC 6891	20^h 15,2^{min}	+12° 42'	10^m,3	0,2'	12^m,4	9400 Lj	PN	Del	123
NGC 6905	20^h 22,4^{min}	+20° 6'	10^m,8	0,7'	15^m,7	6600 Lj	PN	Del	123
NGC 6910	20^h 23,2^{min}	+40° 48'	7^m,4	5'	9^m,6	5700 Lj	OC	Cyg	113
NGC 6925	20^h 34,3^{min}	-31° 59'	11^m,3	2,5'×1'	21^m,9	97 Mio. Lj	Gx	Mic	226
NGC 6934	20^h 34,2^{min}	+7° 24'	8^m,8	1,5'	14^m,0	51.000 Lj	GC	Del	123
NGC 6939	20^h 31,4^{min}	+60° 38'	7^m,8	7'	11^m,9	6100 Lj	OC	Cep	59
NGC 6940	20^h 34,6^{min}	+28° 18'	6^m,3	20'	9^m,3	3300 Lj	OC	Vul	122
NGC 6946	20^h 34,8^{min}	+60° 9'	9^m,2	10'	23^m,1	15 Mio. Lj	Gx	Cep	59
NGC 6960	20^h 45,7^{min}	+30° 43'	9:^{m}	45'×5'	23:^{m}	2400 Lj	GN	Cyg	116
NGC 6992/5	20^h 57:^{min}	+31° 30'	7^m,5	55'×5'	23:^{m}	2400 Lj	GN	Cyg	116
NGC 7000	20^h 58,8^{min}	+44° 20'	5:^{m}	1,3°	23:^{m}	2400 Lj	GN	Cyg	118
NGC 7008	21^h 0,5^{min}	+54° 33'	12^m,0	1'	13^m,2	3300 Lj	PN	Cyg	119
NGC 7009	21^h 4,2^{min}	-11° 22'	8^m,0	0,4'	12^m,8	4100 Lj	PN	Aqr	145
NGC 7023	21^h 1,6^{min}	+68° 10'	–	10'	–	1100 Lj	GN	Cep	58
NGC 7027	21^h 7,1^{min}	+42° 14'	8^m,5	0,3'	16^m,3	3100 Lj	PN	Cyg	118
NGC 7209	22^h 5,2^{min}	+46° 30'	6^m,7	15'	9^m,0	3800 Lj	OC	Lac	142
NGC 7243	22^h 15,3^{min}	+49° 53'	6^m,4	20'	8^m,5	2800 Lj	OC	Lac	142
NGC 7293	22^h 29,6^{min}	-20° 48'	7^m,3	12'	13^m,6	680 Lj	PN	Aqr	146
NGC 7331	22^h 37,1^{min}	+34° 25'	9^m,5	4'×1,5'	13^m,3	45 Mio. Lj	Gx	Peg	144
NGC 7380	22^h 47,6^{min}	+58° 4'	7^m,2	20'	8^m,6	9000 Lj	OC	Cep	58
NGC 7479	23^h 4,9^{min}	+12° 19'	10^m,8	1,5'×1'	13^m,5	120 Mio. Lj	Gx	Peg	142
NGC 7510	23^h 11,5^{min}	+60° 34'	7^m,9	3'	9^m,7	10.000 Lj	OC	Cep	60
NGC 7538	23^h 13,7^{min}	+61° 30'	–	1,5'	–	8600 Lj	GN	Cep	58
NGC 7582	23^h 18,4^{min}	-42° 22'	10^m,4	4'×1'	22^m,0	73 Mio. Lj	Gx	Gru	228
NGC 7635	23^h 20,7^{min}	+61° 11'	–	1'	–	9200 Lj	GN	Cas	62
NGC 7640	23^h 22,1^{min}	+40° 51'	11^m,0	4'×1'	23^m,1	29 Mio. Lj	Gx	And	148
NGC 7662	23^h 25,9^{min}	+42° 32'	8^m,3	0,5'	12^m,5	4400 Lj	PN	And	148
NGC 7789	23^h 57,0^{min}	+56° 44'	6^m,7	15'	10^m,7	6800 Lj	OC	Cas	62
NGC 7793	23^h 57,8^{min}	-32° 36'	9^m,0	6'×3,5'	22^m,0	12 Mio. Lj	Gx	Scl	162
Sandqvist 141/3/5	12^h 25:^{min}	-71° 30:'	–	150'×15'	–	–	GN	Mus	209
Sh 2-276	5^h 50,0^{min}	-0° 50'	–	7,5°×0,7°	–	1400 Lj	GN	Ori	179
St 2	2^h 15,0^{min}	+59° 16'	4^m,4	80'	7^m,5	1200 Lj	OC	Cas	66
St 23	3^h 16,3^{min}	+60° 2'	–	10'	7^m,4	2000 Lj	OC	Cam	66
Stephans Quintett (NGC 7320)	22^h 36,1^{min}	+33° 57'	12^m,5	1'	13^m,8	310 Mio. Lj (59 Mio Lj)	Gx	Peg	144
Tr 2	2^h 37,3^{min}	+55° 59'	5^m,9	15'	7^m,4	2200 Lj	OC	Per	154
Tr 10	8^h 47,8^{min}	-42° 28'	5^m,0	30'	6^m,4	1400 Lj	OC	Vel	200
Upgren 1	12^h 35,0^{min}	+36° 19'	–	10'	7^m,2	–	Ast	CVn	78

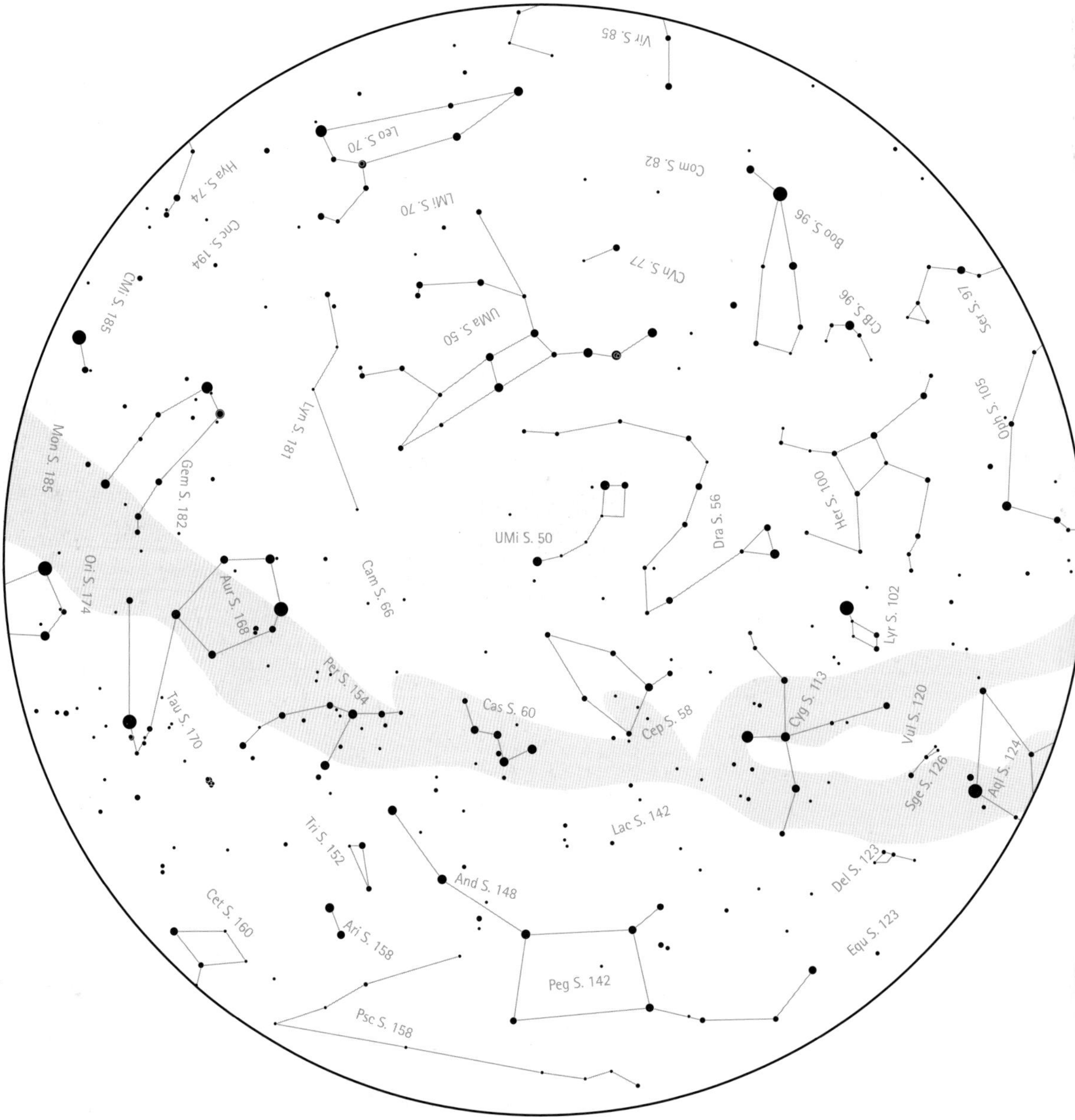
Vir S. 85
Leo S. 70
Com S. 82
Hya S. 74
LMi S. 70
Boo S. 96
Cnc S. 194
CVn S. 77
CMi S. 185
UMa S. 50
CrB S. 96
Ser S. 97
Oph S. 105
Lyn S. 181
Mon S. 185
Gem S. 182
Dra S. 56
Her S. 100
UMi S. 50
Ori S. 174
Cam S. 66
Aur S. 168
Lyr S. 102
Per S. 154
Cyg S. 113
Cas S. 60
Cep S. 58
Vul S. 120
Tau S. 170
Sge S. 126
Aql S. 124
Lac S. 142
Tri S. 152
Del S. 123
And S. 148
Cet S. 160
Ari S. 158
Equ S. 123
Peg S. 142
Psc S. 158